石油石化职业技能培训教程

采油地质工

（下册）

中国石油天然气集团有限公司人事部　编

石油工业出版社

内 容 提 要

本书是由中国石油天然气集团有限公司人事部统一组织编写的《石油石化职业技能培训教程》中的一本。本书包括采油地质工应掌握的高级工操作技能及相关知识，技师、高级技师操作技能及相关知识，并配套了相应等级的理论知识练习题，以便于员工对知识点的理解和掌握。

本书既可用于职业技能鉴定前培训，也可用于员工岗位技术培训和自学提高。

图书在版编目（CIP）数据

采油地质工·下册 / 中国石油天然气集团有限公司

人事部编 . —北京：石油工业出版社，2019.7

石油石化职业技能培训教程

ISBN 978-7-5183-3108-6

Ⅰ . ①采… Ⅱ . ②中… Ⅲ . ①石油开采－石油天然气

地质－技术培训－教材Ⅳ . ① TE143

中国版本图书馆 CIP 数据核字（2019）第 007193 号

出版发行：石油工业出版社

　　　　　（北京市朝阳区安华里 2 区 1 号楼　　100011）

　　　　　网　　址：www.petropub.com

　　　　　编辑部：（010）64256770

　　　　　图书营销中心：（010）64523633

经　　　销：全国新华书店

印　　　刷：北京晨旭印刷厂

2019 年 7 月第 1 版　　2022 年 11 月第 4 次印刷

787×1092 毫米　　开本：1/16　　印张：25.5

字数：600 千字

定价：75.00 元

《石油石化职业技能培训教程》

编委会

主　任：黄　革

副主任：王子云

委　员（按姓氏笔画排序）：

《采油地质工》编审组

主　　编：赵玉杰

副 主 编：张　敏　孙雨飞

参编人员：何风君　刘　然　逯　杨

参审人员：刘继霞　孙国庆　李素敏　邓　琴　阳　光
　　　　　　林　杰　周秋实

　　随着企业产业升级、装备技术更新改造步伐不断加快,对从业人员的素质和技能提出了新的更高要求。为适应经济发展方式转变和"四新"技术变化要求,提高石油石化企业员工队伍素质,满足职工鉴定的需要,中国石油天然气集团有限公司职业技能鉴定指导中心根据2015年版《国家职业大典》对工种目录的调整情况,修订了《石油石化行业职业资格等级标准》,在新标准的指导下,对"十五""十一五"期间编写的职业技能培训教程和职业技能鉴定试题集进行了全面修订。

　　本套书的修订坚持以职业活动为导向、以职业技能提升为核心,以统一规范、充实完善为原则,注重内容的先进性与通用性。本次修订的内容主要是新技术、新工艺、新设备、新材料。教程内容范围与鉴定题库基本一致,每个工种的教程分上、下两册,上册为初级工、中级工的内容,下册为高级工、技师、高级技师的内容,同时配套了相应层级的模拟试题,便于读者对知识点的理解和掌握。本套书既可用于职业技能鉴定前培训,也可用于员工岗位技术培训和自学提高。

　　采油地质工教程分上、下两册,上册为基础知识,初级工操作技能及相关知识,中级工操作技能及相关知识;下册为高级工操作技能及相关知识,技师、高级技师操作技能及相关知识。

　　本工种教程由大庆油田有限责任公司任主编单位,参与审核的单位有辽河油田分公司、新疆油田分公司、吉林油田分公司、华北油田分公司等。在此表示衷心感谢。

　　由于编者水平有限,书中不妥之处在所难免,请广大读者提出宝贵意见。

编　者

2018年10月

CONTENTS 目录

第一部分 高级工操作技能及相关知识

第二部分　技师、高级技师操作技能及相关知识

理论知识练习题

附　录

第一部分

高级工操作技能及相关知识

模块一　油水井管理

项目一　相关知识

GBB011 抽油机井系统效率的计算方法

一、计算抽油井系统效率

抽油机井系统效率：将井下液体举升到地面的有效功率与抽油机的输入功率的比值。

$$\eta = \frac{W_{有}}{W_{输入}} \times 100\% \qquad (1-1-1)$$

式中　η——抽油机井系统效率，%；

　　　$W_{有}$——有效功率，kW；

　　　$W_{输入}$——抽油机的输入功率，kW。

合格标准：$\eta \geqslant 50\%$。

（1）有效功率：将井下液体举升到地面所需要的功率。

$$W_{有} = \frac{\alpha H Q_{理} \rho g}{1000} \qquad (1-1-2)$$

或

$$W_{有} = \frac{H Q_{实} \rho g}{1000} \qquad (1-1-3)$$

式中　α——抽油泵排量系数；

　　　H——有效扬程，m；

　　　$Q_{理}$——抽油泵理论排量，m³/s；

　　　ρ——井筒液体密度，kg/m³；

　　　g——重力加速度，m/s²；

　　　$Q_{实}$——抽油泵实际排量，m³/s。

$$W_{有} = \frac{H Q_{实} \rho g}{86400} \qquad (1-1-4)$$

或

$$W_{有} = \frac{HQ_{实}\rho}{8816.3 \times 10^3} \quad (1-1-5)$$

有效扬程计算公式为：

$$H = L_f + \frac{(p_h - p_c) \times 10^6}{\rho g} \quad (1-1-6)$$

式中　L_f——油井动液面深度，m；

　　　p_h——油井井口油压，MPa；

　　　p_c——油井井口套压，MPa。

　　　ρ——油井混合液密度，kg/m³。

（2）输入功率：拖动采油设备的电动机输入功率。

$$W_{输入} = \frac{\sqrt{3}IU\cos\phi}{1000} \quad (1-1-7)$$

式中　I——电动机输入电流（线电流），A；

　　　U——输入电压（线电压），V；

　　　$\cos\phi$——功率因数，一般为 0.84～0.85。

或

$$W_{输入} = \frac{3IU\cos\phi}{1000} \quad (1-1-8)$$

式中　I——电动机输入电流（相电流），A；

　　　U——输入电压（相电压），V；

　　　$\cos\phi$——功率因数，一般为 0.84～0.85。

（3）抽油机井系统效率：

$$\eta = \frac{W_{有}}{W_{输入}} \times 100\% \quad (1-1-9)$$

或

$$\eta = \frac{HQ_{实}\rho}{8816.3 W_{输入}} \times 100\% \quad (1-1-10)$$

GBC001 抽油机井管理指标的内容

二、计算抽油井管理指标

GBC002 抽油机井管理指标的计算方法

（一）抽油机井利用率

年（季、月）抽油机井利用率 =[开井生产井数 /（总井数 − 计划关井数）]×100%。

（二）抽油机井资料全准率

年（季、月）抽油机井资料全准率 =[年(季、月)资料全准井数 / 年(季、月)应取资料井数］×100%。

（三）抽油机井扭矩利用率

$$M_{利}=(M_{实}/M_{额})\times100\%$$ （1-1-11）

$$M_{实}=30S+0.236S(P_{大}-P_{小})$$ （1-1-12）

式中　$M_{利}$——扭矩利用率，%；

$M_{实}$——曲柄轴实际扭矩，kg/m；

S——光杆冲程，m；

$P_{大}$，$P_{小}$——光杆最大与最小载荷，kg·f；

$M_{额}$——抽油机铭牌额定扭矩，kg·m。

（四）抽油机井电机功率利用率

$$W_{利}=(W_{实}/W_{额})\times100\%$$ （1-1-13）

$$W_{实}=IU\cos\phi$$ （1-1-14）

式中　$W_{利}$——电机功率利用率，%；

$W_{实}$——实际输入电功率，kW；

I——电动机输入电流（线电流），A；

U——输入电压（线电流），V；

$\cos\phi$——功率因数，一般为 0.84~0.85；

$W_{额}$——电动机铭牌额定功率，kW。

（五）抽油机井平衡度

实际生产中，抽油机井平衡度是上、下行最大电流的比值，一般比值大于85%为平衡。

$$B=(I_{下}/I_{上})\times100\%$$ （1-1-15）

式中　B——抽油机井平衡度，%；

$I_{上}$，$I_{下}$——抽油机上、下行电流，A。

（六）抽油机井泵效

$$\eta=(Q_{液}/Q_{理})\times100\%$$ （1-1-16）

式中　η——深井泵泵效，%；

$Q_{液}$——油井实际产量，m³/d 或 t/d；

$Q_{理}$——泵的理论排量，m³/d 或 t/d。

（七）抽油机井定点测压率

年（半年）定点井测压率 =［年（半年)实测压井数 / 年（半年)定点测压井总数］×100%。

（八）抽油机井冲程利用率

冲程利用率即抽油机实际冲程与抽油机铭牌最大冲程的比值。

$$S_{利}=(S_{实}/S_{理})\times 100\% \qquad\qquad (1-1-17)$$

式中　$S_{利}$——冲程利用率，%；

　　　$S_{实}$——抽油机实际冲程，m；

　　　$S_{理}$——抽油机铭牌最大冲程，m。

（九）抽油机井冲次利用率

冲次利用率是抽油机实际冲次与抽油机铭牌最大冲次的比值。

$$N_{利}=(N_{实}/N_{理})\times 100\% \qquad\qquad (1-1-18)$$

式中　$N_{利}$——冲次利用率，%；

　　　$N_{实}$——抽油机实际冲次，次/min；

　　　$N_{理}$——抽油机铭牌最大冲次，次/min。

（十）检泵周期

1. 单井检泵周期

单井检泵周期是指采油井最近两次检泵作业之间的实际生产天数。一般采用有效检泵周期，有效检泵周期指检下泵投产之日至本次抽油泵装置失效之日的间隔天数。

2. 平均检泵周期

平均检泵周期＝统计井检泵周期之和/统计井数之和。

一般采用平均有效检泵周期，平均有效检泵周期＝单井泵装置投产之日至本次抽油泵装置失效之日的间隔天数之和/统计井数之和。

GBC005 注水井管理指标的内容

GBC006 注水井管理指标的计算方法

三、计算注水井管理指标

（一）注水井利用率

年（季、月）注水井利用率＝[开井生产井数/（总井数－计划关井数）]×100%。

（二）注水井资料全准率

年（季、月）注水井资料全准率＝[年（季、月）资料全准井数/年（季、月）应取资料井数]×100%。

（三）注水井分注率

年（季）注水井分注率＝[年（季）分层井总井数/年（季）注水井总井数]×100%。

（四）分层注水测试率

年（季）分层注水测试率＝{年（季）实际分层测试井数/[（年（季）分注井总井数－计划关井数）]}×100%。

（五）分层注水合格率

年（季）分层注水合格率＝{年（季）注水合格层段数/[年（季）分层总层段数－计划停注层段数）]}×100%。

（六）注水水质合格率

年（季）注水水质合格率＝{年（季）注水井水质合格总井数/[年（季）注水井总井数－计

划关井总井数]}×100%。

（七）注水井定点测压率

年（半年）定点井测压率 =[年（半年）定点井实测压井数 / 年（半年）定点测压总井数]×100%。

四、计算电泵井管理指标

GBC003 电泵井管理指标的内容

GBC004 电泵井管理指标的计算方法

（一）电泵井利用率

年（季、月）电泵井利用率 =[开井生产井数 /（总井数 − 计划关井数）]×100%。

（二）电泵井资料全准率

年（季、月）电泵井资料全准率 =[年（季、月）资料全准井数 / 年（季、月）应取资料井数]×100%。

（三）电泵井定点测压率

年（半年）定点井测压率 =[年（半年）定点井实测压井数 / 年（半年）定点测压总井数]×100%。

（四）电泵井过载和欠载整定值

过载整定值 = 电机的额定电流 ×120%；

欠载整定值 = 电机的额定电流 ×80%。

（五）电泵的有效功率

$$W_有=Q_aH_a\gamma=Q_aH_a\rho g/100=Q_aH_a\rho/102 \qquad （1-1-19）$$

式中　Q_a——产液量，m^3/s；

　　　H_a——扬程，m；

　　　γ——液体重度，N/m^3。

（六）电泵井实际举升高度

$$电泵井实际举升高度 =H_c+(p_油-p_套)/\gamma_液 \qquad （1-1-20）$$

式中　H_c——动液面深度，m；

　　　$p_油$——油压，Pa；

　　　$p_套$——套压，Pa；

　　　$\gamma_液$——混合液重度，N/m^3。

（七）电泵井系统效率

电泵井系统效率 =[（日产液 × 实际举升高度）/ 日耗电]×100%。

（八）电泵井设备完好率

设备完好率 =[完好运转机组总数 / 井下机组总数]×100%。

（九）电泵井平均免修期

平均免修期 = 正常井累积运转天数 / 井下运转总井数。

（十）电泵井排量效率

电泵井排量效率 =[全部运转井实际产量之和 / 全部运转井额定排量之和]×100%。

（十一）电泵井平均检泵周期

1. 单井检泵周期

单井检泵周期指潜油电泵井最近两次检泵作业之间的实际生产天数。

2. 平均检泵周期

$$D_p= \left[\sum D / \sum (nb) \right] \times 100\% \qquad (1-1-21)$$

式中　D_p——平均检泵周期，d；

　　　$\sum D$——损坏机组累积运转天数，d；

　　　$\sum (nb)$——累积损坏机组台数，台。

GBC007 计算油田生产任务管理指标

五、计算油田生产任务管理指标

（一）完成原油生产计划

年(季、月)完成原油(天然气)计划 =[实际产油(气)量 / 计划产油(气)量]×100%。

（二）完成注水生产计划

年(季、月)完成注水计划 =[实际注水量 / 计划注水量]×100%。

（三）完成外供天然气生产计划

年(季、月)完成外供天然气计划 =[实际外供天然气量 / 计划外供气量]×100%。

（四）原油计量系统误差

年(季、月)原油计量系统误差 ={[年(季、月)井口产油量—年(季、月)核实产油量]/ 年(季、月)井口产油量}×100%。

GBC008 其他指标计算名词解释

六、其他指标计算名词解释

（1）分注井总井数是指地质开发方案要求的分层注水井的总井数，笼统井不在统计之内。

（2）实际分层测试井数是指分注井测试后取得的合格资料井数。

（3）生产井开井数是指当月内连续生产（注水）24h 以上，并有一定产量（注水量）的油（水）井；间歇出油井、有间开制度和一定产量的油井也算开井数。

（4）总井数是指交给采油生产单位，经过试油或生产过的产油井，排液井也包括在内。

（5）计划关井的井数以油田上级业务部门批准的井数为准。

（6）抽油机井扭矩利用率是指抽油机井曲柄轴实际扭矩与抽油机铭牌额定扭矩的比值。

（7）抽油机井电机功率利用率是指电动机名牌电功率的利用程度，是实际输入电功率与电机名牌额定功率的比值。

GBB012 螺杆泵的组成

七、螺杆泵的组成、工作原理及理论排量计算

螺杆泵按驱动方式分为电动潜油螺杆泵和地面驱动井下螺杆泵。下面重点介绍地面

驱动井下螺杆泵，简称螺杆泵。

螺杆泵是一种容积式泵，它运动部件少，没有阀门件和负责的流道，油流扰动小，排量均匀。由于缸体转子在定子橡胶衬套内表面运动带有滚动和滑动的性质，使油液中砂粒不易沉积，同时转子与定子间容积均匀变化而产生的抽汲、推挤作用使油气混输效果良好，在开采高黏度、高含砂和含气量较大的原油时，同其他采油方式相比具有独特的优点。所以螺杆泵已经成为一种新型的、实用有效的机械采油设备，目前螺杆泵作为一种新型的采油方式，工艺技术逐步配套并正趋向系列化。

（一）螺杆泵的组成

地面驱动井下螺杆泵采油系统（简称螺杆泵采油系统）由四部分组成。

1. 电控部分

电控箱是螺杆泵井的控制部分，控制电动机的启、停。该装置能自动显示、记录螺杆泵井正常生产时的电流、累积运行时间等，有过载、欠载自动保护功能，确保生产井正常生产。

2. 地面驱动部分

地面驱动装置是螺杆泵采油系统的主要地面设备，是把动力传递给井下泵转子，使转子实现自转和公转，实现抽汲原油的机械装置。按变速形式分为无级调速和分级调速。机械传动的驱动装置主要由以下几部分组成。

（1）减速箱：主要作用是传递动力并实现一级减速。它将电动机的动力由输入轴通过齿轮传递到输出轴，输出轴连接光杆，由光杆通过抽油杆将动力传递到井下螺杆泵转子。减速箱除了具有传递动力的作用外，还将抽油杆的轴向负荷传递到采油树上。

（2）电动机：它是螺杆泵井的动力源，将电能转化为机械能。一般用防爆型三相异步电动机。

（3）密封盒：主要作用是防止井液流出，起密封井口的目的。

（4）方卡子：主要作用是将减速箱输出轴与光杆联结起来。

3. 井下部分

井下部分包括定子和转子。定子是由丁腈橡胶硫化黏接在缸体内形成的。丁腈橡胶衬套的内表面是双螺旋曲面或多螺旋曲面，定子与螺杆泵转子配合。转子在定子内转动，实现抽汲功能。转子由合金钢调质后，经车铣、抛光、镀铬而成。每一截面都是圆的单螺杆。

4. 配套工具部分

（1）专用井口：简化了采油树，使用、维修、保养方便，同时增加了井口强度，减小了地面驱动装置的震动，起到保护光杆和换密封盒时密封井口的作用。

（2）特殊光杆：强度大，防断裂，光洁度高，有利于井口密封。

（3）抽油杆扶正器：避免或减缓抽油杆与油管的磨损。

（4）油管扶正器：减小油管柱震动和磨损。

（5）抽油杆防倒转装置：防止抽油杆倒转。

（6）油管防脱装置：锚定泵和油管，防止油管脱落。

（7）防蜡器：延缓原油中石蜡和胶质在油管内壁的沉积速度。

（8）防抽空装置：地层供液不足会造成螺杆泵损坏，安装井口流量式或压力式抽空保护装置可有效地避免此现象的发生。

（9）筛管：过滤油层流体。

GBB013 螺杆
泵的工作原理及
理论排量计算

（二）螺杆泵的工作原理

螺杆泵是摆线内啮合螺杆齿轮副的一种应用。螺杆泵的转子、定子副（也称螺杆—衬套副）是利用摆线的多等效动点效应，在空间形成封闭腔室，当转子和定子作相对转动时，封闭腔室能做轴向移动，使其中的液体从一端移向另一端，实现机械能和压力能的相互转化，从而实现举升作用。螺杆泵又有单头和多头螺杆泵之分，这里重点介绍单头螺杆泵。

地面驱动井下单螺杆泵的转子转动是通过地面驱动装置驱动光杆转动，通过中间抽油杆将旋转运动和动力传递到井下转子，使其转动。转子的任一截面都是半径为 R 的圆。每一截面中心相对整个转子的重心位移一个偏心距 e，转子的螺距为 t，螺杆表面是正弦曲线 $ABCD$ 绕它的轴线运动，并沿着轴线移动形成的。如果面对螺杆的一端，要使油液向前运动，当螺杆向右转动时，螺旋线采用左旋；而当螺杆向左转动时，螺旋线采用右旋（图 1-1-1）。

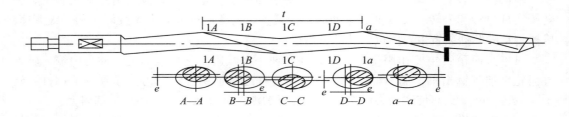

图 1-1-1　转子

定子是以丁腈橡胶为衬套硫化黏接在缸体外套内形成的，衬套内表面是双线螺旋面，其导程为转子螺距的 2 倍。每一断面内轮廓是由两个半径为 R（等于转子截面圆的半径）的半圆和两个直线段组成的。直线段长度等于两个半圆的中心距。因为螺杆圆断面的中心相对它的轴线有一个偏心距 e，而螺杆本身的轴线又相对衬套的轴线又有同一个偏心距值 e，这样，两个半圆的中心距就等于 $4e$（图 1-1-2），衬套的内螺旋面就由上述的断面轮廓绕它的轴线转动并沿着该轴线移动所形成的。衬套的内螺旋面和螺杆螺旋面的旋向相同，且内螺旋的导程 T 为螺杆螺距 t 的 2 倍，即 $T=2t$。入口面积和出口面积及腔室中任一横截面积的总和始终是相等的，液体在泵内没有局部压缩，从而确保连续、均衡、平稳地输送液体。

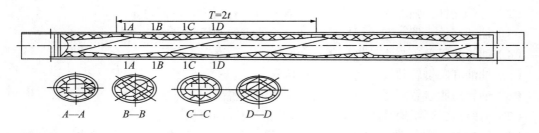

图 1-1-2　定子

　　当转子在定子衬套中位置不同时，它们的接触点是不同的（图 1-1-3）。液体完全被封闭，液体封闭的两端的线即为密封线，密封线随着转子的旋转而移动，液体即由吸入侧被送往压出侧。转子螺旋的峰部越多，也就是液力封闭数越多，泵的排出压力就越高。转子截面位于衬套长圆形断面两端时，转子与定子的接触为半圆弧线，而在其他位置时，仅有两点接触。由于转子和定子是连续啮合的，这些接触点就构成了空间密封线，在定子衬套的一个导程 T 内形成一系列的封闭腔室。当转子转动时，转子—定子副中靠近吸入端的第一个腔室的容积，在它与吸入端的压力差作用下，举升介质便进入第一个腔室。同时在吸入端形成新的封闭腔室。由于封闭腔室的不断形成、运动和消失，使举升介质通过一个个封闭腔室，从吸入端挤到排出端，压力不断升高，排量保持不变。

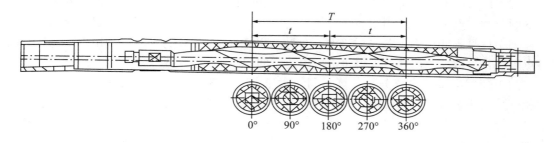

图1-1-3　螺杆泵密封腔塞

　　螺杆泵就是在转子和定子组成的一个个密闭的独立的腔室基础上工作的。转子运动时（自转和公转），密封空腔在轴向沿螺旋线运动，按照旋向，向前或向后输送液体。螺杆泵是一种容积泵，所以它具有自吸能力，甚至在气、液混输时也能保持自吸能力。

（三）螺杆泵的理论排量计算

　　螺杆泵的理论排量计算公式：

$$Q=5760eDTn \tag{1-1-22}$$

式中　Q——螺杆泵的理论排量，m^3/d；

　　　　e——转子偏心距，m；

　　　　D——转子截圆直径，m；

　　　　T——定子导程，m；

　　　　n——转子的转速，r/min。

　　现场应用中，根据选用泵的型号可计算出理论排量，公式如下：

$$Q=1440qn \times 10^6 \tag{1-1-23}$$

式中　Q——螺杆泵的理论排量，m^3/d；

　　　　q——螺杆泵的每转排量，mL/r；

　　　　n——转子的转速，r/min。

　　螺杆泵的实际排量 Q' 为：

$$Q'=Q\eta_v \tag{1-1-24}$$

式中 η_v——泵的容积效率（一般为 0.7 左右）。

对现有螺杆泵的结构和作用情况进行分析表明，在 e，D，T 三者间存在一定的联系，在这三个参数维持一定比值的条件下，螺杆泵才能保证高效率的长期工作。

GBB014 计算
注水井层段吸
水百分数及吸
水量

八、计算注水井层段相对吸水百分数、层段吸水量

（一）计算注水井层段相对吸水百分数、层段吸水量

（1）根据分层测试成果计算在不同测试压力下各小层及全井的吸水百分数。同一测试压力点下，每小层吸水量占全井水量的百分数，即为每小层的吸水百分数，各小层吸水百分数之和为 100%。

（2）以最高测试压力点为基础，上沿 0.5MPa 压力作为最高注水压力点，利用与之相邻的两个测试点水量，应用内插法推算上沿压力点水量，并计算此压力下的吸水百分数。

（3）计算不同压力下各小层吸水百分数。以 0.1MPa 为压力间隔，利用以上已计算的各点吸水百分数，用内插法求得每一压力值下的各层吸水百分数。

（4）利用小层吸水百分数计算不同注水压力下，各小层的日注水量。查得与注水压力相同压力下各小层的相对吸水百分数，分别与全日日注水量相乘，即得各小层的日注水量。计算每个层段日注水量取整数，四舍五入，而且各层段日注水量之和等于全井注水量。

【例 1-1-1】 某分层注水井下两级封隔器，分三个层段注水，2017 年 5 月 10 日分层测试结果见表 1-1-1，计算各小层相对吸水百分数，并计算 9.4MPa 下全井日注水量 68m³ 时，各小层的日注水量。

表1-1-1　某井测试成果表

测试日期：1998 年 5 月 10 日

层 位	水嘴 ϕ，mm	压力，MPa	日注量，m³/d
I	5.2	10.5	20
		10.0	18
		9.5	16
II	3.0	10.5	40
		10.0	35
		9.5	30
III	4.0	10.5	24
		10.0	20
		9.5	16
全井		10.5	84
		10.0	73
		9.5	62

解：

（1）计算测试压力点 9.5MPa，10.0MPa，10.5MPa 下各层吸水百分数（表1−1−2）。

表1−1−2 小层吸水百分数

压力，MPa	层段 I		层段 II		层段 III		全井	
	日注量，m³/d	比例，%	日注量，m³/d	比例，%	日注量，m³/d	比例，%	日注量，m³/d	比例，%
10.5	20	23.8	40	47.6	24	28.6	84	100
10.0	18	24.7	35	47.9	20	27.4	73	100
9.5	16	25.8	30	48.4	16	25.8	62	100

（2）利用与之相邻的两个测试点水量，推算上沿 0.5MPa 点后压力值的水量，并计算在此压力下各层段吸水百分数（表1−1−3）。

表1−1−3 上沿0.5MPa点后压力值的水量

压力，MPa	层段 I		层段 II		层段 III		全井	
	日注量，m³/d	比例，%	日注量，m³/d	比例，%	日注量，m³/d	比例，%	日注量，m³/d	比例，%
11.0	21	23.3	43	47.8	26	28.9	90	100
10.5	20	23.8	40	47.6	24	28.6	84	100
10.0	18	24.7	35	47.9	20	27.4	73	100
9.5	16	25.8	30	48.4	16	25.8	62	100

（3）计算各点吸水百分数（以 9.5～10.0MPa 为例），两个相邻测试压力点日注量之差除以分压力点数，所得值作为基数与上下日注量逐点相减或相加，即求得每个压力点下各小层和全井的日注量，用各小层日注量除以全井日注量，就得到各小层的相对吸水百分数（表1−1−4）。

表1−1−4 小层吸水百分数

压力，MPa	层段 I		层段 II		层段 III		全井	
	日注量，m³/d	比例，%	日注量，m³/d	比例，%	日注量，m³/d	比例，%	日注量，m³/d	比例，%
11.0	21	23.3	43	47.8	26	28.9	90	100
10.5	20	23.8	40	47.6	24	28.6	84	100
10.0	18	24.7	35	47.9	20	27.4	73	100
9.9	17.6	24.9	34	48.0	19.2	27.1	70.8	100
9.8	17.2	25.1	33	48.1	18.4	26.8	68.6	100
9.7	16.8	25.3	32	48.2	17.6	26.5	66.4	100
9.6	16.4	25.5	31	48.3	16.8	26.2	64.2	100
9.5	16	25.8	30	48.4	16	25.8	62	100
9.4								100

（4）根据小层吸水百分数，算出 9.4MPa 时的各小层吸水百分数，如果该井 2017 年 6 月 5 日现场 9.4MPa 全井日注量为 68m³/d，求该日各层段小层日注量为多少？

计算测试资料 9.4MPa 时全井日注水量 $=62-(73-62)/(10.0-9.5)\times(9.5-9.4)=59.8$（m³）。

同理计算各小层注水量：

第一层段测试日注水量 $=16-(18-16)/(10.0-9.5)\times(9.5-9.4)=15.6$（m³）；

第二层段测试日注水量 $=30-(35-30)/(10.0-9.5)\times(9.5-9.4)=29$（m³）；

第三层段测试日注水量 $=59.8-15.6-29=15.2$（m³）。

三个小层吸水百分数：

第一层段吸水百分数 $=15.6/59.8\times100\%=26.1\%$；

第二层段吸水百分数 $=29/59.8\times100\%=48.5\%$；

第三层段吸水百分数 $=15.2/59.8\times100\%=25.4\%$。

利用测试时各层段小层吸水百分数及现场 6 月 5 日全井注入量，就可以计算现场注入过程中，实际该井 6 月 5 日各层段当日注入量：

第一层段日注水量 $=68\times26.1\%=17.8$（m³）；

第二层段日注水量 $=68\times48.5\%=33$（m³）；

第三层段日注水量 $=68-17.8-33=17.2$（m³），至此计算结束。

（二）计算技术要求

（1）各压力点间隔以 0.1MPa 为宜，以备日常注水，方便查找在各个压力下的小层吸水百分数。

（2）计算吸水百分数时，取 3 位有效数字，第四位四舍五入；全井各层段吸水百分数之和应为百分之百。

（3）每个层段日注水量保留一位小数，四舍五入，但应使各层段日注水量之和等于全井日注水量，不等于全井水量时，应在最后一个小层上调整（用全井减去其他层段注水量）。

GBB003 聚合物驱注入井资料录取现场检查管理内容

九、聚合物驱注入井资料录取现场检查管理规定

（一）注聚井现场检查指标

（1）油压差值：油压差值不超过 ±0.2MPa。

（2）瞬时配比误差：瞬时配比误差不超过 ±10%。

（3）底数折算配比误差不超过 ±5%。

（4）现场检查与报表母液量误差：当母液日注量不大于 20m³/d 时，现场检查与报表母液量误差不超过 ±1m³；当母液日注量大于 20m³/d 时，现场检查与报表母液量误差不超过 ±5%。

（5）现场检查与测试聚合物溶液注入量误差：现场检查与测试聚合物溶液注入量误差不超过 ±20%。

（6）母液配注完成率。

当允许注入压力与现场油压差值 ≤ 0.2MPa 时：母液日注量不大于 10m³/d，母液配注完成率 ≤ 107%；母液日注量大于 10m³/d，母液配注完成率 ≤ 105%。

当允许注入压力与现场油压差值 > 0.2MPa 时：母液日注量不大于 10m³/d，93% ≤ 母

液配注完成率 ≤ 107%；母液日注量大于 10m³/d，95% ≤ 母液配注完成率 ≤ 105%。

（7）现场油压不超过允许注入压力。

（二）注聚井现场资料准确率计算

（1）不准井定义：聚合物驱注入井资料现场检查记录中的油压差值、瞬时配比误差、底数折算配比误差、现场检查与报表母液量误差、现场检查与测试聚合物溶液注入量误差、母液配注完成率中的任何一项超出规定要求和超允许注入压力注入，则该井定为不准井。

（2）现场资料准确率计算公式：

$$A_1 = (B_1 / C_1) \times 100\% \tag{1-1-25}$$

式中　A_1——现场资料准确率，%；

　　　B_1——现场资料准确井数，口；

　　　C_1——现场检查井数，口。

（三）现场检查要求

（1）现场检查要求各级管理部门对聚合物驱注入井资料录取现场检查采取定期检查和随机抽查相结合方式进行。

（2）采油矿每月抽查一次，抽查井数比例不低于矿注入井总数的 20%。采油队每月普查一次，并将检查考核情况逐级上报。采油矿、队建立月度检查考核制度。

（3）采油厂每季度至少组织抽查一次，抽查井数比例不低于聚合物驱注入井总数的 10%，并分析存在的问题，制定和落实整改措施，编写检查公报，上报油田公司开发部。

（4）油田公司开发部根据管理情况组织抽查，并将抽查情况向全公司通报。

（5）聚合物驱注入井资料现场检查记录填写要求及指标计算说明：

① "井号" 为现场检查注入井的井号。

② "检查时间" 为现场检查注入井时间，精确到分钟。

③ "油压" 栏的 "现场" 项填写检查时现场录取的注入井的阀门组压力，"报表" 项填写对应班报表的阀门组压力。

"油压" 栏的 "差值" 计算公式为：

$$C = A - B \tag{1-1-26}$$

式中　C——油压差值，MPa；

　　　A——报表油压，MPa；

　　　B——现场油压，MPa。

（6）"瞬时情况" 栏中 "母液量" 为现场检查时母液流量计计量的瞬时母液注入量，"注水量" 为现场检查时水流量计计量的瞬时注水量。

"瞬时配比" 和 "瞬时配比误差" 分别按下列公式计算：

$$F = E / D \tag{1-1-27}$$

$$F^1 = (F - Q) / Q \times 100\% \tag{1-1-28}$$

式中　F——瞬时配比；

E——瞬时注水，m^3/h；

D——瞬时母液注入量，m^3/h；

F^1——瞬时配比误差，%；

Q——方案配比。

（7）"母液表底数"栏中"现场"项填写检查时现场录取的注入井母液表底数，"报表"项填写检查前一天报表在结算时刻的母液表底数，"差值"为报表结算时刻到检查时刻母液表底数差值，计算公式为：

$$\Delta G = G - H \qquad (1-1-29)$$

式中　ΔG——报表结算时刻到检查时刻母液表底数差值，m^3；

　　　G——现场母液表底数，m^3。

（8）"水表底数"栏中"现场"项填写检查时现场录取的注入井水表底数，"报表"项填写检查前一天报表在结算时刻的水表底数，"差值"为报表结算时刻到检查时刻水表底数差值，计算公式为：

$$\Delta I = I - J \qquad (1-1-30)$$

式中　ΔI——报表结算时刻到检查时刻水表底数差值，m^3；

　　　I——现场水表底数，m^3；

　　　J——报表水表底数，m^3。

（9）"母液日注量"栏中"配注"为地质方案的母液配注量，"底数折算日注量"为检查前一天报表结算时刻到现场检查时刻注入井母液注入量折算的全日母液注入量，计算公式为：

$$L = \Delta G \pm D \cdot P \qquad (1-1-31)$$

式中　L——底数折算母液日注量，m^3/d；

　　　P——检查时刻距当日结算时刻的间隔时间，h。

对检查时未到当日结算时刻的用"+"，对检查时超过当日结算时刻的用"−"。

（10）"母液日注量"栏中"现场检查与报表母液量误差"计算公式为：

$$L^1 = [(L-M)/M] \times 100\% \qquad (1-1-32)$$

式中　L^1——现场检查与报表母液量误差，%；

　　　M——报表母液日注量，m^3/d。

（11）"母液日注量"栏中"母液配注完成率"计算公式为：

$$K^1 = (L/K) \times 100\% \qquad (1-1-33)$$

式中　K^1——母液配注完成率，%；

　　　K——母液日配注量，m^3/d。

（12）"底数折算日注水量"为检查前一天报表结算时刻到现场检查时刻注入井注水量折算的全日注水量，计算公式为：

$$N = \Delta I \pm EP \qquad (1-1-34)$$

式中　N——底数折算日注水量，m^3/d。

对检查时未到当日结算时刻的用"＋"，对检查时超过当日结算时刻的用"−"。

（13）"配比"栏中"方案配比"为地质方案的日配注水量与母液日配注量的比值，"底数折算配比"为底数折算日注水量与底数折算母液日注量之比，"底数折算配比误差"为底数折算配比与方案配比的对比误差。"方案配比""底数折算配比"和"底数折算配比误差"计算公式分别为：

$$Q=U/K \tag{1-1-35}$$

$$R=N/L \tag{1-1-36}$$

$$R^1=[(R-Q)/Q]\times 100\% \tag{1-1-37}$$

式中　U——日配注水量，m^3/d；

　　　R^1——底数折算配比误差，%；

　　　R——底数折算配比。

（14）"聚合物溶液"栏中"瞬时折算日注入量"为聚合物溶液按瞬时注入量折算的日注入量，"分层流量测试日注量"为现场检查相同注入压力下分层流量测试资料对应的聚合物溶液日注量。"聚合物溶液瞬时折算日注入量"和"现场检查与测试聚合物溶液注入量误差"计算公式分别为：

$$S=(D+E)\times 24 \tag{1-1-38}$$

$$S^1=(S-T)/T\times 100\% \tag{1-1-39}$$

式中　S——聚合物溶液瞬时折算日注入量，m^3/d；

　　　S^1——现场检查与测试聚合物溶液注入量误差，%；

　　　T——分层流量测试日注量，m^3/d。

表1-1-5　聚合物驱注入井资料现场检查记录表

序　号								
井　号								
检查时间								
油　压	报表，MPa	A						
	现场，MPa	B						
	差值，MPa	C						
瞬时情况	母液量，m^3/h	D						
	注水量，m^3/h	E						
	瞬时配比	F						
	瞬时配比误差，%	F^1						
母液表底数	现场	G						
	报表	H						
	差值	ΔG						

续表

序　号								
水表底数	现场	I						
	报表	J						
	差值	ΔI						
母液日注量	配注，m³/d	K						
	底数折算日注量，m³/d	L						
	报表日注量，m³/d	M						
	现场检查与报表母液量误差，%	L^1						
	母液配注完成率，%	K^1						
日注水量	日配注水量，m³/d	U						
	底数折算日注水量，m³/d	N						
配　比	方案配比	Q						
	底数折算配比	R						
	底数折算配比误差，%	R^1						
聚合物溶液	瞬时折算日注入量，m³/d	S						
	分层流量测试日注量，m³/d	T						
	现场检查与测试聚合物溶液注入量误差，%	S^1						
测试时间		Y						
允许注入压力，MPa		Z						
备　注								
检查人：	被检查单位负责人：			检查时间：				

（四）注聚井现场聚合物溶液浓度检查指标

浓度误差指现场检测与方案的聚合物浓度的对比误差，用公式表达为：

浓度误差=((现场聚合物溶液浓度－方案聚合物溶液浓度)/方案聚合物溶液浓度)×100%

现场执行标准浓度误差为±10%，超过此范围，注聚井浓度不达标，必须进行复样落实原因，进行整改。

GBB015 注聚井现场检查指标及准确率计算

GBB016注聚井现场检查要求

项目二　计算抽油机井系统效率

一、准备工作

（一）考场准备

可容纳20~30人教室1间。

（二）资料、材料准备

抽油井综合记录1口，动液面资料，有效功率测试资料同井，有效功率统计表（空白）1份，答卷1份，演算纸少许。

（三）工具、用具准备

穿戴劳保用品，碳素笔1支，HB铅笔1支，普通橡皮1块，计算器1个。

二、操作规程

序　号	工　序	操作步骤
1	填写相关参数	填写计算系统效率的相关参数
2	列出计算公式	列出举升高度计算公式：　$H = L_f + \dfrac{100(p_h - p_c)}{\rho}$
		列出耗电量计算公式：　$W_{输入} = \dfrac{3IU\cos\phi}{1000}$ 或 $W_{输入} = \dfrac{\sqrt{3}IU\cos\phi}{1000}$
		列出系统效率计算公式：　$W_有 = \dfrac{\alpha H Q_{理}\rho g}{1000}$ $\eta = (W_有 / W_{输入}) \times 100\%$
3	数据计算	计算举升高度数据
		计算日耗电量数据
		计算系统效率
4	填写统计表	填写系统效率统计表

【例1-1-2】　某抽油机井日产液$Q_实$为100t，综合含水f_w为80%，实测动液面L_f为500m，正常生产油压p_t为0.5MPa，套压p_c为1.0MPa，抽油机运行线电压U为380V，抽油机运行平均上行电流为60A，平均下行电流为50A，求该井的系统效率（$g=10\text{m}/\text{s}^2$，功率因数$\cos\phi$为0.85，纯油密度ρ_o为$0.86 \times 10^3 \text{kg}/\text{m}^3$）？

解：（1）公式：$\rho = (1-f_w)\rho_o + f_w\rho_w$

$\qquad = (1-80\%) \times 0.86 \times 10^3 + 80\% \times 1 \times 10^3$

$\qquad = 0.972 \times 10^3 (\text{kg}/\text{m}^3)$

（2）公式：$H = L_f + (p_t - p_c) \times 10^6 / \rho g$

$\qquad = 500 + (0.5-1.0) \times 10^6 / 0.972 \times 10^3 \times 10$

$\qquad = 448.56 (\text{cm})$

$$Q_实 = \frac{100 \times 10^3 \times 80\%}{1 \times 10^3} + \frac{100 \times 10^3 \times (1-80\%)}{0.86 \times 10^3} = 103.26(\text{m}^3/\text{d})$$

（3）公式：$W_有 = Q_实 \rho g H / 86400$

其中，$1(\text{d}) = 24 \times 60 \times 60 = 86400(\text{s})$

$\qquad = 448.56 \times 103.26 \times 0.972 \times 10 / 86400 = 5.21(\text{kW})$

（4）公式：$W_{输入} = \dfrac{\sqrt{3}IU\cos\phi}{1000}$

$$= \left[(1.732 \times 380 \times (60+50)/2 \times 0.85)\right]/1000$$

$$= 30.77(\text{kW})$$

（5）公式：$\eta = (W_有/W_{输入}) \times 100\%$

$$= (5.21/30.77) \times 100\% = 16.93\%$$

答：该井系统效率为 16.96%。

项目三　计算抽油机井管理指标

一、准备工作

（一）考场准备

可容纳 20～30 人教室 1 间。

（二）资料、材料准备

抽油井生产月报 1 份，抽油井各项生产数据表 1 份，抽油井额定数据 1 份，抽油井管理指标表（空白）1 张，答卷 1 份，演算纸少许。

（三）工具、用具准备

穿戴劳保用品，碳素笔 1 支，HB 铅笔 1 支，普通橡皮 1 块，计算器 1 个。

二、操作规程

序　号	工　序	操作步骤
1	填写相关参数	填写相关参数
2	列出公式	列出抽油井利率公式： 年（季、月）抽油机井利用率 =［开井生产井数 /（总井数 － 计划关井数）］× 100%
		列出抽油井资料全准率公式： 年（季、月）抽油机井资料全准率 =［年（季、月）资料全准井数 / 年（季、月）应取资料井数］× 100%
		列出抽油井扭矩利用率公式： $M_利 = (M_实/M_额) \times 100\%$ $M_实 = 30S + 0.236S(P_大 - P_小)$
		列出抽油井电机功率利用率公式： $W_利 = (W_实/W_额) \times 100\%$ $W_实 = IV\cos\phi$
		列出抽油井平衡率公式： $B = (I_下/I_上) \times 100\%$
		列出抽油井泵效公式： $\eta = (Q_液/Q_理) \times 100\%$

续表

序　号	工　序	操作步骤
2	列出公式	列出抽油井定点测压率公式： 年（半年）定点井测压率 =[年（半年）实测压井数 / 年（半年）定点测压井总数]×100%
		列出抽油井冲程利用率公式： $$S_{利}=(S_{实}/S_{理})\times100\%$$
		列出抽油井冲次利用率公式： $$N_{利}=(N_{实}/N_{理})\times100\%$$
		列出抽油井检泵周期公式： 平均检泵周期 = 统计井检泵周期之和 / 统计井数之和
3	计算数据	计算抽油井利用率
		计算抽油井资料全准率
		计算抽油井扭矩利用率
		计算抽油井电机功率利用率
		计算抽油井平衡率
		计算抽油井泵效
		计算抽油井定点测压率
		计算抽油井冲程利用率
		计算抽油井冲次利用率
		计算抽油井检泵周期
4	填写指标表	将计算结果填写到指标表中

项目四　计算潜油电泵井管理指标

一、准备工作

（一）考场准备

可容纳 20～30 人教室 1 间。

（二）资料、材料准备

电泵井生产月报 1 份，电泵井各项生产数据 1 份，电泵井额定数据 1 份，电泵井管理指标表（空白）1 张，答卷 1 份，演算纸少许。

（三）工具、用具准备

穿戴劳保用品，碳素笔 1 支，HB 铅笔 1 支，普通橡皮 1 块，计算器 1 个。

二、操作规程

序　号	工　序	操作步骤
1	填写参数	填写相关参数
2	列出公式	列出电泵井利用率公式： 年（季、月）电泵井利用率 =[开井生产井数 /（总井数—计划关井数）]×100%
		列出资料全准率公式： 年（季、月）电泵井资料全准率 =［年（季、月）资料全准井数 / 年（季、月）应取资料井数］×100%

序 号	工 序	操作步骤
2	列出公式	列出定点测压率公式： 年（半年）定点井测压率 =［年（半年）定点井实测压井数 / 年（半年）定点测压总井数］×100%
		列出电泵井过载与欠载整定值公式： 过载整定值 = 电动机的额定电流 ×120% 欠载整定值 = 电动机的额定电流 ×80%
		列出电机功率公式： 电泵的有效功率 = $(Q_a H_a \gamma) / 102$
		列出系统效率公式： 潜油电机功率 = $(Q_b H_b \gamma) / (864 \times 105 \eta)$
		列出平均免修期公式： 平均免修期 = 正常井累积运转天数 / 井下运转总井数
		列出排量效率公式： 电泵井排量效率 =［全部运转井实际产量之和 / 全部运转井额定排量之和］×100%
		列出检泵周期公式： $D_p =［\sum D / \sum(nb)］\times 100\%$
3	计算数据	计算井利用率
		计算资料全准率
		计算定点测压率
		计算电泵井过载与欠载整定值
		计算电机功率
		计算系统效率
		计算平均免修期
		计算排量效率
		计算检泵周期
4	填写指标	填写电泵井管理指标表

项目五　计算螺杆泵井管理指标

一、准备工作

（一）考场准备

可容纳 20~30 人教室 1 间。

（二）资料、材料准备

螺杆泵井生产月报，螺杆泵井各项生产数据，螺杆泵井额定数据，螺杆泵井管理指标表（空白），答卷各 1 份，演算纸少许。

（三）工具、用具准备

穿戴劳保用品，碳素笔 1 支，HB 铅笔 1 支，普通橡皮 1 块，计算器 1 个。

二、操作规程

序　号	工　序	操作步骤
1	填写数据	填写相关参数
2	列出公式	列出螺杆泵井利用率公式： 年（季、月）螺杆泵井利用率 =［开井生产井数 /（总井数 – 计划关井数）］× 100%
		列出资料全准率公式： 年（季、月）螺杆泵井资料全准率 =［年（季、月）资料全准井数 / 年（季、月）应取资料井数］× 100%
		列出定点测压率公式： 年（半年）定点井测压率 =［年（半年）定点井实测井数 / 年（半年）定点测压总井数］× 100%
		列出电机功率公式： $$W_{利} = （W_{实} / W_{额}）× 100\%$$ $$W_{实} = IU\cos\phi$$
		列出系统效率公式： $$\eta = （Q_{液} \cdot L_{实} \cdot （f_{油} \cdot \rho_{油} + f_{水}）× 9.8） / （864 \cdot W_{消耗}）× 100\%$$
		列出平均免修期公式： $$平均免修期 = 正常井累积运转天数 / 井下运转总井数$$
		列出排量效率公式： 螺杆泵井排量效率 =［全部运转井实际产量之和 / 全部运转井额定排量之和］× 100%
		列出检泵周期公式： $$D_{p} = ［\sum D / \sum (nb)］× 100\%$$
3	计算数据	计算井利用率
		计算资料全准率
		计算定点测压率
		计算电机功率
		计算系统效率
		计算平均免修期
		计算排量效率
		计算检泵周期
4	填写指标	填写螺杆泵井管理指标表

项目六　计算注水井管理指标

一、准备工作

（一）考场准备

可容纳 20~30 人教室 1 间。

（二）资料、材料准备

注水井生产月报，注水井各项生产数据，注水井分层注水数据，注水井管理指标表（空白），答卷 1 份，演算纸少许。

（三）工具、用具准备

穿戴劳保用品，碳素笔 1 支，HB 铅笔 1 支，普通橡皮 1 块，计算器 1 个。

二、操作规程

序　号	工　序	操作步骤
1	填写数据	填写相关参数
2	列出公式	列出井利用率公式： 年（季、月）注水井利用率 =［开井生产井数 /（总井数—计划关井数）］×100%
		列出资料全准率公式： 年（季、月）注水井资料全准率 =［年（季、月）资料全准井数 / 年（季、月）应取资料井数］×100%
		列出分注率公式： 年（季）注水井分注率 =[年（季）分层井总井数 / 年（季）注水井总井数]×100%
		列出分层测试率公式： 年（季）分层注水测试率 =｛年（季）实际分层测试井数 /［（年（季）分注井总井数—计划关井数）］｝×100%
		列出分层合格率公式： 年（季）分层注水合格率 =｛年（季）注水合格层段数 /［年（季）分层总层段数—计划停注层段数）］｝×100%
		列出定点测压率公式： 年（半年）定点井测压率 =［年（半年）定点井实测压井数 / 年（半年）定点测压总井数］×100%
3	计算数据	计算井利用率
		计算资料全准率
		计算分注率
		计算分层测试率
		计算分层合格率
		计算定点测压率
4	填写指标	填写注水井管理指标表

项目七　计算分层注水井层段实际注入量

一、准备工作

（一）考场准备

可容纳 20～30 人教室 1 间。

（二）资料、材料准备

注水井分层测试资料 1 份，计算层段吸水百分数表（空白）1 张，计算分层水量答卷 1 份，演算纸少许。

（三）工具、用具准备

穿戴劳保用品，碳素笔 1 支，HB 铅笔 1 支，普通橡皮 1 块，计算器 1 个。

二、操作规程

序　号	工　序	操作步骤
1	填写数据	填写计算层段吸水百分数空白表（三个压力点数据）
		填写上、中、下之间的压力点
2	计算层段吸水百分数	列出计算水量的内插法公式： $$Q_i = (Q_2 - Q_1) \div (P_2 - P_1) \cdot (P_i - P_1)$$ 式中　Q_2——高压力点吸水量，m^3； 　　　Q_1——低压力点吸水量，m^3； 　　　P_2——高点压力，MPa； 　　　P_1——低点压力，MPa； 　　　Q_i——P_2，P_1 之间压力点对应水量，m^3； 　　　P_i——P_2，P_1 之间压力点，MPa
		计算每两个测试压力点之间单位压差的水量差（小层、全井）
		计算每两个测试压力点之间每个压力点的水量（小层、全井）
		填写计算层段吸水百分数空白表
		计算各层段吸水百分数
		填写百分数
3	劈分层段注水量	列已知参数
		选取已知压力点的层段吸水百分数
		列计算小层水量公式
		劈分各小层实际注水量
4	检查卷面	检查卷面

项目八　计算聚合物注入井的配比

一、准备工作

（一）考场准备

可容纳 20～30 人教室 1 间。

（二）资料、材料准备

聚合物注入井班报表高注入量 1 口，聚合物注入井班报表中注入量 1 口，聚合物注入井班报表低注入量 1 口，注聚井综合记录（与上同井号），注聚井生产参数表（空白）1 张，答卷 1 份，演算纸少许。

（三）工具、用具准备

穿戴劳保用品，碳素笔 1 支，HB 铅笔 1 支，普通橡皮 1 块，计算器 1 个。

二、操作规程

序　号	工序	操作步骤
1	选取参数	填写注聚井生产参数（3 口）
2	列出公式	列出实际配比计算公式： 方案配比 = 日配母液：日配水量 实际配比 = 日实注母液：日实注水量 配比误差 =（实际配比－方案配比）/ 方案配比 ×100%
3	计算配比	计算方案配比
		计算实际配比
		计算配比误差
4	对比	填写结果（注聚井生产参数表）
		对比参数（注聚井生产参数表）
		提出调整措施（注聚井生产参数表）
5	填写数据	填写综合数据表
6	检查卷面	检查卷面

【例 1–1–3】　某聚合物注入井 12 月份日配注入量为 120m³，实际注入量为 125m³，日配注入清水为 80m³，日注清水量为 82m³，请计算该井实际配比和配比误差？

解：①方案配比 = 清水配注量：母液配注量

　　　　　=80:（120－80）

　　　　　=2:1

　　②实际配比 = 清水注入量：母液注入量

　　　　　=82:（125－82）

　　　　　=1.91:1

　　　　　=1.91

③配比误差 =（实际配比 - 方案配比）/ 方案配比 ×100%

$$= （1.91-2）/2 \times 100\%$$

$$= -4.5\%$$

答：该井实际配比为 1.91∶1，配比误差为 -4.5%。

项目九 分析判断聚合物注入井浓度是否达标

一、准备工作

（一）考场准备

可容纳 20~30 人教室 1 间。

（二）资料、材料准备

注聚单井配注方案 10 口，单井浓度化验数据（与上相同井），单井数据对比表 1 张，分析答卷 1 份。

（三）工具、用具准备

穿戴劳保用品，碳素笔 1 支，计算器 1 个。

二、操作规程

序 号	工 序	操作步骤
1	填写对比表	填写注聚井浓度数据对比表
2	计算	根据所给条件计算注聚井单井浓度数据
3	判断分析	分析判断单井浓度达标情况
4	计算	计算注入井浓度达标率情况
5	提出措施	提出下步措施（分析答卷）
6	检查卷面	检查卷面

【例 1-1-4】 某年某月某日对某聚合物注入站进行浓度抽样检查，共抽查聚合物注入井 10 口，配注浓度及抽检浓度见表 1-1-6。请根据给出的数据完成，其他两项内容，试分析各井浓度达标情况及浓度达标率？

表1-1-6 单井含聚浓度

井 号	方案浓度，mg/L	监测浓度，mg/L	浓度误差	监测结果
1	600	554		
2	800	789		
3	1000	1200		
4	1200	1250		
5	1400	1360		
6	1600	1580		

井 号	方案浓度，mg/L	监测浓度，mg/L	浓度误差	监测结果
7	1800	1740		
8	1100	1080		
9	900	933		
10	1200	1350		

解：计算结果见表1-1-7。

表1-1-7　单井含聚浓度误差

井 号	方案浓度，mg/L	监测浓度，mg/L	浓度误差	监测结果
1	600	554	-7.67	浓度误差在 ±10% 内，浓度达标
2	800	789	-1.38	浓度误差在 ±10% 内，浓度达标
3	1000	1200	20.00	浓度误差超过 ±10% 范围，浓度不达标
4	1200	1250	4.17	浓度误差在 ±10% 内，浓度达标
5	1400	1360	-2.86	浓度误差在 ±10% 内，浓度达标
6	1600	1580	-1.25	浓度误差在 ±10% 内，浓度达标
7	1800	1740	-3.33	浓度误差在 ±10% 内，浓度达标
8	1100	1080	-1.82	浓度误差在 ±10% 内，浓度达标
9	900	933	3.67	浓度误差在 ±10% 内，浓度达标
10	1200	1350	12.50	浓度误差超过 ±10% 范围，浓度不达标

从表 1-1-7 分析内容可知，10 口井里有 8 口井浓度达标，所以浓度达标率为：

浓度达标率 = 浓度达标井数 / 抽检井数 × 100%

$$=8/10 \times 100\%$$

$$=80\%$$

答：该站抽检的注聚井浓度达标率为 80%。

【知识链接一】　水力活塞泵抽油系统

一、水力活塞泵的特点

GBA001 水力
活塞泵的特点

水力活塞泵是一种液压传动的无杆泵抽油系统，与其他人工举升抽油方式相比，具有以下特点：

（1）具有较高的效率，且随着油井动液面的降低，效率降低不多，水利活塞泵装置的总效率在中深井和深井中，一般可达 0.57～0.68。

（2）扬程高，泵挂深。对于 3600m 以上的深井，水利活塞泵是最成功的机械采油方法，最大下泵深度可达 5486m。

（3）排量的适应范围比较大，在直径 140mm 套管内使用，可达 30～600m³/d，国外最大排量已达 1245m³/d。

（4）最突出的优点是无级调参、检泵方便。

（5）在深井、超深井、斜井、小井眼油井、方向井（水平井）、分层采油井、结构井、多蜡井、稠油井和高凝油井的开采中有其优越性。

（6）动力液可添加破乳剂、降黏剂等，系统可加热，方便实现普通稠油、高凝油伴热开采。

（7）井口装置简单，适合于海上平台和丛式井以及地理环境恶劣地区。

（8）要求所使用的动力液具有良好的润滑性、防腐蚀性和防垢性，以保证泵的正常工作和延长使用寿命。

（9）水力活塞泵抽油的换向机构在井下，检修时必须起出。

（10）地面设备较为复杂。

（11）油田到高含水期开采时，采用开式动力循环方式，会增加地面、水处理量。

二、水力活塞泵的概念

GBA002　水力活塞泵的概念、原理、分类及组成

（一）概念

水力活塞泵是一种液压传动的无杆抽油设备，它是由地面动力泵将动力液增压后经油管或专用通道泵入井下，驱动马达做上下往复运动，将高压动力液传至井下驱动油缸和换向阀，来帮助井下柱塞泵抽油。

（二）工作原理

水力活塞泵是依靠液力传递能量的，根据液体能等值传递压力的原理，将地面泵提供的压力能传递给井下泵机组的液马达（换向机构）；通过力的放大，压强的放大和差动原理，液马达驱动抽油泵产生往复运动，抽油泵的活塞产生举升力，达到连续抽油的目的。

水力活塞泵也存在气锁。当吸入流体含游离气时，在泵排出冲程末端，一部分流体会存留在余隙容积中，压力等于泵排出压力。泵柱塞反向运动，余隙容积中的气体膨胀，压力同时降低。压力未降到泵的吸入压力，吸入阀不会打开，泵的有效冲程长度减少，严重时会使吸入阀打不开，这种现象称为气锁。

（三）分类

水力活塞泵按动力液循环方式不同可分为开式循环和闭式循环两类。开式循环的特点是液马达排出的废动力液同井里抽出的液体混合在一起返回地面。闭式循环的特点是液马达排出的废动力液始终不与油井里的抽出液混合，而是通过另一条单独的通道返回地面。

水力活塞泵按在油井中的安装方式不同，可分为插入固定式、套管固定式、平行管投入式和套管投入式四类。

（四）组成

水力活塞泵装置与有杆抽油设备相同，也是由井下部分、地面部分和联系井下、地面的中间部分三部分组成。

1. 井下部分

井下部分是水力活塞泵的主要机组，由液动机、水力活塞泵和滑阀控制机构组成，主要起着抽油的作用。

2.地面部分

地面部分由地面动力泵、各种控制阀及动力液处理和准备设备等组成，起着向井下机组提供和处理高压动力液的作用。

3.中间部分

中间部分包括中心油管和各专门通道，它起着将高压动力液从地面送到井下机组，并将井下泵抽取的原油和工作过的废动力液一起排回地面的作用。

地面动力泵将处理合格的动力液加压后，经过地面管网和井口四通阀，沿中心油管注入井内，驱动井下液马达工作；液马达的活塞带动井下泵的柱塞往复运动，从而实现抽油作业。液马达排出的废动力液和井下泵抽汲的原油一起从油管、套管环形空间排到地面，通过井口四通阀送入地面输油管道。

【知识链接二】 射流泵采油

一、射流泵的工作原理

射流泵的工作原理基于能量守恒原理，高压动力液通过喷嘴将其势能（高压能）转换成高速动力液流的动能。此高速液流具有低的压力，允许井筒内地层流体进入喉管。在喉管内高速动力液与井筒地层液充分混合，并将其动力传递给地层液，使地层液流速增加。到扩散管后，随着流动面积的逐渐增大，混合液流速减小，混合液的动能转换成静压头，此时混合液中的压力足以将其举升到地面。

GBA003 射流泵采油的特点

二、射流泵采油的特点

射流泵采油是常用的机械采油方式之一，不仅在油井采油应用广泛，而且还用于陆上及海上探井试油、油井排酸及气井排液等。

优点：由于射流泵的结构特点，具有抽吸广泛流体的能力，适用于高气油比、高温、高含砂、高含水和腐蚀性流体；检泵方便，无须起油管，可通过液力投捞或钢丝起下；因其结构简单，尺寸小，性能可靠，运转周期长，适用于斜井及海上油田，易调节参数。

缺点：因射流泵工作时存在严重的湍流和摩擦，泵效低，一般需要大的动力液量和高的压力，因而需大功率的地面动力液供给系统，为避免气蚀，射流泵需要有比其他举升方式高的吸入压力。

GBA004 射流泵的分类与组成

三、射流泵的分类及组成

（一）分类

根据射流泵起下方式，可分为用钢丝起下式射流泵和液力投捞式射流泵。

根据射流泵动力液的循环方式，又可分为正循环式射流泵和反循环式射流泵。

（二）组成

射流泵一般由泵体、井下固定装置、工作筒和密封填料四部分组成。

1.射流泵泵体

1）组成

射流泵有两种结构：正循环式和反循环式结构，正循环结构动力液由油管进入，混合液由套管返出；反循环结构动力液由套管进入，混合液由油管返出。两种结构底部都车有螺纹可以悬挂压力计。

无论是哪种形式的射流泵泵体，其主要工作元件都是由喷嘴、喉管和扩散管组成。

2）作用

喷嘴位于喉管的入口处，它的作用就是将来自地面高压动力液的势能转换为高速喷射的动能，产生喷射流，使井内流体在喷射流周围流动而被喷射流吸入喉管。

喉管是一个直的圆筒，长度约是直径的 7 倍，入口部分经过磨光，它的直径比喷嘴直径大，它是动力液和产出流体混合的初步区域，并把动力液能量传给产出流体，使其动能增加。

扩散管与喉管相连，面积逐渐增大，动力液和地层液进入扩散管后，流速逐渐降低，并将剩余的动能转化为静压力，将混合流体举升到地面。

2. 射流泵井下固定装置

射流泵井下固定装置起固定射流泵的作用，不让其上下移动。对用钢丝起下作业的射流泵，其固定装置是锁心；对自由式的液力投捞的连续油管射流泵或排酸射流泵，其固定装置是工作筒中的泵座。

3. 射流泵工作筒

1）滑套

滑套作为海上油田最常见的射流泵工作筒，其作用是：

（1）锁心固定射流泵；

（2）与密封填料配合密封射流泵；

（3）为射流泵提供油管和环空之间的流动通道。

2）连续油管工作筒

连续油管工作筒上部与连续油管相连，下部与抛光短节相连，其作用是坐封射流泵，提供混合液通道，同时防止停泵时动力液漏入地层。还可以反循环时液力举升泵至井口。

3）排酸射流泵工作筒

排酸射流泵工作筒用于射流泵的定位、密封，提供流体通道，并且能防止洗井或停泵时海水漏入地层。

4. 射流泵的密封元件

射流泵的密封元件主要是指 O 形密封圈和密封填料。

【知识链接三】 油、气井防砂概论

一、油气井出砂危害

油气井出砂是石油开采遇到的重要问题之一。如果砂害得不到治理，油气井出砂会越来越严重，致使出砂油气田不能有效开发。出砂的危害主要表现在以下三方面。

（一）减产或停产作业

油气井出砂，最容易造成油层砂埋、油管砂堵、地面管汇和贮藏油管积砂。因此，常被迫起油管清除砂堵、冲洗砂埋油层、清理地面管汇和储油罐。其工作量大，条件艰苦，既费时又耗资。问题还没有最终解决，恢复生产不久，又须重新作业，周而复始，生产周期越来越短，使油气田产量大减。有的油气田被迫在一定条件下采取控制生产的办法来抑制地层出砂，但势必要减少油井产量。

（二）地面和井下设备腐蚀

由于油气井产出液体中含有地层砂，而地层砂的主要成分是二氧化硅（即石英），硬度较高，是一种破坏性很强的腐蚀剂，能使抽油泵阀座磨损而不密封，阀球点蚀，柱塞和泵缸拉伤，地面阀门失灵，输油泵叶轮严重冲蚀。使得油气井不得不停产进行设备维修或更换，造成产量下降，成本上升。

（三）套管损坏、油井报废

最严重的情况是随着地层出砂量的不断增加，套管外的地层空穴越来越大，到一定程度，往往会导致突发性的地层坍塌。套管受坍塌地层砂岩团块的撞击和地层应力变化的作用，受力失去平衡而产生变形或损坏。这种情况严重时会导致油井报废。

油气井出砂问题必须立足于早期防治，不能任其发展酿成后患。此外，地层砂产出井筒，对环境会造成污染，尤其是海洋油气田，更为环境保护法规所制约，所以油气井防砂不仅是油气开采本身的需要，也是环境保护的需要。

二、油气井出砂机理

GBA006 油气井出砂的机理

地层出砂没有明显的深度界限，一般来说，地层应力超过地层强度就有可能出砂。地层强度决定于地层胶结物的胶结力、圈闭内流体的黏着力、地层颗粒物之间的摩擦力以及地层颗粒本身的重力。地层应力包括地层结构应力、上覆压力、流体流动时对地层颗粒施加的退拽力，还有地层孔隙压力和生产压差形成的作用力。由此可见，地层出砂是由多种因素决定的。主要可划分为先天性原因和开发原因。

（一）先天性原因

先天性原因是指砂岩地层的地质条件，也就是砂岩地层含有胶结矿物数量的多少、类型的不同和分布规律的差异，再加上地质年代的因素，就形成了砂岩油气藏不同的胶结强度。一般来说，胶结矿物数量多，类型好，分布均匀，地质年代早，砂岩油气藏的胶结强度大，反之则小。

（二）开发因素

人为的开发因素造成油气井出砂，有的可以避免，有的不可能避免。

不恰当的开采速度以及采油速度的突然变化，落后的开采技术，低质量和频繁的修井作业，设计不良的酸化作业和不科学的生产管理等造成油气井的出砂，这些都应当尽可能避免。

随着油气田开发期延续，油气层压力自然下降，储层砂岩体承载砂粒的负荷逐渐增加，致使砂粒间的应力平衡破坏，胶结破坏，造成地层出砂。另外地层注水可能使储层中的黏土膨胀分散，有的还会随地层流体迁移使地层胶结力下降。在注水开发中为了保持产量必须要提高产液量，这就会增加地层流体的流速，加大流体对地层砂的冲拽力，因此，注水有可能造成地层出砂。此外，地层中的两相或三相流动状态能增加对地层砂的携带力。以上这些因素在开发过程中是难以避免的。

三、油气井出砂地层分类及其特征

出砂地层根据地层砂胶结强度的大小可分为三种类型。

GBA007 油气井出砂地层分类及特征

（一）流砂地层

流砂是指没有胶结的地层砂，即地层中没有有效的胶结物。流砂地层的聚集依靠很小的流体附着力和周围环境圈闭的压实力。这种地层极易坍塌，使钻具难以顺利通过，根本无法采用裸眼砾石充填完井方法。油气井完井以后，一旦开井投产便立即出砂并连续不断的出砂，而且会延续几十年。尽管累积出砂量越来越大，但套管周围不会出现地层空穴，只有地层越来越疏松。

流砂地层难以取心，需研制特殊工具在钻井过程中获取岩样。此外，只能依靠井底捞砂或冲砂来获得砂样。

（二）部分胶结地层

部分胶结地层含有胶结物数量少，胶结力弱，地层强度低。用常规取心工具可以取得岩心，但岩心非常容易破碎。采取相应的技术措施稳定地层，可以进行裸眼砾石充填完井。如控制钻井液性能、防止地层坍塌，或在钻井液中加入适量的暂堵剂，防止失水过多而引起地层膨胀造成垮塌。

投产以后，地层砂会在炮眼附近剥落，逐渐发展而形成洞穴。这些剥落的小团块地层砂进入井筒极易填满井底口袋，堵塞油管，掩埋油气层。

随着产层压力递减，作用在承载骨架砂粒上的负荷逐渐增加，出砂情况会日趋严重。如不及早加以控制，那么产层附近的泥岩、页岩夹层也会因空穴加大而剥落，从而造成近井区域泥岩、页岩和砂岩三种剥落物互混，渗透率降低，产量下降。任其发展，有可能造成地层坍塌，盖层下沉，套管损坏，油气井报废的严重后果。

（三）脆性砂地层

脆性地层砂也称易碎砂地层，有较多的胶结物，是中等胶结强度的砂岩。这种地层开始投产时出砂几天或几周，忽然出砂量大减，几乎是无砂产出，此时，产量有可能会大升。但到一定的时候有可能重新出砂。这种规律是因为在出砂过程中套管外部地层冲蚀空穴突然增大，过流面积成倍增加，使地层流体的流速大幅度下降，致使出砂量明显下降。随着油井条件变化，又会形成新的出砂环境而开始出砂。

四、油气井防砂方法

GBA008 油气井防砂的方法

无论哪一种防砂方法，都应该能够有效地阻止地层中承载骨架砂随着地层流体进入井筒。承载骨架砂是指组成地层力学结构的固体颗粒物质。游离于承载骨架砂孔隙之中的"非承载体"不是油气井防砂的治理对象，它们如果能够随着地层流体产出，则起到疏通地层孔隙通道的作用；反之，如果这些游离砂留在地层中，再加上各种完井液、修井液中的固相伤害物，有可能堵塞地层孔隙，造成渗透率下降，产量降低。

油气井防砂方法很多，最终要以防砂后的经济效果来选择评价。根据防砂原理，大致可分为砂拱防砂、机械防砂、化学防砂和热力焦化防砂四大类。

（一）砂拱防砂

砂拱防砂是指油气井射孔完井后不再下入任何机械防砂装置或充填物，也不注入任何化学药剂的防砂方法。

（二）机械防砂

机械防砂可分为两类，一类是下入防砂管柱挡砂，如割缝衬管、绕丝筛管、胶结成型的滤砂管、双层或多层筛管等。这类防砂方法简便易行，但效果差，寿命短。原因是防砂管柱的缝隙或孔隙易被进入井筒的细地层砂所堵塞。另一类是下入防砂管柱后再进行充填，充填材料多种多样。最常用的是砾石，还可用果壳、果核或陶粒等。这种防砂方法能有效地把地层砂限制在地层内，并能使地层保持稳定的力学结构，防砂效果好，寿命长。

（三）化学防砂

化学防砂大致分三类：

（1）树脂胶结地层砂。

（2）人工井壁。

（3）其他化学固砂法。

化学防砂适用于渗透率相对均匀的薄层段，在粉细砂岩地层中的防砂效果优于机械防砂。

（四）热力焦化防砂

热力焦化防砂的原理是向油层提供热能，促使原油在砂粒表面焦化，形成具有胶结力的焦化薄层。主要有热空气固砂和短期火烧油层固砂两种。

GBA009 油气井出砂方法的选择

五、油气井防砂方法的选择

油气井投产开发之前，应结合油田具体情况选择防砂方法和确定防砂工艺措施，通常综合考虑以下因素。

（一）完井类型

完井类型分裸眼防砂和管内防砂。原油黏度偏高，地质条件相对简单，地层砂具有一定的胶结强度的产层可以考虑采用裸眼防砂，以改善井底渗流条件，提高油气井产量；因地层条件复杂，含有水、气、泥岩夹层的井应考虑采用管内防砂。

（二）完井井段长度

机械防砂不受井段长度的限制。夹层较厚的井，可考虑分层防砂。化学防砂只能在薄层段进行。

（三）井筒和井场条件

小井眼、异常压力井及双层完井的上部地层适用化学胶结防砂方法。温度对化学防砂有直接影响，应注意井筒的温度范围，老油井不适合采用化学防砂方法。无钻机或修井机的井场条件的井不能进行机械防砂。

（四）地层砂物性

化学防砂对地层砂粒范围适应性大，膨胀式封隔器适用于泥质低渗透产层，砾石充填对油层渗透率的均匀性要求不高。

（五）产能

无论选择哪一种方法，要想得到有效的防砂效果又不过分地影响产能，就必须进行合理的设计和施工。一般来说，砂拱防砂对产能的影响最小，但难以保持砂拱的稳定。裸眼防砂能建立较高的、稳定的产能水平，有条件时应尽量采用。

（六）费用

从施工成本考虑应选择最经济的防砂方法，但是应该同时考虑综合经济效果。

【知识链接四】　油井出水原因及危害

一、油井出水原因

GBA010 油井
出水的原因

油井的出水原因不同，采取的堵水措施一般也不同，在油田中常见的出水原因一般包括以下四种。

（一）注入水及边水推进

对于用注水开发方式开发的油气藏，由于油层的非均质性及开采方式不当，使注入水边水沿高、低渗透层及高、低渗透区不均匀推进，在纵向上形成单层突进，在横向上形成舌进或指进现象，使油井过早水淹。

（二）底水锥进

底水即是油层底部的水层，在同一个油层内，油气被底水承托。"底水锥进"是指当油田有底水时，由于油井生产压差过大，破坏了由于重力作用所建立起来的油水平衡关系，使原来的油水界面在靠近井底处呈锥形升高的现象。

注入水、边水和底水在油藏中虽然处于不同的位置，但它们都与要生产的原油在同一层中，可统称为"同层水"。"同层水"进入油井，造成油井出水是不可避免的，但要求缓出水、少出水，所以必须采取控制和必要的封堵措施。对于底水锥进和最下层水淹的油井，可打水泥隔板将底部的水封堵住。

（三）上层水、下层水窜入

所谓的上层水、下层水，是指油藏的上层水层和下层水层。上层水、下层水窜入可能是由于固井不好，套管损坏，误射油层，采取不正确的增产措施，而破坏了井的密封条件。除此之外还有一些地质上的原因，例如，有些地区由于断层裂缝比较发育，而造成油层与其他水层相互串通等。

（四）夹层水进入

夹层水是指油层间的层间水，即在上下两个油层之间的水层。由于固井不好或层间串通，或者补水时误射水层，都会使夹层水注入油井，使油井出水。在油田开发过程中，如果油井含水上升速度太快，无论是哪种水导致，都应控制含水上升速度，对水淹层要进行封堵。

二、油井出水危害

（一）油井出砂

油井出水会使胶结疏松的砂岩层受到破坏，造成出砂，严重时使油层塌陷或导致油井停产。

（二）油井停喷

油井见水后含水量不断增加，井筒液柱重量随之增大，导致自喷井不能自喷。

（三）形成"死油"区

油井过早见水，会导致在地下形成一些"死油"区，大大降低了油藏的采收率。

（四）设备腐蚀

油井出水会腐蚀油井设备及破坏井身结构，增加修井作业任务和难度，缩短油井寿命。

（五）增加采油成本

油井出水会增大地面注水量，相应增加了地面水源、注水设施及电能消耗。

【知识链接五】　油水井井下工艺技术

GBA011 调剖的概念及原理

一、水井调剖工艺技术

油田进入高含水期后，油水分布趋于复杂化，层间干扰进一步加剧，纵向上多层高含水的现象相当普遍。这给油田进一步细分挖潜、深化调整注水结构和产液结构带来了更大困难。针对这种情况，控水工艺措施已由油井堵水转向水井化学调剖。对于注水井，油层的非均质性反映在吸水剖面上，即油层的每一层的吸水量都不平衡，每一层的每一部分的吸水量不同。考虑到油层吸水的不均匀性，为了提高注入水的波及系数，需要封堵吸水能力强的高渗透层，称为调剖。

（一）水井调剖工艺技术的原理

调剖是利用注水井非均质多油层间存在的吸水差异和启动压力的差异，通过合理控制较低的注入压力，使调剖剂优先进入并封堵启动压力最低的高渗透层或部位，再通过提高注入压力，使调剖剂顺次进入到其他启动压力较低的层，达到调整吸水剖面，改善水驱开发效果的目的。按调剖深度可分为深部调剖和浅部调剖两种类型，简称深调和浅调。

GBA013 浅度调剖技术的类型

（二）水井调剖工艺技术的类型

以大庆油田的各种调剖剂和调剖工艺为例，主要介绍以下几种调剖技术。

1. 浅部调剖技术的主要类型

浅调剖技术的主要类型见表 1-1-8。

表1-1-8　化学浅调剖剂种类及主要性能指标统计表

序　号	调剖剂名称	主要性能指标		
		承压强度，MPa	凝胶时间，h	适应温度，℃
1	木质素复合调剖剂	＞0.75	72	25～60
2	FW 调剖剂	＞0.75	8～72	35～60
3	LTPC-1	175～1.95	2～15	10～30
4	F-908	＞0.75	48～96	15～65
5	无机颗粒	＞0.75	48～120	25～80
—	TP-910	＞1.99	4～15	35～45

续表

序 号	调剖剂名称	主要性能指标		
		承压强度，MPa	凝胶时间，h	适应温度，℃
7	YFT–YTP	0.75～0.85	72	20～60
8	复合调剖剂	0.95	2～72	20～60
9	SAP–TYE	0.85～0.95	3～24	20～60

（1）木质素复合调剖技术原理：木质素复合调剖剂主要由木质素磺酸盐（钠盐、钙盐）聚丙烯酰胺（PAM）交联剂、缓凝剂、添加剂组成。

木质素磺酸盐有复杂的分子结构，其交联反应有木质素磺酸盐与聚丙烯酰胺之间的反应。反应物为复杂立体的网状凝胶体，可封堵大孔道和高渗透层。

（2）FW 调剖技术原理：FW 调剖剂工作原理是由聚丙烯酰胺和木质素磺酸盐在一定条件下，通过催化剂作用经过改性和接枝形成新型成胶物质，该聚合物与重铬酸钾中 Cr^{6+} 还原的 Cr^{3+} 作用，在地层条件下交联形成凝胶封堵高渗透层，从而达到调整吸水剖面改善注水井吸水状况的目的。

（3）YFT–YTP 复合调剖技术原理：该工艺技术主要采用 YFT–YTP 复合调剖剂进行注水井施工。YFT 调剖剂主要由两性聚合物、交联剂、稳定剂和促凝剂组成。在一定的 pH 值和稳定条件下发生化学反应，使线型聚合物变成体型聚合物，生成凝胶体；YTP 调剖剂分子中有共轭体结构，由于羟基吸电子能力强，使 C＝C 键上的电子密度降低，因而很容易在 C＝C 键上进行自由基型和离子型连锁加聚反应。在交联剂和引发剂存在时，在一定温度条件下，聚合和交联反应同时进行，形成韧硬性网状结构凝胶。

（4）SAP 注水井调剖技术原理：SAP 调剖剂是一种体膨型结构的高分子聚合物，遇水可逐渐膨胀。因注水井射开层位多，各小层渗透率差异大，利用各小层吸水启动压力不同将吸水启动压力低的层位的炮眼及井筒附近的岩石孔洞或裂缝用 SAP 封堵，而后提高注水压力，使其他差油层的吸水量增加，达到调整吸水剖面的目的。

2. 深度调剖技术的主要类型

黏土深度调剖技术原理：黏土是溶于水后易于在颗粒表面产生羟基的矿物，是以蒙脱石为主要成分的膨润钠土，溶于水后形成悬浮乳状液，当黏土与聚合物（HPAM 聚丙烯酰胺）混合时，HPAM 的亲水基团与钠土颗粒表面羟基通过氢键桥接作用，形成体积较大的絮凝体，堵塞岩石孔隙或大孔道。

黏土聚合物调剖机理：就是向地层（目的层）注入黏土和聚合物两种工作液，中间用隔离液隔开，按聚合物—水—黏土—水分段多次反复向地层注入，达到设计用量后，再由注入水将它们推至地层深处，通过化学作用形成黏土聚合物絮凝体，堵塞高渗透部位大孔道，调整注入剖面，提高厚油层注入水的波及体积，改善中低渗透层开发效果，达到增油和提高油田采收率的目的。

聚合物延时交联调剖剂交联时间最长为一个月，适合大剂量深度调剖。聚合物延时交联调剖剂主要成分是聚合物和乳酸铬溶液，三价铬离子的浓度控制交联成胶时间，初始时为弱凝胶，胶体具有一定的流动性。

GBA014 深度调剖技术的概念

（三）水井调剖工艺技术的作用

调剖概括起来有以下几点作用。

（1）化学调剖技术可以解决机械细分注水中无法解决的层段间、层段内矛盾，进一步提高细分注水工艺能力。

（2）化学调剖技术可以提高机械细分中与高吸水层相邻层的吸水能力，特别适用于以下几种情况下的细分挖潜：

①通过化学调剖，可以较好地解放高含水停注层的陪停层的问题；

②解决由于夹层小或夹层窜槽而无法实施分层注水的问题；

③解决由于受隔层条件影响而不能细分注水的井的问题，实现细分注水。

（四）调剖井的生产管理要求

水井调剖后应及时观察注水压力和注入量的变化情况，分析水井调剖后是否见到调剖作用。主要加强以下几项管理：

（1）对井下封隔器密封情况进行验证，保证有效分层注水。

（2）观察注水调剖井的启动压力和吸水指数的变化情况。

（3）及时测压降曲线，分析压降曲线是否明显减缓，pH 值是否增大。

（4）及时测同位素吸水剖面，分析其吸水剖面是否发生变化，吸水层段和厚度是否增加。

（5）调剖后初期按正常注水压力注水，一周后按配注量注水。

（6）对调剖见效的水井，要及时调整注水方案，增加中、低渗透差油层的注水量，降低高渗透吸水量大的油层的注水量。

（五）调剖井周围油井管理要求

水井实施调剖措施后，除观察水井的调剖效果外，还要观察周围连通油井的调剖受效情况。因此，调剖后加强油水井的生产管理和资料录取工作是十分重要的，直接关系到措施的效果和措施经济效益。

对油井需要做以下几项工作：

（1）水井调剖措施后及时录取油井的生产资料，观察效果，分析调剖措施后油井是否受效。

（2）及时测动液面和示功图，根据抽油机井的泵况情况，分析受效油井是否需要调参。

（3）若受效油井是含水较低、动液面较高且示功图呈抽喷状态或正常的井，应及时调大生产参数，发挥调剖的作用。

（4）注水井实施调剖后录取调剖施工前后各对应油井的生产综合数据，画出井组各对应油井的采油曲线。

二、油井堵水压裂酸化井下工艺技术

（一）油井堵水工艺技术

在油田开发过程中，由于注入水沿高渗透层段突进造成油层局部高含水，为了消除或者减少水淹对油层的危害，所采取的一切封堵出水层位的井下工艺措施，统称为油井堵水。

油井堵水是油田高含水期稳油控水，改善开发效果的一项重要措施。

1. 油井堵水的作用

（1）控制油田含水上升速度，提高注入水利用率。

高含水层一般也是高产液层，封堵后产液量将明显下降。由于封堵层含水高，对产油量的影响不大，而产水量的大幅度减少在一定程度上将降低堵水井和区块的综合含水率，控制含水上升速度。同时，由于减少了注入水在高含水层的产出，也就提高了注入水的利用率。

（2）减缓油层层间矛盾。

高含水井堵水后，流压下降，可以使低含水层在放大生产压差的情况下开始生产，调整层间矛盾。如果低含水层增加的产油量能够弥补高含水层堵掉的产油量，就会获得较好的增油降水效果。

（3）扩大水驱波及面积，改善堵水井区的平面水驱效果。

在平面上，高含水井点封堵后，注入水势必改变其渗流方向，从而扩大水驱波及面积调整平面矛盾。

2. 油井堵水的分类

高含水层的封堵可分为机械堵水和化学堵水两种方式。

> GBA016 机械堵水工艺的原理、结构

1）机械堵水

（1）油井机械堵水工艺原理。是根据堵水方案要求，使用封隔器及其配套的井下工具来封堵高含水目的层，解决各油层间的干扰或调整注入水的平面驱油方向，以达到提高注入水驱油效率，增加产油量减少产水量的目的。

油井机械堵水工艺原理利用封隔器堵水管柱将堵水目的层上下卡住，封隔油套环形空间，堵层只有油管通过，实现封堵目的层，达到堵水降水增油的目的。

（2）常用的油井堵水管柱结构有三种。

①抽油机井堵水管柱（平衡丢手管柱）："丢手接头 +Y341–114 平衡式封隔器 +635–111 三孔排液器 + 扶正器 + 桶杆 + 井下开关"等组成的堵水管柱。

②电泵井堵水管柱（悬挂式丢手管柱）："丢手接头 + 拉簧活门 +Y441–114（254–2）封隔器 +Y341–114 平衡式封隔器 +635–111 排液器 + 扶正器 + 桶杆"等组成的悬挂式堵水管柱。

③电泵井无卡瓦堵水管柱："丢手接头 + 拉簧活门 +Y341–114 平衡式封隔器 +635–111 排液器 + 扶正器 + 桶杆"等组成，在射孔顶界和底界各加 1 级平衡作用的封隔器，管柱支到人工井底。

> GBA029 堵水井的管理要求

（3）油井堵水后的生产管理。

油井实施堵水措施后的工作制度是否合理，是否正常生产，直接关系到措施的效果和措施经济效益。因此，加强堵水措施后的生产管理是十分重要的。为保证措施效果，需要做以下几方面的工作：

①措施后及时录取生产资料，分析其工作制度是否正常。

②连续量油，化验含水，观察效果，分析是否见效。

③及时测动液面和示功图，分析抽油机井泵况是否正常，根据泵况的情况，确定是否需要调参。

④若液量、含水和动液面都较低，且功图呈严重供液不足，应调小生产参数（包括调冲程和冲次）。

⑤若含水较低，动液面较高，且功图呈抽喷状态，应调大生产参数（包括调冲程和冲次）。

GBA017 化学堵水工艺的原理及分类

2）化学堵水

（1）化学堵水工艺原理。

油田化学堵水就是利用化学堵剂的膨胀和固化特性封堵高含水层的通道。

（2）化学堵水工艺分类。

根据堵剂在油层形成封堵的方式不同，化学堵水可分为非选择性化学堵水和选择性化学堵水。

①非选择性化学堵水是将堵剂注入预堵的出水层，形成一种不透水的人工隔板，使油、气、水都不能通过的堵水方法。

②选择性化学堵水是将具有选择性的堵水剂笼统注入井内，或注入卡出的高含水大层段中。选择性堵剂本身对水层有自然选择性，并能与出水层中的水发生作用，产生一种固态或胶态阻碍物，以阻止水流入井内。

化学堵水又可分为单液法化学堵水和双液法化学堵水。

①单液法化学堵水是把在地面配制好的化学堵剂注入地层内，在地层温度条件下或与水接触发生化学反应形成封堵屏障。

②双液法化学堵水是把两种不同的堵剂轮流注入地层，在地层内两种堵剂接触后发生反找水，应提供堵层产液量、堵层压力资料。

（3）化学堵水井的管理要求。

化学堵水井的生产管理应注意以下几点：

①及时录取生产资料，判断该井是否达到措施效果，生产稳定后测试找水，应提供堵层产液量、堵层压力资料。

②及时测动液面和示功图，分析抽油机井泵况是否正常，根据泵况确定是否需要调参。

③若产量及动液面较低，示功图呈严重供液不足，需调小生产参数。

④若含水较低，动液面较高，示功图呈抽喷状态，需调大生产参数。

GBA020 选择性压裂工艺、多裂缝压裂工艺的概念

（二）油水井压裂工艺技术

1. 油水井水力压裂的基本原理及施工过程

1）油水井水力压裂的基本原理

GBA018 水井压裂工艺

水力压裂是油井增产、水井增注的一项重要技术措施。其要点是利用水力作用，人为在地层中造出足够长、有一定宽度及高度的填砂裂缝，从而改善井筒附近油层液体的流动通道，增加液体流动面积，降低液体渗流阻力，使油层获得增产、增注的效果。

油层压裂就是在近井地带形成一条或几条人为的裂缝，使液体在向井筒流动时，首先通过裂缝的侧壁进入裂缝，然后再从渗透性很高的裂缝很快进入井筒，从而增大流动面积，减少渗流阻力，提高油井的产液能力。

2）水力压裂的施工过程

整个水力压裂施工可分为三个阶段。

第一阶段试挤：在地面采用高压大排量泵车，将具有一定黏度的压裂液以大于油层吸入能力的排量注入，使井筒内压力逐渐增高，当泵压达到油层破裂所需压力时，油层

就会形成裂缝；随着压裂液的注入，裂缝会不断地延伸、扩展。

第二阶段加砂：为了保持裂缝的张开状态，在压裂液中混入一定强度和数量的支撑剂（一般使用天然石英砂），压裂液携带石英砂进入裂缝，石英砂因重力的原因沉降在裂缝中支撑裂缝，随着加砂的继续，裂缝不断延伸、扩展。

第三阶段替挤：停止加砂，用压裂液把滞留在井筒中的石英砂替入裂缝，替挤量必须保证是井筒管线容积的 1.5 倍。

2. 压裂工艺及管柱结构简介

任何压裂设计方案都必须依靠适合的压裂工艺技术来实施和保证。对于不同特点的油气层，必须采取与之适应的工艺技术，才能保证压裂设计的顺利进行，取得良好的增产效果。压裂工艺技术种类很多，下面简单介绍几种常规压裂工艺。

1）普通封隔器分层压裂工艺

普通压裂是在一个封隔器卡距内压开一条裂缝。其工具主要由 K344-113 封隔器及弹簧式滑套喷砂器组成，压裂液由喷砂器进入地层。适用于常规射孔完井、需要提高单井产能的各层。

封隔器分层压裂是目前国内外广泛采用的一种压裂工艺技术，但作业复杂、成本高。根据所选用的封隔器和管柱不同，有以下四种类型。

（1）单封隔器分层压裂用于对最下面一层进行压裂，适用于各种类型油气层，特别是深井和大型压裂。

（2）双封隔器分层压裂可对射开的油气井中的任意一层进行压裂。

（3）桥塞封隔器分层压裂。

（4）滑套封隔器分层压裂。

我国喷砂器带滑套施工管柱采用投球憋压方法打开滑套，该压裂方式可以不动管柱、不压井、不放喷一次施工分层选层，对多层进行逐层压裂和求严。

2）选择性压裂工艺

在压开地层裂缝之前，先用暂堵剂封堵高含水层或高含水部位，或已压裂过的油层后启动压力低含水层或低含水部位，达到压裂、增油的目的。

"选择性"是指携带暂堵剂的压裂液首先自然选择吸液能力强的部位（一般是高含水层、高含水部位，或已压裂过的油层）。就是暂堵剂封堵炮眼；压裂液分流，憋压压开其他层位。

选择性压裂适用于局部水淹、油层内低含水或不含水的厚油层。

3）多裂缝压裂工艺

多裂缝压裂是在一个封隔器卡封内压开两条以上的裂缝，一般为两条裂缝。第一条裂缝的施工过程是普通压裂，第二条裂缝的施工过程是选择性压裂。

多裂缝压裂适用于油层多、厚度小、夹层薄、油水井连通较好的井。

4）限流法压裂工艺

限流法压裂要点是通过严格限制射孔炮眼的个数和直径，以尽可能大的排量进行施工，利用最先压开层吸收压裂时产生的炮眼摩阻，大幅度提高井底压力，进而迫使压裂液分流，使破裂压力接近的其他油层相继被压开，达到一次加砂同时改造几个油层的目的。

限流法压裂适用于油层多、厚度小、夹层薄、砂岩分选差，孔隙度、渗透率及含油饱和度低，纵向及平面含水分布都较复杂的新井。

5）平衡限流法压裂工艺

假如，1口新井的两个油层中间有一高含水层，且高含水层与其中的一个油层之间有一很薄夹层，若对该油层射孔压裂，夹层很可能被压窜，导致油层与高含水层串通。为了解决这一问题，可以在高含水层靠近薄夹层处射一孔，这样，压裂液的高压同时作用薄夹层上下的高含水层和油层，薄夹层上下受到基本相同的压力，避免了薄夹层上下压差过大而被压窜，既保护了薄夹层，又避免了与高含水层串通；事后再配以堵水技术，将高含水层孔眼堵住即可。

平衡限流法压裂形成水平裂缝，适用于挖潜目的层与高含水层之间的夹层较薄（只要大于0.4m）的井。

GBA022 油井低产的原因

3. 影响压裂增产效果的因素分析

1）油井低产的原因

要想提高油井压裂增产效果，必须首先明确油井低产的原因。油井低产的原因通常可归纳为以下四种。

（1）油层压力水平低：由于油水井连通差，或连通较好但水井吸水差，油层压力水平低，无驱动能量，导致油井产量低。

（2）油层物性差：即使油层具有一定的压力，因为渗透率低，用通常的完井方法也不能使油井获得理想的产量。

（3）原油性质差：有的油层尽管渗透性较高，也具有一定的压力，但由于原油物性差，黏度大，流动性很差，同样不能获得理想的产量。

（4）油层堵塞：在外来因素的影响下，改变了油层物理性质的自然状况，降低了油层渗透率，增加了液体自油层流向井筒的阻力，使油井生产能力下降。

GBA023 影响压裂增产效果的因素

2）影响压裂增产效果的因素

根据达西定律，油井产量的大小在其他条件不变的情况下与油层岩石的渗透率成正比。因此，可通过压裂改造，提高油层的渗透性，达到增产的目的。但是油层压裂并不能使所有的井都获得理想的增产效果，这是因为压裂效果的好坏，受多种因素的影响。

（1）压裂层厚度和含油饱和度的影响：压裂层应具有一定的厚度和含油饱和度，这是取得较好压裂效果的物质基础。压裂层厚度大，含油饱和度高，压后通常会取得较好的增产效果。反之，压裂层厚度较小，或把水、气层当成油层来压；或选层时不慎，在油层压裂时将邻近的水、气层压窜，形成水、气窜；或压开含油饱和度较低的油层，压裂后都不会取得增产效果。

（2）油层压力水平的影响，选择压力水平高、油层性质差或因受污染堵塞而低产的井，压裂后通常会取得较好的增产效果；反之，地层压力水平低，没有驱动能量，即使油层的渗透性很好，油层中的油还是不能大量产出来，这类井只有通过外来能量的补充提高地层压力后，油井才能增产。

（3）裂缝长度、宽度及裂缝渗透率的影响：实践证明，压裂形成的裂缝长度大、宽度大、渗透率高，则油井增产量高，有效期长，反之则相反。因此，在工艺技术允许的情况下，选颗粒大、均匀度和圆度好的支撑剂，并适当提高其用量，会提高油井压裂增产效果。但是，并不是裂缝越长，增产效果就越好，这要根据压裂层段砂体的发育情况而定。如果压裂层平面上距离水淹带较近，裂缝过长会引起平面窜流，造成油井压裂含水上升，起不到增产的目的。

（4）压裂工艺的影响：压裂层段确定后，要根据压裂层段油层性质及特点，对压裂工艺进行优选，只有选择合适的压裂工艺才会取得理想的增油效果。

4. 油井压裂选井选层原则

水驱开发油田，油井压裂选井选层必须采取油水井并重的原则，综合分析油水井注采关系，确定压裂层段。具体原则如下：

（1）全井产液量低、含水低。

（2）压裂层段厚度大，具有一定的储量，已动用程度低或未动用。

（3）油水井连通好，对应水井注水量高，油层压力水平在原始地层压力附近。

（4）层间矛盾大的井中动用较差的中、低渗透层。

（5）油层受污染堵塞，不完善或完善程度低的井。

（6）非均质性严重的厚油层内未水淹或低水淹部位和砂体平面变差部位。

（7）油水井连通好，但水井吸水差的井，需要先改造水井，待注水受效后再压裂油井对应层段。

（8）原井网水井不发育或注水差，加密井转注后增加了注水井点，补充了地层能量的低渗透差油层。

（9）具有压裂工艺水平所要求的良好隔层。

（10）套管无损坏，压裂层段套管外无窜槽。

5. 压裂层段及压裂时机的确定

1）压裂层段的确定

要取得较好的压裂增产效果，应选择厚度大、动用差、油水井连通好、压力水平较高的中、低渗透层进行压裂。但是油田全面机械开采后，分层测试资料较少，要完全根据分层测试资料的小层产液、含水量和压力资料准确地确定压裂层位非常困难。为此应经常采用动静结合的方法确定压裂层段，即利用油层静态资料和调整井、加密井水淹层解释资料以及注水井吸水剖面资料，结合油井动态反映综合分析确定压裂层段。

2）压裂改造的时机

实践过程中发现，压裂效果的好坏与压裂井的地层压力值有着密切关系。地层压力在原始地层压力附近时，可获得最佳效果，地层压力过低或过高都不会获得最佳效果。

6. 压裂井压裂前后的管理要求

（1）压裂井、层的压前培养：油田（区块）的年度综合调整方案一般在上一年底编制完成，通常都要预先确定一批准备进行压裂的井。因此要通过注水方案调整，提前把水注上去，保证预定压裂层段压裂时取得较好的增油效果，并保持较长的有效期。若相邻水井吸水能力低时，可通过细分层注水或水井对应压裂的做法，提高注水量，等注水见效后再对油井对应层段进行压裂。

（2）取全、取准各项生产数据，定期进行综合分析：压裂前要对油井各项生产数据进行核实，为选井选层和压裂后效果对比分析提供可靠依据；压裂后按规定及时取全、取准各项生产参数和分层测试资料，加强观察，结合邻井的生产情况和注水情况定期进行综合分析，根据生产动态变化及时提出跟踪调整意见，延长压裂增产有效期。

（3）压裂后及时开井排出压裂液：压裂后经过一段时间的压力扩散、平衡过程，就应及时开井生产，减少作业施工的关井时间，这样有利于及时排出油层的压裂液，使油井正常生产。

（4）选择合理的油井工作制度：油井压裂后产油量增加，含水下降，流压上升，生产压差缩小。但是开井初期不能盲目放大生产压差提高油井产量。因为生产压差过大，支撑剂会倒流，掩埋油层影响出油。所以，最好能在基本维持油井压裂前生产压差下生产，并定期取样化验，分析原油的含砂量，鉴定出砂是油层砂还是压裂砂。经过一段生产时间，证明含砂量稳定（与过去比较），油层本身又有潜力，这时可根据油井的具体条件，适当放大（或缩小）生产压差生产，增加出油量，发挥压裂层的生产潜力。

（5）不得轻易压井：压裂后已正常投入生产的油井要进行其他作业，不能轻易采用任何压井液压井；如果工艺上必须压井时，对压井液的性能要严格选择，压井后还得进行处理，消除或减少压井液对油层的损害，特别是对易于受到压井液影响的裂缝的损害。

GBA031 压裂井的综合配套措施

（6）做好压裂井综合配套措施：油井压裂后能否增产，增产量的大小以及增产有效期的长短，除了与选井选层和压裂施工质量有关外，还和压裂后的配套调整措施有直接关系。应注意以下三条调整措施。

①调整好油井压裂后的生产压差：油井压裂后油层能量突然释放，井底流压升高，生产压差明显缩小；稳定生产一段时间后，应根据压裂井的实际情况及时采取调参、换泵等措施，确保压裂井取得较好的增油效果。

②高含水井压裂要做好压堵结合：注水开发非均质多油层砂岩油田，由于高含水层的压力高、产液量大，抑制了其他油层的作用；如果压裂后不对高含水层进行适当的控制，就发挥不了压裂层的作用，油井就不会取得理想的压裂效果；因此，采取压堵结合的方法既可控制高含水层的产液量，又可充分发挥压裂层的作用，会取得较好的增油降水效果。

③做好压裂井周围水井注水方案跟踪调整：压裂后油井增产时间的长短，取决于地层能量的补给；非均质多油层砂岩油田，层间干扰始终存在；高压高含水层一般都是本井发育较好的油层，压裂的则是一些差油层；压裂后由于生产压差缩小，高含水好油层产液量下降，低含水差油层产液量上升，全井含水下降，产油量上升；此时如果增加压裂层段有关水井的注水量，保持注、采平衡，就能保持较长的增长期。反之，注水量满足不了油井增产的需要，地层压力下降，有效期就会很短。如果压力低于饱和压力，还会出现油、气、水三相流动，降低油层的采收率。

GBA032 油水井压裂后的生产管理要求

7. 油水井压裂后生产管理要求

1）油井压裂后生产管理要求

油井压裂效果能否充分发挥出来，压后生产管理是关键一环，如何控制压后产量递减速度，延长压裂有效期，则是压后科学管理的主要内容。油井压后生产管理必须做到"四个及时"。

（1）压后及时开井，跟踪压裂效果，分析原因，提出措施意见。

（2）对压后泵况差的井及时检泵。

（3）对压后参数偏小的井，及时调整工作参数。

（4）对压裂井压后及时保护，及时调整注水方案加强对压裂层的注水。

2）水井压裂后生产管理

水井压裂后的生产管理主要应做到以下四个方面。

（1）压后下笼统管柱，按方案要求进行笼统注水。注入量控制在方案的 ±20% 以内。注入压力的控制主要以注入量为主（注入压力上限控制在破裂压力以内）。

（2）7d 内，完成吸水剖面的测试工作。

（3）1 个月内，完成分层注水工作。

（4）核实日注能力，根据周围油井的连通状况和含水变化情况，确定其工作制度。 ┆GBA033 油水井酸化的油层条件及原理┆

（三）油水井酸化工艺技术

用高压泵将酸液在低于油层破裂压力的条件下挤入油层，使之与油层中的矿物、胶结物或杂质起化学反应，以达到提高油层渗流能力或者解除油层堵塞物的施工技术称为酸化。油层酸化处理可以解除或者缓解钻井时泥浆造成的堵塞，解除注水时管线腐蚀生成的氧化铁和细菌繁殖对油层的堵塞，更主要的是可以对碳酸盐岩油层进行改造以提高渗流能力。酸化虽然可使油井增产、水井增注，但造成油水井产（注）量低的地质条件各不相同，有些是可以通过酸化来解决的，有些是不能用酸化来解决的。

1. 适合用酸化处理的油层条件

（1）钻井液堵塞：由于钻井或井下作业时钻井液浸入油层孔隙内，堵塞出油孔道，造成油层产液（吸水）能力降低。钻井液的主要成分见表 1−1−9。

表1−1−9 钻井液的主要成分表

成　分	作　用
烧碱（NaOH）	调节钻井液的酸碱值，控制黏土粒子的分散
纯碱（Na_2CO_3）	调节钻井液的酸碱值，改善黏土颗粒的分散性
石灰（CaO）	吸水后变为 Ca（OH）$_2$，提供钙离子，控制黏土颗粒的分散
石膏（$CaSO_4 \cdot 2H_2O$）	提供钙离子，增加热稳定性
硅酸钙（$CaSiO_3$）	可提高钙处理钻井液的黏度和切力
食盐（NaCl）	抑制泥质岩地层膨胀
硫酸亚铁（$FeSO_4 \cdot 7H_2O$）	增加热稳定性
石灰石粉（$CaCO_3$）	调整钻井液相对密度
黏土（$CaAl_2 3Si_2O_8$ 和 SiO_2）	是钻井液的主要成分
甲醛、重铬酸钠等	添加剂

（2）氧化铁堵塞物：长期注水，金属管道腐蚀生成氧化铁（Fe_2O_3）氢氧化铁 [$Fe(OH)_3$] 和硫化亚铁，它们都是不溶于水的物质，随注入水进入地层，堵塞地层中的孔隙。

（3）细菌堵塞：主要是硫酸盐的还原菌繁殖后和菌体残骸堵塞地层孔隙。该菌在还原硫酸盐过程中生成硫化氢。

$$Na_2SO_4 + 2C\ 有机 + 2H_2O \longrightarrow 2NaHCO_3 + H_2S\uparrow 。$$

硫化氢与二价铁离子（Fe^{2+}）作用，产生硫化亚铁沉淀。

（4）低渗透砂岩泥质胶结地层：泥质胶结地层主要成分是二氧化硅（SiO_2）和高岭

石、蒙脱石。

（5）碳酸盐岩地层：主要成分是 $CaCO_3$（石灰岩）及 $CaCO_3 \cdot MgCO_3$（白云石）。

2. 酸化原理

油层酸化的配方较多，常用的是土酸，主要由盐酸和氢氟酸配制而成。油层的酸化过程即盐酸和氢氟酸与各种堵塞物发生化学反应解除堵塞的过程。

（1）盐酸与碳酸盐岩的化学作用：盐酸与碳酸盐作用可生成水溶性氧化物和放出二氧化碳。

$$CaCO_3 + 2HCl === CaCl_2 + H_2O + CO_2 \uparrow$$

（2）砂岩油层的主要矿物是二氧化硅和泥质，而氢氟酸对上述组分溶解最好，化学反应如下。

①对石英砂：

$$SiO_2 + 4HF \longrightarrow SiF_4 \uparrow + 2H_2O$$

$$SiO_2 + 6HF \longrightarrow H_2SiF_6 \uparrow + H_2O$$

②对泥质：

$$CaAl_2Si_2O_8 + 16HF \longrightarrow CaF_2 \downarrow + 2AlF + 2SiF_4 \uparrow + 8H_2O$$

新生成的气体氟化硅（SiF_4）和水均可排出地面。但会生成氟化钙沉淀，同时氢氟酸与其中部分碳酸盐作用时，也会生成氟化钙（CaF_2）和氟化镁（MgF_2）沉淀。

$$CaCO_3 + 2HF \longrightarrow CaF_2 \downarrow + CO_2 \uparrow + H_2O$$

$$CaMg(CO_3)_2 + 4HF \longrightarrow CaF_2 \downarrow + MgF_2 \downarrow + 2CO_2 \uparrow + 2H_2O$$

生成的氟化钙和氟化镁都不溶于水，因此它又形成新的堵塞，称为次生堵塞。

（3）盐酸与铁的氧化物反应：

$$Fe_2O_3 + 6HCl === 2FeCl_3 + 3H_2O$$

$$Fe(OH)_3 + 3HCl === FeCl_3 + 3H_2O$$

$$FeS + 2HCl === FeCl_2 + H_2S \uparrow$$

二氯化铁（$FeCl_2$）和三氯化铁（$FeCl_3$）都易溶于弱酸性水中，因此可解除因铁氧化物对孔隙的堵塞。

3. 其他酸化

GBA034 常用的酸化工艺

除了盐酸、土酸酸化工艺，根据酸化的目的，还有许多种类的酸化，如溶剂酸化、稠油酸化、选择性酸化、高浓度酸化、"五水"酸化、油酸乳酸化、压裂酸化、稠化酸酸化、雾化酸酸化等。

（1）溶剂酸化：即在酸化后用油性溶剂清除井底的"死油"、稠油，以疏导孔隙的施工方法。

（2）稠油酸化工艺：稠油酸化工艺主要是在挤出稠油前，把洗油溶剂作为前置液挤入地层，稀释并清洗油层岩石内的稠油和岩石表面稠油，起润湿反转作用，使岩石表面形成了亲水性外层薄膜，有利于土酸与岩石和次生堵塞物接触，达到提高油层渗流能力的目的。

（3）选择性酸化：选择性酸化是根据油层渗透率差异大、层间夹层薄、各层吸水量相差大的特点，用化学球暂时封堵高渗透层的炮眼，使酸液大量进入低吸水层，以达到低吸水层的改造，提高低渗透层的吸水量的目的。

（4）高浓度酸化：高浓度酸化是指用酸液浓度大于24%的盐酸溶液进行的酸化。其主要特点是：

①溶解单位体积的岩石所需要的酸溶液成本比使用常规酸化低。

②高浓度酸进入油层后，随着反应，酸液浓度下降；但酸能增加反应时间，其有效时间是常规酸化的5倍。

③高浓度酸化，初始浓度高，溶蚀力强，在炮眼附近造成更大空隙，使酸液深入油层，扩大酸化半径。

（5）油酸乳酸化：油酸乳是用油（原油或柴油）做外相，酸液做内相的乳状液。配制时在油内加溶性表面活性剂，然后同酸混合搅拌形成颗粒在 $1 \sim 50 \mu m$ 之间的酸滴。其优点是油酸乳进入地层后，被油膜包围的酸滴不会立刻与岩石接触；当油酸乳进入地层深处才破乳，使油和酸分开，此时酸才与岩石接触反应。另外，注油酸乳时，酸不能直接与地面设备或井下油管接触，因而起到防腐作用。

（6）压裂酸化：压裂酸化是用酸液作压裂液，既起压裂作用，又起酸化作用，它适用于改造低渗透率油层或堵塞范围大而严重层。为了保证酸压效果，除要求裂缝具有一定宽度外，更重要的是裂缝要有足够长度。因此酸液的有效作用距离越大，解堵效果越好。

4. 油水井酸化后的生产管理要求

GBA035 油水井酸化后的生产管理要求

1）注水井酸化后的生产管理要求

（1）注水井酸化后必须立刻开井注水。

（2）观察酸化效果，核实日增注量。

（3）分层注水的井须进行分层测试，分析各层注水条件的变化情况。

（4）分析该井酸化后给该区块注采平衡带来的具体影响，必要时调整注水工作制度到适应值。

（5）注意观察与该井连通的周围油井的液面、产液、含水的变化情况，以便采取相应的配套措施。

2）油井酸化后的生产管理要求

（1）关井反应8h，返排，pH值达到6~7。

（2）下生产管柱投产（抽压、测试示功图、洗井）。

（3）核实投产后生产效果（测同步，化验含水变化）。

（4）分析液面回升幅度与机泵工作参数所决定的排液能力的关系，必要时可调整工作参数（调冲程，调冲速，甚至换泵）。

（5）观察该油井液面及含水变化的关系；并注意观察与该油井连通的注水井变化，必要时以便调整注水井的工作参数。

GBA028多油层层间接替的内容

（四）多油层层间接替

多油层开采的油田，随着生产时间的延长，主力油层的含水不断上升、产油量不断下降，对此必须采取一定的措施使油井稳产。多油层油井在开发初期首先生产有效厚度大、渗透率高的主力油层，这样的油层压力高、产量也高，与注水井连通好。

多油层油井的层间接替的方法有封堵高渗透层、控制注水、补孔等。对于单采高渗透主力油层的油井，油井高含水后，在将高渗透的主力油层封堵后，要及时对具备条件的中低渗透层进行补孔，以接替油井的生产能力，使油井含水率降低、产油量上升。

对于多层生产的合采井，压力较低的层受高压高含水层的干扰，在生产压差较小的情况下，往往不易出油。在这种情况下，如果将高含水层封堵后，油井流压就会降低，低压、低含水油层的潜力就得到发挥，使产油量上升。对于多油层合采井，开发初期适当控制高渗透层注水甚至局部停注，以发挥中低渗透油层生产潜力，也是一种层间接替的方法。

多油层层间接替是最简单方便的方法，它在开发初期可以使用，但在中、后期效果就不明显了。

三、采油新技术简介

（一）三次采油的概念

采油新技术有物理、化学、生物以及各种综合的方法，但其根本都是在力争提高原油采收率。按照技术应用时间顺序和技术机理采油可分为一次采油、二次采油和三次采油。

一次采油是指依靠油藏天然能量进行油田开采的方法，常见的有溶解气驱、气顶驱和弹性水驱等；二次采油是指注水、注气的开采方法，是一种保持和补充油藏能量的开采方法；除一次采油和二次采油以外的采油方法，即通常改变残油排油机理的开采方法，例如，混相驱、火烧油层和蒸汽驱油等统称为三次采油。近年来，把改变油藏中残油的排油机理的强制采出残油的方法称为强化采油（Enhanced Oil Recovery，简称 EOR），即提高原油采收率技术。

提高原油采收率（EOR）技术是通过向油层注入非常规物质开采原油的方法，包括注入溶于水的化合物，交替注入混相气体和水，注入胶束溶液（由各种表面活性剂、醇类和原油组成的微乳液体系），注蒸汽以及火烧油层等。与二次采油相比，三次采油的特点是高技术、高投入、高采收率，在二次采油水驱的基础上向油层注入排驱剂来采油，不同的排驱剂有不同的排驱机理。

20 世纪 70 年代，我国对三次采油的研究逐渐重视起来，玉门油田开展了活性水驱和泡沫驱油；20 世纪 80 年代，大港油田开展了碱水驱油研究工作；20 世纪 90 年代，大庆油田、胜利油田对聚合物驱油都开展了重点研究。目前，仅有少数方法已经成熟到能够以工业规模进行开采的阶段，国内外研究较多并相对成熟具有良好前景的三次采油技术主要有三个方面。

GBA036三次采油的概念

1. **热力采油技术**

（1）蒸汽采油技术，包括蒸汽吞吐采油技术、热水驱油和蒸汽驱采油技术。

（2）火烧油层技术。

2. **气体混相驱（或非混相驱）采油技术**

（1）烃类驱采油，包括液化烃混相驱采油、富气驱采油和贫气驱采油。

（2）CO_2 混相或非混相驱采油。

（3）气驱采油。

3.化学驱采油

（1）聚合物驱采油。

（2）表面活性剂驱采油。

（3）碱驱采油。

（4）表面活性剂—碱—聚合物驱采油（三元复合驱）。

（二）表面活性剂溶液驱油

油田经注入驱油后，剩余油以不连续的油块圈捕在储油岩石孔隙内，这时作用于油珠上的两个主要力是黏滞力和毛细管力。如果要使油珠通过砂粒间狭窄通道，则必须使其发生形变。

影响其发生形变的主要因素是毛细管力，即油水的界面张力，如果减小了界面张力便减小了油珠形变的阻力，即减少了残余油。

活性剂的水溶液可降低界面张力，使残余油变为流动油，改变岩石表面润湿性，增加原油在水中的分散作用，改变原油的流变性，提高采收率。各种盐水与表面活性剂联合使用可降低界面张力到最低值，并可以抑制表面活性剂在油层中的吸附，这些技术导致低张力表面活性剂驱的产生，后来又在此基础上陆续发展了胶束驱和微乳液驱。

表面活性剂是指能够由溶液中自发地吸附到界面上，并能显著地降低该界面自由表面能（表面张力）的物质，具有表面活性的物质分子都具有极性亲水基团和非极性憎水烃链的双亲结构和不对称性，因此，表面活性剂有连接油水两相的功能；分子具有亲水基团又有憎水基团的化合物很多，它们都具有降低表面张力的作用，但是只能将显著降低表面张力的物质称为表面活性剂。表面活性剂按照其在水溶液中离解出的表面活性离子的类型可分为四类：两性型表面活性剂、阴离子型表面活性剂、阳离子型表面活性剂和非离子型表面活性剂。

表面活性剂驱油提高采收率，目前有两种方法：一种是适用于大孔隙体积，用低浓度的表面活性剂溶液，一般称为表面活性剂稀溶液驱；另一种是适用于小孔隙体积，用高浓度的表面活性剂溶液，是利用表面活性剂形成微乳液进行驱油，一般称为微乳液驱。试验表明，表面活性剂驱油是一种比较理想的提高采收率的方法，但现场进行表面活性剂驱油时，由于油藏条件的复杂性，使之驱油效果受到诸多因素的影响而大打折扣。

GBA037三次采油的技术方法

GBA038表面活性剂驱油的概念

（三）碱性水驱

碱性水驱即通常所谓的注氢氧化钠水溶液的方法。它是以原油中的有机酸为基础，在水中加入碱后，可离解出 OH^- 和有机酸，但其本身不是一种表面活性剂，它与原油中的张力混合生成表面活性剂集中在油水界面上，在油藏中就地发生化学反应产生界面活性剂，该界面活性剂或吸附于岩石表面，改变油藏岩石表面的润湿性；或吸附于油水界面，降低界面张力，促使稳定的（水包油）乳状液或不稳定的（油包水）乳状液的形成。目前，基于不同的油、水和岩石特性，提出了碱水驱的不同驱油机理，其中有：①乳化和携走；②乳化和捕集；③岩石表面润湿性从亲油转化亲水；④岩石表面从亲水转化亲油。不同角度的驱油试验表明，这些驱油机理在特定的 pH 值和含盐环境下，对特定的原油是正确的。

碱水驱的注入一般分三步：首先注入清水或淡盐水，以清除油层中的含钙、镁等高价离子的地层水，因为这些高价的金属阳离子在与碱相遇时，产生反应而消耗掉大量的碱，从而影响碱水的驱油效果；然后将配制好的碱液注入地层中，注入量可根据碱耗来确定，通常注入 0.1 ~ 0.5PV(孔隙体积)，碱剂的浓度一般大于 5%；最后再注入清水驱替碱液。

尽管碱水驱的成本比较低，工艺比较简单，但这种方法对于大部分油田效果并不明显。其主要原因是碱虽然可降低界面张力，但界面张力的降低程度明显受原油性质、地层条件等因素的影响；另外，碱液的黏度没有增加，即碱水驱仅仅部分提高了洗油效率，但并没有大幅度提高驱替液的涉及系数，因此提高原油的采收率的幅度有限。由此，现场上很少采用单独碱水驱，绝大多数是进行复合驱。

(四) 三元复合体系驱油 `GBA039碱性水驱的概念`

三元复合体系驱 (ASP) 是注入水中加入低浓度的表面活性剂、碱和聚合物的复合体系驱油的一种提高原油采收率的方法。

1. 三元复合驱驱油机理

碱水驱的主要问题之一，就是只能在一个低的和窄的碱浓度范围内得到启动原油所需的超低界面张力，这种低碱浓度驱替液往往因为碱被油层中的物质所消耗而很快失效。为克服这一问题，提出使用助表面活性剂，这样允许使用较高的碱浓度以补偿与岩石反应而损失掉的碱，此外，由于大多数碱性原油通常都比较黏稠，存在着低黏度碱液对原油的不稳定驱替问题，因而提出用聚合物来提高碱液的黏度，二元复合驱就是利用碱 / 表面活性剂 / 聚合物 (ASP) 的复配作用进行驱油。三元复合驱是 20 世纪 80 年代在国外出现的一种三次采油技术，是在二元复合驱基础上发展起来的，虽然出现得较晚，但发展很快，日前，国内外已进行了室内研究和现场试验，并取得了重要进展，被公认为是一种非常有前途而且可行的采油技术，是比较适合陆相油藏条件的提高采收率技术，可以提高采收率20% 左右。

ASP 驱是向地层中同时注入碱、表面活性剂和聚合物三种化学剂，提高采收率的机理是三种效应的综合结果：即降低油水界面张力，控制流度，降低化学剂的损失。注入方式一般有三种：一是混合配制后，同时注入碱 / 表面活性剂 / 聚合物段塞；二是先注入碱 / 表面活性剂段塞，再注入聚合物段塞；三是先注入表面活性剂段塞，后注入碱 / 聚合物段塞。无论采用何种注入方式，驱油机理都是一样的。

2. 三元复合驱乳化、结垢问题

三元复合驱室内实验证明，由于三元复合驱形成的乳化液有利于提高采收率，但同时乳化液致使其在地层中导流能力大幅度下降，油井经常表现为供液不足。因此，应找出一个合理的尺度以达到即能提高波及体积和驱油效率，又不至于造成中心井采出困难。

(五) 混相驱 `GBA040三元复合驱的概念`

注入能把残留于油藏中的原油完全溶解下来的溶剂段塞，以此来驱洗油藏中的原油，是混相驱的原理。可作为驱油溶剂的有醇、纯烃、石油气、碳酸气及烟道气等，混相系指物质相互之间不存在界面的一种流体混合状态。

根据溶剂性质和形成混相过程的不同，混相驱有：①注液化石油气或丙烷段塞；

②注富气；③高压注干气；④注二氧化碳等。气体混相驱采油技术包括烃类驱采油技术、氮气驱和 CO_2 混相或非混相驱技术。

实践表明，高压注干气，注富气和注二氧化碳，这三种方法在混相驱中是最有前途的，这些方法的驱油效果是以气液相间的质量转换为基础，而不是建立在直接混相驱上。虽然这些方法还存在一定的问题，如波及系数低，但对于大部分轻质油（相对密度小于 0.87），都可采用混相驱开采。

GBA041 混相驱的概念

（六）热力采油法

实践表明，提高油藏特别是稠油油藏的采收率，行之有效的办法是热力采油，下面介绍两种主要的方法，火烧油层和注蒸汽。

1. 火烧油层法

火烧油层即油层内燃驱油法，是指将空气或氧气注入井中并用点火器将油层点燃，然后向注入井不断注入空气以维持油层燃烧。燃烧前缘的高温不断使原油蒸馏、裂解，在热力降黏、膨胀和轻油稀释及水汽的驱替作用下，驱替原油至生产井的驱替方法。

火线波及的地区由于热力降黏和膨胀作用、轻油稀释作用以及水汽的驱替作用，除了部分重烃焦化作为燃料外，洗油效率几乎达 100%。但是油层非均质和注入气与地层油宏观的流度比仍然很大，气与油的重力分离严重，平面上和剖面上的波及系数仍比较低。

热力或温度对稠油（或高相对密度油）的影响比较大，它的黏度降低幅度大，波及系数上升幅度大。因此，可以取得较明显的效果。室内实验表明，火烧油层法采收率可达 50%～80%，而且采油速度高，可以加速稠油油藏的开发，火烧油层的主要设备是压缩机，工艺上的关键是点火和管火。

2. 注蒸汽采油

火烧油层是在油藏中就地产生热的一种采油方法，而注蒸汽则是以水蒸气为介质，把地面产生的热注入油层的一种热力采油法，其中包括：①蒸汽驱油，是蒸汽从注入井注入，油从生产井采出的一种驱替方法；②蒸汽吞吐，是向生产井注蒸汽，用蒸汽处理油层，然后再投产采油的一种增产措施。

两者在机理上有其共性：①由于热作用，原油黏度急剧下降，从而油的流度大大增加；②由于热作用，使地层油发生热膨胀，增大了原油的体积系数，而最终残油饱和度则减小。

但在蒸汽驱油的实际过程中，驱油机理是复杂的。蒸汽一经注入，井底周围便形成饱和蒸汽区；而在距井底很远的地方，由于蒸汽与岩层和油藏流体的换热而冷却，在前缘便形成一个凝析水带，尽管饱和蒸汽区的温度和蒸汽温度几乎没有差别，然而，蒸汽凝析带的温度却和油层温度差不多。由于蒸汽浸扩地带的高温引起油的蒸馏，有些油是由于气驱作用采出来的，凝析水带后面这些蒸馏出的组分将凝析下来，并发挥其提取轻质组分的效果。如果油层注蒸汽以前已经注过冷水，在注入井到生产井之间，油的驱替将经历一连串同时发生的驱油过程，最先是冷水驱，接着是热水和凝析油驱，最后是蒸汽（水蒸气和油蒸气）驱；而且在蒸汽和热水之间实际上是局部混相的，不会出现水—汽的明显界面。

蒸汽驱的采收率平均为 40%；一次采油采收率为 3%～12% 的油藏，蒸汽驱后采收率可达 35%～50%。

注蒸汽的另一用法就是所谓蒸汽吞吐，向一口井注 2 ～ 3 周的蒸汽，然后关井几天，接着开井使之自喷，以后再转入抽油。这样处理后，油井采油可持续相当长的时间；当采油量下降到一定程度以后，再重复一个周期，依次类推，因此，蒸汽吞吐又称周期性注蒸汽。蒸汽吞吐的机理和蒸汽驱油相似：①蒸汽使油藏温度增加，从而使原油黏度急剧降低；②流体的热膨胀。

总之，提高原油采收率（即强化采油）的方法多种多样，选择合适的方法应以油层特性为依据，考虑各种实际的复杂因素来确定。

四、聚合物驱油

GBA042热力采油的概念

聚合物驱油是三次采油的方法之一，通过多次先导性试验和工业化试验研究，聚合物驱的工艺技术基本成熟配套，仪器设备也基本立足国内，大庆油田加快了聚合物采油的工业力度，增油效果较好，是一项很有前途的、发展很快的提高原油采收率的方法。聚合物溶液是指聚合物以分子状态分散在溶剂中所形成的均相混合体系，可分为聚合物浓溶液和聚合物稀溶液。浓和稀并不是指溶液浓度而是溶液性质。聚合物稀溶液中，聚合物分子以孤立的分子形式存在，相互作用小，溶液黏度低且稳定，若无化学作用，其性质不随时间而改变，是一个热力学稳定体系；聚合物浓溶液中，聚合物分子链接彼此接近甚至相互贯穿、纠缠，相互作用强，可因缠结而产生物理交联，溶液黏度较高、稳定性较差，甚至产生凝胶和冻胶，成为不能流动的半固体。它以聚合物水溶液为驱油剂，增加注入水的黏度，在注入过程中降低水浸带的岩石渗透率，提高注入水的波及效率，改善水驱油效果，从而达到提高原油采收率的目的。

GBA046聚合物溶液的概念

聚合物驱油就是通过降低注入剂的流动度来实现水、油的流度比的降低，达到注入剂波及系数的增加、提高采收率的目的。

油田上作为驱油剂使用的聚合物是聚丙烯酰胺的高分子化合物，相对分子质量可达 10^4 ～ 10^7 甚至更高。在油田实际生产中使用的聚合物，一种是人工合成的聚合物，英文缩写为 PAM，所以聚合物驱也称为 PAM 驱，聚合物井号前也冠以"P"字，例如，喇6-P352 井；另一种是天然聚合物，使用最多的是黄原胶。

（一）聚合物驱油基本原理

关于聚合物的驱油机理，目前尚未取得一致的认识。但普遍认为，与其他化学驱相比，聚合物驱的机理较简单，即聚合物通过增加注入水的黏度和降低油层的水相渗透率而改善水油流度比，调整注入剖面，扩大波及体积，提高原油采收率。

GBA043聚合物驱的概念

（二）驱油用聚合物的化学性质与物理性质

1. 驱油用聚合物的化学性质

聚合物（高聚物）是由一种或几种简单的化合物聚合而成的高分子化合物。关于聚合物驱是否能够提高驱替效率存在着分歧，但逐渐趋向于聚合物驱能够提高中性或亲油油藏的驱替效率，因为聚合物增大了油水间的界面黏度，从而增强了水相的携油能力，这已在微观驱油机理和相对渗透率曲线研究中得到证明。

驱油用的聚合物大致可分为两类：天然聚合物和人工聚合物。天然聚合物从自然界（植物及其种子）中得到，如改进的纤维素类，有时也从细菌发酵得到，如生物聚合物黄胞胶。人工合成聚合物是在化工厂生产的，如目前大量使用的聚丙烯酰胺（PAM），部分水解聚丙烯酰胺（PAM）等。后一类基本上是聚多糖及其衍生物。尽管聚合物驱油研究中尝试过许多合成和天然聚合物，但工业上广泛应用的只有聚丙烯酰胺（PAM）和黄胞胶，并且由于黄胞胶价格昂贵，因而除非在条件比较恶劣的油层中，一般都使用聚丙烯酰胺。聚合物驱较好地解决了影响采收率的因素，其基本机理是提高驱油效率、扩大波及体积。

2. 驱油用聚合物的物理性质

GBA044聚合物的化学性质

1）聚合物的溶解与增黏

高分子物质的溶解与低分子物质的溶解不同。首先高分子与溶剂分子的尺寸相差悬殊，两者的分子运动速度也差别很大，溶剂分子能比较快地渗入聚合物，而高分子向溶剂中的扩散却非常慢。这样，聚合物的溶解过程要经过两个阶段，先是溶剂分子渗入聚合物内部，使聚合物体积膨胀，称为溶胀，（溶胀是溶剂小分子渗入聚合物分子孔隙后，吸附在分子链上使大分子体积相对增加的现象），然后才是高分子均匀分散在溶剂中，形成完全溶解的分子分散体系。低分子化合物溶解时溶质和溶剂的分子都很小，相互扩散很容易进行，只经历分子扩散渗透过程。高分子聚合物的溶解必须先经过溶胀过程，然后才逐渐溶解。

聚合物分子在溶液中的形态与溶剂体系密切相关，在良溶剂中，高分子处于舒展状态，而在不良溶剂中处于紧缩甚至不溶状态。水是水溶性聚合物的良溶剂，因而其水溶液黏度大，而油是不良溶剂，因而聚合物对油相黏度几乎无影响。

2）聚合物溶液的流变性

GBA045聚合物的物理性质

聚合物溶液的流变性是指其在流动过程中发生形变的性质。高分子形态的变化导致了聚合物溶液的宏观性质变化。

（三）方案实施要求

1. 聚合物溶液浓度要求

GBA048聚合物浓度的概念

一定量的聚合物溶液中所含溶质的量称为聚合物溶液的浓度，单位为 mg/L。表示溶液的浓度有多种方法，油田上用于表示聚合物溶液浓度的是体积浓度。聚合物和水溶解，形成黏度比较大的聚合物溶液，聚合物黏度大小由聚合物的分子量和浓度两个因素控制，在相同下，聚合物溶液浓度越高、黏度越大，并且增加的幅度越来越大。从大庆油田已开展的和目前正在开展的聚合物驱油试验来看，聚合物驱油方案要求聚合物溶液浓度一般为 1000mg/L，注入井井口黏度在 30mPa·s 以上。

在聚合物驱注入方案实施过程中，从聚合物溶液配制站到注入站再到井口，聚合物溶液浓度要经过几次变化，在聚合物溶液配制站，其浓度要求较高，一般应保持在 5000mg/L 左右。在聚合物溶液注入站，其浓度经过清水稀释后，在向井口输送过程中，一般应保持在 1000mg/L 左右，上下误差应小于 100mg/L。

聚合物溶液的稀释是在配制站完成的，由于稀释过程中受设备质量、计量仪表的精度及人工操作等多种因素的影响，要求随时化验聚合物溶液浓度。一般在配制站及井口有四个取样点。即：高压计量泵入口，1d 1 次；高压计量泵出口，每 5d 1 次；静态混合器出口，每 5d 1 次；注入井井口，每 15d 1 次。

静态混合器出口的化验，是观察聚合物溶液浓度的窗口。配制站输送来的高浓度聚合物溶液，将会按方案要求加入清水被稀释到注入方案要求的浓度范围内，它将直接影响到聚合物驱油效果。因此必须要按注入方案要求配制聚合物溶液，该处的化验是保证注入方案顺利进行的重点，要求化验岗一定要按要求化验聚合物溶液浓度，并随时把化验结果反馈到注水岗；注水岗在得到化验结果后，要及时按注入方案要求的指标来调节注水量，以便使聚合物溶液浓度保持在方案要求范围内；同时，在注水岗调节完注水量后，化验岗要再次复测聚合物溶液浓度并把化验结果反馈到注水岗，以保证注水岗调节注水量的准确性。

2. 聚合物溶液黏度要求

聚合物溶液流动时内摩擦阻力大小的物理性质称为聚合物溶液的黏度。

GBA047聚合物黏度的概念

聚合物溶液的黏度表示方法有相对黏度、有效黏度、比浓黏度、增比黏度和特性黏度。聚合物溶液的相对黏度是指溶液的黏度比溶剂的黏度大的倍数，可用公式 $\mu_\gamma = \mu/\mu_0$ 表示。影响聚合物溶液黏度的因素有相对分子质量、水解度、溶剂、浓度、温度、矿化度、剪切速率和其他因素，如热、氧等。聚合物溶液通过孔隙介质时的实际黏度称为有效黏度。

聚合物溶液的黏度随温度的升高而降低。聚合物驱油是利用聚合物的关键性质黏度来改善油层中油水流度比和调整吸水剖面的。黏度高，驱油效果好，因此聚合物溶液黏度达到注入方案的要求是保证聚合物驱获得好效果的关键。聚合物溶液的黏度受多种因素的影响，按要求配制好聚合物溶液后，浓度一般不会发生太大变化，但黏度却会发生很大的变化，即存在着溶液黏度的化学和机械降解，也称黏损。黏度的降解受多种因素的影响，根据矿场试验，相同浓度下，在配注系统中，聚合物经过配制、输送、过滤、稀释、井口、射孔炮眼及近井地带，均有黏度损失；油层中地层水矿化度高也导致黏度损失。聚合物黏度降解要达到70%。

聚合物溶液的黏度损失中，剪切降解是影响聚合物溶液黏度的关键，为了提高聚合物溶液黏度的保留率，必须最大限度地减少聚合物降解。因此对聚合物本身及注入设备和管线的材料、涂层要严格要求和管理，对不合理的环节进行改造，以求井口黏度保留率达80%以上。对于射孔问题，方案应要求放大射孔孔径和增加每米射孔数，以提高聚合物溶液通过炮眼的黏度保留率。

3. 聚合物溶液注入过程的连续性要求

聚合物驱矿场试验动态表明，只有保证聚合物溶液注入过程的连续性，才能不断扩大波及体积，更好地调整吸水剖面，达到较好的驱油效果。因此实际操作中应有计划地安排好注入进程，使注入过程连续不断。

4. 分层注入方式要求

对于分层注入井，在其施工作业时要求所下封隔器要密封可靠，下入位置准确。

5. 分步射孔方式要求

分步射孔的施工质量直接影响其开采效果，在这方面要求施工设计严格、准确，施工中要求射孔层位准确，并按方案确定时间补孔。

6. 其他要求

为保证聚合物驱开发过程顺利进行，必须按照有关规定和要求坚持进行日常生产资料录取、分析化验资料录取及测试。

【知识链接六】　油田开发指标计算

一、产油量

GBB001 产油量、日产量及年产量递减幅度的计算

在开发过程中，表示油田实际产量大小的有日产量、月产量、年产量和累积产量，其中使用最多的是年产量，日产量，单位为 t/a 或 t/d。

在动态分析中，为了对比不同阶段，不同区块或井组的开采状况和水平，常常采用折算产量，即：折算年产油量＝日产油量×365。

二、油田产量递减幅度

递减幅度是表示油田产量下降速度的一个指标，它是指下一阶段产量与上一阶段产量相比的百分数，如下月产量与上月产量之比称为月产量的月递减幅度，下月末的日产量与上月末的日产量相比称为日产量的月递减幅度，下年年产量与上年年产量之比称为年产量递减幅度，写成公式为：

$$b=Q_1/Q_0×100\% \tag{1-1-40}$$

式中　b——递减幅度，%；

　　　Q_0——上阶段产量，t/d 或 t/a；

　　　Q_1——下阶段产量，t/d 或 t/a。

三、采油速度、采出程度及采油指数

GBB002 采油速度、采出程度及采油指数指标概念

采油速度和采出程度是衡量一个油田开发水平的重要指标。

（一）采油速度

采油速度表示每年采出的油量占总地质储量的比值，在数值上等于年采出油量除以油田地质储量，通常用百分数表示。在实际工作中也常用折算采油速度。

折算采油速度是表示按目前生产水平开采，所能达到的采油速度。用它可以分析不同时期的采油速度是否达到开发要求。如果过不到要求，就要分析原因，并采取相应的措施。

（二）采出程度

采出程度是指油田开采到某一时刻，总共从地下采出的油量（即这段时间的累积采油量）与地质储量的比值，用百分数表示。

采出程度反映油田储量的采出情况，可以理解为不同开发阶段所达到的采收率。

（三）采油指数

采油指数（也称比采油指数）是表示油井产能大小的重要参数，用以比较不同油井的生产能力。采油指数的数值等于单位生产压差下油井的日产油量。影响采油指数的因素主要有油层性质、流动系数、流体性质、完井条件及泄油面积等。

【知识链接七】 地球物理测井知识

岩石有各种物理特性，如导电性、声学特性、放射性等，岩石的这种特性称为地球物理特性。根据岩石的这些物理特性，采用专门的仪器、设备，沿钻井剖面（井眼）测量岩石的各种地球物理特性参数的方法称地球物理测井。

在井眼条件下，测量地层电阻率时，受井径、钻井液电阻率、上下围岩及电极距等因素影响，测量的参数不等于地层的真电阻率，因此这种测井方法又称为视电阻率测井。视电阻率测井的主要任务是根据测量的岩层电阻率来判断解释岩性，划分油、气、水层，研究储层的含油性、渗透性和孔隙性。

一、电阻率测井

视电阻率测井方法可利用不同岩石导电性的差别，间接判断钻穿岩层的性质。

自然界中的岩石和矿物也是一种导体，根据它们的导电性质可分为电子导电性和离子导电性两大类。电子导电性靠的是组成岩石矿物的基本物质颗粒中的自由电子导电，离子导电的岩石则主要靠岩石孔隙中水溶液的离子导电。

火成岩的导电方式主要是自由电子导电，有两种情况：一种是火成岩非常致密坚硬，不含地层水，电阻率很高；另一种是火成岩中有金属矿物，这种有金属矿物的火成岩的电阻率就比较低。

沉积岩中有不同类型的孔隙，孔隙中有一定数量的地层水，在外加电场力的作用下形成电流，所以总的说来沉积岩的电阻率相对比较低。沉积岩的导电能力主要取决于岩石孔隙中地层水的导电能力。岩石孔隙度越大且地层水电阻率越低，则岩石的导电能力越强，电阻率就越低。反之，岩石孔隙度越小且地层水电阻率越高，则岩石导电能力就越差，电阻率就越高。当岩石孔隙中含有油时，由于石油是不导电的，其电阻率很高（$10^9 \sim 10^{16} \Omega \cdot m$），所以岩石含油越多，其岩石的电阻率就越高。

视电阻率测井用由两对电极组成的电极系：一对是供电电极，另一对是测量电极。如图 1-1-4 所示，A、B 为供电电极，组成供电回路。M、N 为测量电极，组成测量电路。

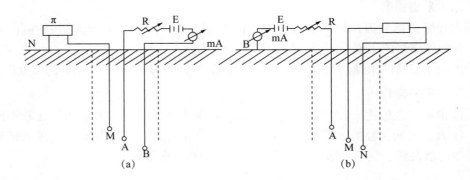

图1-1-4 普通电阻率测井原理线路

A、B—供电电极；M、N—测量电极；E—电源；R—调节电阻；π—测量仪器；mA—安培表

在测量时通常把三个电极放入井中，而另一个电极放在井口附近的接地的地方，作为接地回路电极。为了便于研究，把处在同一回路中的两个电极称为成对电极，而另一个与地面组成回路的电极称为不成对电极。

目前视电阻率测井有以下两种电极系。

（1）梯度电极系：成对电极距远远小于不成对电极。在梯度电极系中把成对电极在下方的称为底部梯度电极系，而把成对电极在上方的称为顶部梯度电极系（图1-1-5）。

（2）电位电极系：成对电极距远远大于不成对电极（图1-1-6）。

根据测井目的，下面简单介绍视电阻率测井组合应用的一般做法。

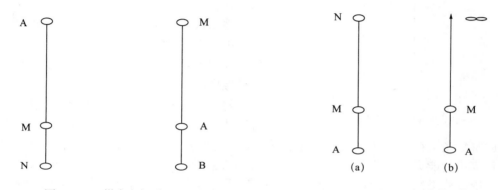

图1-1-5　梯度电极系　　　　　　　图1-1-6　电位电极系

A、B—供电电极；M、N—测量电极　　　A、B—供电电极；M、N—测量电极

（一）横向测井

GBB005 横向测井和标准测井的概念

油田上经常用到横向测井图。所谓横向测井是选用一套不同电极距的电极系在某一井或井段中，测量地层的视电阻率，然后根据测量的视电阻率确定地层的真电阻率，以及判断油气水层和钻井液侵入情况。

横向测井通常选用梯度电极系，一般横向测井都采用6条视电阻率曲线，除此以外还要配一条自然电位曲线。这些测井曲线编绘成的图称为横向测井图。

一般情况下电极距越大，它的探测深度也越大，目前油田上常用的横向视电阻率测井曲线有0.25m、0.45m、1.0m、2.5m、4m和8m电极距视电阻率曲线。

（二）标准测井

标准测井图主要用途是绘制单井综合录井图和井与井之间的地层对比。标准测井图中主要有自然电位曲线、井径曲线、2.5m视电阻率曲线。其中自然电位曲线能清楚地反映地层的渗透性；井径曲线能显示地层的岩性特征；视电阻率曲线能确定油水接触面。视电阻率测井曲线组合应根据各油田地质情况确定，以能够反映本油田地质地层情况为标准。根据这一原则，各油田都有不同的测井系列，即使一个油田的不同时期也有不同的测井系列。

二、自然电位测井

GBB006 自然电位测井原理

（一）测井原理

自然电位测井是在没有外加电源的条件下，在井眼自然电场中测得的随井深变化的

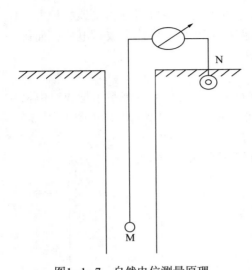

图1-1-7　自然电位测量原理

N—固定电极；M—沿井眼活动的电极

曲（图1-1-7）。

M电极的电位随着地层自然电位的变化，利用地面仪器记录下来，就得到自然电位曲线。自然电位产生的原因很多，但油田上主要有两种。

1）扩散吸附电位

扩散吸附作用：在井眼内自然电位的产生，是由于井眼内有两种不同含盐浓度的溶液相接触的产物。

地层被钻穿以后，井眼内钻井液滤液与地层孔隙中的水直接接触，由于钻井液滤液的含盐浓度与地层水的浓度不同，它们之间就产生了离子的扩散作用。

对砂岩来讲，假定地层水溶液的浓度大于钻井液滤液的浓度，这样扩散作用的结果，是地层水内富集正电荷，钻井液滤液内富集负电荷。对泥岩来讲，由于黏土矿物表面有选择吸附负离子的能力，因此当浓度不同的NaCl溶液扩散时，泥土矿物颗粒表面吸附Cl⁻，使其扩散受到牵制，因此在泥岩的井壁上主要是钠离子的扩散作用。当地层水的浓度大于钻井液滤液浓度时，在钻井液与泥岩的接触面上，钻井液带正电荷，泥岩带负电荷。

2）过滤电位

当钻井液柱的压力大于地层的压力时，钻井液向地层过滤，钻井液滤液通过井壁在岩石孔道中流过。由于岩石颗粒的选择吸附性，孔道壁上吸附钻井液滤液中的负离子，仅正离子随着钻井液滤液向地层中移动，这样在井壁附近就聚集了大量的负离子，在地层内部富集大量正离子，其地层与钻井液接触面两端形成的砂岩层电位称过滤电位。在井眼内钻井液压力大于地层压力的条件下，渗透层处过滤电位与扩散吸附电位方向一致。过滤电位只有在地层压力与钻井液柱压力很悬殊时，且滤饼未形成以前，才有较大显示。一般情况下，油井的钻井液柱压力都略高于地层压力，相差不是很大，而且测井时滤饼已经形成，故过滤电位显示较小。

GBB007 自然
电位曲线形态

（二）曲线形态

由于泥岩比较稳定，其自然电位曲线显示为一条变化不大的直线，把它作为自然电位的基线，这就是通常所说的泥岩基线。当地层水矿化度大于钻井液滤液矿化度时，自然电位显示为负异常。当地层水矿化度小于钻井液滤液矿化度时，显示为正异常。如果钻井液滤液矿化度与地层水矿化度大致相等，自然电位曲线偏转很小，无异常显示。

根据自然电位的特点，现场上常常可以利用自然电位判断岩性，确定渗透性地层。在砂泥岩剖面上，渗透性越好，自然电位曲线负异常幅度越大。另外，利用自然电位判断水淹层也是比较常见的。如水淹层段自然电位偏移，根据偏移大小可判断水淹程度的强弱。

GBB010 放射
性测井的概念

三、放射性测井

放射性测井是根据岩石和介质的核物理性质，寻找油气藏及研究油藏工程问题的地球物理方法。

放射性测井常用的有探测伽马射线的伽马测井和探测中子的中子测井法。伽马法包括自然伽马测井、伽马—伽马测井、放射性同位素测井，中子法包括中子—中子测井、中子—伽马测井和脉冲中子测井等方法。油田上常用的放射性曲线有自然伽马测井、密度测井及生产测井中的同位素测井。

GBB008 自然伽马测井的分类

（一）自然伽马测井

自然伽马测井是在井内测量岩层中自然存在的放射性元素核衰变过程中放射出来的伽马射线的强度。

不同岩石，放射性元素的含量和种类是不同的，一般说来火成岩的放射性最强，其次是变质岩，最弱的是沉积岩。沉积岩按放射性元素的含量的多少可分为五类。

（1）自然伽马较低的岩石有砂岩、石灰岩和白云岩等。

（2）自然伽马最低的岩石有硬石膏、石膏、不含钾盐的故岩、煤、沥青。

（3）自然伽马较高的岩石有海相及陆相沉积的泥岩、泥灰岩、钙质泥岩。

（4）自然伽马高的岩石有钾盐、深水泥岩。

（5）自然伽马最高的岩石有膨土岩、火山灰、放射性软泥。

自然伽马测井主要用于划分岩性，对比地层，确定地层中的泥质含量。为砂泥岩剖面和碳酸盐岩剖面的自然伽马测井曲线。

（二）密度测井

GBB009 密度测井和放射性同位素测井的概念

密度测井是一种孔隙度测井，测量由伽马源放出并经过岩层散射和吸收而回到探测仪器的伽马射线的强度。

当伽马射线通过物质时，由于光电反应，部分伽马射线被吸收而强度减弱；岩层密度大，则吸收就多，散射 γ 射线的计数率就小，反之则计数率就大。密度测井主要是确定孔隙度的。

（三）放射性同位素测井

放射性同位素测井就是利用某些放射性同位素做示踪元素，人为地向井内注入被放射性同位素活化了的溶液和活化物质来研究井内地质剖面及井内技术情况的测井方法。放射性同位素主要是找水，验窜，测分层吸水量。

模块二　绘　图

项目一　相关知识

GBD001 绘制产量运行曲线的方法及技术要求

一、生产运行曲线

（一）绘制生产运行曲线

（1）准备图纸、绘图工具以及生产数据并制成表格的形式。

（2）绘制生产运行曲线的横、纵坐标。以日产水平为纵坐标，以时间（月、季、年）为横坐标。

（3）绘制计划生产运行曲线，在纵坐标上标出对应月份上各项目的计划平均日水平，以间断线连接成折线。

（4）根据实际生产数据，计算每月的各项平均日产水平并在纵坐标上相应标出，分别连接各点成折线。

（5）按照以上方法继续连接后面各月（季、年）的坐标点并依次延伸，就成为各个时期的产量运行曲线。

（6）生产运行曲线一般指六条生产运行曲线，包括日产液运行曲线、日产油运行曲线、无措施日产油运行曲线、措施日产油运行曲线、日注水运行曲线、综合含水运行曲线。

（7）绘制生产运行曲线，可以是月度、年度，区块单元可以是一个油田、区块、采油厂（矿队），也可以是一套井网或一套层系。

（8）绘制生产运行曲线，一般各条曲线的颜色规定如下：日产液为棕色折线；日产油为红色折线；无措施日产油为粉红色折线；措施日产油为橙色折线；日注水为蓝色折线；综合含水为绿色折线。计划为虚线，实际为实线，其颜色一致。

（二）技术要求

（1）图幅绘制清晰、整洁。

（2）字迹工整，单位、数据、上色准确。

（3）纵坐标数据点选择合理，要选取将曲线绘制在中间位置数据，使曲线既能反映出波动趋势，又美观大方。

GBD002 理论示功图的概念

二、绘制理论示功图

（一）理论示功图的概念

抽油机井生产状态的分析首先是泵况分析，而泵况分析主要是示功图的分析，示功图资料是比较直观的。"示功图"是指示或表达"做功"实况的记录图形，它是由无数个点组成的闭合图形，图形中的任意一点均代表行程该点驴头的负载值。也是由动力仪绘出的一条表示悬点载荷与悬点位移之间的关系曲线图，曲线所围成的面积表示抽油泵在一个冲程中所做的功。

在理想状况下，只考虑驴头所承受的静载荷引起的抽油杆柱及油管柱弹性变形，而不考虑其他因素影响，所绘制的示功图称为理论示功图。其目的是用理论示功图和实际示功图进行比较，从中找出载荷变化的差异，以此判断深井泵的工作状况及杆、管和油层情况。

理论示功图就是认为光杆只承受光杆柱与活塞截面积以上液柱的静载荷时，理论上所得到的示功图。理论示功图是认为抽油泵不受任何外界因素的影响，泵能够完全充满，光杆只承受静载荷，不考虑惯性力时所绘制的示功图。

（二）理论示功图的用途

理论示功图在油田机械开采过程中是必不可少的技术手段，研究好理论示功图在实践中的应用为油田稳产、高产，管理好抽油井筒提供科学依据。

GBD003 理论示功图的用途

理论示功图虽然是深井泵理想状态下的深井泵工作状态图，但是它在与实际功图的比较和分析时就会发现许多除了深井泵工作状态之外还有整个井筒状况。也就是借助于示功图的分析，了解深井泵状况和整个井筒的实际情况，采取相应的管理措施、管理好井筒，为油井稳产提供保障。

抽油机井理论示功图是理想化地描述了深井泵工作状况，它是分析实际示功图的基础，只有对其真正理解掌握，才能对实测示功图有一个正确的分析思路。

示功图的作用如下：

（1）可以知道抽油机驴头悬点载荷变化情况。

（2）可以判断抽油装置各参数的设置是否合理。

（3）可以了解抽油设备性能的好坏和砂、蜡、水、气、稠等井况的变化。

（4）把示功图与动液面资料结合起来分析，可以了解油层的供液能力。

GBD004 绘制理论示功图的方法及技术要求

（三）绘制理论示功图

在绘制理论示功图之前，必须首先算出有关的基本数据，再求出光杆静负荷在纵坐标上的高度及抽油杆、油管的伸缩长度在坐标上的相应长度，最后在直角坐标内做出平行四边形，就是所求的理论示功图（图1-2-1）。

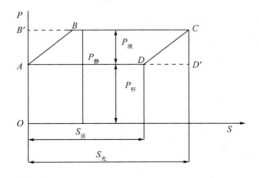

图1-2-1 理论示功图

（1）准备绘图工具（直尺或三角板、铅笔、计算器）以及抽油机井有关参数（冲程）。

（2）建立坐标：以冲程长度为横坐标，以悬点载荷为纵坐标，建立直角坐标系。

（3）计算光杆静载荷在纵坐标上的高度。

①抽油杆在空气中的重量：

$$W_r = f_r \rho_s g L_r \qquad (1-2-1)$$

②抽油杆在液体中的重量：

$$W^1 = \gamma_s L_r \qquad (1-2-2)$$

③活塞上的液柱载荷：

$$W_l = (f_p - f_r) \rho_l g L \qquad (1-2-3)$$

式中　f_r——杆横截面积，mm^2；

　　　f_p——泵横截面积，mm^2；

　　　ρ_s——钢的密度，kg/m^3；

　　　ρ_l——液体的密度，kg/m^3；

　　　g——重力加速度，$9.8N/kg$；

　　　L_r——杆长，m；

　　　γ_s——每米抽油杆在液体中的重量，N/m

$$W_{max} = W_r + W_l \qquad (1-2-4)$$

$$W_{min} = W' = \gamma_s L_r \qquad (1-2-5)$$

式中　W_{max}——最大悬点载荷，N；

　　　W_{min}——最小悬点载荷，N。

如果把抽油机驴头悬点看作简谐运动，并考虑液柱的惯性载荷，悬点可用下列公式进行计算：

$$W_{max} = (W_r + W_l) \times (1 + Sn^2/1790) \qquad (1-2-6)$$

$$W_{min} = W(1 - Sn^2/1790) = \gamma_s L_r (1 - Sn^2/1790) \qquad (1-2-7)$$

式中　W'——抽油杆在液体中的重量，N；

　　　W_r——抽油杆在空气中的重量，N；

　　　W_l——活塞以上液柱载荷，N；

　　　S——冲程，m；

　　　n——冲次。

（4）计算光杆冲程、冲程损失及柱塞冲程在横坐标上的长度。

①求出 λ（冲程损失）以及在图上的长度。

$$\lambda = \lambda_1 + \lambda_2 = P_{液} L / E (1/f_{杆} + 1/f_{液}) \qquad (1-2-8)$$

式中　λ——冲程损失，m；

λ_1——抽油杆弹性变形，m；

λ_2——油管弹性变形，m；

$f_{杆}$——抽油杆截面积，cm^2；

$f_{液}$——油管截面积，cm^2；

E——弹性模量（钢的弹性模为 $2.1 \times 10^6 kg/cm^2$ ）。

②将 $P_{杆}$、$P_{液}$ 分别除以力比后，即计算出了 $P_{杆}$ 和 $P_{液}$ 在纵坐标上的位置，分别以其高做横坐标的平行线，使图中 $B'C=AD'=S_{光}$（实测图最左端到最右端的长度 $S_{光}$ 即为理论示功图的光杆冲程长度）。

（5）理论示功图绘制位置：要绘制在坐标内中间位置，大小与坐标适合。

（6）绘制载荷线：将计算出的最大载荷、最小载荷值在纵坐标上点点，并经点做两条横坐标的平行线，长度为抽油井冲程。

（7）冲程损失：抽油井上下冲程时均有冲程损失，在起落点时产生，将计算所得的冲程损失点在横坐标上（暂称原点附近点），另将冲程和冲程损失的差值点在横坐标上（暂称冲程终点附近点），做两点的纵坐标平行线，原点附近点的平行线交与最大载荷线，冲程终点附近点的平行线交与最小载荷线，形成四个交点 A、B、C、D。

（8）连线：用直线连接 A、B、C、D 四个点，形成一个平行四边形，为抽油机理论示功图。

（四）技术要求

（1）计算时单位统一换算成牛顿再进行计算，在绘制理论示功图时，纵坐标单位要进位到千牛再绘制图形。

（2）图示、图名线条清晰。

（3）解释理论示功图时条例清晰、简明、准确、无误。

（五）理论示功图各条曲线的含义

GBD005 理论示功图各条线的绘制方法

1. A 点

A 点表示抽油机驴头处在起点位置，即下死点，此时抽油井光杆承受的载荷为抽油杆在液柱中的重量，为最小载荷，点位在纵坐标轴上。

2. AB 线

当抽油机驴头开始上行时，光杆开始增载，即为增载线，在增载过程中，由于抽油杆因加载而拉长，油管因减载而弹性缩回产生冲程损失，当达到最大载荷 B 点时增载完毕，所以增载线呈斜直线上升。

3. B 点

B 点为抽油机增载完，此时抽油机承受的载荷为抽油杆在液柱中重量与活塞以上液体重量之和，即为最大载荷，活塞开始上升，固定阀门打开，游动阀门关闭，井底液体流入泵筒，活塞以上的部分液体将被提升到地面，抽油机载荷不变，BC 线称为上行线也为活塞上行程长度。

4. CD 线

当抽油机到达 C 点开始下行，光杆开始下载，固定阀门关闭，游动阀门打开，即为卸载线，在卸载过程中，由于抽油杆因减载而弹性缩回，油管因加载而拉长，同样产生一个冲程损失，达到最小载荷 D 点时卸载完毕，所以卸载呈斜直线下降。

5. DA 线

D 点为抽油机卸载完，此时抽油机承受的载荷仅为抽油杆在液体中的重量，为最小载荷，活塞开始下行，固定阀门关闭，游动阀门打开，经活塞以下泵筒中的液体进入油管，抽油机载荷不变，即为下行线也为活塞下行程长度。

6. BB′ 虚线

抽油机上行，游动阀门关闭，固定阀门打开，活塞以上液柱重量加载在抽油杆上，此时抽油杆因增载而拉长，油管因减载而缩短，泵塞对泵筒存在冲程损失，其长度表示冲程损失的长度。

7. DD′ 虚线

抽油机下行，固定阀门关闭，游动阀门打开，活塞以上液柱重量又回到管柱上，此时抽油杆因卸载而缩短，油管因增载而拉长，泵塞对泵筒又存在冲程损失，其长度表示冲程损失的长度。

三、绘制典型井网图

GBE001 井网图的概念

（一）井网图的概念

井位指各类井在地面的方位。地下井位是指各类井钻到开采目的层的方位。由于井斜的原因，地面井位与地下井位不一致，可根据井斜的角度和方向算出地下井位。

开发井网对油层的水驱控制程度的大小，直接影响着采油速度、含水上升率、最终采收率等开发指标的好坏。根据油藏的特征和开发特点，井网一般都要经过再次乃至多次调整，这种不断认识、多次布井、反复调整的工作，有力地、卓有成效地促进了石油开发工作理论和技术水平的发展。

随着井网密度的增加，人们对储层在空间展布和连通关系的认识程度加深了。一般地说，井网密度越大，对油层的认识就越靠近实际。井网具有较大的灵活性，可以先应用反九点井网以后改为五点法；生产井和注水井的井位可以互换，井网形式仍保持不变。强化注水系统时，其井网严格地按一定的几何形状布置，可分为四点系统、五点系统、七点系统、九点系统和反九点系统。

井位图是油田开发图件中最基础的底图，许多采油地质图都是在井位图上勾画的，只需把井别按坐标点标在图上，用小圆圈表示并上墨即可。

（二）井网图的绘制方法

GBE002 井网图的绘制方法

在绘制井位图时，首先确定图幅大小，在纸上算出大约的范围，用对角线法画好图廓，并上墨。井位图图幅的正北标注，一定要和制图时的坐标网格方向一致，否则制出来的图幅就是错误的。然后制定直角坐标系，井位图坐标系 X 轴是指地球纬度线。井位图中的 Y 轴是指地球的子午线。油田开发方面的地质图幅通常面积很小，所以不必校正不同经纬度的长短，都默认是方格。合理的布井形式取决于油层地质物理特性、油藏的驱动方式、油田开发速度。例如，九点法面积井网对于早期进行面积注水的油田来说，由于注水井所占的比例小，所以无水采收率较高、见水时间较迟。

（三）注意事项

（1）绘制井位图时，根据要求的注采井距标识的井位要准确，图上注明的方向与制图时坐标方向一致。

（2）必须检查是否标注图名、图例、制图人、制图日期（图1-2-2）。

GBE008 绘制图幅的注意事项

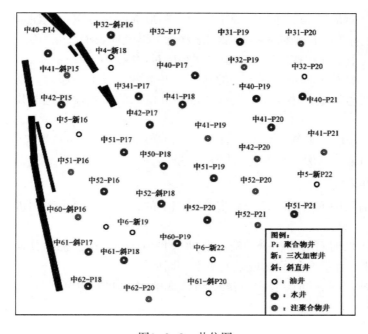

图1-2-2　井位图

GBE003 绘制分层注采剖面图的方法

GBE004 绘制分层注采剖面图的要求

四、绘制分层注采剖面图

分层注采剖面图是以栅状连通图为基础，加上出油剖面、吸水剖面而构成的综合图幅（图1-2-3）。

（一）准备工作

1. 资料数据

对应采油井和注水井的单层数据（包括油层组、小层号、射孔层位、油层渗透率、砂岩厚度、有效厚度），分层产油量，产水量以及注水井分层注水量等。

2. 准备用具

碳素笔，直尺，铅笔，橡皮，彩色铅笔。

（二）分层注采剖面图的绘制方法

分层注采剖面图需要掌握的数据有对应采油井和注水井的分层产油量、单层数据、产水量以及注水井分层注水量等。操作步骤为标井号、画出油剖面、画吸水剖面、画井间小层连线。

（1）在井的类别符号上方标注井号。

（2）在图纸上部左右边各画一水平线段作基线，基线左边1/3处起往下作垂线代表油（水）井井筒，并从上往下根据小层数据表的资料，把每个小层的砂岩厚度按比例换算后画出剖面。

（3）出油剖面是根据油井分层找水成果绘制形成的直方图。在采油井的右方画一大小适当的直角坐标系，横坐标与基线在同一水平线上，横坐标表示各分层产量，纵坐标表示对应油层。

（4）吸水剖面是根据水井分层吸水剖面绘制形成的直方图。在注水井右方也画一大小适当的直角坐标系，横坐标表示分层的注水量。纵坐标表示对应油层。

（5）分层注采剖面图按连通关系画井间小层对比线。

图中如果一口井为单层，同层号的另一口井为两个以上小层时，则在两井间分成支层连接。凡同层号连通的小层顶、底线自注水井剖面的最左端连至油井分层产液剖面图的右端。

（6）上色，分层注采剖面图中产油为红色，产水为绿色，注水为蓝色。

（7）标注图名、图例、制图人、制图日期。

GBE008 绘制图幅的注意事项 **（三）注意事项**

（1）油层剖面图完成后，用原始资料对图上的每条线、每个数据进行严格检查，保证图幅的质量。

（2）分层注采剖面图要备全的资料有油水井小层数据表、油水井连通数据、油井产液剖面测试成果、水井分层测试成果或吸水剖面成果。

（3）如遇断层时，断层表示方法中当选取的对比井发生断层时，断失层位上注明"断失"。

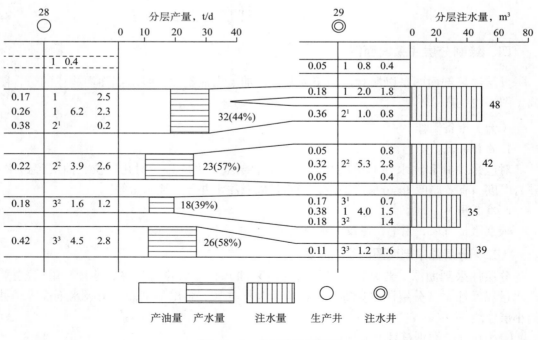

图1-2-3　分层注采剖面图

五、绘制油层栅状连通图

（一）油层栅状图概念和编制

GBE005 油层栅状图的绘制内容

井组油层连通图是由油层剖面图和单层平面图组合成的立体图幅，习惯上也称 GBE007 油层栅状图的编制 "栅状图"或"网状图"。它是一种以栅栏状的形式表示采油井、注水井之间油层的有效厚度、渗透率、连通状况、砂岩厚度等变化的图件。

井组油层连通图是以采油井或注水井为中心绘制的，它可以用来表示油层连通关系，是将油层垂向上的发育状况和平面上的分布情况结合起来，反映油层在空间上变化。应用井组油层连通图可以分析：注采关系，配产、配注层段划分的合理性，可以了解每口井的小层情况，如砂层厚度，有效厚度，渗透率，掌握油层特性及潜力层，层段内各小层注入水的去向、采出水的来向，可以了解射开单层的类型，如水驱层（与注水井相连通的油层）、土豆层（与周围井全不连通的油层）、危险层（与注水井连通方向渗透率高，有爆发性水淹危险的油层），是进行注采井组动态分析的基础图幅之一，可以研究分层措施，对于采油井采得出而注水井注不进的小层，要在注水井上采取酸化增注措施，可以指导配产配注方案编制工作。油层连通图的形式不是唯一的，根据生产需要和绘图条件不同，可以绘制不同形式的油层连通图。

（二）油层栅状图的绘制内容及要求

GBE006 油层栅状图的绘制要求

油层栅状连通图的绘图内容包括：井号及油层顶面线、井轴线、井深线、有效渗透率、射孔井段、油层编号、砂岩厚度、有效厚度和通过剖面的断层。油层栅状连通图中砂层是指含油砂层，即低于有效厚度标准的油层，基本上是由油砂组成的，对石油和水具有一定的渗透能力。

绘图步骤：

（1）做出小层连通数据表，绘制油层连通图所需的资料主要是有关井点的静态资料。

（2）在井剖面的正上方分别用"⊙"和"○"标明注水井或采油井。对于不连通的井点，需要注明尖灭或断失。油层栅状图中按井的排列画基线、井轴线，根据各井所画剖面深度确定合理基线，隔层采用等厚画法。在基线与辅助线之间标注栅状图所需各项内容的名称。各小层的左侧依次标明层号、砂岩厚度、射孔情况，在右侧依次标出有效厚度、有效渗透率和油底或水顶。油层栅状连通图中为了能够更加明确分析对象，在绘制井柱剖面时，不必将单井所钻遇的每一小层都画出，可以按油层组绘制。当油层栅状图作为工具图幅应用时，其砂体厚度、隔层厚度要在所定的基线深度之下，按所设比例画出，以保证图幅的准确真实性。

（3）画井间小层连线。连线时注意以下几点：

①一口井和周围井连线，不宜连线过多。油井与油井连通或油井与注水井成排连通，每口井最好只与相邻四口井连线，左右成排连线，前后成斜行连线，构成菱形网。如果是四点法或七点法面积注水网，则除边界井外，每口井要连六个方向，比较复杂一些。

②连线应有顺序。在画井间小层连线时，为了保证图幅的立体感，应先连下前排井，再向左上角连线，后向右上角连线，后面的线与已连过的线相遇处即断开，避免交叉。这样可以层次分明，有立体感。

③连线要分几种情况。凡是两口井小层号正好对应的，可直接连线，凡是本井为一

个小层，而邻井为两个以上小层的，可在两井中间分成支层连线过去；凡是本井有几个小层而在某方向邻井合并成一层的，则在两井中间合成一层连过去；当主井的厚层与邻井的两个层号连通，而邻井的厚层也与主井的两个层连通，同时其层间的尖灭层交错出现。

（4）标井类符号及射孔符号。在井柱顶端井号的下面标明井类符号，如注水井、生产井、射孔的井段画出射孔符号。射开层位一般用"Ⅰ"符号表示。

（5）染色上墨。一般来说，按渗透率上色：高渗透率油层为红色，中渗透率油层为黄色，低渗透油层为绿色，砂层为灰色，用虚线画油层及连通线、干层（无渗透率油层）时不上色。当两个不同级别渗透率相遇时，用两色相互渗透过渡的方式表示。

（三）注意事项

绘制栅状连通图一定要根据对比连通数据画井间连通线（图1-2-4）。在画井间小层连线时，应先连下前排井，然后再向左上角连线，再向右上角连线。油井栅状图中油底界限表示方法以长3cm、粗0.8cm的横线画在垂直井轴线上。最后必须检查是否标注图名、图例、制图人、制图日期。

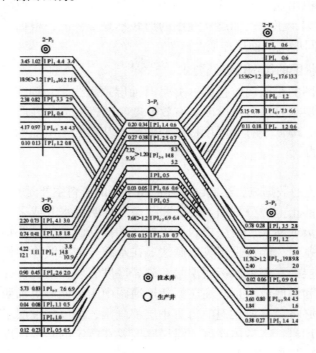

图1-2-4　油层栅状连通图

项目二　绘制产量运行曲线

一、准备工作

（一）考场准备

可容纳20~30人教室1间。

（二）资料、材料准备

年产液量，产量计划（月度）1份，年注水计划（月度）1份，无措施井年产量计划（月度）1份，措施井产量计划（月度）1份，综合含水计划（月度）1份，年度综合开发数据1份，生产运行数据表（空白）1张，曲线纸（350mm×250mm）1张，演算纸少许。

（三）工具、用具准备

穿戴劳保用品，绘图笔或碳素笔1支，HB铅笔1支，12色彩色笔1套，30cm直尺1把，15cm三角板1个，计算器1个，普通橡皮1块。

二、操作规程

序 号	工 序	操作步骤
1	绘前准备	准备图纸，收集各项生产数据并制成表格的形式
2	建立坐标	将时间（月、季、年）为横坐标，以各项平均日产水平为纵坐标，包括日产液（t/d）、日产油（t/d）、无措施日产油（t/d）、措施日产油（t/d）、日注水（m^3/d）、综合含水（%），并标好适当的坐标刻度值
3	绘制曲线	根据实际生产数据，计算每月的各项平均日产水平并在纵坐标上相应标出，分别连接各点成折线
		按照以上方法继续连接后面各月（季、年）的坐标点并依次延伸，就成为各个时期的产量运行曲线
		曲线可以是月度、年度，区块单元可以是一个油田、区块、采油厂（矿队），也可以是一套井网或一套层系
4	标注图名	在图上方中心适当位置，标注曲线名称
		标注图示
5	清图	清除图纸上多余点、线、字
		图纸清洁、无乱涂画
6	整理资料、用具	资料试卷上交，用具整理后带走

项目三 绘制抽油机井理论示功图

一、准备工作

（一）考场准备

可容纳20～30人教室1间。

（二）资料、材料准备

抽油井施工总结1份，计算载荷的相关数据1份，米格纸（150mm×150mm）1张，演算纸少许。

（三）工具、用具准备

穿戴劳保用品，碳素笔1支，HB铅笔1支，30cm直尺1把，15cm三角板1个，普通橡皮1块。

二、操作规程

序　号	工　序	操作步骤
1	填写参数	填写计算载荷的相关参数
2	列计算公式	列计算抽油机载荷、冲程损失公式
3	计算载荷	计算最大载荷
		计算最小载荷
		计算冲程损失
4	建立直角坐标系	绘制横坐标
		绘制纵坐标
		标注纵、横坐标等量刻度
		标注纵、横坐标数值
		标注纵、横坐标名称、单位
5	绘制功图	点载荷、冲程损失的坐标点
		连线
		描黑
6	标注图名	标注图名
7	清图	清除图纸上多余点、线、字
		图纸清洁、无乱涂画

项目四　绘制典型井网图

一、准备工作

（一）考场准备

可容纳 20～30 人教室 1 间。

（二）资料、材料准备

井位坐标数据 1 份，米格纸（350mm×250mm）1 张。

（三）工具、用具准备

穿戴劳保用品，HB 铅笔 1 支，白带 12 色彩色笔 1 套，圆规 1 个，30cm 直尺 1 把，15cm 三角板 1 个，普通橡皮 1 块。

二、操作规程

序　号	工　序	操作步骤
1	绘制边框	绘制边框
2	确定比例	确定合适的比例尺

续表

序　号	工　序	操作步骤
3	标注图名	在图中心位置标注图名
4	建立井位坐标系	绘制井位直角坐标系横坐标
		绘制井位直角坐标系纵坐标
		标注等量刻度、数值、单位、名称
5	绘制井网图	标注井位点
		绘制油水井别
		上色
		标注井号
6	绘制井网图方向标	绘制方向标
7	标注图例、比例尺	标注图例、比例尺
8	清图	清除图纸上多余点、线、字
		图纸清洁、无乱涂画

三、技术要求

（1）坐标系刻度 X 轴是地球纬度线，Y 轴是地球子午线。

（2）图幅的正北标注，一定要和制图时的坐标网格方向一致。

项目五　绘制分层注采剖面图

一、准备工作

（一）考场准备

可容纳 20～30 人教室 1 间。

（二）资料、材料准备

油水井小层静态数据对应采油井和注水井的单层数据（包括射孔位、油层渗透率、砂岩厚度、有效厚度、油层发育状况），分层产油量，产水量以及注水井分层注水量等。油水井分层测试数据（产油、产水、注水），绘图纸（A4）1 张。

（三）工具、用具准备

穿戴劳保用品，碳素笔 1 支，30cm 直尺 1 把，HB 铅笔 1 支，普通橡皮 1 块，12 色彩色铅笔 1 套，15cm 三角板 1 个。

二、操作规程

序　号	工　序	操作步骤
1	标注图名	标图名
2	确定井点	选择适当位置确定油水井点
		标注井号
3	绘制井点基线	画井点基线
4	绘制油水井井轴线	画井筒轴线
5	绘制层段的顶、底边界线	绘制井下采油、注水层段线
		标注油层参数
6	建立直角坐标系	绘制横坐标线
		绘制纵坐标线
		标注等量刻度、数值
		标注名称、单位
7	绘制产出、注水剖面	绘制产油、产水剖面
		绘制注水剖面
		上色
8	连线	油层之间连线
9	标注图例	标注图例
10	清图	清除图纸上多余点、线、字
		图纸清洁、无乱涂画

三、技术要求

（1）横坐标与基线必须在同一水平线上。

（2）画剖面时，要根据每个小层的砂岩厚度按比例换算后画出。

项目六　绘制油层栅状连通图

一、准备工作

（一）考场准备

可容纳 20~30 人教室 1 间。

（二）资料、材料准备

井位图 1 份，油水井小层数据（3~5 层）5 口，油水井小层连通数据（3~5 层）5口，绘图纸（标准）1 张。

（三）工具、用具准备

穿戴劳保用品，碳素笔 1 支，30cm 直尺 1 把，HB 铅笔 1 支，普通橡皮 1 块，12 色彩色铅笔 1 套，15cm 三角板 1 个。

二、操作规程

序 号	评分要素	评分标准
1	填写数据表	填写小层数据、连通数据表
2	标注图名	在中心位置标注图名
3	确定比例、绘制井点	绘制井点位置
		绘制井别符号
		标注井号
4	绘制基线	绘制井位基线
5	绘制井筒	绘制井筒垂线
		绘制层段界面线
		标注参数
6	绘制油层连通剖面	绘制连通层段
		绘制不连通层段的尖灭线
		剖面图上色
7	标注图例	标注图例
8	清图	清除图纸上多余点、线、字
		图纸清洁、无乱涂画

三、技术要求

（1）两个不同级别渗透率相遇时，必须用两色相互渗透过渡的方式涂色。

（2）在画小层井间连线时，应避免线条交叉。

模块三　综合技能

项目一　相关知识

一、油田动态分析

GBF001 油田动态分析的概念

（一）油田动态分析的概念

油田开发过程中，油藏内部多种因素的变化状况称为油田动态。一个油田在投入开发之前，油层处于相对静止状态，从第一口井投产以后，整个油藏就处于不停的变化之中。

油藏动态分析是人们认识油藏和改造油藏的一项十分重要的基础研究工作，也是一项综合性和技术性很强的工作。油田动态包括很多内容，主要包括油藏内部油气储量的变化、油气水分布的变化、压力的变化、生产能力的变化等内容。

油田动态分析工作就是通过大量的油水井第一性资料，分析油藏在开发过程中的各种变化，并把这些变化有机地联系起来，从而解释现象，发现规律，预测动态变化趋势，明确调整挖潜方向，对不符合开发规律和影响最终开发效果的部分进行不断调整，从而不断改善油田开发效果，提高油田最终采收率。

在开发过程中，油藏分析资料很多，油气田常用的基本资料有油田地质资料（静态资料）、油水井动态资料、工程资料（包括钻井、固井、井身结构、井筒状况、地面流程等），在分析过程中必须依靠以上几种资料综合进行分析，单独依靠静态资料分析、性质、类别不能够提出油藏开发调整措施，最终达到科学合理地开发油藏的目的。

油田动态分析的目的是在油田开发过程中，通过对油藏开发动态的分析和研究，掌握其规律和控制因素，预测其发展趋势，从而因势利导，使其向人们需要的方向发展，达到以尽可能少的经济投入，获取尽可能高的经济效益的目的。

根据油田管理工作的需要，油气藏动态分析的分类方法一般有以下几种：

（1）按开发单元的大小划分：①单井动态分析；②井组动态分析；③开发单元（区块）动态分析；④油田动态分析。

（2）按时间尺度划分：①旬度动态分析；②月（季）生产动态分析；③年度油藏动态分析；④阶段开发分析。

（3）按分析内容划分：①生产动态分析；②油（气）藏动态分析。

（二）油田动态分析的内容

油田动态分析可分单井、井组、区块和全油田进行分析，也可分阶段进行分析。

1. 单井动态分析的内容

在油田动态分析中的单井动态分析主要是分析油、水井工作制度是否合理，工作状况是否正常，生产能力有无变化；分析射开各层产量、压力、含水、气油比、注水压力、注水量变化的特征；分析增产增注措施的效果；分析油井井筒举升条件的变化、井筒内脱气点的变化、阻力的变化、压力消耗情况的变化等。单井动态分析，要根据分析结果，提出加强管理和改善开采效果的调整措施。

GBF002 单井动态分析的内容

2. 井组动态分析的内容

井组动态分析通常是指在单井动态分析的基础上以注水井为中心的注采单元分析。油水井动态分析的内容包括：通过原始资料找出变化（趋势）规律、分析变化原因、提出调整措施、评价措施效果。油水井工作制度是否合理，工作状况是否正常，生产能力有无变化均属于单井动态分析的内容。油田动态分析按时间尺度划分可分为阶段分析，年度分析，月（季）度、旬度分析。

GBF004 井组动态分析的内容

油田开发的中后期即达到中、高含水期以后，为提高采收率，可以通过注采系统调整和井网层系的调整，逐步地转向面积注水方式。以注水井或采油井为中心的、平面上可划分为一个相对独立的注采单元的一组油水井称为注采井组。把注水井组的注水状况和吸水能力与周围相连通油井之间的注采关系分析清楚，并对有关的油水井提出具体调整措施，这也是井组动态分析的任务。注采井组动态分析的范围包括注采井组油层连通状况分析、井组注采平衡和压力平衡状况的分析、井组综合含水状况分析。注采井组油层连通状况分析是指研究井组小层静态资料，主要是分析每个油层的岩性、厚度、渗透率。

注入水在油藏中的流动，必然引起井组生产过程中与驱替状态密切相关的压力、产量、含水等一系列动态参数的变化，除了油井本身井筒工作状态的因素外，引起这些变化的主要因素是注水井。研究注采井组的注采动态，应把注水井的注水状况和吸水能力及与其周围有关油井之间的注采关系分析清楚，并对有关油、水井分别提出具体的调整措施，这是井组动态分析的主要任务。

GBF005 区块动态分析内容

3. 区块动态分析的内容

在动态分析中，区块动态分析主要有：对油藏地质特点的再认识；油田当前开发状况；层系井网、注水方式的分析；油田开发存在的问题和提高油田开发效果的意见；油藏、油田动态预测等。区块动态分析的主要内容包括：注水状况、产油状况、含水状况、压力状况、机采井工作状况。

分析开发单元开发中存在的问题，纵向上要分析射孔各油层注采平衡和油层压力状况，找出层间矛盾并对主要矛盾采取调整措施。平面上要分析注采平衡和油层压力状况，找出平面矛盾并对主要矛盾采取调整措施。

在注采平衡和压力状况分析的基础上，研究综合含水率上升过快的小层和井组，提出注采调整措施，把含水率上升速度控制在开发方案规定的范围内，这也是区块动态分析的任务。

开发单元的潜力分析就是对各油层内剩余油的数量和分布状况进行分析。分析的内容主要包括各开发单元的累积采油量、各开发单元的采出程度、各开发单元的剩余可采油量状况、各小层内水淹状况和剩余油状况分析。在区块动态分析里，油田开发指标主要包括与采油有关的指标、与注水有关的指标、与油层能量有关的指标等几大类。

（三）油田动态分析的任务

油田动态分析中，油水井管理分析主要分析和解决油水井日常生产管理中存在的问题，从而保证油水井正常生产。管理分析主要分析和处理地面及井筒中的问题，它是四类分析中的基础。

油田动态分析中，生产分析主要分析了解油水井产量、压力、含水率变化、注水量变化的原因，从而提出下步措施意见，如注水井调整等。

油田动态分析中，开发分析主要在油水井管理分析、生产分析及措施效果分析基础上，对区块或全油田进行地下分析主要了解各个油层的工作状况。油田动态分析中的开发分析主要解决的问题包括：确定区块、小层的注采比、合理生产压差、合理注采强度、编制配产配注方案、拟定井下作业技术措施。分析和掌握注水后油井见效、见水及水淹规律，明确各类油井的生产特征，以便根据各类油井制定合理的工作制度，保证油井正常稳定生产。

油田动态分析中的措施效果分析主要分析油水井采取压裂、酸化、补孔、堵水调剖等技术措施后，措施效果如何，并从开发的角度总结经验，指导下一步的实践。

油藏动态分析必须以油砂体为单元，以单井分析为基础，分析油层内部的变化，明确各类油层的开发状况及其动态变化规律，从而为改善油田的开发效果服务。

油气藏动态分析的目的以及开发分析所要解决的主要问题包括：（1）找出并掌握油气田开发过程中各项动态指标的变化规律；（2）对油气田开发趋势进行科学的预测；（3）及时对开发方案进行综合调整；（4）实现较高的最终采收率和经济效益的最大化；（5）从而达到科学合理地开发油气田的目的。

二、油田动态分析中有关资料的分析

（一）示功图的分析

"示功图"能比较直观地指示或表达"做功"实况，它是由无数个双坐标点边线连接而成的闭合图形，图形中的任意一点均代表行程该点驴头的负载值。抽油机井示功图横坐标代表光杆冲程，纵坐标代表驴头的负载值，通过把抽油机井示功图与动液面资料结合起来进行分析，可以了解油层的供液能力。通过抽油机井示功图的分析，可以了解抽油装置各项参数配置是否合理，抽油泵工作性能好坏，以及井下技术状况变化等。

1. 实测示功图的基本分析方法

理论示功图是比较规则的平行四边形，而实测示功图，由于多种因素的影响（如砂、蜡、气、水、稠油等），图形变化很复杂，各不相同。因此，要正确的分析油井的生产情况，就必须全面地掌握油井的动态、静态资料，以及设备的状况，可以结合示功图的变化找出油井存在的主要问题，从而采取适当的措施，提高油井产量和泵效。例如，某抽油机井实测示功图由供液不足变为正常，分析该井变化的原因可能包括以下内容：注水井对应连通层上调方案、对本井进行增产措施、井区周围油井堵水等措施影响。

由于实测示功图受各种因素的影响，图形变化千奇百怪，各不相同。为了便于分析实测示功图，将图形分割成四块，进行分析、对比，找出问题。正常示功图这四块图形是完整无缺的，而且上、下负荷线与基线基本平行，增载线与卸载线平行，斜率一致。有惯性影响的正常图形与图 1-3-1 基本一致，不同的是上、下负荷线与基线基本不平行，存在夹角，图形按顺时针偏转一个角度，冲次越大夹角越大。

如图 1-3-1 所示，①左上角：主要分析游动阀门的问题，缺损为阀门关闭不及时，多一块（多一个角）为出砂井存在卡泵现象。②右上角：主要分析光杆在上死点时活塞与工作筒的配合，以及游动阀门打开和固定阀门关闭情况。少一块为活塞拔出工作筒，严重漏失；多一块在近上死点时有碰泵现象。③右下角：主要分析泵的充满程度及气体影响情况。右上角、右下角都多一块为衬套上部过紧或光杆密封填料过紧；少一块为未充满，为供液不足或气体影响。④左下角：分析光杆在下死点时出现的问题，如固定阀门的漏失情况等。

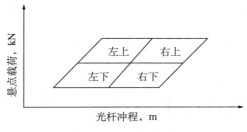

图1-3-1　示功图剖析

通过这四块的解剖分析，找出泵工作不正常的原因，提出解决问题的措施。如果抽油机实测示功图图形应该在下理论负荷线的下方，可以判断为该井中部断脱，如果抽油机井实测示功图为正常，产量下降，液面上升，就应该进行憋压验证，该井存在问题可能是油管上部漏失。如果抽油机井液面在井口，产量下降，实测示功图却为供液不足，分析该井的生产状况有可能是泵吸入部分堵塞。

2. 实测典型示功图的分析方法

根据以上示功图的基本分析方法，下面对部分典型示功图进行定性分析。在实测示功图上只画两条负载线，而不画增载线和卸载线。

1）抽油泵工作正常时的示功图

这类图形的共同特点是和理论图形差异较小，近似为平行四边形，但由于设备振动而引起上、下负荷线有波纹。同时有些图形因泵挂较深，冲数较大产生的惯性力影响，使示功图沿着顺时针方向产生偏转，图形与基线有一夹角。抽油泵工作正常时的示功图如图 1-3-2 所示。

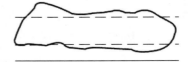

图1-3-2　正常示功图

2）油井结蜡对示功图的影响

油井结蜡可使阀门失灵、卡死阀门、堵塞油管及进油设备。

（1）如图1-3-3所示，游动阀门受结蜡影响，开关不灵而引起漏失，图形四个角均呈圆形，上负荷线超出理论负荷线。

（2）如图1-3-4所示，为油管结蜡，使抽油机负荷增加，阀门漏失，图形呈鸭蛋圆，电流变化大，产量下降。

（3）如图1-3-5所示，为固定阀门被蜡堵死，使活塞下行时不能即时接触到液面，游动阀门打不开，光杆不能卸载，当活塞到 E 点时才能碰到液面，光杆开始卸载。

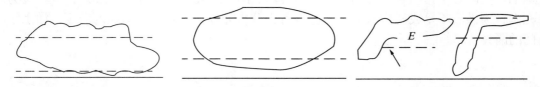

图1-3-3　游动阀门结蜡示功图　　图1-3-4　油管结蜡示功图　　图1-3-5　固定阀门结蜡示功图

3）气体及供液不足对示功图的影响

（1）如图1-3-6所示，为受气体影响，使泵未能充满，活塞下行时不能及时触及液面。首先是压缩气体，光杆卸载缓慢，所以卸载线是一条向右下方弯曲的圆弧，进气量越大，曲率半径越大，曲率中心在减载线的右下方。这种井产量不高，泵效低于40%。

（2）如图1-3-7所示，为供液不足。因泵抽汲参数大，排量也较大，而地层流入供应不够或泵挂太浅使泵未能充满。活塞下行时未触及液面，光杆不能卸载，图形特点与气体影响有区别。虽然光杆不能卸载，但下行程线与上行程线平行。当卸载时，卸载线有一明显拐点，图形呈刀把状。这种井产量不高，泵效低于40%。

4）油井自喷或杆断脱对示功图的影响

（1）如图1-3-8为油井自喷示功图，一般情况下，图形在上、下理论负荷线之间，油井自喷能力越大，图形越偏低。有些图形与抽油杆断脱时的图形相似，但油井泵效高于60%。自喷图形与泵未下入泵筒图形也相似，但后者一般出现在新下泵或检泵后，且产量也不相同。

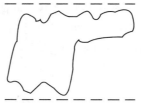
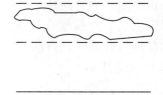
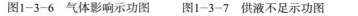

图1-3-6　气体影响示功图　　图1-3-7　供液不足示功图　　图1-3-8　自喷示功图

（2）如图1-3-9为抽油杆断脱功图。抽油杆断脱后，光杆负荷大大减轻，它只等于上部一段悬空的抽油杆柱在液体中的重量。因此，上、下冲程时，光杆负荷很小，图形位于最小理论负荷线附近，并形成一水平条带状。

一般抽油杆断脱分为上部和下部断脱，如图1-3-9（2）、图1-3-9（3）。断脱位置距井口越近，图形越偏低；若在活塞处断脱 [图 1-3-9（2）]，图形位置较高，在下理论负荷线附近，图形形状不全是棒形，甚至有些井测出断脱图形是一根直线；油井抽油杆断脱后，电机电流发生明显变化，上行时电流下降，下行时电流上升，油井产量下降或为零。

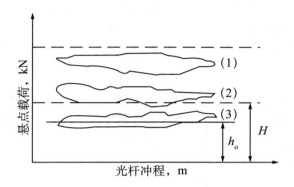

图1-3-9 抽油杆断脱示功图

抽油杆断脱位置的计算公式如下：

$$L_{断} = hc/q'_{杆} \qquad\qquad (1-3-1)$$

式中　$L_{断}$——断脱点以上抽油杆长度，m；

　　　h——示功图基线到图形中线的距离，mm；

　　　c——测功图时的力比，kN/mm；

　　　$q'_{杆}$——每米抽油杆在液体中的质量，kN/m。

（3）如图 1-3-9（1）中为油井固定阀门被卡死，不关闭，造成游动阀门打不开而光杆不能卸载，图形在上理论负荷线附近；形状与自喷断脱情况相似，但油井不出油，在井口憋压时，可发现上行时压力上升，下行时压力下降。

若游动阀门被卡死，不能关闭，测出图形与图 1-3-9 相似。作业后活塞未下入工作筒图形也与此图相似。

以上油井自喷、抽油杆断脱、阀门被卡等几种情况所测得图形基本相似，分析时不能只依靠示功图进行判断，必须同时利用其他资料，如产量、电流、动液面及其他方法，进行综合分析，做出正确判断，采取措施。

5）泵漏失对示功图的影响

泵的漏失有吸入部分漏失（固定阀门）、排出部分漏失（游动阀门、活塞与泵筒间隙）、油管漏失、活塞拔出工作筒漏失。

（1）固定阀门漏失：如图 1-3-10 所示，由于磨损、腐蚀或脏物（砂、蜡等）堵塞，使阀门座不严而产生漏失。由于固定阀门漏失，活塞下行时，游动阀门因压力不足打开迟缓，在示功图上反映为卸载缓慢。漏失越严重，卸载线越平缓，图形右上角比较尖，左下角呈圆弧形，曲率中心在示功图内部，位于最低负荷线的左上方。卸载线可以是弧线，也可以是斜直线。

（2）游动阀门漏失：如图 1-3-11 所示，在上冲程因游动阀门漏失，在工作筒内的液体有向上"顶托作用"，使光杆负荷不能及时上升到最大值，因此增载线变缓，呈弧形（圆心向右下方）。活塞上行有效行程短，而下行行程长，漏失越严重，表现越明显，严重时光杆载荷等于抽油杆柱在液体中的质量。

（3）固定阀门和游动阀门漏失（双阀门漏失）：如图1-3-12所示，图形特点为图1-3-10和图1-3-11两种图形的结合，增载线和卸载线都较为缓慢，示功图四周都呈圆角，即椭圆形。可根据四周圆角的变化程度判断各部漏失的程度。排出和吸入同时存在严重漏失，油井不出油，示功图为椭圆条带状，图形在上、下理论负载线之间，幅度比抽油杆断脱宽。

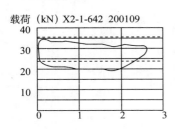 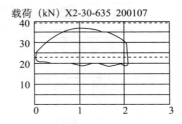 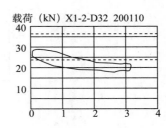

图1-3-10　固定阀门漏失　　　图1-3-11　游动阀门漏失　　　图1-3-12　双阀门漏失

（4）因活塞拔出工作筒造成漏失：如图1-3-13所示，上冲程过程中，活塞移动到某个距离时，载荷突然下降，一直降到最低载荷，并且在脱出点（载荷突然下降点）以前，已经有漏失现象。此外，由于活塞在载荷很大的情况下突然脱出工作筒减载，因此引起抽油杆柱的强烈跳动，在图上表现为不规则的波动，同时图形在右上角缺一部分面积。光杆上行未终止前负载突然减少，这是因为防冲距太大或是短泵用在长冲程的井中造成的。

（5）油管漏失：如图1-3-14所示，图形近似为平行四边形，即与理论功图相似，所以利用一个示功图是很难判断是否存在油管漏失的情况。现场多采用停泵后测试示功图和停泵前测试示功图重叠对比（停泵后，由于漏失管里液柱下降，所加到光杆上的载荷减少，示功图圈闭面积减少）来确定油管是否漏失。油管漏失井口产量很低，泵效也很低，液面升高甚至到井口，示功图上负载线偏低，漏失部位离井口越远，上负载线越低。

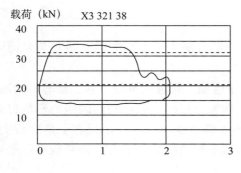 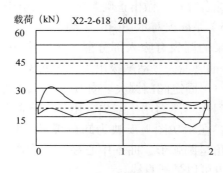

图1-3-13　活塞拔出工作筒漏失　　　　图1-3-14　油管漏失

6）碰泵对示功图的影响

（1）上行碰泵：如图1-3-15所示，抽油机驴头在上行终止前负载突然增加，图形在右上角多出一块，主要是抽油杆长度配的不合适，使光杆下第一个接箍进入采油树，在井口碰泵，或是因用杆式泵或大泵时，防冲距过大造成的。

（2）下行碰泵：如图1-3-16所示，驴头在下行终止前（到下死点前），光杆负荷突然减小，在左下角多出一块，同时上行程产生较大的波形，主要是因为防冲距太小，活塞接近下死点时，碰撞固定阀门使负载突然减小，且由于余振引起上行呈波浪形。

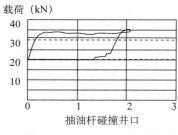

图1-3-15　上行碰泵示功图

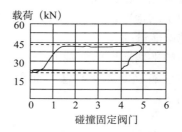

图1-3-16　下行碰泵示功图

（二）压力状况的分析

GBF008 压力状况的分析内容

1. 与压力有关的概念

压力是反映油层驱动能量大小的重要指标。明确压力的变化规律，随时掌握油层压力的变化特征，是做好油田开发工作的关键。

1）原始地层压力

油层一般都埋藏在地下较深的地方，上面覆盖着很厚的岩层。因此，油层以及内部的油、气、水都处在一定的压力之下，这种由于上覆地层造成的压力就是油层压力。油层压力的大小与油层的埋藏深度有关。原始地层压力是指油层未开采前，从探井中测得的油层中部压力，通常用 p_i 表示。它可用来衡量油田驱动能量的大小和油井自喷能力的强弱。原始地层压力一般随油层埋藏深度的增加而增加。油田开发在研究注水井配注方案的时候要考虑到油层破裂压力及上覆岩层压力。即：井口最高配注压力 = 油层破裂压力 - 静水柱压力。

【例1-3-1】　某注水井的油层破裂压力为19.41MPa，上覆岩层压力梯度为0.023MPa/m，求该井井口的最高配注压力？

解：

根据公式：井口最高配注压力 = 油层破裂压力 - 静水柱压力

$$=19.41-19.41/0.023 \times 1/100$$

$$=10.97（MPa）$$

答：该井井口最高配注压力10.97MPa。

2）目前地层压力（静压）

目前地层压力也称地层静压，是指油井关井后，待压力恢复到稳定状况所测得的油层中部压力，简称为静压，通常用 p_R 表示。在油田开发过程中，静压的变化与注入和采出的流体体积大小有关。如果采出的体积大于注入体积时，油层出现亏空，静压就会比原始地层压力低。为了及时掌握地下动态，油井需要定期测静压，一般每半年测一次。

3）流动压力

流动压力是指油井在正常生产时所测得的油层中部压力，简称流压，通常用 p_{wf} 表示。井底流动压力是油层压力在克服油层中流动阻力后剩余的压力，又是垂直管流的始端压力。油井可以依靠流动压力将流入井底的液体举升到地面。一般流压的高低，直接反映油井自喷能力的大小。在注水开发过程中，流压会随着油井含水率的上升而增加。

4）油田平均地层压力

油田平均地层压力是指每一个独立的开发区内，地层压力的平均值。它反映了油层总体上地层能量的大小。

油田的平均地层压力是由某一时刻每口井的地层压力值，通过一定方式计算出来的。其计算方法有：算术平均法、面积权衡法和体积权衡法。油田矿场一般用算术平均法，其公式如下：

$$p_K=(p_{K1}+p_{K2}+p_{K3}+\cdots+p_{Kn})/n \tag{1-3-2}$$

式中　p_K——平均地层压力值，MPa；

p_{K1}——第一口井的地层压力值，MPa；

p_{K2}——第二口井的地层压力值，MPa；

p_{K3}——第三口井的地层压力值，MPa；

p_{Kn}——第 n 口井的地层压力值，MPa；

n——参加平均的井数。

5）抽油井的静液面和动液面

随着油田的不断开发，地层压力不断下降，油井自喷能力逐渐减弱。这样，油井由自喷采油逐渐转变为机械采油。目前，各类大油田，特别是一些老油田，如大庆油田、胜利油田，绝大部分生产井已转为抽油。为了研究抽油井的生产状况，了解油田不同开发阶段的变化规律，掌握油层动态，必须取得抽油井生产时的动液面和静液面，它们对于指导油井合理开采有着重要意义，也是进行现场油水井动态分析的两项比较重要的数据。

（1）动液面：抽油井在生产过程中，油套管环形空间内的液面深度，称为动液面（图1-3-17）。

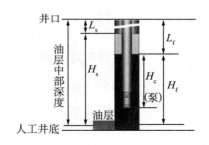

图1-3-17　井底液柱与井底压力关系示意图

H_f—动液面高度，m；H_s—静液面高度，m；L_f—动液面深度，m；
L_s—静液面深度，m；H_c—沉没度，m；p_f——井底压力，MPa

（2）静液面：抽油井关井后，油套管环形空间的液面逐渐上升，等到液面稳定下来后，所测得的液面深度称为静液面。

（3）液面与压力的关系：根据动液面和静液面的深度，可以换算出流动压力和静止压力。

$$p_{wf}=(H-L_f)\rho_L g \times 10^{-6} \tag{1-3-3}$$

式中　p_{wf}——井底流动压力，MPa；
　　　　H——油层中部深度，m；
　　　　L_f——动液面深度，m；
　　　　ρ_L——井中液体的密度，kg/m³。

$$p_R=(H-L_S)\rho_L g \times 10^{-6} \tag{1-3-4}$$

式中　p_R——地层压力，MPa；
　　　　L_S——静液面深度，m。

计算时，如果套压不能忽略，应将套压加上。井底流压是由油套环形空间的液柱密度、液柱高度及井口套压等因素决定的，其计算式为：

$$p_f=p_c+(H-L_f)\rho_l g \times 10^{-6} \tag{1-3-5}$$

式中　p_c——抽油井井口套压，MPa；
　　　　H——油层中部的深度，m；
　　　　ρ_l——井中液体密度，kg/m³；
　　　　L_f——动液面深度，m；
　　　　g——重力加速度，m/s²。

利用动液面可以分析深井泵的工作状态和油层供液能力。对于注水开发的油田，根据油井液面变化，能够判断油井是否见到注水效果，为调整注水层段的注水量以及抽油井的抽汲参数提供依据。

【例1-3-2】　某油井油层中部深度为1300m，关井72h后测得动液面深度为380m，该井含水95%，原油密度为860kg/m³，套压为1.14MPa。求该井静压（g取10m/s²）？

已知：P_c=1.14MPa，ρ_0=860kg/m³，f_w=0.95，H=1300m，L_f=380m，求P_e。

解：① $\rho_l=\rho_w \cdot f_w+\rho_0 \cdot (1-f_w)$
　　　　=1000×0.95 + 860×（1-0.95）
　　　　=993（kg/m³）
　　② $P_e=P_c+\rho g(H-L_f)\times 10^3$
　　　　=1.14+993×10×（1300-380）×10⁻⁶
　　　　=10.28（MPa）

答：该井静压为10.28MPa。

2. 压力及压差变化分析

1）总压差

（1）依靠天然能量开发的油田的总压差：总压差 = 原始地层压力 - 目前地层压力。

对于依靠天然能量开发的油田来说，采油的过程就是消耗能量的过程，所以目前地层压力总是低于原始地层压力。在这种情况下，要合理使用地层能量，地层压力不能下降过快、过大，因为若地层压力降到饱和压力附近，地层中的油气将分离，使油的相渗透率降低，增大油流阻力，从而降低采收率。

（2）注水开发油田的总压差。

对于注水开发的油田来说，生产的过程，是一边消耗一边补充能量的过程。所以，目前地层压力往往保持在原始地层压力附近。为了便于对比，矿场上把总压差表示为：总压差＝目前地层压力－原始地层压力。

当总压差为负值时，说明注入量小于采出量，使目前地层压力低于原始地层压力。对于目前地层压力远远低于原始地层压力的井，应该使注采比大于1，从而使地层压力恢复到原始地层压力附近，但要注意恢复的速度不能过快，以免造成注入水在油层内单层突进。当总压差为正值时，说明注入量大于采出量，目前地层压力超过原始地层压力。这种情况下，应控制注水量，待地层压力降到原始地层压力附近时，保持注采平衡。因为目前地层压力超过原始地层压力，可能破坏地层结构，使地层内流体的运动发生变化，造成的后果将是难以估计的。

当总压差等于0时，说明注入量等于采出量，注采平衡。

2）地层压力变化分析

油层压力变化，重点分析半年压差对比超过 ±0.4MPa 的井。从注采两方面找原因，对不合理变化井采取相应措施。地层静压变化主要考虑注采比是否合理、天然能量发育及利用状况等，其主要用途是分析地层供液能力状况。油田投入开发后，油层压力变化的大小取决于驱动方式和开采速度。注水开发的油田，油井主要是在注水控制下生产。注采比的大小是影响油层压力变化的主要因素。油层压力下降是由于采得多，注得少，油层内部出现了亏空，说明能量消耗大于补充。此时，应适当提高注入量，以达到注采平衡。在生产中要从实际出发选择合适的注采比，使油层压力尽可能保持在原始地层压力附近。

在分析油井静止压力变化时，重点是分析变化比较大的井。在落实压力资料可靠性的基础上，必须从注和采的两方面找原因，如注水井的全井和分层注水状况、油井的工作制度有无改变、油井措施效果、邻井的生产情况有无变化等。

影响地层压力变化的主要原因可归纳如下。

（1）地层压力上升的主要原因：注水井配注、实注增加；注水井全井或层段超注；相邻油井堵水；油井工作制度调小；油井机、泵、杆工况差；连通注水井配注过高。

（2）地层压力下降的主要原因：注水井配注、实注减小；注水井全井或层段欠注；相邻油井降流压，提液开采；油井采取增产措施；油井工作制度调大；连通注水井配注过低。

3）流动压力变化分析

井底流动压力是油层压力在克服油层中流动阻力后的剩余压力，又是形成垂直管流的始端压力。因此，流动压力的变化同时受到供液和排液这两方面因素的影响。

井底流压的变化的几种情况：

（1）地层压力上升，流压上升。注水开发油田，注水见效后，地层压力上升，在油井工作制度不变的情况下，一般流动压力也随之上升。

（2）油井含水率升高，流压上升。油井见水后，因为油水混合物流动时的阻力小于纯油流动时的阻力，井底流压出现上升；从垂直管流来看，由于含水率上升，在产液量相同的情况下，混合液平均密度增加，相应流动压力也要上升。大庆油田统计资料表明，含水率上升 1%，井底流压升高 0.04MPa 左右。当含水率达到 85% 时井底流压升高

0.07 ~ 0.08MPa。

（3）油井泵况变化、调参引起流压变化。油井泵况变差或调小工作制度，流压上升；油井调大工作参数，则流压下降；相邻油井调大工作参数，若长时间没有提高相应注水井注水量，地层压力可能就会下降，从而也会导致流压下降。

通过以上分析，将影响流压的主要原因归纳如下。

流压上升的主要原因：地面管线堵；调小工作制度；井筒结蜡；机采井机、泵、杆工况差；地层压力上升；含水率上升；压裂、酸化措施见效。

流压下降的主要原因：地面管线改造；调大工作制度；机采井上三换措施见效；堵水见效；地层压力下降。

4）针对流压的措施

（1）高流压情况下的措施。造成油井井底高流压的原因，除了油层供液能力充足以外，还有泵况、抽汲参数小、高含水方面的原因。

①泵况问题的措施：对因泵况问题而造成的高流压井，措施应以解决泵况为主。如果是断脱泵况，措施只有检泵。如果是卡泵或漏失泵况，可以先进行高强度热洗（即高压大排量高温洗井）；若热洗不能解除，则采取检泵措施。

②抽汲参数偏小的措施：抽油机井的抽汲参数主要是指抽油机井的冲程、冲次、泵径及泵挂深度，也称抽油机井的工作制度。因抽汲参数小而形成的高流压井，措施应以提高抽汲参数为主。提高抽汲参数应优先考虑提高地面参数冲程和冲次，只有在地面参数的提高受到限制，经测算满足不了提高排液量的要求，或虽然满足排量，但因原泵进液孔道太小，不适应排量提高后的高流速，这种情况下才采取换泵措施。由于抽油机机型的承载能力小，使换泵受到限制时，可适当上提泵挂深度以减轻杆柱的动、静载荷来补偿换大泵后液柱载荷的增值（因高流压井，沉没度大，很多情况下有上提泵挂深度的余地）。如果这些参数的变化已远不能满足要求，只能采取换大机型或改电泵井等措施。

③高含水的措施：对高含水或含水上升很快的井，如果分层情况清楚，已找到问题所在，且井筒条件允许，应考虑堵水措施，或根据注采系统情况，调整注水井配注量。

（2）低流压情况下的措施。

①静压合理，抽汲参数偏大的措施：如果油层静压合理，在油田开发要求的数值范围之内，说明注水已满足要求。如果是油井抽汲参数偏大，造成流压过低，则应采取下调参数的措施，以减少动力消耗和设备损耗。同理，下调参数也应优先考虑下调地面参数冲次和冲程，而换小泵应尽量和检泵作业结合进行，以节省施工费用。若地面参数已没有下调可能，而泵况完好又不能检泵的井，可在条件允许的情况下采取间歇抽油的措施。

②静压高，近井地层渗流条件不好的措施：若油井静压较高，且有含水不高的油层，可能是由于渗流条件差或近井区污染造成流压偏低，可考虑采用压裂或酸化等油层改造措施，以达到泄压增油的目的。在提出压裂等油层改造措施时要考虑到该井的排液能力，以免在油层改造措施后，由于抽油机已没有放大参数的承载能力，而使油层改造效果不能充分发挥出来，形成高流压生产状态，时间一长，含水上升，压裂失效。

③静压低的措施：对于静压低的低流压井，应分别针对注水井或油井采取措施，如果注水井方面欠注，使油层达不到应有的压力，而注水井又具备足够的调整余地，则应在注水井适当层位加强注水。如果注水井已无法提高注水量，也不能在短期内进行油层改造，则应在油井上采取下调工作参数的措施，以达到相对合理生产；也可根据具体情

况，在油井和水井上同时进行调整，提高注入量和降低排液能力。

（三）利用指示曲线分析注水井的吸水能力变化原因

分析油层吸水能力的变化，必须用有效压力绘制油层真实指示曲线。指示曲线变化的原因，一般为油层堵塞，油层压力变化或进行了增产措施等引起的。

（1）对于分层的注水井，井下水嘴不变的情况下，注水指示曲线Ⅱ向上方平移（图1-3-18），曲线斜率不变，吸水指数不变，说明层段或全井吸水能力不变，但油层或全井的启动压力、注水压力上升。

（2）对于分层的注水井，井下水嘴不变的情况下，注水指示曲线Ⅱ向下方平移（图1-3-19），曲线斜率不变，吸水指数不变，说明层段或全井吸水能力不变，但油层或全井的启动压力、注水压力下降，其原因是油层压力下降。

（3）注水指示曲线右移右转（图1-3-20），斜率变小，吸水指数增加，说明地层吸水能力增强了，其原因是注水井由于增加了吸水层段、增加了吸水厚度、地层在注水压力下产生新裂缝。

（4）对于分层的注水井，井下水嘴不变的情况下，注水指示曲线Ⅱ与Ⅰ对比，向左偏移（图1-3-21），曲线斜率变大，表明在相同注水压力下，注水量减少，说明地层吸水能力下降，其原因可能是油层出现堵塞、水嘴出现堵塞、没完全堵死造成吸水指数下降。

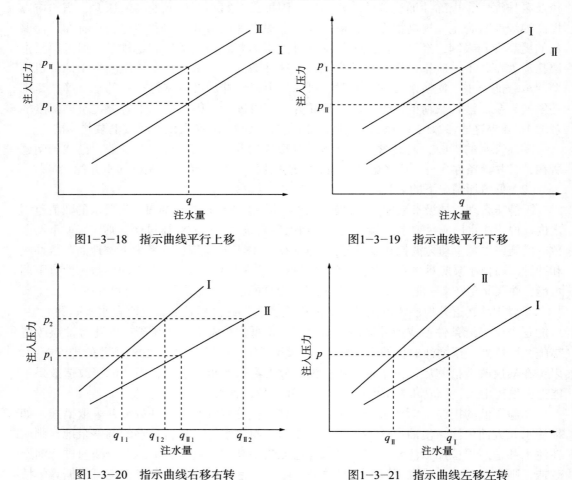

图1-3-18 指示曲线平行上移　　　　　图1-3-19 指示曲线平行下移

图1-3-20 指示曲线右移右转　　　　　图1-3-21 指示曲线左移左转

（四）抽油机井动态控制图的分析应用

GBF014 抽油机井动态控制图的应用

应用抽油机井动态控制图，可以从宏观到微观掌握每口井的生产情况，优化其工作制度，提高抽油机井管理水平。利用抽油机井动态控制图可分析、了解抽油机井的运行工况。

1. 抽油机井动态控制图各参数的解释

抽油机井动态控制图如图1-3-22所示。抽油机井动态控制图中横坐标为抽油机井泵效，单位为%；纵坐标为流压与饱和压力之比（流压），单位为无因次量（MPa）；整个坐标图内有7条线，共划分为5个区域。

（1）参数偏大区：该区域的井流压较低、泵效低，表现供液能力不足，抽吸参数过大。

（2）参数偏小区：该区域的井流压较高、泵效高，表明供液大于排液能力，可挖潜上产，是一个潜力区。

（3）断脱漏失区：该区域的井流压较高，但泵效低，表明抽油泵失效，泵杆断脱或漏失，是管理（做工作）的重点对象。

（4）待落实区：该区域的井流压较低、泵效高，表明资料有问题，须核实。

（5）工况合理区：抽油机井的抽油与油层供液非常协调合理，是最理想的油井生产动态。

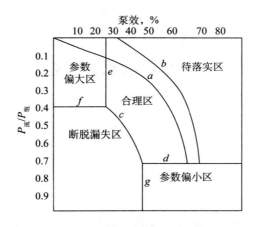

图1-3-22　抽油机井动态控制图

图1-3-22的各项参数是某油田根据其采油生产（实际）规律而确定的，各线及区域的意义为：

a——平均理论泵效线，即在该油田平均下泵深度、含水率等条件下的理论泵效；

b——理论泵效的上线，即该油田最大下泵深度、最高含水率等条件下的理论泵效；

c——理论泵效的下线，即该油田最小下泵深度、低含水率等条件下的理论泵效；

d——最低自喷流压界限线；

e——合理泵效界限线；

f——供液能力界限线；

g——泵、杆断脱漏失线。

2. 对每个区域的井进行具体分析

1）抽油机井参数偏大区

参数偏大区井的泵效 η 不大于 0.25，p_f/p_h 不小于 0.4，因此油层的供液能力不足，抽油机井的工作制度不合理（冲程和冲次偏大），排液量大，供液能力与排液能力失调。对于此区的井可采取增产措施或调小参数等类似方法。

2）抽油机井参数偏小区

参数偏小区井的泵效 η 大于 0.43，p_f/p_h 不小于 0.73，因此油层的供液能力强，流压高，抽油机井的工作制度不合理（冲程和冲次偏小），排液能力低，供液能力大于排液能力。处于此区域的井，是增产挖潜的主要对象，可采取增产措施或调大参数等挖潜方法。

3）断脱漏失区

断脱漏失区井的泵效 η 不小于 0.25，流压较高，主要是由于抽油杆断脱、泵严重漏失或油管漏失和脱扣等造成，必须进行井下施工作业（如检泵），以恢复其产能。

4）待落实区

待落实区井的泵效较高，而流压偏低，属于资料问题，对于此类井的资料必须反复落实。

5）工况合理区

工况合理区域的井符合开发指标，泵的沉没度合理，泵况较好，继续加强管理，以保持较长时间均有较好的开发效果。

项目二　分析抽油机井典型示功图

一、准备工作

（一）考场准备

可容纳 20～30 人教室 1 间。

（二）资料、材料准备

实测抽油机井典型示功图（典型）13 份，分析表（空白）1 份，演草纸少许。

（三）工具、用具准备

穿戴劳保用品，碳素笔 1 支，2H 铅笔 1 支，计算器 1 个、普通橡皮 1 块。

二、操作规程

序　号	工　序	操作步骤
1	判断泵况	按示功图序号判断泵况（填写分析表）
2	分析正常图形	分析正常示功图
		分析下移的正常示功图（油管漏失型）
		分析线条为锯齿形示功图（砂卡型）
3	分析图形缺失	分析示功图右下角缺失原因（气体影响、供液不足、气锁）
		分析示功图右上角缺失原因（活塞脱出工作筒）

续表

序　号	工　序	操作步骤
4	分析图形变大	分析肥胖型示功图的原因
5	分析图形变小	分析窄小型示功图的原因
		分析杆断型示功图的原因
6	分析图形多出	分析示功图左下角多出原因（碰泵）
7	查找问题	查找生产中存在的问题
8	下步措施	提出下步措施

项目三　分析抽油机井动态控制图

一、准备工作

（一）考场准备

可容纳 20～30 人教室 1 间。

（二）资料、材料准备

抽油机井月度综合数据（25 口以上），空白图 1 张，生产数据统计表（空白）1 份，分析答卷 1 份，演草纸少许。

（三）工具、用具准备

穿戴劳保用品，碳素笔 1 支，2H 铅笔 1 支，计算器 1 个，普通橡皮 1 块。

二、操作规程

序　号	工　序	操作步骤
1	填写数据	填写生产数据统计表
2	绘制控制图	绘制坐标点
		填写分区统计表
3	分析各区情况	分析漏失区
		分析参数偏小区
		分析参数偏大区
		分析待核实区
4	提出措施	提出下步措施

项目四　利用注水指示曲线分析油层吸水指数的变化

一、准备工作

（一）考场准备

可容纳 20~30 人教室 1 间。

（二）资料、材料准备

前后两次分层测试资料（4 种典型类型）4 口井，注水指示曲线（4 种典型类型）4 口井，注水井生产数据 4 口井，注水井数据对比表（空白）1 份，测试资料对比表（空白）1 份，分析答卷 1 份，演草纸少许。

（三）工具、用具准备

穿戴劳保用品，碳素笔 1 支，2H 铅笔 1 支，计算器 1 个，普通橡皮 1 块。

二、操作规程

序　号	工　序	操作步骤
1	对比	对比注水井生产数据（填写注水数据对比表）
		测试资料对比（填写测试数据对比表）
2	判断曲线变化	判断曲线形态变化
3	分析吸水指数变化原因	分析曲线形态变化，吸水能力变化的原因
4	提出措施	提出下步措施

项目五　分析机采井换泵措施效果

一、准备工作

（一）考场准备

可容纳 20~30 人教室 1 间。

（二）资料、材料准备

机采井换泵施工数据（3 口以上），机采井换泵生产数据（换泵前后）同井，机采井换泵功图液面资料（换泵前后）同井，生产数据对比表（空白）1 份，测试资料对比表（空白）1 份，分析答卷 1 份，演草纸少许。

（三）工具、用具准备

穿戴劳保用品，碳素笔 1 支，2H 铅笔 1 支，计算器 1 个，普通橡皮 1 块。

二、操作规程

序　号	工　序	操作步骤
1	对比数据	对比换泵前后生产数据（填写生产数据对比表（3 口井））
		对比测试数据（填写测试资料对比表）
2	评价效果	评价换泵效果（填写分析答卷）
3	分析压裂效果	分析换泵措施效果好的因素（填写分析答卷）
		分析换泵无效井的原因（泵况变差的影响）（填写分析答卷）
		分析换泵无效井的原因（地质因素的影响）（填写分析答卷）
4	查找问题	查找换泵井目前生产存在的问题（填写分析答卷）
5	下步措施	提出下步措施（填写分析答卷）

项目六　应用 Excel 表格数据绘制采油曲线

一、准备工作

（一）考场准备

可容纳 20~30 人计算机室 1 间。

（二）资料、材料准备

穿戴劳保用品，计算机及应用软件 1 人 1 台，产油数据表格（10d）1 份，打印机 1 人 1 台，打印纸（统一）若干。

二、操作规程

序　号	工　序	操作步骤
1	开机	检查计算机设备、线路、电路
		按程序打开计算机及其设备，进到桌面
2	建立文档	建立 Word 文档；页面设置为横方向；填写曲线名称
3	绘制曲线	进入 Excel 系统
		输入产油量数据
		选定数据
		打开图表方向
		选择图表类型
		形成折线式曲线
		清除坐标中的线条及底色
		曲线复制
		退出 Excel 系统

续表

序　号	工　序	操作步骤
4	粘贴文档	将曲线粘贴到 Word 文档中；调整曲线大小
		标注曲线名称、坐标项目、单位
		保存；以自己考号命名
5	打印输出	往打印机内放纸
		输出、打印
6	退出程序关机	按程序退出操作系统
		按程序关机

项目七　应用 Excel 表格数据绘制注水曲线

一、准备工作

（一）考场准备

可容纳 20~30 人计算机室 1 间。

（二）资料、材料准备

穿戴劳保用品，计算机及应用软件 1 人 1 台，注水量数据表格（10d）1 份，打印机 1 人 1 台，打印纸（统一）若干。

二、操作规程

序　号	工　序	操作步骤
1	开机	检查计算机设备、线路、电路
		按程序打开计算机及其设备，进到桌面
2	建立文档	建立 Word 文档；页面设置为横方向；填写曲线名称
3	绘制曲线	进入 Excel 系统
		输入注水量数据
		选定数据
		打开图表方向
		选择图表类型
		形成折线式曲线
		清除坐标中的线条及底色
		曲线复制
		退出 Excel 系统

续表

序 号	工 序	操作步骤
4	粘贴文档	将曲线粘贴到 Word 文档中；调整曲线大小
		标注曲线名称、坐标项目、单位
		保存；以自己考号命名
5	打印输出	往打印机内放纸
		输出、打印
6	退出程序关机	按程序退出操作系统
		按程序关机

项目八　计算机制作 Excel 表格并应用公式处理数据

一、准备工作

（一）考场准备

可容纳 20～30 人计算机室 1 间。

（二）资料、材料准备

穿戴劳保用品，计算机及应用软件 1 人 1 台，试卷 1 份，打印机 1 人 1 台，打印纸（统一）若干。

二、操作规程

序 号	工 序	操作步骤
1	开机	检查计算机设备、线路、电路
		按程序打开计算机及其设备，进到桌面
2	创建表格	按试题内容创建表格，设置表格格式
3	录入处理数据	录入数据，进行数据处理
4	录入公式	录入相关 Excel 表格的函数公式
5	排版文档	按要求设置 Excel 表格中的内容
6	保存	保存所编辑的 Excel 表格
7	退出程序关机	按程序退出操作系统
		按程序关机

【知识链接一】 指标应用分析

一、油田产能指标的概念及应用分析

（一）采油速度的概念

采油速度是表示每年采出的油量占总地质储量的比值，在数值上等于年采出油量除以油田地质储量，通常用百分数表示。折算采油速度是表示按目前生产水平所能达到的采油速度。用折算采油速度可以分析不同时期的采油速度是否达到开发要求。

采出程度是指油田开采到某一时刻，总共从地下采出的油量（即这段时间的累积采油量）与地质储量的比值，用百分数表示。采出程度反映油田储量的采出情况，连续两年采出程度的差值等于两年中后一年的年采油速度。例如，某油田上一年的采出程度为45.7%，当年的采出程度为48.9%，可以计算出当年的采油速度为3.2%。

采出程度反映油田储量的采出情况，可以理解为不同开发阶段所达到的采收率，但不可以理解为不同开发阶段所达到的采油量、采油指数、采油速度等。

【例1—3—3】 某区块去年12月综合含水为80.1%，到今年的12月综合含水上升到87.1%，含水上升率为3.5%。求该区块今年的采油速度？

解：$V_{采油} = (f_{w2} - f_{w1})/F_w$

$\qquad = (87.1 - 80.1)/3.5 \times 1\%$

$\qquad = 7/3.5 \times 1\%$

$\qquad = 2\%$

答：该区块今年的采油速度为2%。

（二）油田产能方面指标的应用

1. 采油指数

月实际产油量与当月日历天数的比值反映的是日产油水平，它表示油田实际产量的大小，它是衡量原油产量高低和分析产量变化的重要指标。油田内所有油井（不包括暂闭井和报废井）应该生产的日产油量的总和，反映的是日产油能力。产油指数是指单位生产压差下油井的日产油量，它反映油井生产能力的大小，可用来判断油井工作状况及评价增产措施效果。

【例1—3—4】 有一口采油井，某年产油量为3150t/a，地层压力10.5MPa，流动压力2.1MPa，求这一年的采油指数？

解：

$$J_{油} = \frac{Q_{日}}{\Delta P} = \frac{3150/365}{10.5 - 2.1} = 1.03 \, (\text{t/d} \cdot \text{MPa})$$

答：这一年的采油指数为1.03（t/d·MPa）。

【例1—3—5】 已知某采油井今年的年平均采油指数为1.16（t/d·MPa），地层压力9.8MPa，流动压力3.2MPa，求今年的折算年产油量？

解：① $Q_{日} = J_{油} \cdot \Delta P$

$\qquad = 1.16 \times (9.8 - 3.2)$

$\qquad = 7.66 \, (\text{t/d})$

② $Q_年 = Q_日 \times 365$

$\qquad = 7.66 \times 365$

$\qquad = 1796$（t）

答：今年的折算产油量为 1796t/a。

2. 实际采油速度、采收率和输差

实际采油速度是指年产油量与地质储量之比，是衡量油田开发速度快慢的一个很重要指标。采收率是指在某一经济极限内，利用现代工程技术，从油藏原始地质储量中可以采出石油地质储量的百分数。输差（原油计量误差）是井口产油量与核实产油量的差与井口产油量的比值，用百分数表示。

GBF011 气油比变化的分析内容

3. 气油比变化

气油比反映每采出 1t 原油所产出的气量。油井投产后，当地层压力和流压都高于饱和压力时，产油量和生产气油比都比较稳定，随着压力的下降，气油比逐渐上升。

油井压开低含水、低渗透层时，气油比就会很快下降。当油井气影响逐渐增大、供液不足时该井气油比就会明显上升。油层或井筒结蜡，改变了油流通道，使油的阻力增加，油井出现产油量下降、气油比上升、载荷上升的生产状况。气油比高的抽油机井易产生气锁，影响产能。

对于注水开发的油田，当含水率达到 60%～70% 时，气油比上升；当含水率达到 80%～90% 时，气油比升到最高值，随后又下降。

GBF012 含水率的计算方法

4. 含水率

含水率是表示油田油井含水多少的指标，含水率在数值上等于油田（或油井）日产液量中，日产水量所占的质量分数，它在一定程度上反映了油层的水淹程度。在实际工作中含水率有单井含水率、油田或区块综合含水率和见水井平均含水率之分。含水上升速度等于每月、每季、每年含水率上升了多少，相应地称为月、季、年、含水上升速度。

油田含水率指标的控制方法很多，目前常用的方法有控制高含水层注水、周期注水、对低产液低含水层进行措施改造。

相关公式如下：

（1）含水上升率 =（阶段末含水率 − 阶段初含水率）/（阶段末采出程度 − 阶段初采出程度）× 100%。

（2）井组（或区块）月综合含水率 = 月产水量 / 月产液量 × 100%。

【例 1-3-6】 已知某区块上年 12 月综合含水 60.6%，采出程度为 36.2%；当年 12 月综合含水 66.6%，采出程度为 38.2%，求含水上升率是多少？

解：

$$F_w = \frac{f_{w2} - f_{w1}}{R_2 - R_1}$$

$$= (66.6 - 60.6)/(38.2 - 36.2)$$

$$= 3\%$$

答：含水上升率是 3%。

二、主要见水层及注采适应性的分析内容

GBF009 主要见水层的分析内容

（一）主要见水层的分析内容

油层正常生产以后见到底水，可能是油水界面上升或水锥造成。边水锥进或者是边

水舌进的情况，通常在边水比较活跃或油田靠弹性驱动开采的情况下出现。注水开发的油田，利用注入水温度低的特点，可通过测井温判断油井见水层位，也可通过测环空找水或噪声测井等资料判断。

注水开发的油田，在通常情况下，渗透率高的油层及处于砂体主体部位的油层先见水，如果上提某注水井某层段，周围连通油井在无泵况及地面因素的影响下，出现了产水比例上升、含水上升、沉没度上升等变化特征，说明该层段为该油井的主要见水层。注水井（层）停注或控注，油井含水率下降，可以判断为来水方向。油井投产即见水，可能是误射水层，也可能是油层本身含水。

判断油井见水层位的方法如下。

（1）直接方法：①封隔器找水；②地球物理找水；③生产测井找水。

（2）间接方法：①同井场调整井电测解释找水；②相关注水井吸水剖面分析；③相关注水井停、注、停分析法；④示踪剂法；⑤油砂体发育连通分析法。

GBF016 注采适应性的分析内容

（二）注采适应性的分析内容

一个独立的开发层系应具有一定的储量，保证油井具有一定的生产能力，以使油井的采油工艺比较简单，能够达到较好的技术经济指标。

油田开发各个阶段都要求对注采系统的适应性进行分析和评价，合理的注采系统是开发好油田的基础和先决条件。注采系统是否合理，将直接影响油层压力系统是否合理，而它的合理与否又直接影响油田开发效果的好坏。

在分析开发井网适应性时，合理选择开发井网要考虑到以下几方面：最大限度地提高各类油层的控制程度、提高油田的最终采收率、不同开发阶段注采平衡的需要、油田开发的整体经济效益。

分析一个油田开发层系划分得是否合理，能否适应油田地质特征条件的要求时，应重点分析油田储量动用状况，明确未动用储量的分布和成因，为层系、井网调整提供可靠依据。分析注采系统的适应性，主要从分析油水井数比、分析油田压力系统是否合理、分析各类油层的水驱控制程度三个方面入手。

【例1-3-7】 某个反九点法注采井组，其中：角井产液量为114t/d，综合含水为67.2%；边井产液为137t/d，综合含水为75%。井组注采比按1.09配注，该注水配注水量是多少（原油密度为0.86t/m³，原油体积系数 B_{oi} 为1.13）？

解：劈分井组数据：

①井组产油量 = 边井产油量×1/2+ 角井产油量×1/4

$\qquad$ =137×（1-0.75）×1/2+114×（1-0.672）×1/4

$\qquad$ =26.46（t/d）

②井组产水量 = 边井产水量×1/2+ 角井产水量×1/4

$\qquad$ =137×0.75×1/2+114×0.672×1/4

$\qquad$ =70.52（m³/d）

③配注量 = 注采比 ×（产油量 /$\rho_o B_{oi}$+ 产水量）

$\qquad$ =1.09×（26.48/0.86×1.13+70.53）

$\qquad$ =114.76（m³/d）

答：该井组配注量为114.76m³/d。

第二部分

技师、高级技师操作技能及相关知识

模块一 油水井管理

项目一 相关知识

在油田开发过程中，根据油田实际生产资料，可以统计、整理出一系列能说明油田开发情况的数据，称为油田开发指标。

J（GJ）BC001
储量和产量有关
的指标的概念

J（GJ）BD001
与储量有关的
指标的概念

一、与储量有关指标的概念及计算

（一）与储量有关指标的概念

（1）地质储量：在地层原始条件下具有产油（气）能力的储层中原油（天然气）的总量，以地面条件重量为单位表示。

（2）可采储量：在现有工艺技术和经济条件下，从储油层中所能采出的那部分油（气）储量。对油田可按可采储量的大小划分为特大油田、大型油田、中型油田和小型油田等四个等级。

（3）剩余可采储量：油田投入开发后，可采储量与累积采出量之差。

（4）表内储量：在现有技术经济条件下，有开采价值并能获得社会经济效益的地质储量。

（5）表外储量：在现有技术经济条件下，开采后不能获得社会经济效益的地质储量。

（6）水驱储量：能受到天然水驱（边水或底水）或人工注入水驱动效果的储量。

（7）连通储量：在注水开发的油田中，动态分析常把在注水井和采油井相互连通的储层中的地质储量称为连通储量，如图 2-1-1 中 A 段所示。

（8）不连通储量：油层只在采油井中存在，而在注水井中不存在或暂未射孔的那部分地质储量称为不连通储量，如图 2-1-1 中 B 段所示。

（9）损失储量：油层只存在注水井中而在采油井中不存在或暂未射孔的那部分地质储量称为损失储量，如图 2-1-1 中 C 段所示。

（10）单储系数：总储量与总含油体积之比，即油（气）藏单位体积所含的地质储量，单位为 $10^4 t/（km^2 \cdot m）$。

（11）储量丰度：油（气）藏单位含油（气）面积范围内的地质储量，油藏单位为 $10^4 t/km^2$，气藏单位为 $10^8 t/km^2$。对油藏的储量可按地质储量丰度划分为高丰度、中丰度、低丰度、特低丰度等四个等级。

（12）储采比：

$$储采比 = \frac{上年剩余可采储量}{当年采油量} \qquad (2-1-1)$$

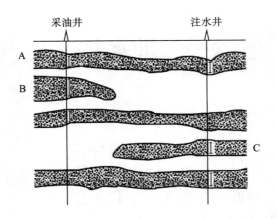

图2-1-1　油水井连通关系图

（二）容积法计算地质储量公式

储量计算的方法有：容积法、单元体积法、物质平衡法、压降法、产量递减曲线法、驱替特征曲线法、统计对比法和利用蒙特卡洛模拟法。利用容积法计算油气地质储量适用范围比较广，对不同圈闭类型、储集类型和驱动类型的油藏均可使用；它沿用的时间长，从发现油藏到开发中期都可使用。所以容积法是国内外储量计算中使用最广泛的一种方法。

$$N_{oi} = 100 A h \phi S_{oi} \rho_o / B_{oi} \qquad (2-1-2)$$

式中　　N_{oi}——地面标准条件下石油原始地质储量，10^4t；

　　　　A——油藏的含油面积，km²；

　　　　h——油层平均有效厚度，m；

　　　　ϕ——油层平均有效孔隙度，%；

　　　　S_{oi}——油层平均原始含油饱和度，%；

　　　　B_{oi}——石油平均原始体积系数，小数；

　　　　ρ_o——地面平均原油密度，t/m³。

（三）单井、区块地质储量计算方法

在单储系数确定的情况下（在一个油田某个储量单元中单储系数变化不大），影响地质储量变化的参数主要是该区块的控制面积和油层有效厚度，所以对单井或区块地质储量计算可采取两种方法：（1）应用容积法计算储量公式直接计算；（2）在总储量不变的情况下，应用单位体积储量百分数方法计算。具体计算方法如下：

1. 圈定单井或区块储量控制面积的方法

不管是单井还是小区快地质储量计算，面积的确定都十分重要。面积确定具体有以下几种方法。

（1）行列井网：在没有断层的纯含油范围内，计算单井地质储量应以该油井为中心，

向外推井距之半圈定单井控制面积（图2-1-2）。

（2）面积井网：单井控制面积以井点为中心，向两侧外推井距之半，但上下取平行两列井垂直距离之半，把单井面积简化为四边形（图2-1-3）。

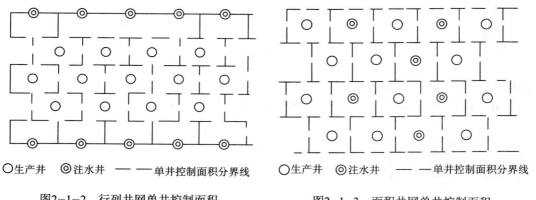

○生产井　◎注水井　——单井控制面积分界线　　　　○生产井　◎注水井　——单井控制面积分界线

图2-1-2　行列井网单井控制面积　　　　　图2-1-3　面积井网单井控制面积

（3）断层及油水边界附近的井：划分单井控制面积时，应以断层及油水边界为界限。各别井因断层影响或其他原因偏离井排时，方法不变（图2-1-4）。

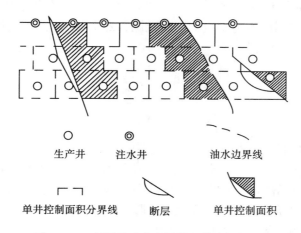

○　　　　　◎　　　　　　　　　
生产井　　　注水井　　　　　油水边界线

┗┛　　　　　　　　　　　
单井控制面积分界线　　　断层　　　单井控制面积

图2-1-4　断层及油水边界附近单井控制面积

（4）计算小区块地质储量：一般情况下以井距之半圈定区块储量面积，也有时需要在井排上划分小区块面积，应根据需要而定（图2-1-5）。

2. 单井、小区块储层厚度计算方法

当井网均匀时，用井点算术平均法计算储层平均有效厚度；当井网不均时，用井点面积权衡法计算储层平均有效厚度。

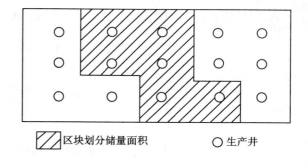

▨ 区块划分储量面积　　　○ 生产井

图2-1-5　区块储量面积

（1）单井控制面积内只有一口井时，该井油层组（小层）的有效厚度就是该井控制面积内油层组或小层的平均有效厚度。

（2）单井控制面积内有两口井以上时，按各井点的面积比例用面积权衡法计算平均有效厚度。

①两套层系、井点均匀时（图2-1-6）计算公式为：

$$H_1 = \frac{h_1 + \dfrac{h_2}{2} + \dfrac{h_3}{2}}{2} \qquad (2-1-3)$$

式中　H_1——1号井面积内单层平均有效厚度，m；

　　　　h_1、h_2、h_3——1号、2号、3号井的单层有效厚度，m。

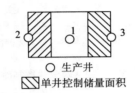

图2-1-6　两套层系井点均匀

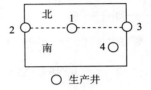

图2-1-7　多套层系井点不均匀

②多套层系、井点不均匀时（图2-1-7），北面井点平均有效厚度计算方法同式（2-1-2）。1号井点控制面积为实线的圈闭范围，2号、3号、4号井的资料可用，南部单层平均有效厚度计算公式为：

$$H_1 = \frac{h_1 + \dfrac{\dfrac{h_3}{2} + \dfrac{h_4}{2} + h_2}{2}}{2} \qquad (2-1-4)$$

式中　H_1——1号井控制面积内单层平均有效厚度，m；

　　　　h_1、h_2、h_3、h_4——1号、2号、3号、4号井的单层有效厚度，m。

　　小区块地质储量计算方法与单井储量计算方法相似，只是有效厚度的计算要注意靠近圈定范围内的边部井的面积厚度取值要合理，总的原则还是用面积权衡发计算平均有效厚度。不同井网条件下要充分考虑其合理性。

J（GJ）BD002
单井、区块地质
储量计算方法

3. 各小区块的储量计算

含油体积和小区块体积百分比及小区块储量计算方法如下：

$$含油体积 = 含油面积 \times 有效厚度 \qquad (2-1-5)$$

$$小区块体积百分比 = \frac{小区块体积}{储量单元体积} \times 100\% \qquad (2-1-6)$$

$$小区块储量 = 储量单元储量 \times 小区块体积百分比 \qquad (2-1-7)$$

　　将该井各层储量相加，得到单井控制储量。将单井层（油层组）内各有关小块储量加在一起，得单层控制储量。

$$区块储量 = 第一小区块储量 + 第二小区块储量 + \cdots \quad （2-1-8）$$

4. 水驱控制程度

水驱控制程度为水驱储量与地质储量之比百分数，即：

$$水驱控制程度 = \frac{与水井有效厚度连通的油井有效厚度}{油井总有效厚度} \times 100\% \quad （2-1-9）$$

或　　　$$水驱控制程度 = \frac{与水井砂岩厚度连通的油井砂岩厚度}{油井总砂岩厚度} \times 100\% \quad （2-1-10）$$

以采油井为中心的分一个方向水驱控制程度、两个方向和多个方向水驱控制程度。以注水井为中心的不分方向。

J（GJ）BC002
开发指标的概
念及计算

二、开发指标的概念及计算指标计算

（1）采油速度：年产油量与其动用的地质储量比值的百分数，即：

$$采油速度 = \frac{年产油量}{动用地质储量} \times 100\% \quad （2-1-11）$$

若要计算单井的采油速度，应首先计算单井的地质储量（按上面方法计算），然后根据单井月产油量累加 12 个月即得年采油量。

（2）折算年采油速度：按目前生产水平开采所能达到的采油速度，用百分数表示。

$$折算年采油速度 = \frac{折算年产油量}{动用地质储量} \times 100\%$$

$$= \frac{当月日产油水平 \times 365}{动用地质储量} \times 100\% \quad （2-1-12）$$

折算年采油速度可以测算不同时期的采油速度是否能达到开发要求。根据测算结果，分析原因，采取相应的调整挖潜措施，调整采油速度。

（3）采出程度：油田开采到某一时刻，累积从地下采出的油量与动用地质储量的比值，用百分数表示。

$$采出程度 = \frac{累积产油量}{动用地质储量} \times 100\% \quad （2-1-13）$$

（4）可采储量采出程度：累积从地下采出的油量与可采储量的比值，用百分数表示。

$$可采储量采出程度 = \frac{累积产油量}{可采储量} \times 100\% \quad （2-1-14）$$

（5）采收率：在某一经济极限内，利用现代工程技术，从油藏原始地质储量中可以采出石油地质储量的百分数。

$$采收率 = \frac{可采储量}{地质储量} \times 100\% \quad （2-1-15）$$

（6）最终采收率：油田开发到油藏枯竭时累积从地下采出的油量与油藏原始地质储量之比百分数。

$$最终采收率 = \frac{油田总采油量}{地质储量} \times 100\% \qquad （2-1-16）$$

三、产能方面指标的概念及计算

J（GJ）BC003
产能方面指标
的概念

（1）日产油水平：油田实际日产油量的大小，单位为 t/d。

$$日产油水平 = \frac{月实际产油量}{当月日历天数} \qquad （2-1-17）$$

计算日产水平时，不考虑因各种原因而造成的停产天数。

（2）平均单井日产油水平：油田或开发区日产油水平与当月油井开井数的比值，单位为 t/d。

$$平均单井日产油水平 = \frac{油田（开发区）日产油水平}{油井开井数} \qquad （2-1-18）$$

油井开井数是指当月内连续生产一天以上并有一定油气产量的油井。

（3）日产油能力：油田内所有油井（不包括暂闭和报废井）应该生产的日产油量的总合。

日产油能力和日产油水平的差别在于日产油能力是应该产多少油，但由于种种原因，如事故、停工、操作不当，设计不当，计划不周，供应不足等，实际上没有产这么多油，实际日产油量与日产油水平差别越小，说明开发工作做得越好。

（4）折算年产油量：依据某月平均日产油量或月产油量或上一级标定的日产油量按年实际日历天数所计算出来的年产油量。

在动态分析中，为了对比不同阶段，不同区块或不同井组的开采状况和水平，常常采用折算年产量。

$$折算年产量 = 日产油量 \times 365 \qquad （2-1-19）$$

$$折算年产油量 = \frac{月产油量}{该月日历天数} \times 365 \qquad （2-1-20）$$

如果根据今年的产量预计明年的产量可用 12 月份日产量 ×365：

$$折算年产油量 = \frac{12月份的月产油量}{12月份的日历天数} \times 365 \qquad （2-1-21）$$

（5）平均日产油量：一定时间内实际总产油量与该时间内实际生产天数的比值。

在开发过程中，表示油田实际产量大小的有日产量、月产量、年产量和累积产量等几种，使用最多的是日产量。平均产量是衡量油井在某一生产阶段的生产能力的指标，有月平均日产量和年平均日产量。

$$月平均日产油量 = \frac{月实际总产油量}{当月实际生产天数} \qquad (2-1-22)$$

$$年平均日产油量 = \frac{全年实际总产油量}{全年实际生产天数} \qquad (2-1-23)$$

（6）综合生产气油比：每采出 1t 原油伴随产出的天然气量，单位为 m³/t。

$$综合生产气油比 = \frac{月产气量}{月产油量} \qquad (2-1-24)$$

（7）累积生产气油比：已采出的全部原油中的含气总量，单位为 m³/t。

$$累积生产气油比 = \frac{累积产气量}{累积产油量} \qquad (2-1-25)$$

（8）采油指数：单位生产压差下的日产油量，单位为 t/（d·MPa）。

为了解油田不同开发时期油井生产能力的大小，采用采油指数这个指标。同样，可以把含水油井在单位生产压差下的日产液量称为采液指数。

$$采油指数 = \frac{日产油量}{静压-流压} \qquad (2-1-26)$$

$$采液指数 = \frac{日产液量}{静压-流压} \qquad (2-1-27)$$

（9）比采油指数：生产压差每增加 1MPa 时，油井每米有效厚度所增加的日产油量，表示油井每米有效厚度的日产油能力，单位为 t/（d·MPa·m）。

$$比采油指数 = \frac{日产油量}{生产压差 \times 有效厚度} \qquad (2-1-28)$$

（10）采油强度：单位油层有效厚度（每米）的日产油量，单位为 t/（d·m）。

采油强度是衡量油层生产能力的一个指标，可用于分析各类油层动用状况。

$$采油强度 = \frac{油井日产油量}{油井油层有效厚度} \qquad (2-1-29)$$

对于没有有效厚度的油层液可用砂岩厚度。

$$采油强度 = \frac{油井日产油量}{油井油层砂岩厚度} \qquad (2-1-30)$$

（11）输差：井口产油量与核实产油量差值与井口产油量的比值，用百分数表示。

$$输差 = \frac{井口产油量-核实产油量}{井口产油量} \times 100\% \qquad (2-1-31)$$

（12）极限水油比：日产水量与日产油量的比值。

$$水油比 = \frac{日产水量}{日产油量} \qquad (2-1-32)$$

当水油比达到 49 时，称为极限水油比，意味着油田失去实际开采价值。

（13）极限含水率：当含水率达到 98% 时的含水率值。

J（GJ）BC004
递减率的相关
指标计算

四、递减率

（一）产量递减指标的相关概念

1.油田产量递减幅度（递减率）

油田产生递减幅度是表示油田产量下降速度的一个指标，它是指下一阶段产量与上一阶段产量相比的百分数。例如，本月产量与上月产量之比称为月产量的月递减幅度，本月末的日产量与上月末的日产量相比称为日产量的月递减幅度，本年年产量与上年年产量之比称为年产量递减幅度（递减率）。

$$B = \frac{Q_1}{Q_0} \times 100\% \qquad (2-1-33)$$

式中　　B——递减幅度；

　　　　Q_0——上阶段产量，t/d 或 t/a；

　　　　Q_1——本阶段产量，t/d 或 t/a。

2.递减百分数

$$S = \frac{Q_0 - Q_1}{Q_0} \times 100\% \qquad (2-1-34)$$

式中　　S——递减百分数。

3.油田产量递减率

油田产量递减率是单位时间的产量变化率，或单位时间内产量递减的百分数。在递减率计算时，如果现场给定井口产油量，应根据输差计算出核实产量再进行递减率的计算。

1）综合递减率

综合递减率是反映油田老井采取增产措施情况下的产量递减速度，即：

$$D_1 = \frac{q_{01}T - (Q_1 - Q_2)}{q_{01}T} \times 100\% = (1 - \frac{Q_1 - Q_2}{q_{01}T}) \times 100\% \qquad (2-1-35)$$

式中　　D_1——综合递减率，%；

　　　　q_{01}——上年末（12 月）标定日产油水平，t；

　　　　T——当年 1~n 月的日历天数，d；

　　　　$q_{01}T$——老井当年 1~n 月的累积产油量，是用标定目标日产油水平折算的，计算年递减率为 $q_{01} \times 365$，它是老井应产的年产油量，与计划产量有区别，t；

Q_1——当年 $1 \sim n$ 月的累积核实产油量,计算年递减率时,用年核实产油量,t;

Q_2——当年新井 $1 \sim n$ 月的累积核实产油量,计算年递减率时,用新井年核实产油量,t。

或用以下公式计算(产油量可以用年产油量或平均日产油量):

$$D_{综} = \frac{上年核实年产油 - (当年核实年产油 - 当年新井核实年产油)}{上年核实年产油} \times 100\%$$

(2-1-36)

2)自然递减率

自然递减率是反映油田老井在未采取增产措施情况下的产量递减速度,用百分数表示,即:

$$D_{t自} = \frac{q_{01} \times T - (Q_1 - Q_2 - Q_3)}{q_{01}T} \times 100\% = (1 - \frac{Q_1 - Q_2 - Q_3}{q_{01}T}) \times 100\%$$

(2-1-37)

式中 $D_{t自}$——自然递减率,%;

Q_3——老井当年 $1 \sim n$ 月的累积措施核实增油量,计算年递减率时,用老井年措施核实增产油量,t。

或用以下公式计算(产油量可以用年产油量或平均日产油量):

$$D_{t自} = 1 - \frac{当年核实年产油 - 当年新井核实年产油 - 当年老井措施核实年增油)}{上年核实年产油} \times 100\%$$

(2-1-38)

无论是在自然递减率还是综合递减率的计算中,都应该减去新井产油量。

4. 井口日产油量

井口日产油量是指在各采油井井口计量的日产油量(单位为 t/d)。

5. 核实日产油量

由中转站、联合站、油库对所管辖范围内所有采油井重新计量的实际日产油量称为核实日产油量(单位为 t/d)。

(二)油田产量递减率的说明

油田产量递减率是表示油田产量下降速度的一个指标,递减率的大小反映了油田稳产形势的好坏。可以分为综合递减率和自然递减率,综合递减率为正值时,表示产量递减;为负值时,表示产量上升。自然递减率越大,说明产量下降得越快,稳产难度越大。

五、与压力、压差有关指标的概念及计算

J(GJ)BC006 与压力、压差有关指标的概念与计算

(一)与压力有关指标的概念及计算

1. 地层压力

地层孔隙中某一点流体(油、气、水)所承受的压力称为地层压力。

2. 原始地层压力

油气藏开发以前,油层孔隙中流体所承受的压力称为原始地层压力。即油层在开采

前，从探井中测得的油层中部压力称为原始地层压力。

3. 目前地层压力（静压）

油田投入开放以后，某一时期关井稳定后测得油层中部的压力，称为该时期的目前地层压力（也称静压）。

4. 流动压力（流压）

油井正常生产是所测得的油层中部的压力，称为流动压力，简称流压。

5. 饱和压力

天然气开始从原油中分离时的压力称为饱和压力。

6. 油管压力（油压）

油气从井底经油管流到井口后的剩余压力称为油管压力，简称油压。

7. 套管压力（套压）

油套环形空间内，油和气在井口的剩余压力称为套筒压力，简称套压。

8. 启动压力

油层开始吸水时的注水压力称为启动压力。启动压力越大，说明油层吸水能力越差。

9. 回压

输油干线压力对油井井口的一种反压力或克服输油干线流动阻力所需要的起始压力称为回压。

10. 注水井井口压力

注水井油管或套管压力表记录的压力称为注水井井口压力，其数值等于注水泵压减去地面管线损失的压力。

11. 注水压力

注水时注水井井底压力称为注水压力，其数值等于注水井井口压力加上注水井内液柱压力。注水压力一般不能超过油层岩石破裂压力。

（二）与压差有关指标的概念及计算

（1）总压差计算公式为：

$$总压差 = 目前地层压力 - 原始地层压力 \qquad (2-1-39)$$

（2）地层压力与饱和压力的压差计算公式为：

$$地饱压差 = 地层压力 - 饱和压力 \qquad (2-1-40)$$

（3）流压与饱和压力的压差计算公式为：

$$流饱压差 = 流压 - 饱和压力 \qquad (2-1-41)$$

（4）生产压差计算公式为：

$$生产压差 = 目前地层压力 - 流动压力 \qquad (2-1-42)$$

（5）注采压差计算公式为：

$$注采压差 = 注水井井底压力 - 采油井井底压力 \qquad (2-1-43)$$

（6）注水压差计算公式为：

$$注水压差 = 注水井井底压力 - 地层压力 \qquad (2-1-44)$$

当正注时带配水嘴时，其注水压差计算公式为：

$$\Delta p = p_{井口} + p_{水柱} - p_{管损} - p_{嘴损} - p_{启动} \qquad (2-1-45)$$

式中　Δp——油层或注水层段总压差，MPa；

$\quad p_{井口}$——井口注水压力，MPa；

$\quad p_{水柱}$——静水柱压力，MPa；

$\quad p_{管损}$——注水时油管沿程压力损失，MPa；

$\quad p_{嘴损}$——水通过水嘴造成的压力损失，MPa；

$\quad p_{启动}$——油层开始吸水时的井底压力，MPa。

六、与水有关指标的概念与计算

J（GJ）BC005
与水有关指标
的概念与计算

（一）含水有关指标的概念与计算

1. 含水有关指标的概念

1）产水量

产水量表示油田每天实际产水多少，它是油田所有含水油井产水量的综合，单位为 m³/d。

2）含水率和综合含水率

含水率在数值上等于油田或油井日产水量与日产液量重量之比的百分数。在实际工作中又有单井含水率、油田或区块综合含水率、见水井平均含水率之分，用公式表示为：

$$单井含水率 = \frac{油样中水的重量}{油样的重量} \times 100\% \qquad (2-1-46)$$

$$油井平均综合含水率 = \frac{油井产水量之和}{油井的总产液量之和} \times 100\% \qquad (2-1-47)$$

$$月度综合含水率 = \frac{月产水量}{月产液量} \times 100\% \qquad (2-1-48)$$

3）含水上升速度和含水上升率

含水上升速度是指油田见水后，某一时间内油井含水率或油田综合含水率的上升值。

（1）含水上升速度是只与时间有关而与采油速度无关的含水上升数值，等于每月（每季、每年）含水率上升值，相应的称为月（季、年）含水上升速度，它们之间的关系是：

$$月含水上升速度 = 当月综合含水率 - 上月综合含水率 \qquad (2-1-49)$$

$$年含水上升速度 = 当年 12 月综合含水率 - 上月 12 月综合含水率 \qquad (2-1-50)$$

$$年平均月含水上升速度 = \frac{年含水率上升值（\%）}{12（月）} \qquad (2-1-51)$$

（2）含水上升率是指每采出 1% 地质储量的含水率上升百分数，即：

$$含水上升率 = \frac{阶段末含水率 - 阶段初含水率}{阶段末采出程度 - 阶段初的采出程度} \times 100\% \qquad (2-1-52)$$

或 $$含水上升率=\frac{阶段末含水率-阶段初含水率}{采油速度}\times100\%\qquad（2-1-53）$$

或 $$含水上升率=年含水上升值/年采油速度\times100\%\qquad（2-1-54）$$

4）注水量和累积注水量

（1）注水量：单位时间内往油层中注入水量的多少，单位为 m³/d 或 m³/月，m³/a。

（2）累积注水量：表示油田开始注水到某一时间的总注水量，单位为 m³。

5）注水强度

注水强度是指单位有效厚度油层的日注水量，它是衡量油层吸水状况的一个指标，单位为 m³/（m·d）。

$$注水强度=\frac{日注水量}{水井注水层有效厚度}\qquad（2-1-55）$$

对于没有有效厚度的油层也可以用砂岩厚度代替。

$$注水强度=\frac{日注水量}{水井油层砂岩厚度}\qquad（2-1-56）$$

6）吸水指数

注水井在单位注水压差下的日注水量，单位为 m³/（d·MPa）。

$$吸水指数=\frac{两种注水压力下日注水量之差}{两种工作制度井底注水压力差}\qquad（2-1-57）$$

$$视吸水指数=\frac{日注水量}{井口压力}\qquad（2-1-58）$$

J（GJ）BB001
注采比概念与
公式

（二）与注和采有关指标的概念与计算

1. 注采比

注采比是指注入剂（如水）在地下所占的体积与采出物（油、气、水）在地下所占的体积之比，可用它衡量注采平衡情况。

地层条件下单位体积原油与地面标准条件下脱气后原油体积的比值称为体积系数，是计算注采比时重要的指标之一。

$$注采比=\frac{注入剂}{采出物}=\frac{注水量-注水井溢流量}{采油量\times\dfrac{原油体积系数}{原油相对密度}+油井产水体积}\qquad（2-1-59）$$

在注采比计算中，原油的换算系数与体积系数是不同的概念，在计算当中代表不同的含义。

$$原油的换算系数=\frac{原油体积系数}{原油相对密度}\qquad（2-1-60）$$

$$累积注采比 = \frac{累积注入剂的地下体积}{累积采出物的地下体积} \qquad (2-1-61)$$

$$= \frac{累积注水量}{累积采油量 \times 原油换算系数 + 累积产水体积}$$

J（GJ）BB002
面积井网井组
注采比的计算

2. 井组注采比

注采比是油田生产中极为重要的一项指标，是衡量地下能量补充程度及地下亏空弥补程度的指标，控制合理的注采比是油田开发的重要工作。

1）四点法面积注水井网

（1）如图 2-1-8 所示，以注水井为中心的注采井数比是 1:2，计算公式如下：

$$IPR = \frac{Q_A}{\dfrac{1}{3}\sum_{i=1}^{6}Q_l} = \frac{Q_A}{\dfrac{1}{3}\sum_{i=1}^{6}Q_{oi}M + \dfrac{1}{3}\sum_{i=1}^{6}Q_{wi}} \qquad (2-1-62)$$

式中　Q_A——A 井的全部注水量，m^3/d；

$\quad\sum_{i=1}^{6}Q_l$——6 口油井的全部产液体积之和，m^3/d；

$\quad\sum_{i=1}^{6}Q_{oi}$——6 口油井的全部产油量之和，$t/d$；

$\quad\sum_{i=1}^{6}Q_{wi}$——6 口油井的全部产液体积之和，$m^3/d$；

$\quad M$——换算系数；

$\quad IPR$——注采比。

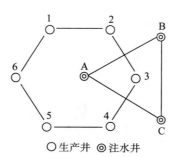

○生产井　◎注水井

图2-1-8　四点法面积注水井网图

（2）以采油井为中心的注采比计算公式：

$$IPR = \frac{\dfrac{1}{6}(Q_A + Q_B + Q_C)}{Q_{o3}M + Q_{w3}} \qquad (2-1-63)$$

式中　Q_A、Q_B、Q_C——A、B、C 井注水量，m^3/d；

$\quad Q_{o3}$——3 号油井产油量，t/d；

$\quad Q_{w3}$——3 号油井产水量，m^3/d。

2）五点法面积注水井网

（1）如图 2-1-9 所示，以注水井为中心的注采井数比是 1:1，计算公式如下：

$$IPR = \frac{Q_A}{\frac{1}{4}\sum_{i=1}^{4}Q_{oi}M + \frac{1}{4}\sum_{i=1}^{4}Q_{wi}}$$ （2-1-64）

式中　Q_{oi}——i 号油井产油量，t/d；

Q_{wi}——i 号油井产水量，m³/d。

（2）以采油井为中心的注采比计算公式：

$$IPR = \frac{\frac{1}{4}(Q_A + Q_B + Q_C + Q_D)}{Q_{o3}M + Q_{w3}}$$ （2-1-65）

式中　Q_D——D 井注水量，m³/d。

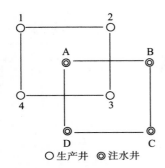
图2-1-9　五点法面积注水井网图

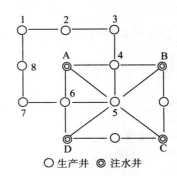
图2-1-10　反九点法面积注水井网图

3）反九点法面积注水井网

（1）如图 2-1-10 所示，以注水井为中心井组的注采井数比是 1:3，计算公式如下：

$$IPR = \frac{Q_A}{\frac{1}{2}\sum_{i=2}^{8}Q_{oi}M + \frac{1}{2}\sum_{i=2}^{8}Q_{wi} + \frac{1}{4}\sum_{j=1}^{7}Q_{oj}M + \frac{1}{4}\sum_{j=1}^{7}Q_{wj}}$$ （2-1-66）

式中，$i=2$、4、6、8；$j=1$、3、5、7。

（2）以边井为中心的井组注采比，计算公式如下：

$$IPR = \frac{\frac{1}{6}(Q_A + Q_B)}{Q_{o4}M + Q_{w4}}$$ （2-1-67）

（3）以角井为中心井组注采比，计算公式如下：

$$IPR = \frac{\frac{1}{12}(Q_A + Q_B + Q_C + Q_D)}{Q_{o5}M + Q_{w5}}$$ （2-1-68）

4）三点法面积注水井网

每口注水井与周围六口采油井相关，每口采油井受两口注水井影响，其注采井数比为 1:3。

计算面积井网注采比时，如果所给出井位图为不完善的井网，按所给井位劈分水量。

【例 2-1-1】 某井组日产油为 43t/d，综合含水为 67.7%，日注水为 132m³/d。求井组注采比？如井组注采比按 1.1 配注，该井组配注水量应是多少（原油密度为 0.92t/m³；原油体积系数为 1.28）？

解：①注采比 = 注水量／（地下产水体积 + 地下产油体积）

$$=132/[43/(1-0.677)-43+43/0.92×1.28]$$
$$=0.88$$

②配注量 = 注采比 ×（产油量／原油密度 × 原油体积系数 + 产水量）

$$=1.1×[43/0.92×1.28+43/(1-0.677)-43]$$
$$=165（m³/d）$$

答：井组注采比为 0.88；该井组注采比按 1.1 配注，配注水量应是 165m³/d。

J（GJ）BB003
注采相关指标
的概念与公式

3. 累积亏空体积

累积亏空体积是指累积注入剂所占地下体积与累积采出物（油、气、水）所占地下体积之差。

$$累积亏空体积 = 累积注入体积 - （累积产油量 × \frac{原油体积系数}{原油相对密度} + 累积产出水体积）$$

$$（2-1-69）$$

在计算累积亏空体积时，计算结果为负值时，说明地下亏空，计算结果为正值，说明地下不亏空。

4. 注水利用率

注水利用率可用于衡量油田的注水效果。注水初期的油田不含水，注入 1m³ 水就驱替出 1m³ 油，则其注水利用率为 100%。当油田含水后，注入水有一部分会随着油采出来，这些采出的水没起到驱油的作用，可以说是无效的。注水利用率就是指注入水有多少留在地下，并起着驱油的作用。

5. 存水率

保存在地下的注入水体积与累积注水量的比值称为存水率。存水率和耗水率是衡量油田注水利用率的主要指标，也是评价注水开发油田水驱开发效果的重要指标之一。

$$存水率 = \frac{累积注水量 - 累积产水量}{累积注水量} × 100\%$$

$$（2-1-70）$$

存水率越高，驱油效果越好，无效水循环越少，反之驱油效果越差，无效水循环越多。

6. 水驱指数

水驱指数是指每采出 1t 油在地下的存水量，单位为 m³/t。

$$水驱指数 = \frac{累积注水量 - 累积产水量}{累积产油量}$$

$$（2-1-71）$$

七、与聚合物驱动有关指标的概念

聚合物驱与常规水驱相比存在许多不同，主要表现在聚合物驱开采指标的变化特点与水驱不同，如注入压力、吸水指数、含水、采油量、采出液浓度、采液指数的变化特点和开采时间的长短等。因此，必须建立聚合物驱开采指标的统计和评价方法。

（一）聚合物驱油注入参数的统计方法

1. 注入速度

注入速度用区块年注入聚合物溶液量和区块油层孔隙体积计算：

$$注入速度 = \frac{年注入聚合物溶液量}{油层总孔隙体积}，即$$

$$Q_v = \frac{\sum_{i=1}^{12} Q_{Li}}{V} \qquad (2-1-72)$$

式中 Q_V——注入速度，PV/a；

Q_{Li}——区块月注聚合物溶液量，$10^4 m^3$；

V——区块油层总孔隙体积，$10^4 m^3$。

2. 注入孔隙体积倍数（注入程度）

注入孔隙体积倍数为区块累积注聚合物溶液量与油层孔隙体积之比：

$$注入孔隙体积倍数（注入程度）= \frac{累积注入聚合物溶液量}{油层总孔隙体积}，即$$

$$Q_{IPV} = \frac{Q_L}{V} \qquad (2-1-73)$$

式中 Q_L——区块累积注聚合物溶液量，$10^4 m^3$；

V——区块油层总孔隙体积，$10^4 m^3$；

Q_{IPV}——注入孔隙体积倍数（注入程度）。

3. 聚合物用量

聚合物用量是指区块地下孔隙体积中所注入的累积聚合物干粉量。用累积平均注入浓度和注入孔隙体积倍数计算：

$$聚合物用量 = \frac{累积注入聚合物溶液量}{油层总孔隙体积} \times 聚合物溶液累积平均注入浓度，即$$

$$Q_{CPV} = C Q_{IPV} \qquad (2-1-74)$$

式中 C——区块累积平均注入浓度，mg/L；

Q_{CPV}——聚合物用量，PV·mh/L；

Q_{IPB}——区块注入孔隙体积倍数。

4. 聚合物溶液注入浓度

（1）月注入浓度。

月注入浓度按注聚合物干粉量和月注聚合物溶液量计算，用 C 表示（单位为 mg/L）。

$$\bar{C} = 10^2 Q_{IP} / Q_{IL} \qquad (2-1-75)$$

式中　C——区块月注入浓度，mg/L；

　　　Q_{IP}——区块月注聚合物干粉量，t；

　　　Q_{IL}——区块月注聚合物溶液量，$10^4 m^3$。

（2）累积平均注入浓度。

累积平均注入浓度按累积注聚合物干粉量和累积注聚合物溶液量计算，用 C 表示（单位为 mg/L）。

$$C = 10^2 \sum Q_{IP} / \sum Q_{IL} \qquad (2-1-76)$$

式中　$\sum Q_{IP}$——区块累积注聚合物干粉量，t；

　　　$\sum Q_{IL}$——区块累积注聚合物溶液量，$10^4 m^3$。

5. 聚合物干粉量

　　聚合物干粉量 = 聚合物溶液注入量 × 聚合物溶液浓度。　　（2-1-77）

（1）月注聚合物干粉量：区块内聚合物各注入井月注聚合物干粉量之和，即：

$$Q_{IP} = \sum_{i=1}^{n} Q_{Li} \bar{C}_{Li} \times 10^{-6} \qquad (2-1-78)$$

式中　Q_{IP}——区块月注聚合物干粉量，t；

　　　Q_{Li}——区块内各注入井月注聚合物溶液量，m^3；

　　　$\bar{C}_{Li}$——区块内各注入井月平均注入浓度，mg/L；

　　　n——区块内各注入井井数。

$$\bar{C}_{Li} = \sum_{i=1}^{n} C_{Li} / n \qquad (2-1-79)$$

式中　n——注入井月检测的聚合物溶液浓度次数，无量纲。

（2）累积注入聚合物干粉量：区块内各月注聚合物干粉量之和，单位为 t。

（二）聚合物采出参数的统计方法

1. 区块累积采聚量

区块累积采出聚合物量用区块逐月采出聚合物量之和表示，单位为 t。

2. 区块聚合物驱累积增油量

区块聚合物驱累积增油量用区块内聚合物驱目的层逐月增油量之和表示，单位为 $10^4 t$。

利用数值模拟方法预计区块采用水驱油至含水率达到 98% 时的累积产油量（考虑新井投产和措施改善水驱效果的影响），再计算出聚合物驱油结束时区块的实际累积产油量，两者相减的差值，就是聚合物的累积增油量。

（三）聚合物驱油最终开采指标的计算

1. 吨聚合物增油量

根据区块内聚合物驱油目的层累积增油量和累积注入聚合物干粉量，可得：

$$Q_{PT} = \frac{Q_{PO}}{Q_{IP}} \qquad (2-1-80)$$

式中　Q_{PT}——吨聚合物增油量，t/t；

　　　Q_{PO}——区块内聚合物驱油目的层累积增油量，10^4t；

　　　Q_{IP}——区块内聚合物驱油目的层累积注入聚合物干粉量，t。

注：聚合物干粉用量是指加入溶液中的吨聚合物干粉数量，而不是商品量。因此，必须准确地化验出商品聚合物的纯度。

2. 区块内聚合物驱油目的层采出程度

根据区块内聚合物驱油目的层累积采油量和地质储量，可计算出区块内聚合物驱油目的层采出程度，即：

$$E_R = \frac{Q_O}{N} \times 100\% \qquad (2-1-81)$$

式中　Q_O——区块内聚合物驱油目的层累积采油量，10^4t；

　　　N——区块内目的层地质储量，10^4t；

　　　E_R——区块内目的层采出程度。

3. 区块内聚合物驱油目的层阶段采收率提高值

根据区块内聚合物驱油目的层累积增油量和地质储量，可计算区块内聚合物驱油目的层阶段采收率提高值，即：

$$\Delta E_R = \frac{Q_{PO}}{N} \times 100\% \qquad (2-1-82)$$

式中　Q_{PO}——区块内聚合物驱油目的层累积增油量，10^4t；

　　　N——区块内目的层地质储量，10^4t；

　　　ΔE_R——区块内聚合物驱油目的层阶段采收率提高值。

4. 累积节约用水量

累积节约用水量等于用水驱油结束时的注水孔隙体积倍数（数值模拟计算）减去聚合物驱油结束后的实际注水孔隙体积倍数。

J（GJ）BC007
与聚合物有关
的指标计算

5. 经济效益评价

经济效益评价一般采用投入产出增油量法。首先计算出总投入费用，主要是聚合物干粉的费用。然后再计算总收入费用，主要是增产原油收入和节约水量收入。总收入减去总投入就是经济效益。

J（GJ）BC008
聚合物驱油开
发区块基础数
据统计

（四）聚合物驱油开发区块基础数据的统计方法

1. 区块面积

计算区块面积时，例如，区块边界井排为油井排类型，区块面积以区块边界井排为准；区块边界井排为间注间采类型，区块面积以区块边界井排外扩半个井排为准。区块用"S"表示，单位为 km²。

2. 油层有效厚度

区块内油层有效厚度一般取各注采井注聚层位有效厚度的算术平均值，即：

$$h = \frac{\sum\limits_{i=1}^{n} h_i}{n} \qquad\qquad (2-1-83)$$

式中　h——区块内油层有效厚度，m；

　　　h_i——单井注聚层有效厚度，m；

　　　n——区块内聚合物驱油注采井总数，口。

3. 油层总孔隙体积

计算区块油层孔隙体积时，应分别按纯油区、过渡带、厚层、薄层进行计算，油层孔隙体积计算公式为：

$$V = 10^2 Sh\varphi \qquad\qquad (2-1-84)$$

式中　V——区块油层孔隙体积，$10^4 m^3$；

　　　S——区块面积，km^2；

　　　h——区块油层有效厚度，m；

　　　φ——油层有效孔隙度，%。

孔隙度的确定方法，应根据储量公报查出相应区块聚合物目的层纯油区厚度和薄层的孔隙度、过渡带厚层和薄层的孔隙度。

孔隙体积 = 纯油区孔隙体积 + 过渡带孔隙体积；纯油区孔隙体积 = 厚层孔隙体积 + 薄层孔隙体积；过渡带孔隙体积 = 厚层孔隙体积 + 薄层孔隙体积。

4. 地质储量

计算区块注聚层地质储量时，应分别按纯油区、过渡带、厚层、薄层进行计算，地质储量计算公式为：

$$N = \omega Sh \qquad\qquad (2-1-85)$$

式中　N——区块注聚层地质储量，$10^4 t$；

　　　ω——单储系数，$10^4 t/(km^2 \cdot m)$；

　　　S——区块面积，km^2；

　　　h——区块油层有效厚度，m。

项目二　计算反九点法面积井网井组月度注采比

一、准备工作

（一）考场准备

可容纳 20~30 人教室 1 间。

（二）资料、材料准备

反九点法面积井网井位图 1 张，采油井月度生产数据 1 份，同井组注水井月度生产数据 1 份，同井组产量劈分表（空白）1 份，计算答卷纸 1 张，演算纸少许。

（三）工具、用具准备

碳素笔 1 支，HB 铅笔 1 支，橡皮 1 块，计算器 1 个。

（四）人员

多人操作，劳动保护用品穿戴齐全。

二、操作规程

序　号	工　序	操作步骤
1	计算单井数据	计算注水井月度注水量（填写产量劈分表）
		计算单井月度产油量（8口油井）（填写产量劈分表）
		计算单井月度产水量（填写产量劈分表）
2	劈分单井产量	劈分角井月度产油量（填写产量劈分表）
		劈分角井月度产水量（填写产量劈分表）
		劈分边井月度产油量（填写产量劈分表）
		劈分边井月度产水量（填写产量劈分表）
3	统计井组产量	统计井组月度总产油量（填写产量劈分表）
		统计井组月度总产水量（填写产量劈分表）
4	列出公式	列出注采比计算公式： $$注采比=\frac{注入剂}{采出物}=\frac{注水量-注水井溢流量}{采油量\times\frac{原油体积系数}{原油相对密度}+油井产水体积}$$
5	计算注采比	将数据代入公式
		计算注采比
6	检查卷面	检查卷面
7	整理资料、用具	资料及试卷上交，用具整理后带走

三、技术要求

（1）明确所给井组是否是完善井网，明确是以水井、角井、边井哪个为中心，按照不同公式正确劈分，并填写好劈分记录表，步骤齐全。

（2）计算面积井网注采比时，如果所给出井位图为不完善的井网，按所给井位劈分水量。

项目三　计算四点法面积井网井组月度注采比

一、准备工作

（一）考场准备

可容纳20~30人教室1间。

（二）资料、材料准备

反九点法面积井网井位图1张，采油井月度生产数据1份，同井组注水井月度生产数据1份，同井组注水量产量劈分表（空白）1份，计算答卷纸1张，演算纸少许。

（三）工具、用具准备

碳素笔1支，HB铅笔1支，橡皮1块，计算器1个。

（四）人员

多人操作，劳动保护用品穿戴齐全。

二、操作规程

序　号	工　序	操作步骤
1	计算单井数据	计算油井月度产油量（按实际情况填写产油量劈分表）
		计算油井月度产水量（按实际情况填写产水量劈分表）
		计算注水井月度注水量（按实际情况填写注水量劈分表）
2	劈分注水量	劈分单井月度注水量（按实际情况填写单井注水量劈分表）
3	统计井组总注水量或总产量	统计井组月度总注水量或总产量（按实际情况填写井组产量或注水量劈分表）
4	列出公式	列出注采比计算公式：$$注采比 = \frac{注入剂}{采出物} = \frac{注水量 - 注水井溢流量}{采油量 \times \dfrac{原油体积系数}{原油相对密度} + 油井产水体积}$$
5	计算注采比	将数据代入公式
		计算注采比
6	检查卷面	检查卷面
7	整理资料、用具	资料及试卷上交，用具整理后带走

三、技术要求

（1）明确所给井组是否是完善井网，明确是以水井、油井哪个为中心，按照不同公式正确劈分，并填写好劈分记录表，步骤齐全。

（2）计算面积井网注采比时，如果所给出井位图为不完善的井网，按所给井位劈分水量。

项目四　计算井组累积注采比及累积亏空体积

一、准备工作

（一）考场准备

可容纳 20~30 人教室 1 间。

（二）资料、材料准备

面积井网井位图 1 份，采油井累积生产数据 1 份，注水井累积生产数据 1 份，产量（注水量）劈分表（空白）1 份，计算答卷纸 1 张，演算纸少许。

（三）工具、用具准备

碳素笔 1 支，HB 铅笔 1 支，橡皮 1 块，计算器 1 个。

（四）人员

多人操作，劳动保护用品穿戴齐全。

二、操作规程

序 号	工 序	操作步骤
1	计算井组数据	计算井组累积产油量
		计算井组累积产水量
		计算井组累积注水量
2	劈分产量	劈分单井累积产油量
		劈分单井累积产水量（注水量）
3	统计井组产量	统计井组累积产油量、产水量（注水量）
4	列出公式	列出累积注采比计算公式： $$注采比 = \frac{注入剂}{采出物} = \frac{注水量 - 注水井溢流量}{采油量 \times \dfrac{原油体积系数}{原油相对密度} + 油井产水体积}$$
5	计算注采比	将数据代入公式
		计算井组累积注采比
6	计算亏空体积	列出累积亏空体积计算公式
		计算井组累积亏空体积： $$累积亏空体积 = 累积注入体积 - \left(累积产油量 \times \frac{原油体积系数}{原油相对密度} + 累积产出水体积\right)$$
7	检查卷面	检查卷面
8	整理资料、用具	资料及试卷上交，用具整理后带走

三、技术要求

（1）明确所给井组是否是完善井网，明确是以水井、油井哪个为中心，按照不同公式正确劈分，并填写好劈分记录表，步骤齐全。

（2）计算面积井网注采比时，如果所给出井位图为不完善的井网，按所给井位劈分水量。

（3）累积注采比的计算方法与月度注采比计算方法相同，只是统计的数据为累积数据。

（4）在计算累积亏空体积时，计算结果为负值时，说明地下亏空，计算结果为正值，说明地下不亏空。

项目五　计算油田水驱区块的开发指标及参数

一、准备工作

（一）考场准备

可容纳 20~30 人教室 1 间。

（二）资料、材料准备

油田水驱区块静态资料 1 份，油田水驱区块动态数据 1 份，区块开发指标统计表（空白）1 份，计算答卷纸 1 份，演算纸少许。

（三）工具、用具准备

碳素笔 1 支，HB 铅笔 1 支，橡皮 1 块，计算器 1 个。

（四）人员

多人操作，劳动保护用品穿戴齐全。

二、操作规程

序　号	工　序	操作步骤
1	填写数据	填写相关参数
2	计算采油速度	列出采油速度计算公式： $$采油速度 = \frac{年产油量}{动用地质储量} \times 100\%$$
		计算数据
3	计算自然递减率	列出自然递减率计算公式： $$D_{t自} = \frac{q_{01}T - (Q_1 - Q_2 - Q_3)}{q_{01}T} \times 100\% = (1 - \frac{Q_1 - Q_2 - Q_3}{q_{01}T}) \times 100\%$$ 式中　$D_{t自}$——自然递减率，%； 　　　Q_1——当年 $1 \sim n$ 月的累积核实产油量，计算年递减率时，用年核实产油量，t； 　　　Q_2——当年新井 $1 \sim n$ 月的累积核实产油量，计算年递减率时，用新井年核实产油量，t； 　　　Q_3——老井当年 $1 \sim n$ 月的累积措施核实增油量，计算年递减率时，用老井年措施核实增产油量，t。 或用以下公式计算（产油量可以采用年产油量或平均日产油量）： $$D_{t自} = 1 - \frac{当年核实年产油 - 当年新井核实年产油 - 当年老井措施核实年增油}{上年核实年产油} \times 100\%$$
		计算数据
4	计算综合递减率	列出综合递减率计算公式： $$D_1 = \frac{q_{01}T - (Q_1 - Q_2)}{q_{01}T} \times 100\% = (1 - \frac{Q_1 - Q_2}{q_{01}T}) \times 100\%$$ 式中　D_1——综合递减率，%； 　　　q_{01}——上年末（12 月）标定日产油水平，t； 　　　T——当年 $1 \sim n$ 月的日历天数，d； 　　　$q_{01}T$——老井当年 $1 \sim n$ 月的累积产油量，是用标定目标日产油水平折算的，计算年递减率为 $q_{01} \times 365$，它是老井应产的年产油量，与计划产量有区别，t。 或用以下公式计算（产油量可以采用年产油量或平均日产油量）： $$D_{综} = \frac{上年核实年产油 - (当年核实年产油 - 当年新井核实年产油)}{上年核实年产油} \times 100\%$$
		计算数据

续表

序　号	工　序	操作步骤
5	计算综合含水	列出综合含水计算公式： $$油井平均综合含水率 = \frac{油井产水量之和}{油井的总产液量之和} \times 100\%$$
		计算数据
6	计算含水上升率	列出含水上升率计算公式： $$含水上升率 = \frac{阶段末含水率 - 阶段初含水率}{阶段末采出程度 - 阶段初的采出程度} \times 100\%$$ 或　　$$含水上升率 = \frac{阶段末含水率 - 阶段初含水率}{采油速度} \times 100\%$$ 或　　含水上升率 = 年含水上升值 / 年采油速度 × 100%
		计算数据
7	计算注采比	列出注采比计算公式： $$注采比 = \frac{注入剂}{采出物} = \frac{注水量 - 注水井溢流量}{采油量 \times \frac{原油体积系数}{原油相对密度} + 油井产水体积}$$
		计算数据
8	计算总压差	列出总压差计算公式： 总压差 = 目前地层压力 − 原始地层压力
		计算数据
9	计算生产压差	列出生产压差计算公式： 生产压差 = 目前地层压力 − 流动压力
		计算数据
10	填写指标	填写区块开发指标表
11	检查卷面	检查卷面
12	整理资料、用具	资料及试卷上交，用具整理后带走

三、技术要求

（1）明确所给井组是否是完善井网，明确是以水井、油井哪个为中心，按照不同公式正确劈分，并填写好劈分记录表，步骤齐全。

（2）计算面积井网注采比时，如果所给出井位图为不完善的井网，按所给井位劈分水量。

（3）累积注采比的计算方法与月度注采比计算方法相同，只是统计的数据为累积数据。

项目六　预测油田区块年产量

一、准备工作

（一）考场准备
可容纳 20～30 人教室 1 间。

（二）材料准备
生产单位（区块）综合开发数据 1 份，生产单位（区块）产量完成数据 1 份，生产单位（区块）新井产量完成数据 1 份，生产单位（区块）措施井产量完成数据 1 份，生产单位（区块）新一年措施计划 1 份，生产单位（区块）新一年新井投产计划 1 张，产量完成情况统计表（空白）1 份。

（三）工具、用具准备
碳素笔 1 支，HB 铅笔 1 支，橡皮 1 块，计算器 1 个。

（四）人员
多人操作，劳动保护用品穿戴齐全。

二、操作规程

序号	工序	操作步骤
1	统计当年完成数据	统计无措施老井当年产油量数据（填写统计表）
		统计新井当年产油量数据（填写统计表）
		统计措施井当年产油量数据（填写统计表）
2	计算相关参数	列出产量综合递减率计算公式： $$D_{综} = \frac{上年核实年产油 - （当年核实年产油 - 当年新井核实年产油）}{上年核实年产油} \times 100\%$$
		列出产量自然递减率计算公式： $$D_{自} = 1 - \frac{当年核实年产油 - 当年新井核实年产油 - 当年老井措施核实年增油}{上年核实年产油} \times 100\%$$
		计算年度产量综合递减率
		计算年度产量自然递减率
3	标定年底产量水平	统计当前日产油能力
		标定年底日产水平
4	预测年度产量	预测无措施井年产量（填写产量预测表）
		预测主要措施年增产量（填写产量预测表）
		预测新投井年增产量（填写产量预测表）
		计算客观因素影响的年产量（填写产量预测表）
		预测下一年总产油量（填写产量预测表）

续表

序号	工序	操作步骤
5	检查预测表	检查年产量预测表的填写
6	整理资料、用具	资料及试卷上交，用具整理后带走

三、技术要求

所有计算公式要正确无误列出，步骤齐全，计算准确。

项目七　分析判断聚合物注入井黏度达标情况并计算黏度达标率

一、准备工作

（一）考场准备

可容纳 20~30 人教室 1 间。

（二）资料、材料准备

注聚单井配注方案 10 口，单井黏度数据与上相同井，单井数据对比表 1 张，分析答卷纸 1 份。

（三）工具、用具准备

碳素笔 1 支，计算器 1 个。

（四）人员

多人操作，劳动保护用品穿戴齐全。

二、操作规程

序号	工序	操作步骤
1	填写对比表	填写注聚井黏度数据对比表
2	计算	计算单井黏度波动范围
3	判断分析	分析判断单井黏度达标情况
4	计算	计算黏度达标合格率情况： 黏度达标合格率 = 黏度达标井数 / 统计井数 ×100%
5	提出措施	提出下步措施（分析答卷）
6	检查卷面	检查卷面
7	整理资料、用具	资料及试卷上交，用具整理后带走

三、技术要求

（1）所有计算公式要正确无误列出，步骤齐全，计算准确。

（2）正确给出黏度达标标准，并判断达标情况。

项目八 计算面积井网单井控制面积

一、准备工作

（一）考场准备
可容纳 20～30 人教室 1 间。

（二）资料、材料准备
标准井位图 1 张，空白单井控制面积计算表 1 张，计算答卷 1 张，演算纸少许。

（三）工具、用具准备
碳素笔 1 支，HB 铅笔 1 支，橡皮 1 块，计算器 1 个，150～200mm 直尺 1 把，150mm 三角板 1 个。

（四）人员
20～30 人操作，劳动保护用品穿戴齐全。

二、操作规程

序 号	工 序	操作步骤
1	圈定井组	圈定指定的注采井组
2	圈定区域	圈定采油井控制区域
3	连三角网系统	连接井点间的三角网状系统
4	测量数据	测量采油井控制区每条三角形的边长
		计算单井控制面积： $$A = 6 \times \frac{1}{2} a \times \sqrt{3} / 2a$$ 式中 A——面积，m^2； a——井距，m
5	填写表格	填写面
6	检查卷面	检查卷面
7	整理资料、用具	资料及试卷上交，用具整理后带走

项目九 计算井组水驱控制程度

一、准备工作

（一）考场准备
可容纳 20～30 人教室 1 间。

（二）资料、材料准备
井组连通数据表 1 张，计算答卷 1 份，演算纸少许。

（三）工具、用具准备

碳素笔 1 支，HB 铅笔 1 支，橡皮 1 块，计算器 1 个，150～200mm 直尺 1 把，150mm 三角板 1 个。

（四）人员

20～30 人操作，劳动保护用品穿戴齐全。

二、操作规程

序 号	工 序	操作步骤
1	列公式	列出水驱控制程度计算公式： $$E_{\mathrm{w}} = \frac{h}{H_{\mathrm{o}}} \times 100\%$$ 式中　E_{w}——水驱控制程度，%； 　　　h——油井与注水井连通的有效厚度或砂岩厚度，m； 　　　H_{o}——油层总有效厚度或总砂岩厚度，m
2	圈定井组	圈定指定的注采井组
3	圈定油井	圈定与注水井连通的采油井
4	计算厚度	计算与注水井连通的采油井有效厚度或砂岩厚度
		计算油层总厚度或总砂岩厚度
5	检查卷面	检查卷面
6	整理资料、用具	资料及试卷上交，用具整理后带走

项目十　计算油田三次采油区块的开发指标及参数

一、准备工作

（一）考场准备

可容纳 20～30 人教室 1 间。

（二）资料、材料准备

区块静态资料 1 份，区块动态资料 1 份，区块开发指标统计表 1 份，计算答卷 1 份，演算纸少许。

（三）工具、用具准备

碳素笔 1 支，HB 铅笔 1 支，橡皮 1 块，计算器 1 个。

（四）人员

20～30 人操作，劳动保护用品穿戴齐全。

二、操作规程

序　号	工　序	操作步骤
1	填写数据	填写相关参数（填写区域开发指标统计表）
2	计算吨聚增油	列出吨聚增油计算公式： $$Q_{PT}=\frac{10^4\sum Q_{PO}}{\sum Q_{IP}}$$
3	计算累积节约用水量	列出累积节约用水量计算公式： 累积节约用水量＝水驱结束时的注水孔隙体积倍数（数值模拟计算）－聚合物驱结束后的实际注水孔隙体积倍数
4	计算采出程度	列出采出程度计算公式： $$E_R=\frac{\sum Q_O}{\bar{N}}\times100\%$$
5	计算阶段采收率提高值	列出产阶段采收率提高值计算公式： $$\Delta E_R=\frac{\sum Q_{PO}}{\bar{N}}\times100\%$$
6	计算注入速度	列出注入速度计算公式： $$Q_V=\frac{\sum_{i=1}^{12}Q_{Li}}{V}$$
7	计算注入孔隙体积倍数（注入程度）	列出计算注入程度计算公式： $$Q_{IPV}=\frac{Q_L}{V}$$
8	计算注入浓度	列出注入浓度公式聚合物注入浓度计算公式： $$C=\frac{聚合物注入干粉量}{聚合物注入溶液量}$$
9	计算聚合物用量	列出计算聚合物用量计算公式： $$Q_{CPV}=CQ_{IPV}$$
10	填写指标	填写指标及参数表
11	检查卷面	检查卷面
12	整理资料、用具	资料及试卷上交，用具整理后带走

项目十一　用容积法计算地质储量

一、准备工作

（一）考场准备

可容纳 20～30 人教室 1 间。

（二）资料、材料准备

20 口井的井位图 1 张，地质储量计算的相关参数，区域面积量取，计算表（空白）1 份，地质储量计算表（空白）1 份，演算纸少许。

（三）工具、用具准备

碳素笔 1 支，HB 铅笔 1 支，橡皮 1 块，计算器 1 个，150~200mm 直尺 1 把，150mm 三角板 1 个。

（四）人员

20~30 人操作，劳动保护用品穿戴齐全。

二、操作规程

序 号	工 序	操作步骤
1	标注厚度	标注各井点的油层厚度
2	圈定区域	圈定区域范围
3	计算区域面积	量取或分区计算区域面积
		填写面积量取、计算表
		区域面积取值
4	填写计算参数	计算油层厚度
		填写其他相关参数
5	计算储量	列出容积法储量计算公式：$$N=\frac{100A\cdot h\cdot\phi(1-S_{wi})\ \rho_o}{B_{oi}}$$
		代入相关参数
		计算储量
6	填写表格	填写储量计算表
7	标注落实款	标注落实款、时间
8	检查卷面	检查卷面
9	整理资料、用具	资料及试卷上交，用具整理后带走

【知识链接一】 热力采油

稠油指在油层条件下黏度大于 50mPa·s，相对密度大于 0.92 的原油。稠油分布范围广，由于蕴藏有巨大的稠油资源量而被世界各产油国所重视，随着热力开采技术的发展，开采规模在逐步扩大，产量在不断增长，稠油热采在石油工业中已占有较重要的位置。

一、稠油开采方法简述

J（GJ）BA001 稠油开采方法简述

稠油油藏一般采用热力开采，对油层加热的方式可分为两类：一类是把热流体注入油层，如注热水、蒸汽吞吐、蒸汽驱等；另一类是在油层内燃烧产生热量，称就地燃烧或火烧油层。

（一）热水驱

注热水是注热流体中最简便的方法，操作容易，与常规注水开采基本相同。注热水主要作用是增加油层驱动能量，降低原油黏度，减小流动阻力，改善流度比，提高波及系数，提高驱油效率。此外，原油热膨胀则有助于提高采收率，从而优于常规注水开发，与注蒸汽相比，其单位质量携载热焓低，井筒和油层的热损失大，开采效果差。特别是当注入速度低而油层又薄，影响更为严重，因而限制了该方法的使用。但对于高凝油油藏或原油黏度较低的稠油油藏，注热水也有成功的实例。

（二）蒸汽吞吐

蒸汽吞吐是指向一口生产井短期内连续注入一定数量的蒸汽，然后关井（焖井）数天，使热量得以扩散，之后再开井生产。当瞬时采油量降低到一定水平后，进行下一轮的注汽、焖井、采油，如此反复，周期循环，直至油井增产油量经济无效或转变为其他开采方式为止。

与蒸汽驱对比，蒸汽吞吐投资少、工艺简单、生产费用低、采油速度高，是有效地提高稠油油藏采油速度的一种主要方法。但其采收率低，为此，一般情况下蒸汽吞吐后转为蒸汽驱开采。

（三）蒸汽驱

蒸汽驱是注热流体中广泛使用的一种方法。蒸汽驱是指按优选的开发系统，开发层系、井网、射孔层段等，由注入井连续向油层注入高温湿蒸汽，加热并驱替原油由生产井采出的开采方式。当瞬时油气比达到经济界限（一般为 0.15）时，蒸汽驱结束或转变为其他开采方式。

（四）火烧油层

火烧油层是将空气或氧气由注入井注入油层，先将注入井油层点燃，使重烃不断燃烧产生热量，并驱替原油至采油井中被采出。按其开采机理有三种不同的方法：干式向前燃烧法、湿式向前燃烧法、反向燃烧法。

二、蒸汽吞吐开采方法

J（GJ）BA002
蒸汽吞吐基本概念

（一）基本概念

蒸汽吞吐方法就是将一定数量的高温高压湿饱和蒸汽注入油层，焖井数天，加热油层中的原油，然后开井回采。

蒸汽吞吐作业的过程可分为三个阶段，即注汽、焖井及回采。

注蒸汽作业前，要准备好机械采油设备及出油条件，油井中下入蒸汽管柱（隔热油管及耐热封隔器）。注蒸汽锅炉及水处理设备调试正常后，开始通过注汽管柱向油层注汽。注汽工艺参数注入压力、蒸汽干度、注汽速度、周期注汽量及注汽强度，根据油藏地质参数及原油黏度等进行优化设计。

注完预定的蒸汽数量后，停止注汽，进行焖井。焖井时间一般 2～7d，目的是使注入近井地带油层的蒸汽尽可能扩展，扩大蒸汽带及蒸汽凝结带加热地层及原油的范围，使注入热量分布较均匀。

在回采阶段，当油层压力较高时，油井能够自喷生产。回采阶段生产管柱中的原油及凝结水携带出大量热能，因而原油黏度很低，有利于抽油泵及杆柱正常工作。

随着回采时间的延长，由于地层中注入热量的损失及产出液带出的热量，被加热的油层逐渐降温，流向近井地带及井底的原油黏度逐渐增高，原油产量逐渐下降。当产量降到某个界限时，结束该周期生产，重新进行下一周期蒸汽吞吐。

J（GJ）BA003
蒸汽吞吐主要
机理

（二）主要机理

稠油油藏进行蒸汽吞吐开采的增产效果非常显著，其主要机理如下：

1. 加热降黏作用

由于稠油对温度非常敏感，当向油层中注入 250～350℃ 的高温高压蒸汽和热水后，油层中与其接触的流体和骨架被加热，原油的黏度急剧下降，原油流向井底的阻力相应减小，油井的产量随之增加。

2. 加热后油层弹性能量的释放

油层加热后其骨架体积、流体的体积膨胀，在弹性能和气体的作用下，原油在油层中容易流动，使油井增产。

3. 重力驱作用

对于厚油层，热原油流向井底时，除油层压力驱动外，还受到重力驱动作用。

4. 回采过程中吸收余热

当油井注汽后回采时，随着蒸汽加热的原油及蒸汽凝结水在较大的生产压差下采出过程中，带走了大量热能，但加热带附近的冷原油将以极低的流速流向近井地带，补充到降压的加热带。

5. 地层的压实作用是不可忽视的一种驱油机理

据研究，地层压实作用驱出的油量高达 15% 左右。

6. 蒸汽吞吐过程中的油层解堵作用

油井在开采过程中，油层内的轻质成分首先流入井筒被采出，伴随着油层温度的下降，油层中的蜡质、胶质、沥青质就会在油层孔道中形成凝结，堵塞油层通道。注蒸汽后就会使堵塞物融化或裂解，改善了油层渗透率，对油井增产起到了积极的作用。

7. 蒸汽膨胀的驱动作用

注入油层的蒸汽回采时具有一定的驱动作用。分布在蒸汽加热带的蒸汽，在回采降低井底压力过程中，蒸汽将大大膨胀，部分高压凝结热水则由于突然降压闪蒸为蒸汽。这些都具有一定驱动作用。

8. 溶剂抽提作用

油层中的原油在高温蒸汽下产生某种程度的裂解，使原油轻馏分增多，起到一定的溶剂抽提作用。

从总体上讲，蒸汽吞吐开采属于依靠天然能量开采，只不过在人工注入一定数量蒸汽并加热油层后，产生了一系列强化采油机理，主要是原油加热降黏的作用。

J（GJ）BA004
注汽参数对蒸
汽吞吐开采的
影响

（三）注汽参数对蒸汽吞吐开采的影响

对不同类型油藏，在现有工艺技术条件下，为了提高蒸汽吞吐开采效果，必须进行工艺参数的优化。应用物理模拟和数值模拟的方法，研究主要的注汽工艺参数对蒸汽吞吐开采效果的影响规律，为优化注汽工艺参数提供了依据。

1. 蒸汽干度

我国东部地区多数稠油油藏埋藏较深，一般在 800~1600m，在注蒸汽开采中，井筒热损失较大，井底蒸汽干度较低。研究表明，蒸汽干度是影响蒸汽吞吐开采效果的重要工艺参数。蒸汽干度越高，在相同的蒸汽注入量下，热焓值越大，加热的体积越大，蒸汽吞吐开采效果越好；此外，由于湿饱和蒸汽的特性，在相同压力下，干度越高，比容越大；但随压力升高，同样的干度下，比容减小。因此，在注入压力高达 12~15MPa 时，同样的注入量，蒸汽干度越高，油藏的加热体积越大，增产效果越好，但和较低压力下的增产效果相比，其差别减小。因此，为了提高蒸汽吞吐的开采效果，应尽可能地提高井底蒸汽干度。

2. 周期注入强度

对于一个具体稠油油藏，蒸汽吞吐开采周期注入量有一个优选范围。一般蒸汽注入量越大，加热范围增加，产量越高，但应注意：

（1）注汽量越大，加热体积增加的速度缓慢，产量增加的幅度减小，吞吐油汽比下降。

（2）周期注汽量过大，井底压力增高，影响有效地提高蒸汽干度。

（3）注汽量大，注汽时间长，油井停产作业时间延长，并可能产生井间干扰。因此，周期注入量有一个优选值。

一般注汽量按油层每米有效厚度来选定，即注汽强度，最优的经验值是 80~120t/m。但对于薄油层和非均质严重的互层状油藏，初期的注汽强度应适当低些，尤其是油层浅、压力低的油层，注汽量过大，回采产量将降低。

3. 注汽速度

提高注汽速度有利于缩短油井停产时间，又有利于提高增产效果。而且，注汽速度降低，将增加井筒的热损失，导致井底干度的降低，从而降低吞吐开采效果。这是决定注汽速度不能太低的主要原因。

另外，注汽速度也不能太高，它主要取决于三个方面：

（1）油层本身的吸汽能力。油层的吸汽能力取决于水、汽渗透率，油层厚度，原油黏度，油层压力和注汽压力。

（2）油层的破裂压力。

（3）蒸汽锅炉的最高压力。这是因为注汽速度如超过油层的吸汽能力，蒸汽难以注入油层。如注汽压力超过地层破裂压力，易发生汽窜，影响开采效果。另外，受锅炉最高压力的限制，提高注汽速度也十分困难。

4. 焖井时间

一般认为，在注完蒸汽后关井一段时间，使注入油层中的蒸汽充分与孔隙介质中的原油进行交换，使蒸汽完全凝结成热水后再开井生产，可避免开井回采时携带过多的热量从而降低热能利用率。但是，焖井时间不宜太长，否则，注入蒸汽向顶底层的热损失将增加。

三、蒸汽驱开采方法

蒸汽驱开采技术复杂、难度大、风险高，然而蒸汽驱又是提高采收率的有效方式，为此，适合于蒸汽驱开采的油藏应适时转蒸汽驱开采。

（一）采油机理

J（GJ）BA005
蒸汽驱采油机理

蒸汽驱是指注汽井连续注蒸汽而周围油井连续生产的过程。蒸汽驱的作用机理主要表现在如下几方面：

1. 降黏作用

温度升高使原油黏度大幅度降低，这是蒸汽驱开采稠油的最重要机理。随着蒸汽的连续注入，油藏温度升高，油和水的黏度都要降低，但水的黏度降低程度远比原油黏度降低的幅度小，其结果改善了水油流度比。

原油黏度降低后，改善了驱油效率和波及效率。稠油黏度随温度的变化通常是可逆的，即当温度再次降低时，原油黏度升到它的原始值。由此可见，当蒸汽前缘向前移动时，前缘带温度升高，原油黏度下降，从而较容易地将原油从高温区驱替到低温区；在低温区，原油黏度回升，流动性变差，从而导致原油的大量聚集而形成油墙。蒸汽驱中生产井热突破前的高采油速度和低水油比特征，正是油墙引起的。

2. 热膨胀作用

热膨胀是热水带中的一个重要采油机理。这一机理可采出 5%～10% 的原油储量，其大小取决于原油类型、初始含油饱和度和受热带的温度。随着升温，油发生膨胀、饱和度增加，且更具流动性。同时轻质油膨胀率大于重质稠油，因此，膨胀作用在开采轻质油中所引起的作用比开采重油时大。

3. 蒸汽的蒸馏作用

蒸汽对原油中相对轻组分的蒸馏作用是由 Willman 等首次提出，蒸馏作用将导致蒸汽相不仅由水蒸气组成，同时也含烃蒸汽。烃汽与水蒸气一起凝结，在推进过程中，由于蒸馏出或脱出的组分不是被驱替，而是被气相所携带，因而它们比稠油运动得更快，稀释并脱出一些烃组分，留下少量较重的残余油。

4. 脱气作用

蒸汽前缘后面也发生气体的脱出。作为气体运载体的水蒸气，它将选择性地从液体中脱出轻质馏分，但比蒸馏作用小得多。

5. 油的混相驱作用

水驱汽蒸馏出的大部分轻质馏分，由蒸汽带和热水带被携带至较冷的区域，此时轻质馏分与运载它们的水蒸气同时被冷凝。当水蒸气冷凝成热水时，减小了蒸汽的指进速度，凝析的热水和油一同流动，形成热水驱。这就是蒸汽前缘前热水带中的重要采油机理。

6. 溶解气驱作用

随着蒸汽前缘温度升高，溶解气从油中逸出，溶解气发生膨胀形成驱油动力，增加了原油产量。

7. 乳化驱作用

当蒸汽驱稠油时，不论在实验室还是在油藏中，其产出液中都常见到乳状液。在蒸汽前缘，原油的蒸馏馏分可能发生凝析形成悬浮于水中的水包油乳状液，也可能将凝析水乳化在油中，形成油包水乳状液。这些乳状液黏度比油或水大，这样则增加了驱动压力，在高渗透的非胶结地层中，这种黏性乳状液，将会通过降低蒸汽的指进改善蒸汽波及状况而有利于蒸汽驱生产。

（二）注采参数优选

J（GJ）BA006
蒸汽驱采油注
采参数优选

根据蒸汽驱开采的主要机理，高温蒸汽既是加热油层所需要的良好热载体，又是驱替原油的驱替介质。为此，要实施有效的蒸汽驱开采，一是高速连续注入足够量的高干度蒸汽，使其汽化潜热能在抵消损失后不断得到补充；二是在连续注入和降压开采的情况下，保证蒸汽带稳定向前扩展。因此，适宜于蒸汽驱开采的油藏，在开发系统设计中，在蒸汽驱开采的实际操作中，均需适应其高速注汽、高速排液、高速强化开采的要求。否则，在很大程度上将实施的是热水驱，开发效果受到极大的影响。

1. 注汽速度

对一个特定的油藏，在所选定的开发系统条件下，采用蒸汽驱开采，有一个优化的注汽速度，在这一速度下，热能利用较好，热损失较小，既能有效地加热油层，又能作为有效的驱替介质。当优选的注入速度与排液速度相匹配时，采油速度高、油汽比高、开发效果好。注汽速度的选择与注汽强度结合起来考虑更为合理，所谓注汽强度是指单井组控制体积下的注汽速度。

最优的注汽速度在蒸汽驱过程中并不是一成不变的。在蒸汽驱初期应采用较高的注汽速度，加快对油层的加热速度，减少热损失；当蒸汽突破以后则可将注入速度适当降低，减少热量产出，提高热能利用效率，增加净产油。

蒸汽驱初期应高速注汽，注汽速度太低，则加热油层的速度很慢，油层压力得不到迅速恢复，热前缘推进也很慢，油井迟迟见不到蒸汽驱效果。

2. 注入蒸汽干度

注入井底蒸汽干度的高低，不仅决定蒸汽携带热量的多少，能否有效地加热油层，而且还决定蒸汽带体积能否稳定扩展，驱扫油层而达到有效蒸汽驱开发。一般要求是注入蒸汽干度越高，开发效果越好。蒸汽干度越高，蒸汽携带的热量越多。蒸汽的携带能力远远大于热水，例如，50% 干度的蒸汽在 3.0MPa 下携带的热量比同温度热水高 1.89 倍，在 5.0MPa 下高 1.71 倍。因此要达到有效加热油层的目的，必须以一定的速度向油层注入足够高干度的蒸汽。

3. 生产井排液速度与采注比

在蒸汽驱开采过程中，在优选的蒸汽干度及注汽速度下，每个开发单元的排液速度大小直接涉及注采关系的变化、压力的变化，影响蒸汽带体积的大小，进而影响到蒸汽驱开采效果的好坏、经济效益的高低，最终将决定能否采用优化的注汽速度以及能否实施有效的蒸汽驱开发。

（三）稠油出砂冷采

J（GJ）BA007
稠油出砂冷采
技术的概念、
特点

稠油油藏一般埋藏较浅，压实成岩作用差，储层胶结疏松，开采过程中出砂现象普遍而严重，经常因出砂严重，致使井下卡泵、地面设备损坏、油井不能正常生产。采用各种防砂工艺技术后，虽然能收到一定的防砂效果，但这既影响了油井的产油量，又增加了防砂工具的投资。

目前，我国稠油油藏主要采取注蒸汽开采方式，普遍面临着油层出砂、汽窜和采油成本高的严峻挑战。即使如此，仍有相当数量的稠油资源由于油层厚度薄，纯总厚度比过低或原油黏度过高，达不到蒸汽开采筛选标准，而无法投入经济有效开发，致使探明的稠油储量难以充分利用，严重地制约着我国稠油开发的持续、稳定发展。

稠油出砂冷采是充分利用稠油储层胶结疏松、容易出砂以及原油黏度高、携带能力强和地层原油中含有一定量溶解气的特点，通过诱导油层大量出砂和泡沫油的形成开采稠油。油井大量出砂后，在油层中形成高渗透率的"蚯蚓洞"网络，使其渗流能力得到极大提高；而泡沫油的形成，除了使弹性驱动能量得以充分利用外，还具有降低原油黏度和提高井筒原油携带能力的作用。稠油生砂冷采具有投资少、日产油量高、单位原油成本低的特点，是降低稠油开采成本、提高稠油资源尤其是低品位稠油资源利用率的一项重要的稠油开采技术。

稠油出砂冷采单井产量一般在 3～50m³/d，是常规降压开采（不出砂）的数倍乃至数十倍，也大大高于蒸汽吞吐等热采方式；稠油出砂冷采井一般采用 200m 左右的井距，采收率可达 15% 左右，最高达 20%，是常规降压开采的 5 倍以上，与 100m 井距下蒸汽吞吐采收率相当；开采成本仅 3.0～4.6 美元/桶，大大低于其他开采方式，具有较好的经济效益。

尽管稠油出砂冷采技术已经以其高产油量和低采油成本受到工业界的广泛认可，矿场配套工艺也相当成熟，但是，有关理论研究仍处于不断探索和完善之中。

J（GJ）BA008
稠油出砂冷采
开采机理

（四）稠油出砂冷采开采机理

稠油出砂冷采能保持长期高产并获得较高采收率的机理表现在四个方面：一是油层大量出砂形成"蚯蚓洞"网络；二是稳定的泡沫油流动；三是储层本身的弹性膨胀和上覆地层的挤压驱动；四是远距离边底水所提供的驱动能量。

1. 大量出砂形成"蚯蚓洞"网络

1)"蚯蚓洞"与"蚯蚓洞"网络

稠油油藏埋藏浅，油层胶结疏松，而原油黏度高，携砂能力强，使砂子随原油一道产出。随着大量砂子的不断产出、油层中产生"蚯蚓洞"，并逐步发展成为大规模的"蚯蚓洞"网络，使油层孔隙度从 30% 左右提高到 50% 以上，渗透率从 2μm² 左右提高到数十至数百平方微米，极大地提高油层的渗透能力。

油层中产出大量砂子之后，井筒周围应力发生了不同的变化，油层呈现出相应的分带性。即使在同一分带内，局部应力和储层结构也有很大区别。随着砂子的继续不断产出，"蚯蚓洞"沿射孔孔道末端经流化带、屈服带朝局部应力最低的区域呈树枝状逐渐向外延伸，形成"蚯蚓洞"网络，相当于众多的分支微型水平井向一口井油井供液。

2) 油层出砂条件

稠油出砂冷采井一般采用射孔完井方式，射孔完井末端呈弧形，流线密集，压力梯度较高，稳定性较差，所以砂子的崩落主要发生在射孔孔道的弧形末端。因此，有必要了解导致砂子崩落的临界流速。

射孔孔径对出砂对油井能否大量出砂形成"蚯蚓洞"网络有重要影响。Waterloo 大学孔隙介质研究所 M.B.Dusseault 教授等所进行的室内实验结果表明：当射孔孔径小于油砂粒径的 4 倍时，砂粒容易在孔眼外形成稳定砂桥，不利于地层出砂；当孔径大于油粒砂粒径的 6 倍时，才有利于出砂并向外延伸形成蚯蚓洞。因此，稠油出砂冷采井必须采用大孔径射孔，储层岩石粒径越粗，要求射孔孔径越大。

2. 稳定泡沫油流动

与稀油相比，虽然天然气在稠油中的溶解系数低，但是，稠油油藏中一般含有 5～20m³/t 溶解气。稠油油藏埋藏浅，地层压力低；地饱压差小，天然气在地层压力附近处于溶解平衡状态。

泡沫油的作用主要表现在三个方面。一是充分利用溶解气弹性驱动能量；二是改善了原油在井筒中的流动性，因为泡沫油中含有大量水包油乳化物，从而降低了产出液黏度；三是提高了原油的携砂能力。

【知识链接二】 油水井措施

一、油井堵水

J（GJ）BA009
堵水井选井选层的原则

（一）堵水井选井选层原则

（1）选择含水高、产液量高、流压高的井。

（2）选择层间矛盾大、接替层条件好的井层。

（3）选择由于油层非均质性或井网注采关系不完善造成的平面矛盾较大的井。

①在同一砂体上，有的井点含水很高，而有的井点含水较低，堵掉高含水井点。

②条带状发育的油层，堵掉主流线条带上含水高的井点。

③有两排受效井时，封堵离注水井近的第一排受效井的高含水层。

（4）井下技术状况好，无窜槽及套管损坏。

（5）有良好的隔层。

J（GJ）BA010
高含水井堵水注意事项

（二）高含水井堵水注意事项

1. 实施堵水的时机

众所周知，油水黏度比较高的油田由于含水上升较快，在高含水后期还有大量的可采储量存在地下没有采出。因此，要处理好全井开发效果与提高被堵层采收率的关系。原则上讲，堵层含水越高，对增加油田可采储量越有利，但也不是说非要等到含水达到经济界限时（含水 98%）才可以堵水，对于那些不堵水就会影响其他油层的开发效果，封堵后又有接替井点开采，从调整油层平面和层间矛盾，改善油田现阶段开发效果的角度出发，可以适当早堵。总之，何时堵水要以能否提高整体开发效果作为主要依据。

2. 注、堵、采的综合调整

高含水层封堵后，由于生产压差放大，接替层的产量将会增加。这时要注意调整对应注水井层的注水量，保持接替层的生产能力。另外，对封堵层对应的注水井层的注水量，也要根据周围油井的压力、产量、含水状况进行适当调整。

3. 资料的获取

油井堵水前应尽量获得比较准确的分层测试资料。有自喷能力的机采井在堵水前，可以进行自喷找水或气举找水，并结合油水井的静、动态资料进行综合判断，找准堵水层段。

二、酸化

J（GJ）BA011
酸液的合理选择

（一）合理地选择酸液

1. 盐酸

如果矿物以碳酸盐为主，酸液选择盐酸即可；如果砂岩油层中碳酸盐含量大于 10%，或者堵塞物中的碳酸盐含量较高时，也可单独用盐酸处理，此时盐酸浓度一般可选用

$10\% \sim 15\%$。

2. 土酸

如果砂岩中的碳酸盐含量低于 10% 或堵塞物中碳酸盐含量很低时，应选择土酸。

土酸是用盐酸和氢氟酸混合而成，其中盐酸可以溶解岩石中的碳酸盐和所含的铁、铜。氢氟酸可以溶解岩石中的硅酸盐类。目前大庆油田常用的土酸配方为 7∶3，即含盐酸 7%，含氢氟酸 3%。

为了进一步防止 CaF_2 等难溶物的沉淀和充分发挥氢氟酸对泥质成分的溶蚀作用，在砂岩油层酸化时，最好在向地层注入土酸之前，先注入盐酸作为预处理，用以首先溶蚀碳酸钙含量。

（二）酸化副效应及添加剂

J（GJ）BA012
酸化的副效应

1. 酸化中的副效应

酸化岩石反应并不是都有选择性的，在解除堵塞的同时，也可能生成新的物质，它沉淀下来堵塞油层。

如盐酸进入地层还会与地层中的石膏（$CaSO_4 \cdot H_2O$）作用，生成氯化钙和硫酸。

$$CaSO_4 \cdot 2H_2O + 2HCl \longrightarrow CaCl_2 + H_2SO_4 + 2H_2O$$

这是一个可逆反应，它进行的方向视盐酸浓度而定。石膏在浓酸中溶解后，随酸液进入其他孔隙，一旦酸浓度降低时，它又在新孔隙内重新沉淀造成堵塞。

另外，酸化时，因设备及管线都是金属，酸与金属接触时能生成氯化亚铁和氯化铁。

$$Fe + 2HCl \longrightarrow FeCl_2 + H_2 \uparrow$$

$$2Fe + 6HCl \longrightarrow 2FeCl_3 + 3H_2 \uparrow$$

当盐酸与金属氧化物（铁锈）反应时，则生成氯化铁与水。

$$Fe_2O_3 + 6HCl \longrightarrow 2FeCl_3 + 3H_2O$$

$FeCl_3$ 进一步水解，生成氢氧化铁[$Fe(OH)_3$]胶状沉淀物堵塞地层。

此外，盐酸与黏土反应时，会生成沉淀物堵塞油层；盐酸与砂质页岩作用，会生成硅质胶而堵塞地层孔道。

2. 酸液添加剂

J（GJ）BA013
酸化添加剂的
种类及用途

为了提高酸化效果保护油套管，调节酸液进入地层后的反应速度，降低表面张力，以顺利排出酸液，在酸化中还必须加入一定数量的添加剂。

1）防腐剂

防腐剂目的在于避免或减轻盐酸对地面设备及井下油管腐蚀。常用的防腐剂有甲醛（38%～40% 溶液）烷基苯磺酸钠、油酸乳化物、丁炔二醇、碘化钠、乌洛托品等。

如果不加防腐剂，随着酸液浓度和温度的升高，腐蚀速度也随之增加；加入防腐剂后，在一定的浓度和温度范围内，腐蚀速度变化不大。

2）稳定剂

由于盐酸与金属氧化物作用后生成的盐类与水化合成氢氧化物的胶质沉淀，容易将油层的孔道堵塞。为了消除或减轻这种堵塞现象，须加入稳定剂，以防止有氢氧化物生成。

（1）加冰醋酸（一般浓度为 90.5%）：醋酸能与碱起中和反应而生成易溶于水的醋

酸盐。

$$3CH_3COOH+Fe(OH)_3 \longrightarrow Fe(CH_3COO)_3+3H_2O$$

（2）加络合剂：可以防止氢氧化物沉淀产生，常用 EDTA（乙二胺四乙酸）。此外还有乳酸、柠檬酸等，均有稳定作用。

3）缓速剂

为使酸液不在刚进入地层的流动过程中快速反应而降低酸度，除在施工中快速挤酸，还需要加入缓速剂。缓速剂有氯化钙、烷基苯磺酸钠等。

4）杀菌剂

注水井中的细菌主要是易繁殖的厌氧性细菌（硫酸还原菌）和好氧性细菌（假单细胞）两种。其中硫酸还原菌腐蚀金属管线，假单细胞和硫酸盐还原菌堵塞油层。为了杀死这些细菌，常用氨化合物、甲醛、氯化苯、亚氯酸盐等杀菌剂。但上述杀菌剂连续使用会使细菌产生抗药性，而失去杀菌作用。因此常用一种新的杀菌剂——过氧乙酸。使用浓度为 0.4%，杀菌效力极高，不会产生细菌的抗药性。杀菌后经分解生成无毒的醋酸和水。

三、调剖

> J（GJ）BA014
> 聚合物延时交联调剖剂的调剖原理

聚合物延时交联深度调剖技术原理：聚合物凝胶一般是通过水溶性聚合物与多价离子反应而产生的体型交联产物。它在形成之后，黏度大幅度增加，失去流动性，在地层中产生物理堵塞，从而提高注入水的扫油效率。

聚合物延时交联调剖剂的调剖原理：首先根据调剖方案和调剖剂的配方要求，在地面将聚合物干粉和交联剂按设计比例混合配制、熟化好，按设计用量注入调剖目的层，调剖剂先沿阻力较低的高渗透层运移，达到一段距离后在地层孔隙内形成凝胶，阻塞封堵高渗透层，达到使注入水转向的目的，实现调整吸水剖面、改善吸水状况、提高注入水的驱油效率和采收率的目的。

聚合物延时交联调剖剂主要成分是聚合物和乳酸铬溶液，三价铬离子的浓度控制交联和成胶时间，初始时为弱凝胶，胶体具有一定的流动性。该调剖剂交联时间最长可控制 1 个月左右，适合大剂量深度调剖。

除上述两种深度调剖技术以外，还有阴阳离子调剖、复合离子调剖、CDG 调剖技术等。

四、机采井三换

> J（GJ）BA015
> 机采井三换的概念

（一）机采井"三换"的概念

机采井"三换"是指抽油机井的抽油机换型、小泵换大泵、大泵换电泵；电泵井的小泵换大泵、大泵换小泵；抽油机换电泵，电泵换抽油机等。全称为换机、换泵、抽油机与电泵互换，简称"三换"。这里的"三换"措施主要指换大泵、换大电泵和抽油机换电泵，均以提液为目的。

抽油机井换大泵是油田常用的增产措施之一。抽油机在生产过程中，由于受预产偏低及注入状况改变的影响，虽然抽油机地面参数可以调整，但排量还是受到一定限制，不能满足生产的需要，此时应当及时换大泵，达到增产的目的。

J（GJ）BA016
换大泵井的选
择与培养

（二）换大泵井的选择与培养

（1）选择地面参数无调整余地、泵效大于 50%、动液面连续半年以上小于 400m、含水低于油田抽油机井的平均含水、泵正常工作的井。

（2）现场核实第一手资料，即对产液量、含水、动液面进行全面核实，要求核实含水必须连续取 3 个样，每个样的化验含水与正常生产时含水误差，水驱井不超过 ±5%，聚驱井不超过 ±3%。

（3）在满足以上要求的前提下，与地质管理人员一起对该井所处区块、井组及受效井注入状况进行分析，确定该井换泵后能否及时补充能量，保持措施后的有效期。

（4）当确定换泵后，还要对地面设备进行预测，看抽油机、电机能否满足换大泵需要，若机型偏小时，须选择合适机型更换。

J（GJ）BA017
换大泵的现场
监督要求

（三）换大泵的现场监督要求

（1）监督作业队是否按设计方案的工序要求进行作业施工。

（2）检查管杆在下井前是否冲洗干净。

（3）对不需换油管的井，油管在下井前要认真检查每根螺纹是否完好，特别是聚驱抽油井机，管杆磨损严重及油管螺纹损坏的，不可下入井内。

（4）对下脱卡器的井，下井前须在地面反复进行对接试验，无问题后再下井。

（5）作业完井后，采油队应认真洗井后再开井，保证井筒干净无杂物。

（6）开井投产后 3d 内，由作业队与采油队技术人员一起到现场进行交井：量油有产量，测图正常，抽压验泵压力达到 3~4MPa，稳压 15min 压力下降不超过 0.3MPa，满足以上要求方可接井（注意：带脱卡器的井不可许抽压）。

五、抽油机井管理

抽油机井采油是目前油田开发中普遍应用的方式，抽油机井的管理水平，关系到油田整体经济效益的高低。要做好抽油机井的生产管理工作，必须取全取准各项生产资料，制定抽油机井合理的工作制度，不断进行分析，适应不断变化的油藏动态，加强并提高抽油机井的日常管理水平。

（一）抽油机井合理工作参数的选择

抽油机井合理工作参数的选择，主要是确定合理的生产压差，包括沉没度的确定，泵径、冲程、冲次的匹配，合理工作制度的确定。

1. 沉没度的确定

抽油泵在工作过程中，固定阀门必须依靠油套环形空间的沉没压力作用才能打开，即没有一定的沉没度就没有产液量。因井对抽油泵抽汲影响的因素很多，泵要克服的阻力较大，所以，为保证油井的正常生产，必须有一定的沉没度，但并不是沉没度越大越好，实际上泵深度过大，增加抽油机能耗，加大冲程损失，而产液量提高幅度不大。因此，必须根据各油田的实际情况，确定合理的沉没度。

J（GJ）BA018
泵径、冲程、冲
次的匹配要求

2. 泵径、冲程、冲次的匹配

一般在满足油井产能要求时，应采取小泵径、长冲程、慢冲次的原则。

（1）泵径：在充分满足油井生产能力（最大产液量）需求的前提下，应尽量使用小泵径，这样在同样泵挂深度与同样产量下，光杆载荷降低，设备磨损小，能耗低，能达到降低原油成本的目的。

（2）冲程：在充分满足油井生产能力（最大产液量）需求的前提下，应尽量使用大冲程，冲程加大，可以增加排量，降低动液面，提高油井产量；同时可减少气体对泵的影响，提高抽汲效率。

（3）冲次：在充分满足油井生产能力（最大产液量）需求的前提下，冲次应尽量降低，冲次超过一定数值时，有以下不利方面：

①增加抽油机井的动载荷，引起杆柱和地面设备的强烈振动，容易损坏。

②降低泵的充满程度，活塞撞击液面引起杆柱振动，易损坏设备。

③抽油杆柱受到挤压力增大，造成杆柱与油管内壁的摩擦，使杆柱发生弯曲，增加杆柱脱扣的机会。

④易发生弹性疲劳，缩短抽油杆使用寿命。

J（GJ）BA019
间歇抽油井工作制度

3.间歇抽油井工作制度

由于地层能量较低，如果连续抽油，造成出油间歇，从而增加设备的磨损和电能的浪费，因此，可以采用间歇抽油（抽—停—抽）的方法，确定合理的开关井时间。

1）确定开关井时间的方法

（1）示功图法：将抽油机井停抽，待液面恢复后开井生产并连续测示功图，示功图反映为严重供液不足，停抽并计算开井时间，反复观察，确定合理的开关井时间。

（2）观察法：将油井停抽一天或半天后开井，配合间隔定时量油，观察油井生产情况，直至不出油为止，计算有效出油时间；反复多次观察，确定合理的开关井时间。

（3）液面法：油井不出油停抽时，对液面进行间隔定时监测，观察液面恢复状况，确定合理的开关井时间。

在现场工作中，可采取两种方法结合使用，以互相印证。

2）间歇井工作原则

（1）油井出砂严重时，停止使用间歇出油，以免造成砂卡。

（2）间歇井日产量应不低于正常生产的日产量，否则应恢复全日的连续生产。

（3）要重视间歇井套管气的管理。

J（GJ）BA020
影响抽油机泵效的因素

（二）影响抽油机泵效的因素

深井泵泵效的高低直接反映了深井泵的工作状况以及抽汲参数的选择、配置的合理与否，在实际生产中，由于每口井的具体情况不同，因此影响泵效的因素也是多方面的，下面介绍几种主要的影响因素。

1.地质因素

（1）油层出砂：由于油层性质较差，导致油井出砂，砂子冲刷阀门等各部分，磨损速度加快，造成泵漏失，从而降低泵效。

（2）原油中气体：如果开采油层能量过低或气量较大，当饱和压力高于泵吸入口压力时，油气混合物将进入泵筒，相对降低了进入泵筒内油的体积，降低泵效甚至造成气锁现象。

（3）原油中含硫：如果原油中含有的硫达到一定数量，在泵的入口、阀门以及油管内易结蜡，造成油流阻力加大及各部分的漏失，降低泵效。

（4）原油黏度大：油稠，油流阻力加大，造成阀门打开或关闭不及时，从而降低泵的充满系数，降低泵效。

（5）原油中含有腐蚀性的水和气体；腐蚀泵的各部件，造成泵的漏失，降低泵效。

2. 泵的工作方式

如果深井泵的工作参数选择不当，过低或过高，造成冲程损失过大或供液不足，都会降低泵效。

3. 设备因素

深井泵的制造质量、安装质量、下泵质量等都会对泵效造成一定的影响。

【知识链接三】 三次采油

一、相关概念

J（GJ）BA021
聚合物驱体积波及系数的概念

（一）体积波及系数和流度比

注入液体占油藏总孔隙体积的百分比称为体积波及系数。影响体积波及系数的主要因素是层系井网对注入水的面积波及系数和纵向波及系数，油藏砂体的沉积环境和分布形态，油层纵向上、平面上渗透率分布的不均匀性及流度比等。

通过对油藏的研究，选择适当的层系井网，可以在一定程度上提高面积波及、纵向波及系数，使油田采收率保持在较高的水平上。

流动度是岩石对某一种流体的渗透率除以流体的黏度，即 $\lambda = K/\mu$。它表示流体在油层内的流动程度（也称流度），水与油的流度比是指水在油层内的流动度与油在油层内的流动度的比值，即：

$$M = \frac{K_w}{\mu_w} / \frac{K_o}{\mu_o} = \frac{\lambda_w}{\lambda_o} \qquad (2-1-86)$$

式中　M——水与油的流度比；

　　　K_w，K_o——水、油的相对渗透率；

　　　μ_w，μ_o——水、油的黏度；

　　　λ_w，λ_o——水、油的流动度。

一般把流度比小于或等于1称为有利的流度比，而将1以上的流度比称为不利的流度比。流度比由油、水黏度的大小所决定，油藏原油黏度越高，其流度比越大。

聚合物注入油层后，降低了高渗透率的水淹层段中流体总流度，缩小了高、低渗透层层段间水线推进速度差，起到了调整吸水剖面、提高波及系数的作用。

J（GJ）BA022
聚合物的作用

（二）聚合物的作用

注入油层的聚合物将会产生两方面的重要作用：一方面是增加水相黏度，另一方面是因聚合物的滞留引起油层渗透率下降。两方面共同作用引起聚合物的水溶液在油层中的流度明显降低。因此，聚合物注入油层后，将产生两项基本作用机理：一项是控制水淹层段中水相流度，改善水油流度比，提高水淹层段的实际驱油效率；另一项是降低高渗透率的水淹层段中流体总流度，缩小高低层段间水线推进速度差，调整吸水剖面，提高实际波及系数。

原油黏度、地层水性质和储油层性质等因素，对聚合物驱采油都有一定影响。聚合物驱较好地解决了影响采收率的因素，其基本机理是提高驱油效率和扩大波及体积。

1. 绕流作用

由于聚合物进入油层后增加了油水间的界面黏度，从而增强了水相的携油能力，产生了由高渗透层指向低渗透层的压差，使得注入液发生绕流，进入到中、低渗透层中，扩大注入水驱波及体积。

2. 调剖作用

由于聚合物改善了水油流度比，注入聚合物以后将引起聚合物的水溶液在油层中的流度明显降低，控制了水淹层中水相流度，改善水油流度比，提高水淹层的实际驱油效率。注入液在高渗透层中的渗流，使得注入液在高、低渗透层中以较均匀的速度向前推进，改善非均质层中的吸水剖面，达到提高原油采收率的作用。聚合物溶液的浓度越大，其黏度也越大，当进入高渗透层后，渗流阻力也就越大，相应的调剖效果就越好。

3. 提高水驱油效率

聚合物驱提高了岩石内部的驱动压差，使得注入液可以克服小孔道产生的毛细管阻力，进入细小孔道中驱油，其作用如下：

1）吸附作用

由于聚合物大量吸附在孔壁上，降低了水相流动能力，而对油相并无多大影响，在相同的含油饱和度下，油相的相对渗透率比水驱时有所提高。聚合物增大了油水间的界面黏度，增强了水相的携油能力，这已在微观驱油机理和相对渗透率曲线研究中得到证明。

2）黏滞作用

由于聚合物的黏弹性加强了水相对残余油的黏滞作用，在聚合物溶液的携带下，残余油重新流动，被挟带而出。

3）增加驱动压差

聚合物提高了岩石内部的驱动压差，使得注入液可以克服小孔道所产生大的毛细管阻力，进入细小孔道中驱油。

总之，聚合物驱油提高采收率是由两部分组成的：一部分是聚合物在高渗透层中强化采油，将一部分残余油驱出，提高了水驱油效率约 6%；另一部分是聚合物驱扩大了水驱波及体积，提高了中、低渗透层的采出程度，约提高采收率 7%。

（三）聚合物驱油在非均质油层中的特点

J（GJ）BA023
聚合物在非均质
油层中的特点

聚合物在高、低渗透层中的特点主要有以下两个方面。

（1）聚合物驱在高渗透层先见效，低渗透层见效时间较晚，但在低渗透层中有效期较长，原因在于聚合物在低渗透层中不易突破；在高渗透层容易突破，其主要的原因在于高渗透油层存在水驱时形成的水洗通道。聚合物驱油时，地层岩石、流体等的复杂性，都会影响聚合物的驱油效果。

（2）在高渗透层中，由于残余油饱和度较低，残余油主要以油滴形式存在，聚合物溶液挟带着小油滴向前运移，聚合物浓度越大，携带的油滴越多。在低渗透层中由于残余油饱和度较高，大部分是水驱未波及的含油孔隙，聚合物溶液推动油段向前慢慢移动，在聚合物段塞前形成了含油富集带。

一般情况下，渗透率太低的油层和泥质含量太高的油层不适合聚合物驱。

二、聚合物驱油的适合条件

（一）聚合物的筛选条件

聚合物驱油时，地层岩石、流体等的复杂性会影响聚合物的驱油效果。在油田上应用时，对于聚合物的选择，必须从驱油效果和经济上综合考虑，同时与油藏性质相匹配，因此，油田上应用的聚合物应满足以下条件：

（1）具有水溶性，能在常规驱油剂（水）中溶解。

（2）具有非牛顿特性和明显的增黏性，少量的聚合物就能显著地提高水的黏度，改善流度比。

（3）化学稳定性良好，聚合物与油层水及注入水中的离子不发生化学降解。

（4）剪切稳定性良好，在多孔介质中流动时，受到剪切作用后，溶液的黏度不会明显降低。

（5）具有抗吸附性，以防止聚合物在孔隙中产生吸附而堵塞地层，引起渗透率降低或使溶质黏度下降。

（6）在多孔介质中有良好的传输性，除了聚合物具有较强的扩散能力外，注入时不需要太大的压力；注入量较高条件下不出现微凝胶、沉淀和其他残渣等。

（7）来源广，价格低，以便在油田上能够实现较低成本的广泛应用。

能够同时满足以上要求的聚合物较少，在应用时，应根据具体油层条件选择适当的聚合物。

（二）适合聚合物驱的油藏地质特点

并非所有油藏均适合聚合物驱，即使适合聚合物驱的油藏，其增产幅度也有较大区别，依据大庆油田多年来的研究，适合聚合物驱的油藏地质特点有以下四个方面。

1. 油层温度

在高温下，聚丙烯酰胺的稳定性受到破坏，聚合物易发生降解和进一步的水解，使其作用大打折扣，大庆油田的实践证明，油层温度范围在 45~70℃ 比较合适。

2. 水质

水的矿化度过高，聚合物溶液黏度降低，残余阻力系数低，这些因素都会降低聚合物驱采收率，数值模拟研究表明，地层水矿化度最好在 1600~30000mg/L，地面配置水矿化度要低于 1200mg/L。

3. 原油黏度

聚合物驱油的基本理论是降低水油流度比，原油黏度过大或过小，都不利于提高采收率，研究表明，原油黏度在 10~100mPa·s 比较适合进行聚合物驱。

4. 油层非均质性

聚合物驱油适合水驱开发的非均质砂岩油藏，油层渗透率变异系数不宜太大或太小，否则均不利于聚合物驱油效果，一般油层变异系数在 0.6~0.8 最好。

根据国内外已有的经验，有以下几种情况不适合聚合物驱油技术：渗透率太低的油层、泥质含量太大（>25%）的油层、水驱残余油饱和度太低（<25%）的油层。底水油田（或油层）应慎用聚合物驱油技术。

（三）聚合物驱油的层位和井距的确定

J（GJ）BA026
聚合物驱油的层位井距的确定

要取得较好的聚驱增油效果，必须选择合适的聚驱层位和井距，根据目前的聚驱开发技术，应选择合适的聚驱层位和井距。

1. 聚合物驱油的层位选择条件

（1）聚合物驱油层位具有一定厚度，一般有效厚度在 6m 以上。

（2）聚合物驱油层具有单层开采条件，油层上下具有隔层，油层注采系统周围具有断层遮挡。

（3）聚合物驱油层在注采井间分布比较稳定而且连续。

（4）聚合物驱油层渗透率变异系数在 $0.6\sim0.8\mu m^2$，以 $0.72\mu m^2$ 为最好。

（5）聚合物驱油层有一定潜力，可流动油饱和度大于 10%。

2. 聚合物驱注采井距的确定

聚合物驱是在水驱基础上采用的开发方式，其井网也是对水驱基础井网的调整，以达到减少投资取得较好开发效果的目的。

（1）充分考虑与原水驱井网的衔接，在此基础上布打新井。

（2）油水井井数比最好控制在 1∶1 左右，建议采用 $150\sim250m$ 的井距，当聚驱注采井距为 250m 时，聚合物驱效果五点法井网最好、九点法井网最差。

（3）注入井适当远离断层，层系更换时油水井的利用率要高。

三、聚合物驱油方案及地质开发简况

聚合物驱大多是在水驱油藏中、后期采用的驱油方法，此时油田已步入高含水阶段，层间矛盾突出，开采难度大，开采成本逐年增加，再加上聚合物比水驱工艺技术复杂，动态监测困难，且投资及生产费用都很高，因此，所编制的聚合物驱油开发方案必须是在充分认识区块油藏条件的前提下，油藏描述要求更加精细，不仅要描述油层发育状况、细分沉积单元，还要分析油层剩余油分布特点和水淹状况。

（一）聚合物驱方案内容

J（GJ）BA027
聚合物驱油方案的内容

编制方案是在充分认识油层状况和分析目前生产状况的基础上，综合考虑各种因素，并有针对性的研究过程。其内容包括：

（1）油藏地质开发简况：指地质概况和油层开采简史。

（2）油藏描述：包括油层发育状况、沉积单元划分和剩余油分布、水淹状况等。

（3）聚合物驱层系组合及井网部署。

（4）注聚合物前的油水井生产动用状况。

（5）聚合物注入参数优选：包括聚合物相对分子质量、用量、溶液浓度及注入速度的优选。

（6）确定注采方式：包括分层注入和分步射孔方式的选择，聚合物段塞注入方式及聚合物溶液段塞前后加保护段塞注入方式的选择。

（7）确定聚合物驱实施方案。

（8）开采指标预测。

（9）聚合物经济效益预测。

（10）方案实施要求。

（二）地质开发简况

1. 地质开发概述

油田开发是一个长期连续的过程，其开发效果与油藏条件、井网类型和开采方法有着密切关系，因此，在聚合物驱方案编制过程中，要认真研究油藏地质特征和水驱井网的开发状况等问题。

（1）地质概况：通过研究开发区块的油藏地质特征，认清油层的发育状况、油层连通性、油层非均质性、油层物理性质及油层流体性质。主要包括：油藏构造形态，断层发育及其分布状况，油层砂体发育状况及其变化规律，油层平面和纵向上非均质性的描述，油藏的油、气、水性质，油层温度，油层原始压力，油层原始含油饱和度，开发区块石油地质储量。

（2）油层开采简史：通过分析开发区块油层的开发历史，能够进一步了解该区块的开发状况，对以后分析油层的水淹状况和剩余油分布有很大帮助。主要包括：该区块开发初始时间，开发层系，基础井网类型，开采方法，开发过程中采取的调整方式，特别要分析聚合物驱目的层的开发过程和当前的开发状况。

2. 油藏描述

油层及水淹特点是分析、认识油层及开发现状的关键，主要包括以下三个方面。

（1）描述油层发育状况，认识油层的沉积环境，统计有代表性的取心井岩心分析资料，分析油层的非均质性及油层类型。

合理划分沉积单元，通过描述油层的砂体分布状况，分析油层厚度和渗透率分布状况，统计油层的平均物理参数。从沉积时间上将油层划分为若干个沉积单元。描述各沉积时间单元的油层发育状况、砂体分布及油层物理性质，阐明油层的油水分布状况，统计各沉积时间单元的油、水饱和度分布状况及平均含油饱和度。

（2）分析油层水淹状况，利用单井水淹层测井解释资料统计分析油层的水淹状况，明确区块的平面及纵向上的水淹状况和水淹特点。

（3）注采聚合物井水驱阶段生产状况：通过分析开发区内的油水井生产状况，可以从宏观上认清各井的生产能力和注入能力，为方案编制提供指导性的依据。

J（GJ）BA028
聚合物驱油阶
段划分

四、聚合物驱油阶段划分

聚合物驱油全过程阶段划分有两种方法：从驱替介质上，可以划分为三个阶段，即水驱空白阶段、聚合物注入阶段和后续水驱阶段；从含水变化趋势上，可以划分为四个阶段，即注聚合物初期含水上升阶段、注聚合物后含水下降阶段、含水稳定阶段和含水上升阶段。下面对以驱替介质划分的各阶段做简单介绍。

（一）水驱空白阶段

聚合物驱油第一阶段为水驱空白阶段，是在注聚合物之前的准备阶段，一般需要3~6个月，此时含水仍处于水驱的上升期。准备工作目的的主要有以下四点。

（1）注入低矿化度清水，降低油层水中的矿化度，以减少聚合物溶液注入后的黏度损失。

（2）分析掌握井网加密后，水驱开采含水和产量变化规律；评价井网加密对延长稳产期、增加可采储量、提高采收率的效果。

（3）取得注入、采出参数，为进一步注入聚合物，制定合理的油水井工作制度提供可靠依据。

（4）建立动态监测系统，完善井下和地面工艺设施，为对比聚合物驱油效果，录取基础资料奠定基础。

（二）聚合物注入阶段

聚合物驱油第二阶段为聚合物注入阶段，是聚合物驱的中心阶段。此时采出井含水经历了注聚初期的上升期及见效后的下降期和稳定期。一般需要 3～5 年的时间。在此阶段的主要任务是实施聚合物驱油方案，将方案中所设计的聚合物用量按不同的注入段塞注入油层。此阶段的后期也是增油的高峰期，聚合物增油量的 50% 以上将在此阶段采出。

（三）后续水驱阶段

聚合物驱油第三阶段为后续水驱阶段。待聚合物按方案要求全部注完之后，转入继续注水阶段，此时采油井含水上升较快，直至达到 98% 为止。

五、聚合物驱实施方案

（一）油水井配产配注

油水井配产配注的原则是保持注采平衡。

1. 注入井配注

一定的油层条件决定了注入井的注入能力。因此首先要明确开发区块内每口注入井的注入能力，即在一定的注入压力下其可能的注入量，注入井在未装水嘴时测得的指示曲线基本上能够反映该井的注入状况，所以分析注入井的指示曲线及当前的工作状况，便可以了解注入井的注入能力，这为调整确定聚合物驱的注入速度提供了依据。聚合物驱单井配注一般常用的方法有剩余油饱和度分布法和碾平厚度法。

J（GJ）BA029
聚合物驱配产配注的要求

在确定了注入速度后，根据区块注入速度要求，以注入井为中心的井组为单元，按碾平厚度为注入井进行单井配注。结合单井注入能力，调整确定聚合物驱注入井的单井配注量。

2. 生产井配产

确定生产井的配产量，比较常用的有影响因素综合分析法和注采平衡法。在确定注入井配注量的基础上，根据生产井周围注入井的注入能力计算生产井的单井配产量，并结合井间关系及生产井的生产能力进行局部调整，从而确定生产井的配产量。

3. 有断层块的注入井及采出井配产配注

如聚合物驱开发区内有多条断层，且断层可把区块分隔成若干个小区块，则应对断层分隔的小区块分别进行配产配注。

（二）开采指标预测

聚合物驱开采指标预测包括如下内容。

J（GJ）BA030
聚合物驱开采指标预测的内容

1. 建立油藏地质模型

聚合物驱效果预测展示了驱油过程和最终结果，预测的准确程度直接影响着对聚合物驱油效果评价的可信度，效果预测的基础是所建立的油藏地质模型的质量。

建立油藏地质模型是将实际油层数字化，将油层的各物理参数数字化，建立起描述油层物理性质的数字化场，构成模型的基本形态，再加入实际油水井，并将描述油层中流体性质及流动参数数字化，便形成了最终所需要的地质模型。

2. 确定预测初始条件

初始条件是指聚合物驱开始时刻的开发区生产状况，主要有综合含水率、油层压力、采出程度；确定预测初始条件的关键是看这三个参数是否能真实反映开发区的情况。在确定初始含水条件时，要考虑区块内生产井全部开井的情况；确定聚合物驱开发区初始采出程度时，要考虑与该区块总的开发趋势相符合。

3. 水驱开发效果预测

水驱预测，即在所建地质模型上以相同的工作制度，计算注水的驱油过程，其结果就是在与聚合物驱同样的工作制度下水驱的开发效果预测结果，该结果用于评价聚合物驱的开发效果。水驱预测主要指标包括最终采收率、累积产油量、累积产油量变化、综合含水变化及累积注入量。

4. 聚合物驱开发效果预测

聚合物驱开发效果预测以所建地质模型为基础，按所确定的工作制度和注采方式计算注聚合物驱油的全过程，所得结果是在与水驱相同的工作制度下，确定注采方式下，聚合物开发效果预测结果。聚合物驱开发效果所建的模型要包括区块的面积、地质储量、孔隙体积、断层分布、小层划分、油层物性和平面连通情况、油水井情况。预测指标主要包括：聚合物最终采收率、与水驱相比提高采收率值、累积增产油量、综合含水下降最大幅度、节约注水量、每注 1t 聚合物增产油量、累积注入量、综合含水和累积产油量的变化等。

聚合物驱效果预测，展示了驱油过程和最终结果，其预测的准确程度直接影响着对聚合物驱油效果评价。

J（GJ）BA031 聚合物溶液对水质的要求

（三）聚合物溶液对水质的要求

在配制聚合物溶液时，因为在聚合物溶液中悬浮物的固体对井的污染比纯水更为严重，因此对混配水的水质各项指标有较高的要求。水质对聚合物溶液黏度的影响有两个方面，即影响初始黏度和影响黏度的稳定性。影响初始黏度的主要因素是水中的 Fe^{2+}、S^{2-}、Na^+、K^+、Ca^{2+}、Mg^{2+} 和氧，影响黏度的稳定性的主要因素是水中的微生物、Cu^{2+} 和氧。混配水的含氧量、温度、矿化度、金属阳离子等因素对聚合物溶液黏度的影响如下。

（1）混配水中的含氧量对聚合物溶液的热降解、氧化降解和化学降解都有影响，所以对含氧量要求不得超过 50mg/L。温度越高对含氧量的要求越高，在温度超过 70℃时，含氧量不得超过 15mg/L。

（2）为保证聚合物溶液达到要求，混配水对矿化度的要求是：当钙、镁离子含量在 20mg/L ＜ $Ca^{2+}+Mg^{2+}$ ≤ 40mg/L 时，总矿化度小于 800mg/L；当钙、镁离子含量在 $Ca^{2+}+Mg^{2+}$ ＞ 40mg/L 时，总矿化度小于 1000mg/L。

（3）混配水中金属阳离子对聚合物溶液黏度的影响为：1 价阳离子 Na^+、K^+ 的降黏程度极为接近，2 价阳离子 Ca^{2+}、Mg^{2+}、Fe^{2+} 的影响大约 9 倍于 1 价阳离子，Fe^{2+} 的影响最大，Ca^{2+} 次之，在对初始黏度的影响上，相同质量含量时，Al^{3+} 的降黏作用最大，Cu^{2+} 居中，Fe^{3+} 的降黏作用最小、在有氧条件，Cu^{2+} 对聚合物黏度稳定性的影响却很大。

甲醛是一种价格便宜的化学剂，在聚合物驱中可以作为示踪剂，同时它又是一种较好的杀菌剂，可抑制细菌和藻类的繁殖，还可以有效地抑制氧对聚合物的降解，在混配水中加入大于 100mg/L 的甲醛，可消除微生物的影响。

（四）聚合物驱提高驱油效率的原理

J(GJ)BA032
聚合物驱提高驱油效率的原理

在改善水、油流度比，扩大水驱波及体积方面，聚合物驱油主要有两个作用，一是绕流作用；二是调剖作用。由于聚合物的黏弹性加强了水相对残余油的黏滞作用，在聚合物溶液的携带下，残余油重新流动，被挟带而出，在提高水驱油效率方面，聚合物驱油主要有：吸附作用、黏滞作用和增加驱动压差的作用。聚合物进入高渗透层后，增加了水相的渗流阻力，产生了由高渗透层指向低渗透层的压差，使注入液发生绕流，进入到中、低渗透层中，从而扩大了水驱波及体积。

聚合物驱油的机理主要有：扩大注入水驱波及体积和提高驱油效率。聚合物驱油有一定条件：原油黏度、地层水性质和储油层性质等因素，对聚合物驱采油都有一定影响。聚合物溶液的浓度越大，其黏度也越大，当进入高渗透层后，渗流阻力也就越大，相应的调剖效果就越好。

J(GJ)BA033
聚合物相对分子质量的分类

（五）聚合物相对分子质量的分类

聚合物相对分子质量的计算公式为：$M=M_o X_o$ 或 $X_o=M/M_o$。

聚合物的相对分子质量是由基本链节相对分子质量和链节数两项数据的乘积得到的。通常将相对分子质量在 1000×10^4 以下的聚合物称为低分子聚合物。相对分子质量在 $1300\times10^4 \sim 1600\times10^4$ 的聚合物称为中分子聚合物。相对分子质量在 $1600\times10^4 \sim 1900\times10^4$ 的聚合物称为高分子聚合物，相对分子质量在 1900×10^4 以上的聚合物称为超高分子聚合物。

聚合物的分子结构有三种形态，线型、支链型和体型。聚合物线型结构是指由许多基本结构单元连接成一个线型长链大分子的结构。聚丙烯酰胺的分子结构是线型结构。在长链分子的两边，接有相当数量的侧链，称为支链型结构聚合物。当聚合物化合物的链与链之间有交联键连接时，就形成了体型结构。部分水解聚丙烯酰胺是分子中含有以丙烯酰胺和丙烯酸盐分子链节的聚合物，是一种阴离子型聚丙烯酰胺。

J(GJ)BA034
聚合物分子结构的形态

六、微生物提高原油采收率的机理

微生物采油是最有前途的强采方法之一，简称 MEOR 法。主要是以细菌对地层的直接作用和细菌代谢产品的作用来提高原油采收率。在微生物采油中，所选菌株应能适应储层的油水特性及环境温度、压力条件。

J(GJ)BA036
微生物提高采收率的机理

细菌对油层的直接作用主要有以下两点：

（1）通过在岩石表面繁殖占据孔隙空间而驱出原油。

（2）通过降解原油而使原油黏度降低。

微生物产生的代谢产品包括一些低相对分子质量的有机酸、气体、生物表面活性剂和乳化剂、生物聚合物和各种溶剂，这些代谢产品分别发挥提高地层压力、提高地层渗透奉、降低原油黏度、降低表面张力、驱油等作用。

微生物提高原油采收率技术的优点突出，只要碳源（糖蜜或烷烃）和其他营养物质充足，便可在油藏就地产生代谢物或使细胞生长。在其进行过程中，注入的细菌以及随其进入地层的杂质会造成堵塞效应，特别是细菌生长过快的条件下，油藏被堵可能使渗透率降低 20%~70%，而且原油降解现象严重，不利于提高原油采收率，因此，控制细菌生长速度的问题在现场实际应用中，就显得尤为重要。

七、影响聚合物驱油效率的因素

影响聚合物驱油效率的因素很多，较为复杂，这里只简单介绍几个影响因素，以说明聚合物驱方案设计的重要性。

（一）非均质性

油层的非均质性是影响聚合物驱的一个重要因素。渗透率变异系数越大，改变流度比所能改善的体积扫及效率越低（这里没有考虑渗透率的变化）。

（二）相对分子质量的增加

聚合物的相对分子质量增加，聚合物溶液的黏度增加，降低渗透率的能力也增加，所以在能注入的情况下，应尽量选择高相对分子质量的聚合物。

（三）矿化度的影响

矿化度直接影响着聚合物的增黏和降低渗透率的能力，因此它也必然影响聚合物驱效率。尽管还未见研究矿化度对聚合物驱油效率影响的系统报道，但可以用 1135L 在不同水源水中的黏度曲线进行简单的分析。

（四）聚合物的用量及段塞组合

在聚合物驱油中，聚合物的用量大，提高采收率幅度大，但是每吨聚合物增产的原油量却不是聚合物用量的单值函数，当聚合物用量达到一定值后，增油量会随聚合物用量的增加而降低。即使在相同的聚合物用量下，段塞的组合不同，其驱油效果也不相同，研究结果表明，阶梯段塞注入方案优于整体注入方案，增加主力段塞的浓度，聚合物驱油效果变好，数值模拟的计算结果也证明，在相同聚合物用量下，段塞的组合不同，驱油效果不同。

八、聚合物驱油后采油工艺的特点

（1）油田注聚合物后，由于注入流体的黏度及流动性下降，导致油层内压力传导能力差，油井流动压力下降，生产压差增大，产液指数大幅度下降。

（2）油田注聚合物后，随着采出井逐渐见到聚合物的水溶液，其黏度也随着聚合物浓度的增大而增大，这使机采井设备的采油效率有下降趋势。

（3）由于聚合物可吸附地层中的细小颗粒，加上采出液黏度的增大，使采出液中的悬浮固体含量增加，导致井下设备损坏加剧。

（4）在生产井见到聚合物的水溶液后，当聚合物浓度达到一定程度时，特别是抽油机井，在下冲程时将产生光杆滞后现象及杆管偏磨问题。

（5）随着采出液中聚合物浓度增大，抽油机井的负荷增加、载荷利用率增加。

（6）聚合物驱油后，改善了吸水、产液剖面，增加了吸水及新的出油厚度。

（7）注入聚合物后，注入能力下降，注入压力上升。

（8）注入聚合物后，油井含水大幅度下降，产油量增加，产液能力下降。

【知识链接四】　监测资料

J（GJ）BB008
测井曲线的应用

在实际工作中，采油厂主要依据横向测井图、标准测井图和综合测井图（各油田不一样）的测井曲线，判断油气水层。综合解释一些参数，如孔隙度、饱和度、泥质含量及油层水淹状况，并划分砂岩有效厚度，为射孔提供依据。除此之外，还应用这些测井曲线判断岩性，识别储层性质（油、气、水层），进行地层、油层对比等。

目前油田上应用测井曲线进行水淹层判断和定量解释的也比较多，大庆油田采油厂根据自身油田情况，总结了大量测井曲线特征进行水淹层判断，如 PI$_{1-2}$，油层底部水淹后，短梯度曲线极大值向上抬，深浅三侧向曲线幅度差减小，声波时差数值增大，自然电位基线偏移、负异常相对减小，视电阻率降低等；他们从测井曲线不匹配上找出规律，从定性到定量解释水淹层，在生产上起到很大的作用（图 2-1-11）。

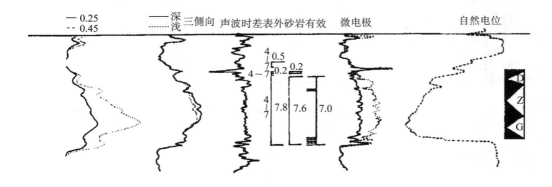

图2-1-11　水淹层段自然电位曲线

J（GJ）BB004
微电极测井的
应用

一、微电极测井

微电极测井是在普通电阻率测井的基础上发展起来的一种测井方法，主要是解决薄层问题。微电极的电极距比普通电极系的电极距小很多，测量时电极系贴在井壁上，在仪器的主体上装有三个或两个弹簧片，起扶正作用。

我国目前采用的微电极测井系列，主要有微梯度和微电位两种电极系。因为它的电极距很小，所以它的探测深度也很小。一般情况下微梯度探测深度只有 5cm，微电位的探测深度约为 8cm。由于微梯度和微电位的探测半径不同，所以滤饼、钻井液薄膜和冲洗带电阻率对它们的影响也不同。探测半径较大的微电位测量的视电阻率主要受冲洗带电阻率影响，显示较高的数值。微梯度探测半径较小，受钻井液影响较大，显示较低的数值。因此在渗透性地层处，微梯度和微电位测量的视电阻率曲线出现幅度差，利用这个差异，可以判断渗透性地层，区别砂岩、泥岩，划分薄层（图 2-1-12）。

一般情况下，含油、含水砂岩微电极曲线都有明显幅度差，但是水层幅度差略低于油层。含油性越好，幅度差越明显。泥岩层微电极幅度低，且没有幅度差；页岩微电极呈锯齿状尖峰，幅度差较高，但多为负幅度差；灰质砂岩微电极幅度高于普通砂岩，但幅度差小；生物灰岩微电极幅度很高，正幅度差也特别大；致密灰岩微电极幅度特别高，呈锯齿状，有较小的正幅度差或负幅度差。

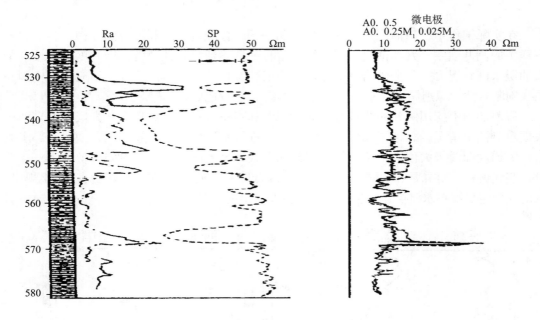

图2-1-12　砂泥岩剖面微电极测井曲线

二、侧向测井

J（GJ）BB005
侧向测井的概念

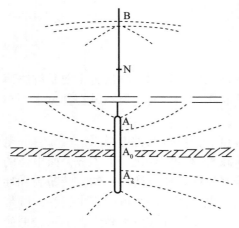

图2-1-13　三侧向电极系和电流线分布

为了比较准确地求出薄层及盐水钻井液条件下的电阻率，解决砂泥岩互层段的高阻邻层对普通电极系的屏蔽影响，产生了带有聚焦电极的侧向测井。它的特点是：在主电极两侧加有同极性的屏蔽电极，把主电极发出的电流聚焦成一定厚度的平板状电流束，并沿垂直于井轴方向进入地层，使井的分流作用和围岩的影响大大减小（图2-1-13）。按电极系结构特征和电极数目的不同，可分为三侧向、七侧向、六侧向测井以及微侧向测井等，它们的基本原理都相同，目前油田上应用较好的是三侧向测井和七侧向测井。

由于二侧向测井的视电阻率受钻井液侵入带的影响，而油层和水层侵入的性质一般情况下是不同的，油层多为减阻侵入，而水层多为增阻侵入，我国目前一些油田采用两种不同探测深度的三侧向视电阻率曲线，进行重叠使用判断油水层效果比较好。在油层（钻井液低侵）处，一般深三侧向的视电阻率大于浅三侧向值，曲线出现正差异，在水层钻井液高侵处，一般深三侧向的视电阻率小于浅三侧向的视电阻率值，曲线出现负差异、无差异或差异很小。利用三侧向幅度差判断水淹层也是比较理想的，油层注入淡水，水淹后三侧向幅度差明显减小（图 2-1-14）。

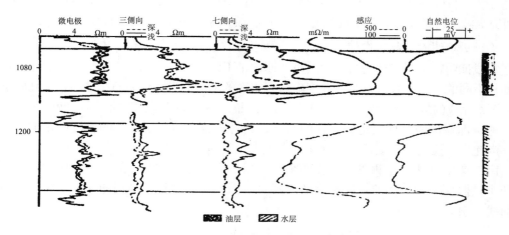

图2-1-14　深浅三侧向在油水层的显示

三、感应测井

为了解决油基钻井液和空气钻井时，井眼内没有钻井液做电导体的条件下测井，于是就产生了感应测井，感应测井是利用电磁感应原理测量地层中涡流的次生电磁场在接收线圈产生的感应电动势，也是研究地层电阻率的一种测井方法。感应测井记录的是一条随深度变化的电导率曲线。也可以同时记录视电阻率变化曲线（图 2-1-15）。

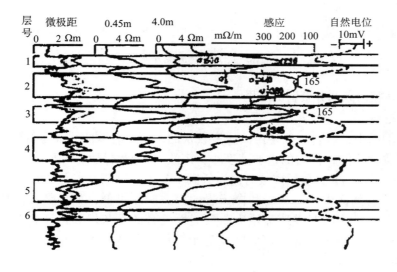

图2-1-15　感应测井曲线实例

四、声波测井

声波测井是利用岩石等介质的声学特性来研究钻井地质剖面，判断固井质量等问题的一种方法。目前声波测井主要是利用声波在岩石中传播的速度和幅度特性。声波测井主要是研究纵波的传播规律。对于沉积岩，岩石纵波的传播速度与一系列地质因素有关。

（一）声速测井与岩性的关系

实践证明，不同岩性的岩石，其声波速度是不同的。这是因为不同岩性的岩石弹性和密度是不同的。一般来讲是声波速度随岩石密度的增大而增大。岩石结构疏松，孔隙度大的岩石，相应的岩石密度较小，一般情况下沉积岩的密度随其孔隙度增大而线性地减小。

地层埋藏深浅及地层地质时代的新旧，均对声波在地层中传播的速度有影响。地层深，声速大；反之，地层浅，声速小。老地层比新地层声速大。

声波速度测井就是测量声波在两个接收探头之间与其相对应的一段地层中传播，到达两个接收探头的时间差。在井内的仪器自下而上移动测量，得到随深度变化的声波时差曲线（图2-1-16）。

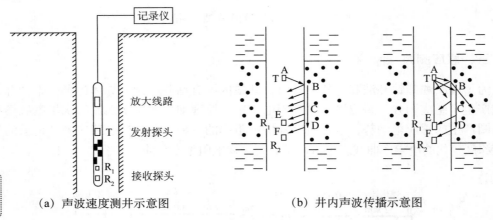

（a）声波速度测井示意图　　　（b）井内声波传播示意图

图2-1-16　声波测井原理

（二）声波时差测井资料的应用

1. 划分地层

砂泥岩剖面中，砂岩一般是声波速度较快的，声波时差曲线显示低值，钙质胶结比泥质胶结声波时差低；泥岩的声波速度小，声波时差曲线显示高值。页岩的声波时差值介于砂岩和泥岩之间，钙质层声波时差为低值（图2-1-17）。

在碳酸盐岩剖面中，石灰岩和白云岩的声波时差最低，如果是孔隙性或裂缝性石灰岩和白云岩，其声波时差明显增大，裂缝性发育的石灰岩和白云岩还可能出现声波时差曲线周波跳跃现象。泥岩声波时差显示高值，若致密程度增加，声波时差要下降（图2-1-18）。

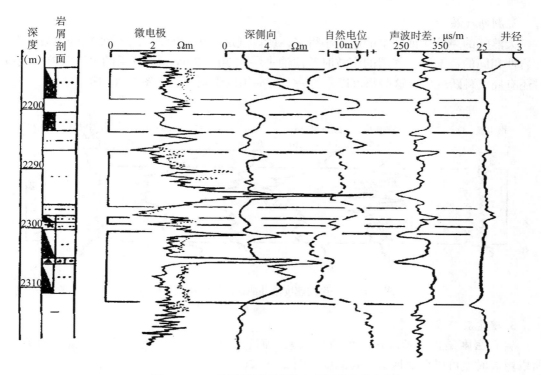

图2-1-17　砂泥岩剖面声波速度测井曲线实例

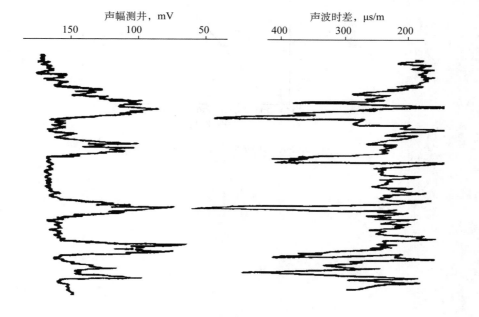

图2-1-18　碳酸盐剖面用声波速度测井曲线划分裂缝带的实例

2. 判断气层

天然气的声速比油和水的声速小得多，所以气层的声波时差大于油水层的声波时差。在岩性相同的情况下，气层的声波时差比油水层大 30～50μs/m。气层的声波时差曲线有时还有周波跳跃现象，这些都可以作为一个特征用以识别气层（图 2-1-19）。

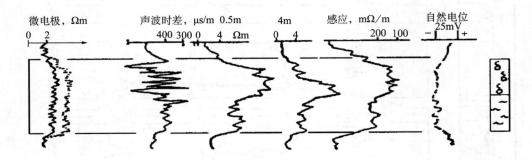

图2-1-19　声波速度测井曲线的周波跳跃实例

3. 确定孔隙度

岩石密度是控制地层声速的重要因素，而岩石密度和岩石的孔隙度有密切的关系，所以声波时差可以反映地层的孔隙度（图 2-1-20）。

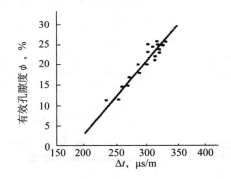

图2-1-20　孔隙度与声波时差的关系曲线

模块二 绘 图

项目一 相关知识

J（GJ）BE007
油层剖面图的
绘制方法

一、绘制油层剖面图

油气田地质剖面图是表示油气田地下构造、地层、含油气情况的基础图件。其中油层剖面图对分析油气藏类型、油气层在纵向上的分布规律、断层产状、不整合、特别设计新井方案等，都起着重要的作用。

（一）准备工作

1. 生产数据

小层数据表或测井解释成果图（内容包括：小层号、砂岩厚度、有效厚度、有效渗透率、射孔层段等）小层连通对比表、井位坐标数据。

2. 准备用具

碳素笔，直尺，铅笔，橡皮，彩色铅笔。

（二）油层剖面图的绘制步骤

（1）确定剖面图井号、井位、井距、纵横比例尺，画上区别于油水井井别的井圈，井号写在距地面线以上的井圈上方，井排顺序按自左而右表示，横剖面自下而上、由西向东，纵剖面从南向北。

（2）选择一条基线为地面线，按井的排列画基线及井轴线，根据各井所画剖面的深度确定合理的基线，隔夹层采用等厚画法，从基线中心点垂直向下画一条线段作为井柱状剖面的井轴线，线段的长度根据所画的油层厚度决定。

（3）再选一条辅助线，由此线往下画单井小层剖面。

（4）绘制单井小层剖面：一般情况下有效厚度的层其上下层面线用实线表示，只有砂岩厚度没有有效厚度的层其上下层面线用虚线表示。

（5）画小层对比连线：

①两口井小层号正好对应可直接连接。

②本井有几个小层而在某方向与邻井合成一个层，则在两井中间画夹层尖灭线合成一个层连过去。

③本井有油层而在某方向邻井尖灭，则在该方向上不连线，上下界面线在两井中间连接。

④当主井的厚层与邻井的两个层号连通，而邻井的厚层也与主井的两个层连通，同

时其层间的尖灭层交错出现。

⑤当厚层与一个薄层连通，即当主井为厚层，邻井为薄层连通时，不能直接连成喇叭口形状，其连通方法是中间有一个分叉的尖灭过渡。

（6）未钻遇的层位在纵向连通栏内标注"未钻遇"。

（7）标注射孔符号：实际射开井段用"Ⅰ"字形表示。

（8）染色上墨：一般来说，按渗透率上色：①$K \geqslant 1.00\mu m^2$ 为红色；②$0.5\mu m^2 \leqslant K < 1.00\mu m^2$ 为黄色；③$0.3\mu m^2 \leqslant K < 0.5\mu m^2$ 为绿色；④$0 \leqslant K < 0.3\mu m^2$ 为灰色；⑤无渗透率或干层不涂色，水层涂浅蓝色，油水同层上部按渗透率级别涂色，下部按水层涂色。当两个不同级别渗透率相遇时，用两色相互渗透过渡的方式表示。

（9）图头、图例、制图人、审核人、绘图日期等清晰准确的标在图上。

（三）注意事项

（1）地质图幅主要用途是应用于开发及动态分析，有些标准可根据实际需要而定。

（2）油层剖面图完成后，用原始资料对图上的每条线、每个数据进行严格检查，保证图幅的质量。

二、绘制构造等值图

J（GJ）BE005
构造等值图的
编制方法

等高线是海拔高程相同点的连线，相邻两线等高线间的高程差值称为等高距。构造等值图是用等高线表示地下某一岩层顶面或底面的构造形态在水平面上的投影图件。它是油气田勘探和开发不可缺少的重要图件之一。

（一）准备工作

1. 选择作图层位

作图层位通常选择油气层的顶、底面或油气层附近标准层的顶、底面，以便更好地反映油气层的构造形态。

2. 比例尺和等高距的确定

比例尺由作图的精度要求而定，常用的有 1∶5000、1∶10000、1∶25000 和 1∶50000 等。等高距无具体规定，一般根据比例尺的大小和构造倾角大小而定。比例尺大，构造倾角小，等高距应小一些；比例尺小，构造倾角大，等高距应大一些。总之，做出的构造图，等值线既不能过密，也不能过于稀疏。

（二）构造等值图的绘制步骤

（1）将地面井位按作图比例绘制在图纸上。

（2）将各井计算出的海拔高程标在井位旁边。海拔高程是井口海拔与铅垂井深差值。

（3）连接三角网。三角网的连接不能穿越构造轴线、断层等。

（4）确定等高距，用内插法计算两井间的等高点，并标记。

（5）将相同等高点用圆滑曲线连接起来，并进行必要的修整，标注相应的海拔高程。

（三）构造等值图的应用

构造等值图可以用来分析构造形态、构造组合、构造产状特征。包括：

（1）确定油气藏的基本参数。从构造图上，可以确定构造的类型和形态，求取油气藏的相关参数，如闭合面积、闭合高度及含油面积和含油气高度等，这些参数是油气藏评价的重要指标。

（2）指导井位部署。

（3）为新井设计提供井深数据。井位确定后，根据井口的海拔高度和所在目的层的海拔高程，可以计算出设计井深。

（4）求地层产状。用构造图求地层倾角采用作图与计算相结合的方法。构造等高线延伸的方向表示地层的走向（图2-2-1）。

图2-2-1　构造等值图

J（GJ）BE001
小层平面图的
编制

三、绘制小层平面图

（一）小层平面图的概念

小层平面图又称为油砂体平面图或连通体平面图，它是表示单油层在平面上的分布范围及有效孔隙度和渗透率变化的图件。主要反映油砂体本身的特征，同时也反映各油砂体的关系和油砂体的演变规律。根据小层平面图，可以评价油层、制定布井方案、合理配产配注、调整平面矛盾及进行油田开发分析等。因此，在油田开发工作中具有重要的作用。

（二）小层平面图的绘制步骤

1. 确定井位

根据构造井位图所定绘图比例尺，将各井点的位置确定下来，即按实际距离确定井距和排距，按井别画符号并写出井号。

2. 编绘各井小剖面

在小层数据表或横向图上，把跨小层的砂岩厚度和有效厚度根据小层界线数据劈分开来。在小层数据表或横向图上，小层界线上边的厚度属于上边小层，界线下边的厚度属于下边小层。

3. 绘制油砂体边界线

在小层平面图的井位图上绘制出该油层组最新的断层走向线和该小层所在油层组的内外含油边界线。

4. 勾绘三种线条

小层平面图的线条一般包括有效渗透率等值线、砂岩尖灭线、有效厚度零线。勾图时要先勾砂岩尖灭线，再勾有效厚度零线，最后勾渗透率等值线。勾线条的方法仍用三角网内插法。

5. 上墨染色

根据要求上色，一般都是按渗透率级别上色，小层平面图的渗透率等值线按高、中、低三级分别用红色、黄色、绿色三色表示，上色必须均匀，没有过渡色，红色、黄色、绿色三色必须紧密排列。

6. 标注

标注图名、写图例、比例尺、制图日期、单位、制图人。

（三）注意事项

砂岩尖灭线、有效厚度零线、渗透率等值线，必须画成粗细均匀的圆滑曲线，确保图幅美观。

四、地下断层的研究及应用

J（GJ）BE002
断层组合的绘
制要求

（一）研究油气层地下断层的实际意义

无论油气田的地下构造保存得多么完整，也或多或少要遭到一定程度的断裂破坏。一条断层都没有的完整无缺的油气田地下构造非常罕见。国内外的许多油气田断层都非常发育，有时1口井可以钻遇5条以上的断层，这些断层把油气田地下构造切割成若干个断块，最小的断块仅 $0.1\sim0.2km^2$。各断块间油气层的性质、油气性质、油水系统等均有所不同。因此，为了合理的开发油气田，必须详细研究地下断层。断层的观察和研究的内容是断层的识别，断层产状的确定，断层两盘运动方向的确定，断距的确定，断层形成时代的确定，以及探讨断层的组合类型，断层活动演化过程，断层的形成机制及产出地质背景等。

研究断层具有以下实际意义：

（1）根据断层研究的结果做出断层图件，可以指导新井的布井工作。

（2）在计算油气田的油气储量时，断层图可以帮助准确地确定含油气面积。

（3）断层切断了油气层，如果断层起封隔作用，它便成为划分开发区的天然界线。

（二）地下断层存在的标志

断层不是孤立的地质现象，随着断裂活动而产生了一系列地层与构造的变化，如断层切开了油气层，就会改变油气层的地质条件，同时会影响断层两盘油气层的流体性质、压力差异。

在油气田地质的研究中常运用钻井、试井、地球物理测井等井下资料识别地下断层，并预测可能钻遇的断层。

（三）应用

在大比例的构造图中，正断层由于地层缺失而出现一个等值线的空白带，逆断层因地层重复而出现一个等值线的重复带。

在勾砂岩尖灭线时，不考虑区内断层，因为这些断层在地层沉积时不起控制作用。当断层两侧均为油层时，勾有效厚度零线时可以不考虑断层，当断层一盘为油层，另一盘为水层或干层时，有效厚度零线交于断层线上（图2-2-2）。

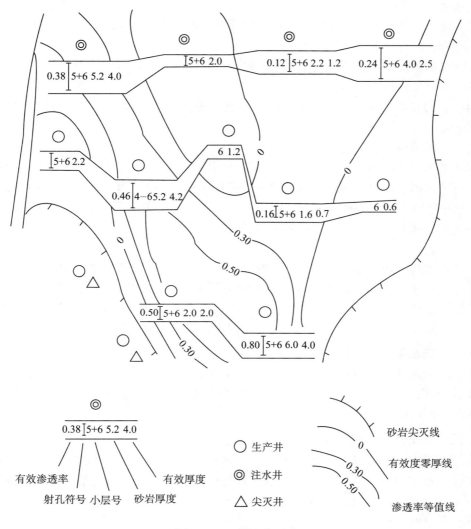

图2-2-2　小层平面图

J（GJ）BE006
沉积相带图的
绘制方法

五、绘制沉积相带图

沉积相带图是表示油层沉积环境的图幅，可以表示油层在平面上的沉积相带分布情况，反映当前区域具有的沉积规律，描绘了给定区域内特定地层单元中各种沉积相的空间展布情况，同时反映了纵向上砂体连通情况。

（一）沉积相带图的绘制步骤

沉积相带图作图时应根据不同河型的曲率变化和单一曲流带的砂体宽度，自然圆滑地勾画河道砂体边界。

绘制步骤：

（1）定井位，按比例标绘各井点的井位。

（2）画剖面，沉积相带图按深度比例标绘各井点的沉积单元小剖面。小剖面上标注有效渗透率、砂岩厚度、有效厚度、小层号、射孔符号，没有有效厚度的层，其层面线用虚线表示。

（3）连对比线，沉积相带图以横排相邻井对比关系资料连接剖面小层的对比线。

①相同相的砂体连通为一类连通；

②河床砂体与河间砂体连通为二类连通；

③不同河床砂体连通为三类连通。

（4）叠加型厚砂岩的柱状剖面选用各单元劈分后的实际剖面绘制，被劈分的层面线用虚线表示。

（5）用铅笔标上相别的符号。

河床砂体用"A"表示，标在井号右侧。河道间砂体或席状砂用"B"表示，标在井号右侧。有的油田还可根据本地区情况把河道间砂体或席状砂分为主体席状砂（用 B_1 表示）和非主体席状砂（用 B_2 表示）。砂体尖灭用"△"表示，标在井号下方剖面的位置上。

（6）按砂体沉积模式勾绘沉积相带图。

（7）上色、清绘。

上述图件每一步骤均要审核一遍，然后上色、清绘，使线条圆滑、匀称。

通常情况下，河道砂体为红色，河道间砂体为黄色（也有的油田把河道间砂体分成主体薄层砂，非主体薄层砂及表外砂岩，自选颜色），尖灭区不上色。

（8）填写图信息，标注图名、图例、绘图人、审核人及日期。

（二）注意事项

沉积相带图作图时应注意平面上砂体层位和厚度变化，并根据测井曲线形态的变化，进一步确定河流深切带和河道边缘相，合理地处理河道砂体边界定向，从而保持河道宽度、弯度及凹凸两岸的协调。

（三）沉积相带图的应用

沉积相带图（图2-2-3）的主要应用是判断油水井所处在砂体的沉积类型。利用沉积相带图从砂体沉积成因入手，精细描述砂体的几何形态、连通关系，同时结合各套井网的开采特点，能较好地判断出剩余油的形成条件和存在方式，从而达到高效开发油田、进一步提高原油采收率的目的。

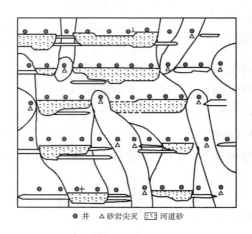

● 井　△砂岩尖灭　▨河道砂

图2-2-3　沉积相带图

J（GJ）BE008
构造剖面图的编
制方法

六、绘制构造剖面图

（一）构造剖面图的概念

油气田地质构造剖面图是沿油气田构造某一方向切开的垂直剖面图。剖面的方向垂直于油田构造轴线的称为横剖面图，而平行于轴线的称为纵剖面图。

（二）构造剖面图的绘制步骤

编制构造剖面图时主要依靠录井、测井、地球物理勘探资料。资料有地面调查资料、地震资料和钻井地质资料等，下面重点介绍钻井资料编制构造剖面图。

1. 钻井资料准备

必需资料有井位大地坐标、井口海拔高程、各层井深数据、井斜测井资料和地下岩层产状等。

2. 剖面方向选择

用钻井资料作构造剖面图，首先应确定剖面方向。基本原则是剖面方向尽可能平行或垂直构造轴向，尽可能穿越更多井位，尽可能均匀分布在整个构造平面上。

3. 井位校正

无论剖面方向和位置选择怎样合适，也会有一部分井不在剖面线上，而是在剖面线附近。为了保证作图的精度，将剖面线附近井按照一定规则移动到剖面上，这一工作称为井位校正。如果井是铅直的，经上述井位校正后就可以作剖面图了。

4. 井斜校正

由于各种原因，实际钻出的部分井孔在空间上是倾斜或弯曲的。因此，在作图之前必须对斜井和弯井进行校正。具体的两种校正方法：计算法和作图法。计算法进行井斜校正比较麻烦，实际工作中一般采用作图法进行井斜校正。

5. 作剖面图

剖面线上的每口井完成校正后，纵向上标明海拔高度和各井的断点、地层分界点，将同一断层的断点和同一地层界线点用平滑曲线连接起来，注明图件所需的其他内容，便完成一幅构造剖面图。

（三）构造剖面图的应用

油气田应用中，常在构造剖面图的基础上，添加反映地层岩性、含油气性等内容，使之成为常见的油气田地质剖面图。它们能反映油气田的构造情况、地层的接触关系、岩性和厚度的变化以及油气水的纵横向分布等情况。构造剖面图主要用地质界线和断层线反映地下构造沿某一方向的形态变化、断层分布、断层性质、断距大小、地层产状变化、厚度变化和地层接触关系等。

J（GJ）BE004
渗透率等值图
的绘制方法

七、绘制渗透率等值图

油田开发中，油层的非均质程度是影响油田开发指标的基本因素，其中主要的是渗透率的非均质性。渗透率等值图是用等值线表示地下某一岩层渗透率在水平面上的投影图件（图2-2-4）。

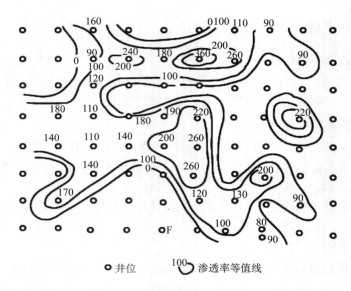

○ 井位   ⌒100⌒ 渗透率等值线

图2-2-4　渗透率等值图

（一）准备工作

（1）生产数据：渗透率数据、井位图。

（2）准备用具：碳素笔、直尺、铅笔、橡皮、彩色铅笔。

（二）渗透率等值图的绘制步骤

（1）将地面井位按作图比例绘制在图纸上。比例尺由作图的精度要求而定，常用的有 1∶5000、1∶10000、1∶25000 和 1∶50000 等。

（2）画渗透率等值图要把每口井的渗透率值标在井位图上，标在井位正上方。

（3）连接三角网。为了提高精度，尽量连接成锐角三角形。

（4）确定等值距，在三角形各边之间，用内插值法求出不同的渗透率等值点。

（5）将相同等值点用圆滑曲线连接起来，一般不穿过井点，但特殊情况也可以穿过。

（三）注意事项

（1）等值距无具体规定，可以按渗透率级差确定渗透率等值距，也可以按渗透率等值递增确定渗透率等值距。但不能过大或过小，等值线即不能过密，也不能过于稀疏。

（2）如未给有效渗透率值时，可用地层系数和有效厚度来计算。

（3）渗透率等值图中的有效渗透率不但与岩石本身性质有关，而且与孔隙中的流体性质、数量比例有关。

J（GJ）BE003
压力等值图的
绘制方法

八、绘制压力等值图

地层压力等值线图是地质资料解释系统中最重要的地质图件，有助于研究油气运移、聚集条件和规律；预测可能的油气富集区和有利层位；研究构造的封闭条件（图 2-2-5）。

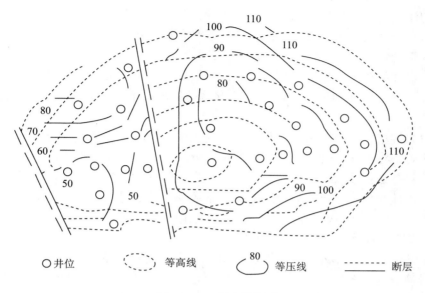

○井位　　⸺⸺ 等高线　　80 等压线　　⸺⸺ 断层

图2-2-5　压力等值图

（一）准备工作

（1）生产数据：压力点数据，井位图。

（2）准备用具：碳素笔，直尺，铅笔，橡皮，彩色铅笔。

（二）压力值图的绘制步骤

（1）确定比例尺，将地面井位按作图比例绘制在图纸上。比例尺由作图的精度要求而定，常用的有 1∶5000、1∶10000、1∶25000 和 1∶50000 等。

（2）标压力数据，要把每口井的压力值标在井位图上，标在井位正下方。

（3）连接三角网，把相邻最近的井位用铅笔连成若干个三角形的网状系统。为了提高精度，尽量连接成锐角三角形。

（4）确定等值距，根据图幅的整体分布确定合适的压力等值间隔值，用内插法在两井连线上作出内插值点。

（5）将相同等值点用圆滑曲线连接起来，一般不穿过井点，但特殊情况也可以穿过。

（6）压力等值线图可根据需要在不同的等值线区域内上不同的颜色。

（三）注意事项

（1）压力等值线图的特点是渐变的。

（2）压力等值线图在操作过程中，应点井位、选择比例尺，然后标参数。

九、绘制聚驱工艺流程

（一）聚合物溶液注入工艺技术

1. 聚合物溶液注入站内的工艺技术

聚合物注入的基本流程是：聚合物配置站输来的聚合物母液进入高架缓冲罐缓存，通过软连接弯管，采取静压上供液方式经过滤器进入注入泵。经注入泵增压后，在静态混合器内与注入站输来的高压水混合配制成聚合物目的液，然后输送至注入井。

聚合物注入工艺流程最常用的主要有两种，一种是单泵单井流程，另一种是一泵多井流程。由一台注入泵为一口注入井供给高压聚合物母液，高压母液与高压水混合稀释成低浓度的聚合物目的液，然后送至注入井，是单泵单井流程。单井单泵流程的优点是每台泵与每口井的压力、流量均相互对应，流量及压力调节时没有大幅度节流，能量利用充分，单井配注方案比较容易调整。缺点是设备数量多，占地面积大，工程投资高，维护量大。

由一台大排量注入泵给多口注入井提供高压聚合物母液，泵出口安装流量调节器调控液量及压力，将高压聚合物母液对单井进行分配，然后与高压水混合稀释成低浓度聚合物目的液，再送至注入井，这种流程为一泵多井流程。一泵多井注入流程的优点是设备数量少、占地面积小、流程简化、维护工作量少；缺点是全系统为一个注入压力，注入井单井压力、流量调节能量损失较大，增加一定的黏度损失，单井注入方案不好调整，增加了流量调节器投资。

一泵多井流程实现注入井的母液流量调节方法：注入泵经出口汇管通过流量调节器将聚合物母液分配给各注入井，在程控器中设定各注入井所需的母液流量，程控器根据流量计传达的信号自动控制带有执行机构的流量调节器，从而实现注入井聚合物母液流量的自动调节。流量调节器也可以进行人工调节。

注入过程中，对聚合物溶液黏度损失影响较大的主要有柱塞泵、流量调节器（一泵多井）静态混合器、注入管道。聚合物母液管道输送阻力增大、回压增高超过 0.3MPa 时需要进行母液管道清洗。

2. 聚合物溶液注入井口的工艺技术

J（GJ）BF002
聚合物溶液注入井口的工艺技术

引起注入管道黏度损失的主要原因是机械降解和化学降解。一般钢管的黏度损失主要是由于化学降解，玻璃钢管的黏度损失主要是由于机械降解。聚合物注入管道优先选用高压玻璃钢管，也可选用无缝钢管，但要求其内壁采用环氧粉末喷涂或其他成熟可靠的内涂层技术，并对焊缝进行严格的内补口处理。聚合物注入过程应在注入站聚合物母液进液管、注入泵进出口、阀门组出户处和注入井井口设置取样口。

聚合物注入井口应采用低剪切井口过滤器，安装聚合物溶液取样口，或安装井口在线取样器。对于井口过滤器材质要求，一方面要减少过滤器材质产生的化学降解，另一方面要有足够的有效过滤面积，以减少机械剪切。注入井过滤器的滤网宜为 20 目，其结构形式及过滤面积，应根据具体条件不同依据以下原则，通过计算或试验确定：起始压降小于 0.03MPa、清洗周期大于 150d。

3. 注聚工艺对注入液的指标要求

J（GJ）BF004
注聚工艺对注入量压力水质温度的要求

注入站对聚合物注入液（浓度为 1000mg/L）的黏度要求：一般情况下，清水配制清水稀释时，相对分子质量为 $12 \times 10^6 \leqslant M < 16 \times 10^6$ 的聚合物黏度要求达到 40mPa·s。

井口对聚合物注入液（浓度为 1000mg/L）的黏度要求：一般情况下，清水配制清水稀释时，相对分子质量为 $12 \times 10^6 \leqslant M < 16 \times 10^6$ 的聚合物黏度要求达到 35mPa·s。

对注入站内高压流量调节器的黏损率要求：在工作压差 0.5~4.0MPa 下，高压流量调节器的黏损率应控制在 4% 以内。

聚合物注入管道距离越长，聚合物在管道中停留的时间越长，由于聚合物与管道之间的化学作用以及管道流动的剪切速率，对聚合物溶液黏度的影响就越大，黏损率就越大。一般注入管道距离宜控制在 1000m 以内,最远不要超过 2000m。注入站的黏损率应控制在 10% 以内,并以此为依据进行工艺流程、设备、管道的工艺安装设计。

对注入管道的黏损率要求:聚合物注入管道起终点的黏损率应控制在 10% 范围内。聚合物注入前需要用低矿化度清水对底层预冲洗的时间为 3~6 个月。

4.注聚工艺对注入压力注入量水质温度的要求

J(GJ)BF003
注聚工艺对注入
液指标的要求

聚合物母液是一种非牛顿流体,在管道流动时呈层流状态,在管道直角转弯处改变流动方向或分流时易产生"抽丝"现象,使流动受阻。因此,采用弯管供液方式,聚合物母液流动顺畅,注入泵垂直、水平、轴向的振动都明显减少。聚合物母液缓冲罐一般采用玻璃钢罐,其容积按缓冲时间 1h 设计,在泵房外建设,寒冷地区应进行保温。聚合物母液管道输送阻力增大、回压增高超过 0.3MPa 时需要进行清洗。对非金属管道热洗水温应控制在 65~70℃ 以内,金属管道温度可适当提高。

注入过程中,对聚合物溶液黏度损失影响较大的主要有柱塞泵、流量调节器(一泵多井)静态混合器、注入管道。聚合物溶液注入工艺过程不应设节流阀门,工艺要求的截断阀门、止回阀门也应采用低阻力型直通阀门,如球阀门、蝶阀门,工艺安装应尽量避免大小头等局部节流的出现。注聚合物溶液的最高注入压力不应超过油层的破裂压力。

（二）注聚工艺流程的绘制

单泵单井配注工艺流程图中,节点 3 为流量调节器;节点 7 为母液表;节点 4 为静混器(图 2-2-6)。

J(GJ)BF005
现场注聚工艺
流程及绘制

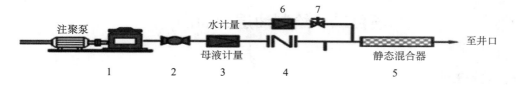

图2-2-6 单泵单井配注工艺流程图

1—注聚泵;2—阀门;3—母液流量计;4—阀门;5—静态混合器;6—水流量计;7—阀门

如图 2-2-7 所示的注聚合物的站内流程是一泵多井流程,一台泵为一组注入井供液,现场会把多口注入压力区间相近的井进行分压注入,注入流程为:母液→注入泵→母液流量计→流量调节器→静态混合器;水→水流量计→静态混合器;经过计量的母液和混配水按配比进入静态混合器,经过静态混合器充分混合后,注入井底。

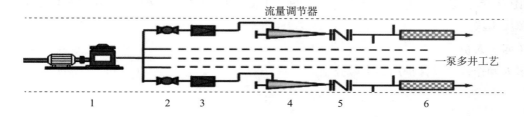

图2-2-7 一泵多井配注工艺流程图

1—注聚泵;2—阀门;3—母液流量计;4—流量调节器;5—阀门;6—静态混合器

如图 2-2-8 所示的注聚合物的站内流程是一泵多井流程，1 号泵与右边的汇管交叉是连通的，与左边的汇管不相交，不连通；2 号泵与左边的汇管交叉是连通的，与右边的汇管不相交，不连通，所以 1 号、2 号泵分别连接不同的两条汇管。

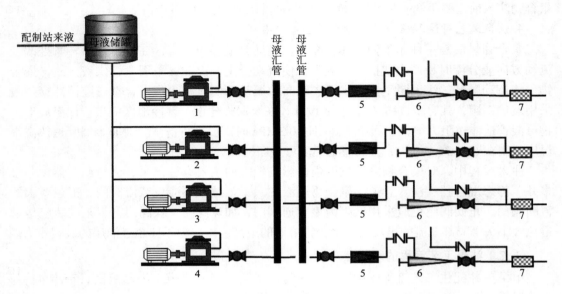

图2-2-8　一泵多井配注工艺流程图

项目二　绘制油层剖面图

一、准备工作

（一）考场准备

可容纳 20~30 人教室 1 间。

（二）资料、材料准备

3 口以上油水井小层数据 3~5 层，油水井小层连通数据同上，米格纸（350mm×250mm）或 A4 纸 1 张。

（三）工具、用具准备

HB 铅笔 1 支，12 色彩色笔 1 套，绘图笔 1 支，30cm 直尺 1 把，15cm 三角板 1 个，普通橡皮 1 块。

（四）人员

多人操作，劳动保护用品穿戴齐全。

二、操作规程

序 号	工 序	操作步骤
1	填写数据	填写小层数据、连通数据表
2	标注图名	标注图名
3	绘制井点	绘制井点位置
		绘制井别符号
		标注井号
4	绘制基线	绘制井位基线、辅助线
5	绘制井筒线	绘制井筒垂线
		绘制层段界面线
		在层段内标注参数
6	绘制剖面	绘制连通层段
		绘制不连通层段的尖灭线
		剖面图上色（各油田给出自己的区间标准）
7	标注图例	绘制图例
8	清图	清除图纸上多余点、线、字
		图纸清洁、无乱涂画
9	整理资料、用具	资料及试卷上交，用具整理后带走

三、技术要求

（1）基线水平、井筒垂线与基线垂直，所有线段要用绘图笔描黑。

（2）正确绘制连通线及尖灭线。

（3）油层剖面图上色按给定的高低渗透区间分别涂红色、黄色、绿色，各区间过渡段涂过渡色。

项目三 绘制地质构造等值图

一、准备工作

（一）考场准备

可容纳 20~30 人教室 1 间。

（二）资料、材料准备

区块标准井位图 1 套，标准层在各井点的深度数据 1 套，演算纸少许。

（三）工具、用具准备

HB 铅笔 1 支，橡皮 1 块，绘图笔 1 支，30cm 直尺 1 把，15cm 三角板 1 个，计算器 1 个。

（四）人员

多人操作，劳动保护用品穿戴齐全。

二、操作规程

序　号	工　序	操作步骤
1	标注数据	标注井点海拔高度数据
2	确定比例	确定比例尺
		确定等高距
3	连三角网系统	连接井点间的三角网状系统
4	计算高程点	计算三角形各边等高距的高程点
5	绘制等高图	连线高程相同的点
		标注等高数值
6	上墨	描黑等高线
7	标注图标	标注图名
		标注落款、图例
8	清图	清除图纸上多余点、线、字
		图纸清洁、无乱涂画
9	整理资料、用具	资料及试卷上交，用具整理后带走

三、技术要求

（1）比例尺及等高距确定合理。

（2）三角网的连接不能穿越构造轴线、断层等。

（3）正确取准等高点，连线圆滑。

项目四　绘制小层平面图

一、准备工作

（一）考场准备

可容纳 20~30 人教室 1 间。

（二）资料、材料准备

区块标准井位底图（要求标有本油层组内外含油边界线和本油层组顶面断层线）1 套，小层数据表 1 套，演算纸少许。

（三）工具、用具准备

HB 铅笔 1 支，橡皮 1 块，绘图笔 1 支，30cm 直尺 1 把，15cm 三角板 1 个，计算器 1 个。

（四）人员

多人操作，劳动保护用品穿戴齐全。

二、操作规程

序 号	工 序	操作步骤
1	劈分数据	劈分小层数据
2	绘制边界线	绘制断层
		绘制内外含油边界线
3	绘制剖面	绘制小层剖面
		标注数据、填写符号
4	连三角网系统	连接井点间的三角网状系统
5	计算渗透率等值点	计算三角形各边渗透率等值点
6	绘制小层平面图	绘制油层尖灭线
		绘制有效厚度零线
		绘制渗透率等值线
7	上墨	描黑渗透率等值线
8	上色	着色渗透率各区域
9	标注图标	标注图名
		标注落款、图例
10	清图	清除图纸上多余点、线、字
		图纸清洁、无乱涂画
11	整理资料、用具	资料及试卷上交，用具整理后带走

三、技术要求

（1）带有有效厚度的层，其层面线用实线表示，只有砂岩厚度而没有有效厚度的层其层面线用虚线表示。

（2）若该井本小层砂岩尖灭，则在井圈正下方画上"△"，表示尖灭，若该井本小层砂岩没钻穿，则在井号正下方写上"未"，表示该井本小层没钻穿。

（3）要注意劈分层的处理：正确标注上连通符号"⊥"、下连通符号"┬"、上下连通符号"+"、上与上、下与下连通符号"╪"。

（4）按小层数据表上的对比关系画上连通与否，若有效层连通、用实╪线表示；若有效层与砂岩层连通，则有效层 1/2 画实线，砂岩层 1/2 画虚线。

（5）勾图时要先勾砂岩尖灭线，再勾有效厚度零线，最后勾渗透率等值线。

项目五　绘制聚合物驱单井井口注聚工艺流程示意图

一、准备工作

（一）考场准备

可容纳 20～30 人教室 1 间。

（二）资料、材料准备

单井注聚工艺流程参数 1 份，绘图纸 1 张。

（三）工具、用具准备

HB 铅笔 1 支，橡皮 1 块，绘图笔 1 支，30cm 直尺 1 把，15cm 三角板 1 个。

（四）人员

多人操作，劳动保护用品穿戴齐全。

二、操作规程

序　号	工　序	操作步骤
1	设定图纸	设定图纸摆放
2	绘制前的准备	标注图名
		设定标准图标
		选择比例
3	绘制基线	绘制地面基线
4	绘制注聚井	绘制井口
5	标注图例	标注流程的标示序号
		在图中标注图例
		标注落款
6	清图	清除图纸上多余的点、线、字
7	整理资料、用具	资料及试卷上交，用具整理后带走

三、技术要求

（1）图标设定要标准。

（2）地面基线要水平，井口与地面基线垂直。

（3）流程标注准确无误。

项目六　绘制沉积相带图

一、准备工作

（一）考场准备

可容纳 20～30 人教室 1 间。

（二）资料、材料准备

区块标准井位图（不少于 20 口井），沉积单元对比表 1 套，沉积单元相别表 1 套，单井沉积单元数据表 1 套，演算纸若干。

（三）工具、用具准备

HB 铅笔 1 支，橡皮 1 块，绘图笔 1 套，彩色笔 1 套，计算器 1 个，30cm 直尺 1 把，15cm 三角板 1 个。

（四）人员

20～30 人操作，劳动保护用品穿戴齐全。

二、操作规程

序　号	工　序	操作步骤
1	选择比例	选择适当比例尺（小剖面）
2	绘制顶面线	绘制沉积单元小剖面的顶面线
		标注剖机数据
3	绘制剖面图	连线一类连通剖面对比关系线
		连线二类连通剖面对比关系线
		连线三类连通剖面对比关系线
4	标注符号	标注井点沉积相符号
5	绘制相带图	绘制相带图
6	上色	描黑
		上色
7	清图	清除图纸上多余点、线、字
		图纸清洁、无乱涂画
8	标注图标	标注图名
		标注落款、图例
9	整理资料、用具	资料及试卷上交，用具整理后带走

项目七　绘制构造剖面图

一、准备工作

（一）考场准备

可容纳 20~30 人教室 1 间。

（二）资料、材料准备

地层数据表 1 套，井间距离数据 1 套，断层数据表 1 套，350mm×250mm 绘图纸 1 张，演算纸若干。

（三）工具、用具准备

HB 铅笔 1 支，橡皮 1 块，绘图笔 1 套，彩色笔 1 套，计算器 1 个，30cm 直尺 1 把，15cm 三角板 1 个。

（四）人员

20~30 人操作，劳动保护用品穿戴齐全。

二、操作规程

序　号	工　序	操作步骤
1	选择比例	选择比例尺
2	选择剖面线	选择剖面线位
3	换算深度	绘制层段的井深换算成海拔深度
4	绘制基线	绘制海拔线
5	绘制井轴线	标注井点，绘制井轴线
6	标注数据	标注层面、断层深度数据
7	绘制构造剖面	绘制断层线
		连接断层线
8	绘制比例刻度	绘制比例刻度
		标注层号
9	清图	描黑
		清除图纸上多余的点、线、字
10	标注图示	标注图名
		标注落款、图例
11	整理资料、用具	资料及试卷上交，用具整理后带走

项目八　绘制渗透率等值图

一、准备工作

（一）考场准备
可容纳 20~30 人教室 1 间。

（二）资料、材料准备
区块标准井位图 1 套，某油层在各井点的渗透率数据表 1 套，演算纸少许。

（三）工具、用具准备
HB 铅笔 1 支，橡皮 1 块，绘图笔 1 套，计算器 1 个，30cm 直尺 1 把，15cm 三角板 1 个。

（四）人员
20~30 人操作，劳动保护用品穿戴齐全。

二、操作规程

序　号	工　序	操作步骤
1	标注数据	标注井点渗透率数据
2	确定比例	确定比例尺
		确定渗透率等值线的间距
3	连三角网系统	连接井点间的三角网状系统
4	计算等渗透率数值点	计算三角形各边等渗透率间距的等渗透率数值点
5	绘制渗透率等值图	连线渗透率相同的点
		标注等渗透率数值
6	上墨	描黑厚度等值线
7	清图	清除图纸上多余点、线、字
		图纸清洁、无乱涂画
8	标注图标	标注图名
		标注落款、图例
9	整理资料、用具	资料及试卷上交，用具整理后带走

项目九　绘制压力等值图

一、准备工作

（一）考场准备
可容纳 20~30 人教室 1 间。

（二）资料、材料准备

区块标准井位图 1 套，某油层在各井点的压力数据表 1 套，演算纸少许。

（三）工具、用具准备

铅笔 1 支，橡皮 1 块，绘图笔 1 套，计算器 1 个，30cm 直尺 1 把，15cm 三角板 1 个。

（四）人员

20～30 人操作，劳动保护用品穿戴齐全。

二、操作规程

序　号	工　序	操作步骤
1	标注数据	标注井点压力数据
2	确定比例	确定比例尺
		确定压力等值线的间距
3	连三角网系统	连接井点间的三角网状系统
4	计算等压力数值点	计算三角形各边等压力间距的等压力数值点
5	绘制压力等值图	连线压力数值相同的点
		标注等压力数值
6	上墨	描黑厚度等值线
7	清图	清除图纸上多余点、线、字
		图纸清洁、无乱涂画
8	标注图标	标注图名
		标注落款、图例
9	整理资料、用具	资料及试卷上交，用具整理后带走

项目十　绘制聚合物注入站内工艺流程图

一、准备工作

（一）考场准备

可容纳 20～30 人教室 1 间。

（二）工具、用具准备

200mm 直尺 1 把，铅笔 1 支，橡皮 1 块，A4 绘图纸 1 张。

（三）人员

20～30 人操作，劳动保护用品穿戴齐全。

二、操作规程

序　号	工　序	操作步骤
1	绘制工艺点	储罐2座、注聚泵4台、注入阀组4套、母液流量计2块、清水流量计2块、电磁流量计4块（方案一20处，方案二21处，方案三20处）
2	标注	在方框内标注各工艺点名称的序号（方案一20处，方案二21处，方案三20处），将序号所对应的设备标注在右上角（方案一6处，方案二7处，方案三8处）
		标注配制站来液高度及清水（2处）
		标明液体走向（方案一17处，方案二18处，方案三18处）
		标注单井（4处）
3	清图	清除图纸上多余点、线、字
		图纸清洁、无乱涂画
4	标注图标	标注图名
		标注落款、图例
5	整理资料、用具	资料及试卷上交，用具整理后带走

模块三　综合技能

项目一　相关知识

J（GJ）BG001
油田产水指标
的应用

一、油田动态分析内容

（一）水驱油田动态分析内容

1. 油田产水指标的应用及井组注采平衡状况的分析内容

1）油田产水指标的应用

累积产水量是指油田从见水到目前为止总共从地层中采出的水量。日产水量与日产油量之比称为水油比，它可以理解为地下采出 1t（或 1m³）原油同时采出的水量。

在一定时间内油井含水率或油田综合含水的上升值称为含水上升速度，含水上升速度可按时间计算，分为月含水上升速度、季含水上升速度、年含水上升速度。

含水上升率是指每采出 1% 的地质储量，含水率的上升值名称，它是评价油田开发效果的重要指标。含水上升率是评价油田开发效果的重要指标，含水上升率越小，油田开发效果越好。即，含水上升率 = 年含水上升速度 / 采油速度。

【例 2-3-1】 某井组累积注水量为 $390 \times 10^4 m^3$，累积产油量为 $18 \times 10^4 t$，累积产液量为 $299 \times 10^4 m^3$，原油密度为 $0.90 \times 10^3 kg/m^3$，求该井组存水率（精确到 0.01）？

解：计算存水率公式：存水率 = 存留在地下的注入体积 / 总注入体积 ×100%

$$= [390 \times 10^4 - (299 \times 10^4 - 18 \times 10^4 / 0.9)] / (390 \times 10^4) \times 100\%$$

$$= 28.46\%$$

答：该井组存水率为 28.46%。

J（GJ）BG002
井组注采平衡状
况的分析内容

2）井组注采平衡状况的分析内容

所谓井组注采平衡，是指井组内注入水量和采出液量的地下体积相等，并满足产液量增长的需要。井组注采平衡状况的动态分析，按要求指标对注入水量和采出液量进行对比分析。井组注采平衡状况的动态分析应对注水井全井注入水量是否达到配注水量的要求进行分析；再分析各采油井采出液量是否达到配产液量的要求，并计算出井组注采比，对井组内各油井采出液量进行对比分析，尽量做到各油井采液强度与其油层条件相匹配。

注采比是油田生产中极为重要的一项指标，它是衡量地下能量补充程度、衡量地下亏空程度的指标、表征油田注水开发过程中注采平衡状况、反映产液量、注水量与地层压力之间联系的一个综合性指标，同时还是规划和设计油田注水量的重要依据。

分层注水的主要目的是通过改善注入水的水驱效果不断提高各类油层的水驱效率、

波及系数，从而提高油田的水驱采收率。层段注水量应尽量按配注量的要求范围进行注水，超注和欠注都会影响开发效果。

一个油田的注采平衡状况直接影响地层压力的变化，地层压力变化地层压力变化的主要原因可归纳如下：

地层压力上升的主要原因：①注水井配注、实注增加；②注水井全井或层段超注；③相邻油井堵水；④油井工作制度调小或油井机、泵、杆工况差；⑤连通注水井配注过高。

地层压力下降的主要原因：①注水井配注、实注减小；②注水井全井或层段欠注；③相邻油井降流压，提液开采；④油井采取增产措施或油井工作制度调大；⑤连通注水井配注过低。

2. 不同时期剩余油的分布特点、水驱控制程度及油层水淹状况的分析内容

1）不同时期剩余油的分布特点

J（GJ）BG003
不同时期剩余油的分布特点

开发潜力分析主要是针对各开发单元累积采油量、采出程度、剩余可采油量以及各小层内水淹状况和剩余油状况的分析。提高采收率的核心问题就是要明确地下剩余油的分布情况。由于生产制度、开采速度、地质条件等因素的影响造成了油水分布不均匀，这样就形成了剩余油。

水淹层内垂向上水淹程度的差异服从该层的沉积韵律，正韵律储层底部首先水淹，反韵律水淹相对较均匀，复合正韵律储层水淹规律复杂，呈多段水淹。边底水和注入水具有向粗岩性、高渗透部位流动的取向性，即平面上高渗透部位首先水淹，并且达到较高的水淹程度。

不同水淹时期，具有不同的剩余油分布特点，在水淹中期平面上水淹带面积不断扩大，纵向上水淹层的层数增多，在这个时期以层间剩余油为主。在水淹后期平面上水淹带面积不断扩大，纵向上水淹层的层数增多，在这个时期以层内剩余油为主。

2）水驱控制程度的分析内容

J（GJ）BG004
水驱控制程度的分析内容及计算

水驱控制程度是油田开发的一项重要参数，它反映了当前水驱条件下，注水井所控制的地质储量与其总储量之比，主要受断块的复杂程度、储层的非均质性、注采井网完善程度的综合影响。水驱储量动用程度（水驱动用程度），按年度所有测试水井的吸水剖面和全部测试油井的产液剖面资料计算，即总吸水厚度与注水井总射开连通厚度之比值，总产液厚度与油井总射开连通厚度之比值。一般说来储量动用程度比水驱控制程度小。

井网对油层的水驱控制程度的大小，直接影响采油速度、含水上升率、储量动用程度、水驱采收率等开发指标的好坏。水驱控制程度的简化计算：与水井连通的采油井射开有效厚度（或砂岩厚度）与井组内采油井射开总有效厚度（或砂岩厚度）的比值。

对于中高渗透油藏，各开采阶段可采储量采出程度为：低含水期末达到15%～20%、中含水期末达到30%～40%、高含水期末达到70%、特高含水期再采出30%。

对于中高渗透油藏，水驱储量控制程度一般要达到80%，特高含水期达到90%。

对于中高渗透油藏，水驱储量动用程度一般要达到70%，特高含水期达到80%以上。

【例2-3-2】　某井组采油井射开砂岩厚度25.8m，其中与注水井连通的砂岩厚度是23.2m，求该井组水驱控制程度（计算结果精确到0.01）？

解：

公式：水驱控制程度＝与注水井连通的采油井射开有效厚度（或砂岩厚度）/井组内采油井射开总有效厚度（或砂岩厚度）×100%

$$E_w = \frac{h}{H_o} \times 100\%$$

$$= 23.2/25.8 \times 100\%$$

$$= 89.92\%$$

答：井组水驱控制程度为 89.92%。

【例 2-3-3】 已知某井区内 1 口油井与周围三口水井连通，该采油井射开总砂岩厚度为 29.9m，其中与周围水井一个方向连通的砂岩厚度之和是 4.7m，与周围水井两个方向连通的油井砂岩厚度之和是 5.6m，与周围水井三个方向连通的油井砂岩厚度是 18.6m。试计算：①以该油井为中心井组一个方向的水驱控制程度；②以该油井为中心井组两个方向的水驱控制程度；③以该油井为中心井组三个方向的水驱控制程度？

解：

①一个方向水驱控制程度 = 一个方向与水井连通油井砂岩厚度之和 / 油井总砂岩厚度 × 100%

$$= 4.7/29.9 \times 100\%$$

$$= 15.7\%$$

②两个方向水驱控制程度 = 两个方向与水井连通油井砂岩厚度之和 / 油井总砂岩厚度 × 100%

$$= 5.6/29.9 \times 100\%$$

$$= 18.7\%$$

③三个方向水驱控制程度 = 三个方向与水井连通油井砂岩厚度之和 / 油井总砂岩厚度 × 100%

$$= 18.6/29.9 \times 100\%$$

$$= 62.2\%$$

答：以该油井为中心的井组水驱控制程度，一个方向水驱控制程度为 15.7%；两个方向水驱控制程度为 18.7%；三个方向水驱控制程度为 62.2%。

J（GJ）BG005
油层水淹状况
的分析内容

3）油层水淹状况的分析内容

油藏水淹是一个受多种因素控制的复杂的变化过程，在河道砂储层中，古水流方向对油层水淹规律不可忽视，顺着古水流方向注入水推进速度快、水驱效果差。多层段多韵律油层具有多层段水淹的特点。地层为正旋回油层，注入水沿底部快速突进，油层底部含水饱和度迅速增长，水淹较早。地层为反旋回油层，注入水一般在油层内推进状况比较均匀，即该韵律水淹相对较均匀。

层间非均质性直接影响着油水井中各层的吸水能力和产液能力，各层吸水能力和产液能力的高低必然导致各层水淹程度的不同，吸水能力弱、产液强度低的层有可能是弱水淹或未水淹。复合旋回油层一般也是下部水淹比较严重。油层的有效厚度一般小于 1m 的薄油层，多形成于分流平原—湖相沉积的水下分流砂、内外前缘席状砂等砂体类型。渗透率低、水淹程度低、水驱控制程度低的情况下薄油层动用差。

造成含水上升的主要原因可归纳如下：①作业、洗井等入井液导致水锁现象；②堵水层封隔器失效或死嘴失效；③化堵层冲开；④井筒有堵塞；⑤抽油机井机、泵、杆工况差；⑥相邻注水井管柱失效；⑦相邻采油井堵水或关井使注入水单层平面突进；⑧高含水层超注；⑨边水、底水侵入加快。

J（GJ）BG006
油水井措施效果的统计内容

3. 油水井措施效果的统计内容

措施作业施工是指以增产（注）为目的，主要包括对油层改造、改变采油方式、增大抽汲参数的施工作业。年措施增油量的统计内容包括年新井措施增油、年压裂措施增油、年补孔措施增油。增产增注效果指标有平均每井次日增产（增注）量和累积增产（增注）量两个指标。平均每井次日增产（注）量指标是指经过压裂、补孔、酸化、堵水等增产增注措施作业后平均每井次获得的平均日增产（注）量。措施累积增产（注）量是指实施增产（注）措施后获得的当年增产（注）量。

油水井在措施前长期不能生产的，措施后的产量（注水量）全部作为增产量或增注量，并从措施后开井起算到年底为止。油水井措施前有产量、注水量时，应将措施后稳定的日产（注）量与措施前正常生产时的月平均日产（注）量对比，将增加的部分作为增产（注）量，计算到与措施前月平均日产（注）量相同为止。到年底仍有效的应计算到年底为止。

J（GJ）BG007
利用分层流量检测卡片判断注水井分注状况

4. 利用分层流量检测卡片判断注水井分注状况

注水井分层测试卡片是测试工人观察、判断、分析偏心注水井井下工具工作状况与油层吸水能力变化的主要手段。常见问题的分析和处理方法，大致分为仪器问题、操作问题、井下问题三类。下面简单介绍几种常见的井下问题的分析和处理方法。

【例2-3-4】已知一口注水井有四个层段，每层均有配注量且各小层一直都能完成小层配注量，如图2-3-1至图2-3-7所示为最近一次的分层流量卡片，请分析该井目前存在问题及处理方法。

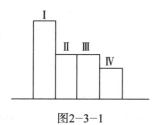

图2-3-1

存在问题：偏Ⅱ水嘴堵
处理方法：①洗井排除堵塞物；
②捞出偏Ⅱ水嘴，重新投解除堵塞物

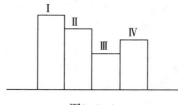

图2-3-2

存在问题：测偏Ⅲ时下层水嘴堵塞
处理方法：①冲洗管柱后重新测试；
②捞出堵塞器检查水嘴

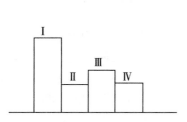

图2-3-3

存在问题：测偏Ⅱ时下层水嘴堵塞
处理方法：①冲洗管柱后重新测试；
②捞出堵塞器检查水嘴

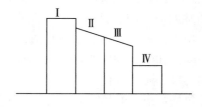

图2-3-4

存在问题：①第二级封隔器有少量漏失；②第二级封隔器坏；③第二层、第三层水嘴过大，造成封隔器不密封现象
处理方法：①把第二、第三水嘴分别缩小，如果卡片台阶形状不变，水明封隔器坏；②作业检查封隔器

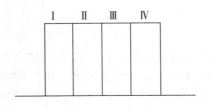

图2-3-5

存在问题：底部球座严重漏失、尾管脱扣、后投球没有坐严。

处理方法：①重新洗井转注观察；②作业检查

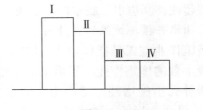

图2-3-6

存在问题：该井偏Ⅲ停注或水嘴堵死，扣、洗井。

处理方法：水嘴堵死，应捞出堵塞器解堵

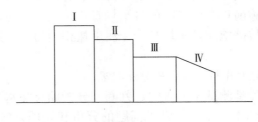

图2-3-7

存在问题：偏Ⅳ水嘴过大引起第三级封隔器不密封。

处理方法：换小水嘴，若不能满足油井需要，应采取增注措施

J（GJ）BG008
利用测试剖面
分析油层注采
状况

5.利用生产测井测试剖面分析油层注采状况

在油藏注水开发过程中，根据油井见效、见水情况，定期测吸水剖面，不仅能及时掌握分层水驱动用状况，并且可以及时调整分层注水的层段和注水量，较快控制高渗透层的水窜，对低渗透层采取增注措施，不断扩大注水波及体积，控制含水上升。应用注水井吸水剖面监测资料可以很容易地判断出注水井的吸水层位、吸水厚度和吸水能力，为注水井确定分注层段和分层配注水量提供依据。根据小层射孔数据及相对吸水量，统计出小层吸水层位、厚度和不吸水层位、厚度，从而得出全井总的吸水状况，根据本井历次吸水剖面等有关资料进行分析对比，从而得出全井及小层的吸水变化情况（图2-3-8）。

注水井吸水剖面资料，可以为进一步认识层间矛盾、层内矛盾、掌握区块注水状况、制定区块整体调剖挖潜措施提供依据。

油井测产液剖面是指在油井正常生产的条件下，测得各生产层或层段的产出流体量，由于产出可能是油、气、水单相流，也可能是油气、油水、气水两相流，或油、气、水三相流，因此在测量分层产出量的同时，根据产出的流体不同，还要测量含水率或含气率及井内的温度、压力和流体的平均密度等有关参数。应用采油井产液剖面资料分析油水井生产状况包括：指导油井措施选层、评价措施效果、明确油层动用状况、明确油层水淹状况。

为实现油层增产、延长稳产期的目的，采取压裂油层、封堵高产水层是非常有效的手段（图2-3-9）。油井产液剖面资料能有效地指导措施选层，从而有效地避免了选层的盲目性，提高了措施效果。

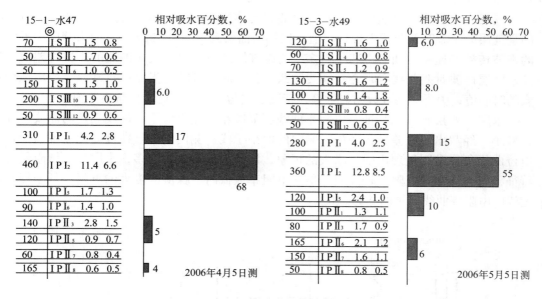

图2-3-8　某井调整前后吸水剖面图

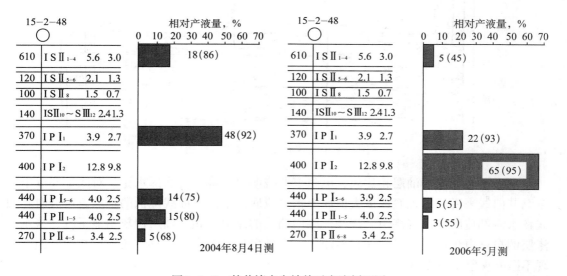

图2-3-9　某井堵水失效前后产液剖面图

J（GJ）BG009
测井曲线在油田
开发中的应用

6. 测井曲线在油田开发中的应用

1）电测曲线的应用

油层：电阻率曲线呈中—高值（视含油饱满程度而变化）。一般说来，油层具有减阻侵入的特征，即地层电阻率大于侵入带电阻率，所以探测深度大的电阻率大于探测深度浅的电阻率曲线值。自然电位曲线呈明显的负异常，渗透性高的好油层负异常较大，自然伽马曲线也比较低。有的油田自然电位与自然伽马曲线在测井图画在一起，其变化形态与自然电位相似，微电极曲线具有幅度差，声波时差曲线比气层显示要低一些（在均匀的油层中声波时差曲线较平稳）。深浅三侧向曲线数值较高，并出现较大的正差异，因井眼有滤饼，故井径曲线常常存在缩小现象。

　　气层：电阻率、自然电位及微电极曲线与油层差不多，显示为渗透层特征。所不同的是气层的声波时差曲线出现较高值，比相同油层高出 20～50μs/m，因为储层中天然气的声波传播的速度比油的声速小得多，所以气层的声波时差大于油层的声波时差值。另外，气层声波时差曲线有时会有周波跳跃现象。周波跳跃是指曲线急剧偏转或出现特别大的时差值，中子伽马读数明显增高，密度曲线与油水层相比明显减小（图 2-3-11）。

　　水层：水层最大的特征是电阻率曲线明显减小，变得低平，深浅三侧向曲线差异也在减小，经常出现负差异，即深三侧向的值小于浅三侧向的值。在低矿化度油田，自然电位曲线负异常则呈现出明显增大的现象，比好油层还要大许多，水层具有增阻侵入的特征，但当钻井液电阻率较高而地层水电阻率较低时，探测深度大的电阻率低于探测深度浅的电阻率曲线值（图 2-3-10）。

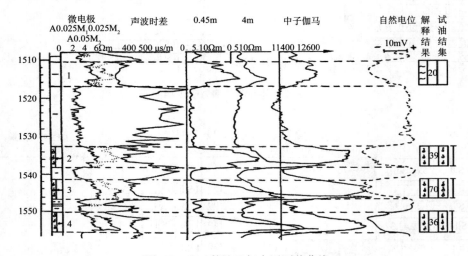

图2-3-10　某油田气水层测井曲线

　　水淹层与相同的油层相比较，电阻率曲线明显下降。若底部水淹，对底部梯度电极系测井曲线来讲，出现底部极大值向上抬升或底部电阻率曲线降低的现象，声波时差曲线在水淹部位明显出现高值。深浅三侧向曲线的差值与相同油层比较明显下降，淡水水淹层的自然电位曲线负异常明显减小。其自然电位基线发生偏移，与油层相比，曲线出现不匹配现象（图 2-3-11）。

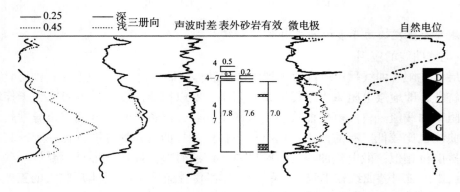

图2-3-11　某油田油水层测井曲线

2）井温测井的应用

在漏失层的地方，由于钻井液大量漏入地层，漏失处短期内难于恢复其地层温度，因而造成井温曲线下降的异常变化（图2-3-12）。所以利用井温曲线可以找寻漏失层。

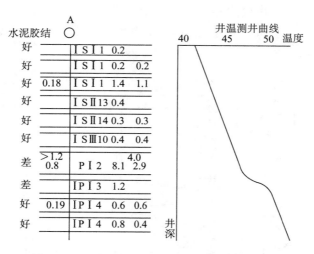

图2-3-12 某井水泥胶结状况及井温测井曲线

3）压力双对数测井曲线的应用

在利用压力恢复双对数曲线图判断压裂效果时，如果压裂前"驼峰"较陡，压裂后曲线明显变缓，且直线段出现的时间提前，另外，压裂前后渗透率、流动系数均有增加，表皮系数下降明显，说明该井压裂效果好（图2-3-13）。

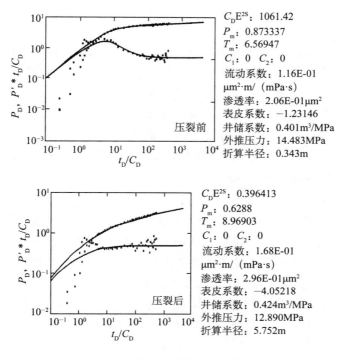

图2-3-13 某井压裂前后双对数曲线图

4）声幅测井曲线的应用

应用固井声幅测井曲线检查固井质量是通过相对幅度进行的，相对幅度越大说明固井质量越差、相对幅度小于 20% 为胶结良好、相对幅度在 20%～40% 为胶结中等、相对幅度大于 40% 为胶结差。声幅测井，在套管井中测井除了用来检查固井质量外，尚可用来查找套管断裂位置，在套管断裂处，由于套管波的严重衰减，所以会有一个明显的低值尖峰（图2-3-14）。

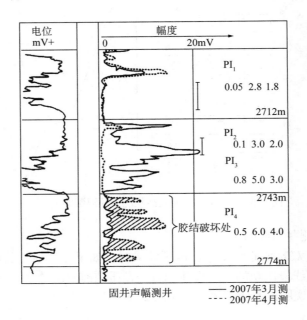

图2-3-14　固井声幅曲线

油层电测曲线的特征是：具有减阻侵入的特征、自然电位曲线呈明显的负异常、自然伽马曲线也比较低。气层的电阻率、自然电位及微电极曲线与油层差不多，显示为渗透层特征。所不同的是气层的声波时差曲线出现较高值，比相同油层高出 $20～50\mu s/m$，另外气层的声波时差曲线有时会有周波跳跃现象。水淹层与相同的油层相比较，电阻率曲线明显下降。若底部水淹，对底部梯度电极系测井曲线来讲，出现底部极大值向上抬升或底部电阻率曲线降低的现象，声波时差曲线在水淹部位明显出现高值。

J（GJ）BG010
聚合物驱油阶段注入状况分析的内容

（二）聚合物驱油油田动态分析内容

1. 聚合物驱油阶段注入状况分析的内容

聚合物驱室内模拟实验和矿场试验结果都表明，在非均质油层中，聚合物溶液的波及范围扩大到了水未波及的中低渗透层，从而改善了吸水、产液剖面，增加了吸水厚度及新的出油剖面。由于各井所处位置的地质条件不同，造成聚合物在地层中流动阻力不同，波及能力也有差别，因此，含水下降到最低点的稳定时间也不同。

聚合物驱注入井阶段的划分包括：水驱空白阶段、聚合物注入阶段、后续水驱阶段。

注聚合物后，由于聚合物在油层中的滞留作用以及注入水黏度的增加，油水流度比降低、油层渗透率下降、流体的渗流阻力增加，因此，与水驱开发相比，在相同注入速度下，注入压力上升。

开发区块聚合物驱之前，都要经历一个水驱空白阶段，一般为半年至一年，这个阶段要做好油水井的资料录取和开采分析工作。聚合物驱注入井在注聚合物后，注入井有注入压力升高、注入能力下降的反映。聚合物驱注入初期，注入井注入压力上升快，吸水指数下降较多，当聚合物用量达到一定数量以后，注入压力趋于稳定或上升缓慢。

聚合物驱的动态变化特征有：（1）油井流压下降，含水大幅度下降，产油量明显增加，产液能力下降；（2）注入井注入压力升高，注入能力下降；（3）采出液聚合物浓度逐渐增加，聚合物驱见效时间与聚合物突破时间存在一定的差异；（4）油井见效后，含水下降到最低点时，稳定时间不同；（5）改善了吸水、产液剖面，增加了吸水厚度及新的出油剖面。

2. 聚合物驱油阶段采出状况分析的内容

注聚合物后，采出井有采出液中的聚合物浓度逐渐增加的现象。聚合物突破的显著标志是采出井见聚。一般情况下，采出井多数是先见效、后突破，或者是同步，也有少数井是先突破后见效。

J（GJ）BG011
聚合物驱油阶段采出状况分析的内容

注聚合物后，聚合物驱采出井的动态反映有：流压下降、含水大幅度下降、产油量明显增加、产液能力下降。随着聚合物注入量的增加，当采出液浓度达到某一值时，聚合物驱油效果最佳，此时采液指数也处于逐渐稳定阶段。

注聚合物后，采油井见效，含水下降。含水下降幅度与油层各层段剩余油饱和度和地层系数存在一定关系。通常是含油饱和度高（含水率低）地层系数大的油井含水下降幅度大。含水变化趋势可分为四个阶段，即上升、下降、稳定、上升。第一阶段时间较短，第二阶段时间较长，第三阶段不同区块时间长短差异较大，第四阶段时间最长。

在同一注聚合物区块内，同一井组的生产井，由于油层发育状况和所处的地质条件不同，注采井间存在较大差别，水驱开发后，注聚合物油层中剩余油饱和度分布状况不同，因此，同一井组中的油井生产情况及见效时间也各自不同。在正常生产的情况下，一般是注采系统完善的中心采油井先见效，先见到聚合物驱油效果。

J（GJ）BI001
论文的概念
J（GJ）BI002
技术报告标题拟定的要点

二、科技论文、科技总结报告编写知识

（一）技术论文的概念及分类

论文是指用抽象思维的方法，通过说理辨析，阐明客观事务本质、规律和内在联系的文章。科技论文是以自然科学专业技术为内容的论文。科技论文按其性质可分为4类。

（1）科技专论：是指完成一项课题后就其科研过程、实验数据等而写的理论文章。

（2）科技综述：是指对某一问题在纵的方面不限于某一时期，在横的方面不限于某一专题、专业，进行纵横交错的综合论述。

（3）科普论文：这类文章的特点是深入浅出，用生动活泼的语言论说科学道理，从而使深奥的科学知识得以普及。

（4）技术专题型论文是运用专业理论基础和技能知识，独立地探讨或解决本学科或生产过程中的某一问题的论文。

技术报告是对生产、科研中新发现的事实及科研过程进行报道；是向科研资助和主管部门汇报的文献。它的结构内容通用为标题、摘要、前言、正文、结尾（结论）参考文献、谢词和附录。技术报告标题一般是对论述对象和研究内容的高度概括、论文的表

述特征。技术报告标题要有简洁性、准确性和鲜明性，准确性就是用词要恰如其分，反映实质，表达出所研究的范围和达到的深度；简洁性是指在能把内容表达清楚的前提下，标题应越短越好，便于记忆；鲜明性就是一目了然、不费解、无歧义、便于引证、分类。标题一般不超过 20 个字，由三部分组成：论述对象、研究内容的高度概括、论文的表述特征。

J（GJ）BI004
写好论文需要
的知识储备

（二）常用的几种判断、推理、归纳方法

1. 判断

简单地说判断是对思维对象有所断定的一种思维形式。可分为简单判断和复合判断。

2. 推理

是根据一个或几个已知判断，推出一个新判断的思维形式。技术论文中常用的有科学归纳推理、统计归纳推理。

科学归纳推理：是通过考察某类事物中的部分现象，发现客观事物间的必然联系，概括出关于这类事务的一般性结论。

统计归纳推理：采用样本或典型事物的资料对总体的某些性质进行估计或推断。

（三）怎样写好论文

写作是一门综合技能，需要多方面的知识。

第一，要具备一定的逻辑知识。作者须懂得什么是概念和判断，学会运用各种推理。

第二，要具备一定的写作知识。作者应该明确论文的特征，把握住常见科技文体结构特点。

第三，要具备一定的驾驭语言文字的能力。作者应该掌握一定的语法、修辞知识，学会正确使用标点符号。

第四，应了解科技论文的文稿规范。如科技论文的题目、提要、主题词、注释、参考文献的写法，图表的画法，计量单位的用法。

第五，要学会积累材料。作者应该学会检索、做文摘以及对积累起来的材料进行归纳整理。

J（GJ）BI005
论文术语中概
念的分类

（四）论文中常用的术语

1. 概念

概念是反映事物特有属性或本质属性的思维形式。

根据概念在内涵和外延方面的逻辑特征，概念可分为很多种。技术论文中常用的概念有单独概念和普遍概念，集合概念和非集合概念，具体概念和抽象概念，正概念和负概念等。

（1）单独概念：是反映单个对象的概念。它的外延是特指一个独一无二的对象。例如，长江、达尔文等。

（2）普遍概念：是反映一类对象的概念。它的外延是指一类对象中的每一个分子。例如，花、学生等。

（3）集合概念：也称群体概念，它是反映一定数量的同类对象集体的概念。它是把一些同类对象的集合体当作一个独立对象来思考的，而不反映组成群体的个体。例如，森林、舰队等。

（4）非集合概念：是相对于集合概念而言的。除集合概念以外的概念均为非集合概

念。例如，树、军舰等。

（5）具体概念：是反映对象本身的概念，也称实体概念。例如，教师、科学知识等。

（6）抽象概念：是反映对象属性的概念，因此又称为属性概念。例如，美丽、价值等。

（7）正概念：是反映事物具有某种属性的概念，因此又称为肯定概念。例如，红、坚定等。

（8）负概念：是反映事物不具有某种属性的概念，因此又称否定概念。例如，不红、不坚定等。

上述关于概念的不同分类，是从不同角度按不同标准划分的，因此，一个概念从不同角度来看，可以分属不同的种类。

J（GJ）BI006
论文术语中定义的规则

2. 定义

定义是明确概念内涵的一种逻辑方法。即指出概念所反映的对象的本质属性。给概念下定义就是用简洁的语言精确地揭示概念的内涵。

定义的规则有以下四条。

（1）定义必须是相应相称的：所谓定义相应相称，就是指定义概念与被定义概念的外延是相等的。否则要犯"定义过宽"或"定义过窄"的逻辑错误。

（2）定义的概念不应该直接或间接地包含被定义的概念。如果定义概念直接或间接地包含被定义的概念，就等于用被定义概念去解释定义概念。这样，被定义概念内涵不能被明确。

违反这条规则，常常会出现"同语反复"或"循环定义"。

（3）定义一般不应当是否定的。下定义的目的是说明概念所反映的事物本质属性是什么，如果是否定的，则只能说明被定义不是什么，而不能说明其是什么。违背这条规则常常犯"定义否定"的逻辑错误。

J（GJ）BI007
论文的三要素

（4）下定义必须用清楚确切的概念，不能用隐喻或含混的概念。

（五）论文的三要素

论文的三要素是论点、论据、论证。论点是所要阐述的观点。说明论点的过程称为论证，说明论点的根据、理由称为论据。

论点是作者要表达的主题，必须正确、鲜明、集中。

论据是证明论点的理由，一般可采用理论论据、事实论据（包括典型实例、数据），要求论据准确、充分、典型、新鲜。论据的正确性是指论文中引用的材料和数据，必须正确可靠，经得起推敲和验证。

论证是论述证明论点的过程；要求逻辑严密，方法灵活。

J（GJ）BI008
常用的论证方法

常用的论证方法有以下几种：

（1）例证法：是用典型的具体事实作论据来证明论点的方法，也就是通常所说的"摆事实"。它运用的是归纳推理的逻辑形式，因此又称归纳法。

（2）引证法：是一种用已知的事理作论据来证明论点的方法。人们习惯上把它称为"从理论上论述"。它运用演绎推理的逻辑形式，又称演绎法。

（3）对比法：实际上也是一种例证法，区别在于对比法除举例外还要用事例加以比较。

（4）反证法；是一种间接的证明方法。特点是要证明此论点正确，先要证明与此相反的论点的错误；非此即彼，进而确立此论点。

论文的论据要充分，还须运用得当。论文中没有必要把全部的实践数据、观察结果、研究工作所得、调查成果全部引用进来，重要的是考虑其能否有力地阐述观点。

J（GJ）BI003
正文编写的要点

（六）技术论文的文稿规范

（1）技术论文一般由标题、署名及单位、摘要、主题词、正文、参考文献等部分组成。

（2）标题一般不超过20个字，由三部分组成：论述对象、研究内容的高度概括、论文的表述特征。也可增加副标题，在副标题前加一破折号。署名与工作单位之间空一行，单位一般在署名后，用括号括上。

（3）摘要或提要部分，即简单介绍文章内容，一般字数为正文的3%，最多不能超过500字，"摘要"两个字后面加冒号。内容包括撰写技术论文的目的，解决的问题以及采用的方法和过程，取得的成果、结论及意义，没有解决的问题及缺欠。

主题词或关键词是能概括地表现技术论文主题大的、最关键的规范词，一般为3~8个，"主题词"三个字后面加冒号，词与词之间用分号相隔，末尾不加标点符号。

（4）编写技术论文的正文就是写文章的主体部分。正文部分一般包括提出论点，即研究分析课题的准备过程。写技术论文的正文中，在提出论点后，接着细写研究课题过程中所采取的手段和方法，编写技术论文的正文就是写文章的主体部分，共分为三部分，即交代概况、写所做的工作及过程、整个过程实施的手段及方法。在编写正文过程中，要做到首先提出论点，主次分明、细写研究课题过程中的手段和方法、对成果进行分析对比，这样文章才能写好。

（5）参考文献是直接引用他人已发表文章中的数据、论点、材料，一般需书写主要编者、书名、版本、出版地、出版者、出版年（卷册页）。

（6）图表：技术论文中常用到图表说明问题。

技术论文中图的序号和名称写在图框的下边居中位置，不加标点。图的序号用阿拉伯数字表示，图多时可分章编号，一个图内有几个分图时，分图号采用a、b等表示。图注采用"1—×××；2—×××；3—×××"的形式表示，末尾不加标点，写在图号、图名之下，位置居中。

一篇文章有两个以上（含两个）表时，需用阿拉伯数字编号，表号、表名直接写在表上方居中的位置上。表名与表号之间空一字。无表名时，表号也居中写，表的左右两边不画封闭线，表中的文字之末不加标点，表内计量单位尽可能写在表头里，量的单位尽量用符号表示。表格中各栏参数的计量单位相同时，应将单位写在表的右上角。

对表内项目作注时，只有一项时，直接用文字说明，若有两项以上的注，就在所注项目右上角标用阳码阿拉伯数表示。表注写在表框下边。每一序号单独成行。回行时，与序号后第一字齐平，表内"空白"代表未测或无此项，"—"或"…"代表未发现。

（7）计量单位的使用：一般科技论文中，计量单位应一律用符号表示，不用中文名称表示，并按照《中华人民共和国法定计量单位使用方法》执行。

（8）标点符号的使用要正确规范。在文章的大小题目末，如果标点符号没有特殊意义，只表示停顿和语气的话，不应该加。每行开头一字的位置上，不要出现句号、问号、叹号、逗号、顿号、分号和冒号，如恰巧赶上，就提到上一行去，省略号和破折号也应该尽量避免放在一行的开头，也不可以截成两段放在两行，引号、括号和书名号的后一半如恰巧赶上另起行第一字的位置，就挤到上一行去。

每行最末一个字的位置，不要出现引号、括号和书名号的前一半，如恰巧赶上，就把下一行的第一个字提上来，挤在最后一格里。需要特别指出的是：①外文书刊、资料中的并列字、词一般均以逗号隔开。将其译成中文后，应将逗号改成顿号。②文中各层次序码后的标点用法为："一"后加顿号；"（一）""（1）""①"后面不加标点；"1""A""a"后加圆点（下脚点）。

（七）修改

修改是指初稿写就到定稿这一过程。修改主要包括修改主题与观点，修改材料、修改结构、修改语言等内容。

常用的修改的方法有以下几种：

（1）写完后请专家审阅，找出问题。

（2）搁置几天（省稿），自己再仔细读两遍，不顺则改。

项目二　应用注入剖面资料分析注水井分层注入状况

一、准备工作

（一）考场准备

可容纳 20~30 人教室 1 间。

（二）资料、材料准备

某井近期注入剖面资料（不同期）2 次以上，同井同期数据对比表（空白）1 张，注水井生产数据分析答卷 1 份，演草纸少许。

（三）工具、用具准备

计算器 1 个，钢笔 1 支。

（四）人员

多人操作，劳动保护用品穿戴齐全。

二、操作规程

序　号	工　序	操作步骤
1	对比	对比注水井生产数据（填写对比表）
		对比同位素测试资料（填写对比表）
2	判断注水变化	判断全井注水状况（填写分析答卷）
		判断小层注水状况（填写分析答卷）
3	分析注水状态及原因	分析全井注水变化的原因（填写分析答卷）
		分析小层注水变化的状态（填写分析答卷）
		分析小层注水变化的原因（填写分析答卷）

续表

序　号	工　序	操作步骤
4	查找问题	查找注水井生产存在问题（填写分析答卷）
		查找小层注水存在问题（填写分析答卷）
5	提出措施	提出下步措施
6	检查卷面	检查卷面
7	整理资料、用具	资料及试卷上交，用具整理后带走

三、技术要求

（1）能看懂同位素注入测试资料，并进行正确对比分析、判断全井及小层注水状况。

（2）能准确查找到小层存在问题，提出下步措施严谨全面。

项目三　应用产出剖面资料分析油井分层产出状况

一、准备工作

（一）考场准备

可容纳 20～30 人教室 1 间。

（二）资料、材料准备

某井近期产出剖面资料（不同期）2 次以上，同井同期生产数据 1 份，生产数据对比表（空白）1 张，分析答卷 1 份，演草纸少许。

（三）工具、用具准备

计算器 1 个，钢笔 1 支。

（四）人员

多人操作，劳动保护用品穿戴齐全。

二、操作规程

序　号	工　序	操作步骤
1	对比	对比采油井生产数据（填写对比表）
		对比产出剖面测试资料（填写对比表）
2	判断生产变化	判断全井生产状况（填写分析表）
		判断小层出油状况（填写分析表）
3	分析生产状态及原因	分析采油井生产变化状态（填写分析表）
		分析小层出油变化状态及原因（填写分析表）
		分析小层含水变化及原因（填写分析表）

续表

序　号	工　序	操作步骤
4	查找问题	查找采油井生产存在问题
		查找小层生产存在问题
5	提出措施	提出下步措施
6	检查卷面	检查卷面
7	整理资料、用具	资料及试卷上交，用具整理后带走

三、技术要求

（1）能看懂同位素产出剖面测试资料，并进行正确对比分析、判断采油井及小层出油变化状态及原因。

（2）能准确查找到采油井及小层存在问题，提出下步措施严谨全面。

项目四　分析油水井压裂效果

一、准备工作

（一）考场准备
可容纳 20~30 人教室 1 间。

（二）资料、材料准备
油水井压裂层数据 3 口以上，油水井同井压裂施工数据 1 份，油水井压裂前后生产数据 1 份，油水井压裂前后动态监测资料 1 份，生产数据对比表（空白）1 份，分层资料对比表（空白）1 份，分析答卷 1 份，演草纸少许。

（三）工具、用具准备
计算器 1 个，钢笔 1 支。

（四）人员
多人操作，劳动保护用品穿戴齐全。

二、操作规程

序　号	工　序	操作步骤
1	对比数据	对比压裂前后生产数据［填写生产数据对比表（3 口井）］
		对比测试数据（填写分层资料对比表）
2	评价效果	评价压裂效果（填写分析答卷）
3	分析压裂效果	分析压裂措施效果好的因素（填写分析答卷）
		分析压裂措施无效井的原因（填写分析答卷）
		分析压裂措施效果不大井的原因（填写分析答卷）

续表

序 号	工 序	操作步骤
4	查找问题	查找压裂井目前生产存在的问题（填写分析答卷）
5	下步措施	提出下步措施（填写分析答卷）
6	检查卷面	检查卷面
7	整理资料、用具	资料及试卷上交，用具整理后带走

三、技术要求

（1）对比压裂前后生产数据要选对对比月份，并正确评价压裂效果。

（2）利用已给出的资料全面分析产生压裂效果的原因，查找存在问题，下步措施提出严谨全面。

项目五　分析分层流量检测卡片，判断注水井分注状况

一、准备工作

（一）考场准备

可容纳 20~30 人教室 1 间。

（二）资料、材料准备

流量检配卡片 5 口以上，同井上一次测试资料，同井注水井生产数据，同井两次测试期间注水数据对比表（空白）1 张，测试数据对比表（空白）1 张，分析答卷 1 份，演草纸少许。

（三）工具、用具准备

计算器 1 个，钢笔 1 支。

（四）人员

多人操作，劳动保护用品穿戴齐全。

二、操作规程

序 号	工 序	操作步骤
1	计算	计算分层流量数据（填写测试资料对比表）
2	填写对比表	填写测试资料对比表
		填写注水数据对比表
3	判断分析	判断分层注水状况（分析答卷）
		分析小层注水变化的原因（分析答卷）
4	查找问题	查找注水存在问题（分析答卷）
5	提出措施	提出下步措施（分析答卷）
6	检查卷面	检查卷面
7	整理资料、用具	资料及试卷上交，用具整理后带走

三、技术要求

（1）能利用注入井分层流量测试资料计算小层注入量，并进行正确对比分析、判断全井及小层注水状况。

（2）能准确判断小层注水变化原因、准确查找存在问题、提出下步措施严谨全面。

项目六　分析水驱区块的综合开发形势

一、准备工作

（一）考场准备

可容纳 20～30 人教室 1 间。

（二）资料、材料准备

开采单元年度综合开发数据 1 份，单井产量，注水量年度变化对比表（空白）1 份，年度压力统计及单井变化对比表（空白）1 份，年度含水统计及单井变化对比表（空白）1 份，年度措施工作量统计及效果分类表（空白）1 份，开发指标检查表（空白）1 张，分析答卷 1 份，演草纸少许。

（三）工具、用具准备

计算器 1 个，钢笔 1 支。

（四）人员

多人操作，劳动保护用品穿戴齐全。

二、操作规程

序　号	工　序	操作步骤
1	检查指标	计算水驱区块主要开发指标（填写开发指标检查表）
		检查水驱区块主要开发指标完成情况（填写开发指标检查表）
2	评价开发形势	评价水驱区块开发形势（填写分析答卷）
3	分析区块产量形势	分析水驱区块年度产量变化状况
		分析水驱区块年度产量变化原因及影响因素
4	分析区块注水形势	分析水驱区块年度注水变化状况
		分析水驱区块年度注水变化原因及影响因素
5	分析区块压力形势	分析水驱区块年度地层压力变化状况
		分析水驱区块年度地层压力变化原因及影响因素
6	分析区块含水形势	分析水驱区块年度含水变化状况
		分析水驱区块年度含水变化原因及影响因素
7	分析措施效果	分析油井措施效果
		分析水井措施效果

续表

序　号	工　序	操作步骤
8	查找问题	查找油田开发中存在的生产问题
9	下步措施	提出下步调整措施
10	检查卷面	检查卷面
11	整理资料、用具	资料及试卷上交，用具整理后带走

三、技术要求

（1）各项形势分析思路清晰、评价准确、问题查找准确。

（2）下步措施严谨全面。

项目七　分析水驱井组生产动态

一、准备工作

（一）考场准备

可容纳 20~30 人教室 1 间。

（二）资料、材料准备

注采井组井位图 1 份，注采井组油层连通图，数据 1 份，注采井组某阶段综合生产数据 1 份，相同阶段注采井组动态监测数据 1 份，井组生产数据对比表（空白）1 份，措施井效果对比表（空白）1 份，分层测试资料对比表（空白）1 份，分析答卷 1 份，演草纸少许。

（三）工具、用具准备

计算器 1 个，钢笔 1 支。

（四）人员

多人操作，劳动保护用品穿戴齐全。

二、操作规程

序　号	工　序	操作步骤
1	对比数据	对比井组生产数据（填写井组生产数据对比表）
		对比措施井效果（填写措施井效果对比表）
		对比分层测试资料（填写分层资料对比表）
2	评价开发效果	评价井组开发效果（填写分析答卷）
3	分析井组生产动态	分析注水井生产动态（填写分析答卷）
		分析油井生产动态（填写分析答卷）
		分析措施井增产效果及生产动态（填写分析答卷）

续表

序　号	工　序	操作步骤
4	查找问题	查找井组目前生产存在的问题（填写分析答卷）
5	提出措施	提出下步措施（填写分析答卷）
6	检查卷面	检查卷面
7	整理资料、用具	资料及试卷上交，用具整理后带走

三、技术要求

（1）井组各项形势分析思路清晰、效果评价准确、问题查找准确。

（2）下步措施严谨全面。

项目八　应用计算机制作 PowerPoint 演示文稿

一、准备工作

（一）考场准备

可容纳 20～30 人教室 1 间。

（二）资料、材料准备

计算机及应用软件 1 人 1 台，文字 1 份（分三个以上部分、每部分不少于 50 字），输出设备 1 人 1 台，打印机 1 人 1 台、打印纸若干。

（三）人员

多人操作，劳动保护用品穿戴齐全。

二、操作规程

序　号	工　序	操作步骤
1	准备工作	选用工具、用具、文字
2	录入前	检查计算机设备、线路、电路
		按程序打开计算机及其设备，进到桌面
3	设计表格	进入 PowerPoint 程序
		录入第一段文字、图；编辑、修饰
		选定插入、点击新幻灯片
		录入第二段文字、图；编辑、修饰
		以此类推，录入以后文字、图；进行编辑、修饰
		保存

续表

序 号	工 序	操作步骤
4	输出操作	设定幻灯片放映
		放映展示
		修改幻灯片
		打印机内放纸
		打印结果
5	退出	按程序退出操作系统
		按程序关机

三、技术要求

具体详细设计内容按实际计算机考卷要求为准。

项目九　应用计算机在 PowerPoint 中制作表格

一、准备工作

（一）考场准备
可容纳 20~30 人教室 1 间。

（二）资料、材料准备
计算机及应用软件 1 人 1 台，数据 1 份（两个表格、每个表格不少于 3 行 3 列），给定图形，输出设备 1 人 1 台，打印机 1 人 1 台，打印纸若干。

（三）人员
多人操作，劳动保护用品穿戴齐全。

二、操作规程

序 号	工 序	操作步骤
1	准备工作	选用工具、用具、文字
2	录入前	检查计算机设备、线路、电路
		按程序打开计算机及其设备，进到桌面
3	设计表格	进入 PowerPoint 演示文稿程序
		按要求设定表格
		输入第一个表格数据，编辑、修饰
		选定插入、点击新幻灯片

续表

序 号	工 序	操作步骤
3	设计表格	输入第二个表格数据；编辑、修饰
		保存
4	录入后	设定幻灯片放映
		展示放映
		修改幻灯片
		往打印机内放纸
		打印结果
5	退出	按程序退出操作系统
		按程序关机

三、技术要求

具体详细设计内容按实际计算机考卷要求为准。

项目十　应用测井曲线判别油气水层、水淹层

一、准备工作

（一）考场准备

可容纳 20～30 人教室 1 间。

（二）资料、材料准备

12 个层以上的储层的相关系列测井曲线，空白的分析记录表若干，演草纸少许。

（三）工具、用具准备

计算器 1 个，HB 铅笔 1 支，橡皮 1 块，比例尺 1 个，绘图笔 1 支，钢笔 1 支。

（四）人员

20～30 人操作，劳动保护用品穿戴齐全。

二、操作规程

序 号	工 序	操作步骤
1	画面界定	对比、分析测井曲线，画定目的层的顶、底界面（在曲线上画定）
		标注层号
2	对比判别油气水层	对比、分析测井曲线，判别油层（填写分析记录表）
		对比、分析测井曲线，判别气层（填写分析记录表）
		对比、分析测井曲线，判别水层（填写分析记录表）
		对比、分析测井曲线，判别水淹层（填写分析记录表）

续表

序 号	工 序	操作步骤
3	确定比例	确定比例尺
		确定渗透率等值线的间距
4	标注结果	标注判别结果（在曲线上标注）
5	上墨	描黑
6	计算等渗透率数值点	计算三角形各边等渗透率间距的等渗透率数值点
7	清图	清除图纸上多余点、线、字
		图纸清洁、无乱涂画
8	标注图标	标注图名
		标注落款、图例
9	整理资料、用具	资料及试卷上交，用具整理后带走

项目十一　利用动静态资料进行区块动态分析

一、准备工作

（一）考场准备

可容纳 20~30 人教室 1 间。

（二）资料、材料准备

实际注采井组井位图，实际注采井组油层连通图和数据，某阶段注采井组综合生产数据，相同阶段注采井组动态监测数据，空白井组生产数据对比表 1 份，空白措施井效果对比表 1 份，空白分层测试资料对比表 1 份，分析答卷 1 份，演草纸少许。

（三）工具、用具准备

计算器 1 个，2H 铅笔 1 支，橡皮 1 块，钢笔 1 支。

（四）人员

20~30 人操作，持证上岗，劳动保护用品穿戴齐全。

二、操作规程

序 号	工 序	操作步骤
1	对比数据	对比井组生产数据（填写井组生产数据对比表）
		对比措施效果（填写措施井效果对比表）
		对比分层测试资料（填写分层资料对比表）
2	评价开发效果	评价井组开发效果（填写分析答卷）

续表

序　号	工　序	操作步骤
3	分析井组生产动态	分析注水井生产状态（填写分析答卷）
		分析油井生产动态（填写分析答卷）
		分析措施井增产效果及生产动态（填写分析答卷）
4	查找问题	查找井组目前生产存在的问题（填写分析答卷）
5	提出措施	提出下步措施（填写分析答卷）
6	整理资料、用具	资料及试卷上交，用具整理后带走

项目十二　分析聚驱区块的综合开采形势

一、准备工作

（一）考场准备

可容纳 20～30 人教室 1 间。

（二）资料、材料准备

年度区块综合开发数据，年度单井产量，注聚量变化对比表（空白），年度压力统计及单井变化对比表（空白），年度含水统计及单井变化对比表（空白），年度措施工作量及效果分类表（空白），开发指标检查表（空白）1 张，分析答卷 1 份，演草纸少许。

（三）工具、用具准备

计算器 1 个，2H 铅笔 1 支，橡皮 1 块，钢笔 1 支。

（四）人员

20～30 人操作，劳动保护用品穿戴齐全。

二、操作规程

序　号	工　序	操作步骤
1	检查指标	计算聚驱区块主要开发指标（填写开发指标检查表）
		检查聚驱区块主要开发指标完成情况（填写开发指标检查表）
2	评价开发形势	评价聚驱区块开发形势（填写分析答卷）
3	分析产量形势	分析聚驱区块年度产量变化状况
		分析聚驱区块年度产量变化原因及影响因素
4	分析注聚形势	分析聚驱区块年度注水变化状况
		分析聚驱区块年度注水变化原因及影响因素
5	分析压力形势	分析聚驱区块年度地层压力变化情况
		分析聚驱区块年度地层压力变化原因及影响因素

续表

序 号	工 序	操作步骤
6	分析区块含水形势	分析聚驱区块年度含水变化状况
		分析聚驱区块年度含水变化原因及影响因素
7	分析措施效果	分析油井措施效果
		分析注聚井措施效果
8	查找问题	查找三次采油开发中存在的生产问题
9	下步措施	提出下步整改措施
10	整理资料、用具	资料及试卷上交，用具整理后带走

项目十三　分析聚驱井组生产动态

一、准备工作

（一）考场准备

可容纳 20～30 人教室 1 间。

（二）资料、材料准备

实际聚驱井组井位图，实际聚驱井组油层连通图和数据，某阶段聚驱井组综合生产数据，相同阶段聚驱井组动态监测数据，井组生产数据对比表 1 份（空白），措施井效果对比表 1 份（空白），分层测试资料对比表 1 份（空白），分析答卷 1 份，演草纸少许。

（三）工具、用具准备

计算器 1 个，2H 铅笔 1 支，橡皮 1 块，钢笔 1 支。

（四）人员

20～30 人操作，劳动保护用品穿戴齐全。

二、操作规程

序 号	工 序	操作步骤
1	对比数据	对比井组生产数据（填写井组生产数据对比表）
		对比措施井效果（填写措施井效果对比表）
		对比分层测试资料（填写分层资料对比表）
2	评价开发形势	评价井组开发效果（填写分析答卷）
3	分析井组生产动态	分析注聚井生产动态（填写分析答卷）
		分析油井生产动态（填写分析答卷）
		分析措施井增产效果及生产动态（填写分析答卷）
4	提出措施	提出下步措施（填写分析答卷）
5	整理资料、用具	资料及试卷上交，用具整理后带走

项目十四 应用计算机在 PowerPoint 中设置动作及自定义动画

一、准备工作

（一）考场准备

可容纳 20~30 人计算机室 1 间。

（二）资料、材料准备

计算机及应用软件 1 台，分三个以上部分给定文字和图形（每部分不少于 50 字），输出设备 1 台，打印机 1 台，打印纸若干。

（三）人员

20~30 人操作，劳动保护用品穿戴齐全。

二、操作规程

序 号	工 序	操作步骤
1	准备工作	选用工具、用具、文字
2	录入前	检查计算机设备、线路、电路
		按程序打开计算机及其设备，进到桌面
3	设计表格	进入 PowerPoint 演示文稿程序
		录入第一段文字、图；编辑、修饰
		选定插入、点击新幻灯片
		录入第二段文字、图；编辑、修饰
		以此类推，录入以后文字、图；进行编辑、修饰
		保存
4	输出操作	设定幻灯片放映
		放映展示
		修改幻灯片
		打印机内放纸
		打印结果
5	退出	按程序退出操作系统
		按程序关机

项目十五 应用计算机在 Word 中进行表格数据计算

一、准备工作

（一）考场准备

可容纳 20~30 人计算机室 1 间。

（二）资料、材料准备

计算机及应用软件 1 台，数据 1 份（不少于 3 行 3 列），输出设备 1 台，打印机 1 台，打印纸若干。

（三）人员

20～30 人操作，劳动保护用品穿戴齐全。

二、操作规程

序 号	工 序	操作步骤
1	准备工作	选用工具、用具、文字
2	录入前	检查计算机设备、线路、电路
		按程序打开计算机及其设备，进到桌面
3	设计表格	进入 Word 文档程序
		录入表格数据；编辑、修饰
		保存
4	输出操作	设定打印预览
		预览展示
		修改 Word
		打印机内放纸
		打印结果
5	退出	按程序退出操作系统
		按程序关机

项目十六　编写区块开采形势分析报告

一、准备工作

（一）考场准备

可容纳 20～30 人教室 1 间。

（二）资料、材料准备

某区块单井动、静态资料，稿纸，钢笔，计算器，彩笔。

（三）人员

20～30 人操作，劳动保护用品穿戴齐全。

二、操作规程

序　号	工　序	操作步骤
1	准备工作	用具齐全，整理资料
2	资料整理	动态资料整理列表
		静态资料整理列表
3	资料分析	动态资料分析
		静态资料分析
4	画对比曲线	画曲线进行对比
5	编写区块开采形势分析报告	分析准确，步骤清晰
6	卷面整理	卷面清晰、整洁、字迹工整
7	整理资料、用具	资料及试卷上交，用具整理后带走

模块四 综合管理

项目一 相关知识

一、全面质量管理概述

J（GJ）BJ001
质量管理的概念

质量管理是一门科学，它是随着生产技术的发展而发展的，它有着自己的一般发展过程。质量管理是为经济地提供用户满意的产品或服务所进行的组织、协调、控制、监察等工作的总称。质量管理的发展一般经历了三个阶段，即传统的质量管理阶段（又称检验质量管理阶段）统计质量管理阶段和全面质量管理阶段。全面质量管理的核心是提高人的素质，调动人的积极性，人人做好本职工作，通过抓好工作质量来保证和提高产品质量或服务质量。

全面质量管理是为了能够在最经济的水平上，并考虑到充分满足用户要求的条件下进行市场研究、设计、生产和服务；把企业各部门的研制质量、维持质量和提高质量的活动构成为一个有效体系。

全面质量管理（TQC）是"Total Quality Control"的缩写，是一个组织以质量为中心，以全员参与为基础，目的在于通过让顾客满意和本组织所有成员及社会受益而达到长期成功的管理途径。

（一）推行 TQC 的目的

推行 TQC 真正目的在于养成如下素质：

（1）善于发现问题的素质；

（2）重视计划的素质；

（3）重视过程的素质；

（4）善于抓关键的素质；

（5）动员全员参加的素质。

以养成这些素质来期待完成企业的社会责任和经营的发展目标。

（二）全面质量管理的基础工作

（1）标准化工作；

（2）计量工作；

（3）质量教育工作；

（4）质量责任制。

二、全面质量管理基本特点

J（GJ）BJ002
PDCA的循环原理

（1）全面质量管理是要求全员参加的质量管理。

全面质量管理要把企业所有员工的积极性和创造性都充分地调动起来，上至厂长，下至普通员工及一些管理部门人员。人人做好本职工作，广泛开展"QC"小组活动，关心产品质量，参加质量管理。

（2）全面质量管理是全过程的管理，全面质量管理所管的范围是产品质量产生、形成和实现的全过程。它是包括市场调查、产品设计、生产创造、销售及售后服务等全过程的质量管理。

（3）全面质量管理要求的是全企业的管理，产品质量职能分散在企业的有关部门，要提高产品质量，就必须将分散在企业各部门的质量职能充分发挥出来，都要对产品质量负责。

（4）全面质量管理所采用的管理方法应是多种多样的。

随着现代科学技术的发展，对产品质量性能提出越来越高的要求，同时影响产品质量的因素也越来越复杂。既有物质的因素，又有人为的因素；既有技术的因素，又有组织管理的因素；既有企业内部的因素，又有企业外部的因素；既有主观因素，又有客观因素。要把这一系列因素系统地控制起来，全面管理好。生产出高质量的产品，必须根据不同情况，区分不同影响因素，灵活运用各项现代管理方法，尊重客观事实，用数据说话。注意把专业技术、组织管理和数理统计方法有机结合起来，使质量管理建立在科学的基础上。

（5）全面质量管理强调持续改进，不断地寻求改进的机会，按照"PDCA"的科学程序持续地循环改进。以促进企业素质的提高和更好地满足顾客的不断变化的需要。

全面质量管理的核心是以顾客为中心，企业应理解顾客当前的和未来的需求，满足顾客的各种要求。

（6）全面质量管理和工作方法。

PDCA反映出四个阶段的基本工作内容：PDCA循环是QC质量小组活动的规律（程序）中的四个阶段。

①P阶段，通常是指分析现状、分析产生问题的影响因素、找出主要原因、制定对策，即计划阶段。

②D阶段，通常是指按制定的对策实施，即执行阶段。

③C阶段，对照计划要求，检查、验证执行的效果，及时发现计划过程中的经验及问题，即检查阶段。

④A阶段，制订巩固措施，防止问题再发生；指出遗留问题及下一步打算，即总结阶段。PDCA作为企业管理、质量管理的一种科学方法，适用于企业各方面的工作。因此，整个企业是一个大的PDCA循环，各部门又都有各自的PDCA循环，依次又有更小的PDCA循环，直至具体落实到每一个人。

三、全面质量管理方法与图表

全面质量管理方法比较多，主要有五种方法，即排列图法与分层法、调查表与因果图法、散布图法、直方图法、控制图法。

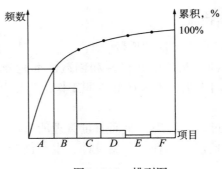

图2-4-1　排列图

J(GJ)BJ003
排列图的概念

（一）排列图法

1. 排列图的概念

排列图是为寻找主要质量问题或影响质量的主要原因使用的图，排列图又称帕累托图，它是将质量改进的项目从重要到次要顺序排列而采用的一种图表。

排列图是由两个纵坐标、一个横坐标、几个按高低顺序依次排列的长方形和一条累积百分比曲线组成的图（图2-4-1）。

2. 作图步骤

（1）收集数据：收集一定时期的质量数据，按不合格项目进行分类，分类一般按存在问题的内容进行。在油田动态分析中可用此图判断影响原油产量下降的主要原因及其他问题。

例如，某区块动态分析中，发现上月日产油能力为8500t，而本月日产油能力只有7650t，共下降了850t，其中，因含水上升而下降400t，液量减少250t，油井作业占产量影响100t，停产井减少50t，转注井减少50t。

（2）制表：将各项数量的大小依次填入"频数"一栏中，然后依次相加填入"累积数"栏中，将每项的依次累积数与总累积数相比，得出累积百分数，填入表后栏中（表2-4-1）。

表2-4-1　某区块产能波动因素统计表

序　号	项　目	频　数	累积数	累积, %
1	含水上升	400	400	47.1
2	液量下降	250	650	76.5
3	作业占产	100	750	88.2
4	停产井	50	800	94.1
5	转注井	50	850	100
	合计	850		

3. 排列图绘制

（1）首先绘制左侧纵坐标，再画横坐标，在横坐标上标出项目刻度，例如，图2-4-2共有五项，标出五个刻度，按频数大小顺序从左到右填写项目名称。

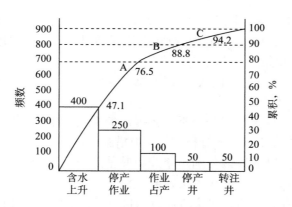

图2-4-2 某区块产能波动排列图

（2）确定左纵坐标刻度，这个坐标是频数坐标。与右纵坐标等高，坐标原点为零，在合适的高度定为总频数。均匀地标出一定的整数点的数位。

（3）定右纵坐标刻度，这个坐标是累积百分数坐标。在与左纵坐标总频数对应等高处定为100%，坐标原点为零，均匀地标出各点的数值。

（4）按项目的频数画出直方图。

（5）画帕累托曲线，以各项目直方线（直方形右侧边线）或延长线为纵线，按各项目累积百分数引平行于横坐标轴线，在两线相交处打个点。下边写上累积百分率。从右纵坐标累积百分率80%处向左引一条平行于横坐标的虚线，从90%和100%处同样引两条虚线，在三条虚线下方分别写上A类、B类、C类（图2-4-2）。

在排列图的下方填写排列图的名称、搜集数据的时间、绘图者、分析结论等事项。

（二）因果图

J（GJ）BJ004
因果图的概念

1. 因果的概念

因果图是表示质量特性与原因关系的图。产品质量在形成的过程中，一旦发现了问题就应进一步寻找原因。采用开"诸葛亮会"的办法，集思广益，再把群众分析的意见按相互间的关系，用特定的形式反映在一张图上，就是因果图。因果图又称特性要因图、石川图、树枝图、鱼刺图等（图2-4-3）。

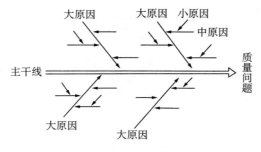

图2-4-3 因果图

2. 因果图绘图步骤

（1）先明确要分析的质量问题和确定须解决的质量特性。

（2）画一条带箭头的主干线，箭头指向右端，将结果写在右边方框里，因为影响产品质量一般有五大因素（人、机器、原料、方法、环境），所以经常见到按五大因素分类的因果图。具体分析时，可根据质量影响情况增减项目，将大原因用箭头排在主干线的两侧，确定造成质量问题的大原因。

（3）召集同该质量问题有关的人员参加"诸葛亮会"，并创造一个充分发扬民主、各抒己见、集思广益的会议气氛。

（4）按各大原因引导大家展开分析，将提出的看法按中小原因及相互之间的关系，用长短不等的箭头画在图上，展开分析到能采取措施为止。

（5）把重要的、关键的原因分别用粗线或其他颜色的线标记出来，或者加上方框，但这类原因只能是 2~3 项，用表决方法确定。

（6）记下必要的有关事项，如绘制日期、制图者、单位、参加讨论人员及其他可供参考查询的注意事项。

四、QC 小组活动

J（GJ）BJ005
QC小组活动的
含义、程序

（一）QC 小组的含义

QC 小组是企业实现全员参与质量改进的有效形式。凡是在生产或工作岗位上从事各种劳动的职工，围绕企业的方针目标，运用质量管理的理论和方法，以改进质量、降低消耗、提高经济效益和管理水平为目的而组织起来并开展活动的小组，可统称为质量管理小组。即 QC 小组。对建立的 QC 小组进行摸底了解，具体内容包括：对其成员情况、基本条件、以往活动简历、曾达到的水平和保持的现有成果等进行了解掌握。QC 小组在解决质量、成本、生产量等问题时，基于数据的实质性问题解决方法是十分有效的，使用的最基本方法一般有：调查表、帕累托图、特性要因图、图表、确认表、矩形图、散布图、管理图。QC 小组要对调查的数据进行认真分析，调查的方法有多种，常用的方法有调查法、列图法等。

（二）QC 小组活动的程序

（1）确定课题名称；

（2）小组概况；

（3）确定选题理由；

（4）质量因素现状调查；

（5）主要原因分析；

（6）制定对策；

（7）实施情况；

（8）效果分析；

（9）巩固措施；

（10）体会与打算。

五、油田经济评价

经济评价是石油勘探开发工作的重要组成部分，是企业现代化经营管理的标志之一。经济分析的主要目的是，依据油田开发的方针和原则，在确保获得最高油田最终采收率的前提下，选择节省投资、节省原材料、经济效果好的开发设计方案，为国家和企业节约和积累资金。

油田经济评价工作是分析开发技术方案的经济效益，为投资决策提供依据。

（一）经济评价的原则

（1）必须符合国家经济发展的产业政策、投资方针及有关法规。

（2）经济评价工作必须在国家和地区中长期发展规划的指导下进行。

（3）经济评价必须注意宏观经济分析与微观经济分析相结合，选择最佳方案。

（4）经济评价必须遵守费用与效益的计算具有可比性的原则。

（5）项目经济评价应使用国家规定的经济分析参数。

（6）经济评价必须保证基础资料来源的可靠性与时间的同期性。

J（GJ）BL002
油田经济评价
的原则

（7）经济评价必须保证评价的客观性与公正性。

（二）经济评价的步骤

经济评价工作贯穿于方案周期的各个阶段，而且随研究对象的不同而有所区别，但具体工作步骤大体可分如下几步：

（1）确定评价项目。

（2）研制或修改计算软件。

（3）核定基础数据和计算参数。

（4）计算。

（5）输出计算结果，编写评价报告。

（三）经济分析所依据的技术指标

每一个完整的油田开发方案，都可以根据油田的地质情况及流体力学的计算和开采的工艺设备，得出该开发方案下的技术经济指标，开发方案不同，这些技术指标也就各有差异，进行经济分析，就是要对不同设计方案技术指标进行经济计算，并最终算出全油田开发的经济效果，也只有对不同设计方案的技术指标进行经济分析或计算后，才能最后看出不同开发方案的经济效果。具体说来，对注水开发油田进行经济分析或计算所依据的主要指标是：

（1）油田布井方案，特别是油田的总钻井数、采油井数和注水井数。

（2）油田不同开发阶段的采油速度、采油量、含水上升百分数。

（3）各开发阶段的开发年限及总开发年限。

（4）不同开发阶段所使用的不同开采方式的井数，即自喷井数及机械采油井数。

J（GJ）BL003
经济分析的技
术指标

（5）油田注水或注气方案，不同开发阶段的注水量或注气量。

（6）不同开发阶段的采出程度和所预计的最终采收率。

（7）开发过程中的主要工艺技术措施等。

（四）经济评价任务

油田开发经济评价是分析开发技术方案的经济效益，开发工程的特点，油田开发经济评价的主要任务有以下三个方面。

（1）进行工程技术方案的经济评价与可行性研究。

油田开发经济评价应配合各级生产管理部门和设计部门做好工程技术方案的经济评价与可行性研究，为提高工程投资项目的综合经济效益提供决策依据。工程技术方案主要指：

①新区开发方案。

②老区调整方案。

③中外合作开发方案。

④未开发储量经济评价等。

（2）开展油田开发边际效益分析。

有时为了分析技术方案或技术措施的经济极限，要开展油田边际效益分析。在实践中须分析的问题是：

①极限产能或极限单井日产量。

②合理井网密度分析。

③单井极限含水率。

④热采极限气油比。

（3）开展油田开发经济动态预测与分析。

为了预测油区中长期开发规划的经济效果或分析油田开发经济动态，须分析的问题是：

J（GJ）BL001
油田经济评价
的任务

①中长期开发规划的经济效果预测。

②油田开发经济动态分析等。

油田开发经济评价与分析的工作内容将在实践中不断地扩展。

J（GJ）BL004
油田开发经济
指标的特点

六、油田开发经济指标

（一）油田开发经济指标预测的特点和要求

经济指标的预测与油田开发指标的预测是分不开的。一般在油田的开发方案规划确定以前，首先是提出大量的开发方案进行对比，然后根据不同的方案进行经济指标的预测，评价方案的经济合理性。因此，预测方法必须具备以下特点和要求。

（1）必须适应油田的开发特点，并反映出开发指标与经济指标的关系，以便根据不同开发方案中的开发指标来计算相应的经济指标，这样就能对比其经济效果。

（2）为了对不同的开发方案进行对比，在经济指标计算时，要考虑可比性。例如，在实际油田开发中，每口井的钻井投资都是不同的，但为了进行不同方案的对比，必须假定在同一油田、同井深的条件下，每口井的投资是相同的。

（3）不同经济指标的计算方法必须适应不同的开发阶段，如果不适应就必须修改。在不同的开发阶段，其开发特点也不同，经济论证和经济对比的内容也不同。如油田开发初期，经济对比的重点是选择合理井网；油田开发中后期，开发的任务是实现稳产，经济对比的重点是油田采取什么样的增产措施，及各种增产措施怎样组合才能使其经济效果最佳。

（4）油田开发经济指标计算方法中数量关系的确定，应以油田开发历史的数据为依据，这样可以更加符合油田实际。

J（GJ）BL005
油田开发消耗
的经济指标

（二）油田开发中计算人力、物力消耗的经济指标

这类指标有的是用价值形式表示，有的是用实物数量形式表示，指的是建设和生产过程中耗费的数量大小。这类指标有以下四类。

（1）油田建设总投资：是指油田建设过程中物质资料消耗和劳动力消耗总和的价值

表现，是油田开发过程中最基本的经济指标之一。

（2）原油生产费用（或称生产成本）：是采油部门生产过程中消耗的物化劳动和活劳动用货币表现的总和，是衡量企业经济效果的综合性指标，也是油田开发中最基本的指标之一。

（3）劳动消耗量：可以分为油田建设消耗量和采油劳动消耗量，是油田建设或采油生产过程中人力、物力的实物量指标。

（4）油田建设的材料消耗量：指的是油田建设中钢材、木材、水泥等的消耗量。

（三）油田开发中油田建设或采油生产总成果的经济指标

（1）建成原油生产能力：是实物指标，单位为 10^4t/a。

（2）原油总产值：是采油生产部门在一定期限内生产出来的原油总量的货币表现，包括了生产过程中通过生产资料消耗的价值和劳动者创造的新价值。

（3）企业利润：是企业按国家规定的价格出售商品的收入，是扣除成本和缴纳工商税后的纯收入。

（4）企业经济效益指标：主要包括以下三个方面的内容。

①劳动消耗：按劳动时间计算，它包括全部的物化劳动消耗和活劳动消耗。

②劳动占用（即资金占用）：从企业角度应当包括固定资金和流动资金，而流动资金应当包括定额流动资金和非定额流动资金。

③劳动成果：就是使用价值总量。一般地说，使用价值总量可以用企业总产品来表示。企业的总产值、净产值、纯收入可以用劳动成果来表示。

a. 企业总产值（也称企业总产品）：是各个小企业单位为大企业提供的使用价值总量。

b. 企业净产值（也称新创造的企业产品、企业收入）：是物质生产领域为社会提供的使用价值总量。

c. 企业纯收入（也称剩余产品）：是物质生产领域为社会提供的物质财富。它是从企业收入中扣除生产领域劳动者所得之后剩余的部分。

（5）产值利润率，总产值包括了一定期限中生产资料、消耗费用所转移的价值。

（6）采油劳动生产率，表示一定期限内，采油部门的总产油量、总产值与活劳动消耗的比值。

J（GJ）BL006
油田生产总成果的经济指标

（四）经济效益及投资核算

1. 评价经济效益

经济效益的含义对油田来说，指的是油田基本建设或者采油生产中所消耗的物化劳动和活劳动，同所取得的社会产品和价值的比较。目前采用的油田经济评价方法，是世界上最通用的动态评价方法，并结合中国国情以动态评价为主，静态评价方法为辅的评价方法。油田经济效益评价方法是在资源评价、油藏工程评价、市场预测、钻采、地面工程评价的基础上，对项目投入的费用和产出的效益进行计算分析，再通过多方案比较，论证项目的财务可行性和经济的合理性。评价指标有以下几项。

J（GJ）BL007
经济效益及投资核算

（1）原油单位成本：等于一定时期中采油总生产费用除以商品油量。这是一项综合效益指标，它所包含的折旧和生产费用能够反映油田开发建设的经济合理性；包含的各项生产费用能够反映油田开发的措施效果、开发技术水平和组织管理水平的高低；油田开发过程的成本运算规律，反映着油田开发过程的变化。

（2）投资效果：油田建成的生产能力同所花费的总投资之比，也就是每花万元所建成的生产能力。投资效果的倒数就是建成单位生产能力所需投资，同样也可以衡量和比较油田建设的投资效益。

（3）投资回收期：指一项工程建成投产后，从投入生产的时间起，到把它全部投资收回所需要的时间，即总投资除以企业的年纯收入。显然投资回收期越短，经济效益越高。如果一个油田开发方案预计的投资回收期大于油田的开发年限，则这个方案是不可取的。所以此指标常用于分析建设方案的可行性。

（4）投资及效益：是投资回收期的倒数，数值上等于建设工程投产后每年获得的纯收入同建设投资金额之比。投资收入效益越高，投资的经济效益就越大。

（5）追加投资回收期：追加投资是指两个不同方案的投资差额。就是采用某方案后，依靠生产成本的节约额来回收投资的期限，其计算公式为：

$$T_1=(K_1-K_2)/(S_1-S_2) \tag{2-4-1}$$

式中　T_1——追加投资回收期，a；

　　　K_1，K_2——两个不同方案的投资额（$K_1>K_2$）；

　　　S_1，S_2——两种不同方案的生产费用（$S_2>S_1$）。

这个公式的倒数就是追加投资比较效果系数。

（6）采油劳动生产率：表示一定期限内，采油部门的总产油量或总产值与活劳动消耗的比值，单位为：t/（人年）或元/（人年）。

（7）产值利润率：总产值包括了一定期限中生产资料和劳动消耗所转移的价值。前者是为取得价值增值的必要条件，后者是取得的价值增值。利润就是这种价值增值的主要部分。产值利润率表明，一定期限中企业生产的总产值中利润所占的百分数。

（8）成本利润率：数值上等于一定期限内，企业获得的利润同生产费用的比值。体现了收益同消耗的比较。

（9）三大材料消耗量：是在油田建设中消耗的钢材、木材、水泥量与建成的生产能力之比，以衡量每建成单位原油生产能力的消耗量。计算公式为：

$$m=\frac{M}{Q} \tag{2-4-2}$$

式中　m——建成百万吨生产能力所需钢材、木材、水泥量，t/（10^6t）；

　　　M——油田建设材料消耗量，t或m^3；

　　　Q——油田建设年生产能力，10^6t。

（五）总投资、原油成本的计算

1. 总投资的计算

总投资包括钻井工程和油田地面建设的油气集输、注水、供电、供水、机修、通信、道路、文教科研、民用建设等系统工程。归纳起来油田建设的总投资K可由以下四部分组成：

$$K=K_1+K_2+K_3+K_4 \qquad (2-4-3)$$

$$K_1=LH+A \qquad (2-4-4)$$

$$K_2=f(d,q_o)N_a \qquad (2-4-5)$$

$$K_3=f(d,q_i)N_i \qquad (2-4-6)$$

$$K_4=BF+CQ \qquad (2-4-7)$$

式中　K_1——钻井投资（包括钻井费用和井口装置费用）；

K_2——油气集输系统投资；

K_3——注水系统投资；

K_4——与油田开发面积、油田生产规划有关的投资（如油库、通信、道路等投资）；

L——钻井单位进尺投资额，元/m；

H——井深，m；

A——井口装置投资，元；

d——井网密度或井距，m；

q_o，q_i——单井日产油量和日注水量，t/d 或 m³/d；

N_a，N_i——生产井数和注水井数，口；

F——油田开发面积，km²；

Q—油田生产规模，10^4t/a；

B，C——经验统计系数（与开发面积和生产规模有关的系数）。

为了寻找单井投资与开发因素的定量关系，可借助于若干油矿模型。根据这些模型计算出所需设置的输油站、注水站规模及数量，各种规格的集输管线、注水管线长度，用工程综合定额计算出每一油矿规模的总投资，每一种投资均可根据油田实际情况找出适当的数量关系。

2. 原油成本的计算

在企业财务部门进行成本核算时，成本项目包括以下内容：材料、燃料、动力、生产工人工资、折旧、注水费、井下作业费、原油三脱、科研实验费、油田维护费、矿场经费、企业管理费等 12 项。但为了方案经济上的可比性，还必须考虑种种不同措施对生产成本的影响，因此生产费用可用下列 10 项计算。

（1）油气集输费和脱水费：油气集输费是指从原油的生产井井口流程泵站开始，再从泵站沿输油干线至油库，到油库总出口为止所发生的费用。这两项费用均和油田总产液量成正比，故可表示为与油田产油量和含水有关的费用：

$$C_1 = a\left[\frac{Q_o}{\rho(1-\eta)} + Q_w\right] \qquad (2-4-8)$$

式中　C_1——油气集输费和脱水费，元；

a——每吨液体的集输和脱水费，元；

Q_o——油田总产油量，t；

Q_w——油田总产水量，m^3；

η——输差（核实产量与井口产量之比）；

ρ——地面原油密度，t/m^3。

（2）注水费：

$$C_2=bQ_i \tag{2-4-9}$$

$$C_1 = I \cdot \left[\frac{Q_o}{1-\eta} \cdot \frac{B}{\rho} + Q_w \right] \tag{2-4-10}$$

式中　C_2——注水费，元；

　　　b——每注 $1m^3$ 水的费用，元；

　　　Q_i——年注水量，m^3；

　　　I——年注采比；

　　　B——原油体积系数。

（3）电泵附加费：指油田采用电泵开采或开采过程中由自喷转为电泵开采后，额外增加的电费、设备维修及井下作业费等。

$$C_3=CN_泵 \tag{2-4-11}$$

式中　C_3——电泵附加费，元；

　　　$N_泵$——下泵井数，口；

　　　C——包括电费、设备维修、井下作业三项内容的单井生产费用附加费，元。

（4）抽油机附加费：指油田采用抽油机开采或由自喷改为抽油开采后，额外增加的电费、检泵费和设备维修费。

$$C_4=dN_油 \tag{2-4-12}$$

式中　C_4——抽油机附加费，元；

　　　d——抽油机单井附加费，元；

　　　$N_油$——抽油井井数，口。

（5）油井压裂费：

$$C_5=eN_压 \tag{2-4-13}$$

式中　C_5——油井压裂费，元；

　　　e——单井压裂费用，元；

　　　$N_压$——年压裂总井数，口。

（6）井下作业费（扣除压裂费以外的井下作业总费用）：

$$C_6=fN \tag{2-4-14}$$

式中　C_6——井下作业费（扣除压裂费以外的井下作业总费用），元；

　　　f——单井平均费用，元；

　　　N——油田油水井总数，口。

（7）企业管理费（油矿管理费及科研实验费）：在油田开发初期一般是以该费用占总

费用的百分数进行测算，以 C_7 表示。

（8）其他与井数有关的费用：包括材料、燃料、动力、生产工人工资、折旧5项费用，以 C_8 表示。

（9）油田维护费：用于维持油田正常生产的费用，可以根据油田的实际统计数据推算，以 S_2 表示。油田生产费用分为采油直接费用和油田维护费两大类，可以表示为：

$$S=S_1+S_2 \tag{2-4-15}$$

$$S_1=\sum_{i=1}^{8}C_i \tag{2-4-16}$$

式中　S——油田生产费用，元；

　　　S_1——采油直接费用，元；

　　　S_2——油田维护费，元。

（10）原油成本为生产费用除以年产油量。

班组经济核算，是企业经济核算的基础，它是按照全面经济管理的要求，以班组为基础，对经济活动的各个环节采用货币、实物、劳动工时等三种量度进行预测、记录、计算、比较、分析和控制，并做出经济评价的组织管理工作。

J(GJ)BL008
班组经济核算
的内容

（六）班组经济核算的任务与作用

班组经济核算的任务是按照企业的生产经营目标，在班组进一步落实企业内部经济责任制。通过核算和分析反映、监督班组经济指标的完成情况。考核班组经济效果，寻求以最小的生产消耗取得最大的生产成果的途径。

1.班组经济核算的作用

（1）指导经济活动。

（2）落实经济责任制。

（3）提高经济效益。

2.班组经济核算的内容

班组经济核算的内容，应根据班组的特点和生产的实际需要，本着干什么、管什么、算什么的原则确定，达到有利生产，方便群众，简单、明确反映班组生产消耗与生产成果的目的。内容主要包括产量指标、质量指标、劳动指标、源消耗指标等。

1）产量指标

$$超产（欠产）数=实际完成数-计划定额数 \tag{2-4-17}$$

$$产量计划完成率=\frac{实际完成产量数}{计划定额数}\times100\% \tag{2-4-18}$$

$$完成定额工时超（欠）数=实际完成定额工时数-计划完成定额工时数 \tag{2-4-19}$$

$$定额完成工时率=\frac{实际完成定额工时数}{计划完成定额工时数}\times100\% \tag{2-4-20}$$

$$完成产值超（欠）数=实际产值-计划产值 \tag{2-4-21}$$

$$产值计划完成率=\frac{实际产值}{计划产值}\times100\% \qquad (2-4-22)$$

$$产品产值 = 某产品数量 \times 该产品单位产值(按计划价格) \qquad (2-4-23)$$

2）质量指标

班组产品质量指标的核算，是用实际质量与计划（或标准）要求相对比，检查质量指标的完成程度。主要的质量指标是产品合格率，其计算公式为：

$$合格品率升(降)数 = 实际合格率 - 计划合格率 \qquad (2-4-24)$$

$$产品合格率=\frac{合格品总量}{送验品量}\times100\% \qquad (2-4-25)$$

3）劳动指标

班组劳动指标的核算，一般要核算劳动出勤率、工时利用率、劳动生产率等指标。

$$劳动出勤率=\frac{实际出勤工作日(或工时)数}{制度工作日(或工时)数}\times100\% \qquad (2-4-26)$$

$$制度工时利用率=\frac{制度内实际生产工时(或工日)数}{制度工时(或工日)数}\times100\% \qquad (2-4-27)$$

$$出勤工时利用率=\frac{制度内实际生产工时(或工日)数}{出勤工时(或工日)数}\times100\% \qquad (2-4-28)$$

$$劳动生产率=\frac{报告期生产总产值(或产品数量、产品定额工时)}{本期内班组平均职工人数}\times100\% \qquad (2-4-29)$$

4）材料、能源消耗指标

班组消耗指标的核算，主要是对原材料、燃料和动力的实际消耗量与计划限额（或定额）进行对比，班组可凭限额费用手册，根据领用情况月末进行结算，标明超支或节余。

$$材料能源总耗节(超)数 = 材料实际总耗 - 材料计划总耗 \qquad (2-4-30)$$

$$= 实际产量 \times 实际单耗 - 实际产量 \times 定额单耗$$

$$材料能源实际单耗=\frac{实际总消耗量}{合格产品产量} \qquad (2-4-31)$$

$$材料利用率=\frac{产品实际用料数量}{材料总消耗量}\times100\% \qquad (2-4-32)$$

$$材料费用节(超)额 =(材料实际总耗量 - 材料计划总耗量)\times 材料单价$$

$$= 实际产量 \times(实际单耗 - 定额单耗)\times 材料单价 \qquad (2-4-33)$$

七、技术培训及论文编写知识

技术培训一般是指为了掌握本职业技能或提高职业活动水平，所参加的职业技能理论学习和实际操作等活动。技术培训是企业对员工进行技术理论和技艺能力的教学和示范活动。

技术培训目的是提高企业员工的专业理论水准和技术操作能力。

在企业内部技术培训从形式上讲分为脱产班和不脱产班，分为长期班和短期班。教育是一种社会现象，也是企业文化的一部分，是人类社会特有的有意义的活动，也是人类社会特有的传递经验的形式。广义的教育是指培养人的社会活动。凡是有目的地增进人的知识技能，影响人的思想品德，发展人的智力和体力的活动，不论是有组织的还是无组织的，系统的或零碎的都是教育。教育随着人类社会的进步而产生，发展于社会生产劳动和社会生活之中。企业内部技术培训实际就是一种教学活动。

> J（GJ）BK001
> 技术培训的概念

（一）教学计划及原则

教学计划是课程安排的具体形式，包括学科设置、学科开设、教学时数及学习时间安排。制定教学计划的原则是以教学为主，全面安排，互相衔接，相对完善，突出重点，注重联系，统一性、稳定性和灵活性相结合的原则。

> J（GJ）BK002
> 教学计划的概念

编写教学大纲和教科书应遵循的原则有四条：

（1）思想性和科学性相统一。

（2）理论联系实际。

（3）稳定性和时代性相结合。

（4）系统性和可接受性相统一。

教学的原则是科学性与思想性的统一。运用这一原则的基本要求有以下几点：

（1）在传授基本知识时，要通过理论联系实际的方法，使书本上的知识变成学员自己的能灵活运用的知识，达到既懂又会，学以致用。

（2）通过直接接触实际，引导学员获得感性知识，获得直接的实际知识。

（3）利用学员各种感官和已有经验，通过各种形式和手段感知、丰富学员的直接经验和感性知识，使学员直观地获得鲜明的表象。

（4）能启发性地调动和发挥学员学习的主动性、积极性，教师讲课力求吸引注意，简单明了，启发学员独立思考，发展思维能力，唤起学习兴趣和求知欲望。

（5）必须按教学要求，按照学科的逻辑系统和学员认识的发展，循序渐进地进行教学，按教材系统地进行教学，抓主要矛盾，解决好重点难点，由浅入深，由易到难，由简到繁地进行教学。

（6）坚持巩固性原则，在教学过程中，引导学员在理解的基础上牢固地掌握知识技能，长久地保持在记忆中，能根据需要迅速再现出来，坚持在理解的基础上巩固，重视组织各种复习加以巩固，在扩充运用知识中积极巩固。

（7）因材施教原则。是指导教师从学员的实际情况、个别差异出发，有的放矢地进行差别教学，使每个学员都能扬长避短，掌握最佳的、获得知识的途径，针对学员的特点进行有区别的教学，采取有效措施使学员得到充分的发展。

（二）教学方法

教学方法是完成教学任务而采用的方法，包括教师教的方法和学员学的方法。在实际教学中，教学方法是实现教学目的的手段，是完成教学任务的保证。当今比较提倡的是启发式教学。在传授基本知识时，要利用学员各种感官和已有经验，通过各种形式和手段感知，丰富学员的直接经验和感性知识，使学员直观地获得鲜明的表象。所谓启发式教学方法，就是把学员作为认识活动的主体，教师积极引导学员开动脑筋进行独立思考，主动揭示事物内在矛盾而获得知识、发展智力的各种活动。

常用的教学方法可分为以下三类：

J(GJ)BK003
教学方法的概念

（1）以语言传递作为教学方法，有讲授法、类比法、讨论法、读书指导法。

（2）直观感知作为教学方法，有演示法、参观法。

（3）以实际训练作为教学方法，有练习法、实验法、作业法、实践活动法。

学员的学习方法，有预习、听课、复习、作业和练习，阅读教材和课外书，制定学习计划和小结等。

（三）教学的组织形式

教学的基本组织形式主要是课堂教学，辅助形式有现场教学、个别教学、分组教学等。

（四）教学、培训工作的基本环节

1. 备课

备课就是根据教学大纲的要求和本门课程特点，结合学生的具体情况，选择最适合的表达方法和顺序，以保证学员有效地学习。一般有如下几点要求。

（1）钻研教材：包括钻研教学大纲、教科书和阅读有关的参考资料。

（2）熟悉学员：应了解学员原有的学习基础、学习质量、学习态度和学习方法，以及学生的思想精神面貌、个性特征和健康状况。

（3）考虑教学方法：就是考虑如何将自己掌握的教材知识传授给学员，包括规定教材和选定教材等。

2. 课程要求

课程准备完成之后，应编制出学期教学进度计划、课题式单元计划、课时安排。一般课程要求有以下几点。

（1）讲究语言艺术，语言要清晰、准确、简练、生动形象、通俗易懂、言简意赅，语速、高低合适，音调抑扬顿挫。

J(GJ)BK004
备课的概念

（2）目的明确：教师、学员双方对教学要达到的目的应当明确，使教学紧紧围绕目的进行。

（3）内容正确：传授给学员的信息要准确无误，严把教学内容的科学性。

（4）能采用恰当的方法，以调动起学员的积极性。

（5）结构合理，每堂课必须有严密的计划性和组织性。

（6）板书有序，设计合理。

（7）态度从容自如，把满腔的工作热情投入到教学过程之中。

3. 课外辅导与课外作业的布置与批改

深入到学员中去，耐心仔细地进行答疑，批改作业反馈信息。

4．对学员成绩的检查与评定

通过提问、检查作业、书面测验、考试、实验、操作和日常观察了解学员公正客观的评价。为国家和企业选拔优秀人才提供参考。

（五）教育心理学知识

要达到较好的教学、培训效果，心理学知识是不可或缺的。

心理学是研究人的心理发生发展规律的科学，是介于自然科学与社会科学之间的中间学科，是边缘学科的一种。

J（GJ）BK005
教育心理学的概念

1．记忆

记忆就是过去的行为或事物在人脑中的反映。记忆是一种比感知更为复杂的心理现象。一般分为形象记忆、逻辑记忆、情绪记忆和运动记忆。

2．思维和想象

思维就是客观事物在人脑中的概括和间接的反映。它是借助语言实现的人的理性认识过程。人们通过思维揭示事物的本质和规律。思维的基本形式是概念、判断和推理。

在培训中要不断加强对学员良好思维品质的培养。

3．能力

能力是直观的影响活动效率，使活动顺利完成的个性心理特征。人能顺利完成各种活动，不是单一能力所胜任的，必须要各种能力的结合。

项目二　编绘全面质量管理排列图

一、准备工作

（一）考场准备

可容纳 20～30 人教室 1 间。

（二）资料、材料准备

出现的问题 5 项以上，A4 纸 1 张，演草纸少许。

（三）工具、用具准备

计算器 1 个，钢笔 1 支，橡皮 1 块，2H 铅笔 1 支，200mm 直尺 1 把。

（四）人员

多人操作，劳动保护用品穿戴齐全。

二、操作规程

序 号	工 序	操作步骤
1	收集资料	收集、整理相关数据
		计算相应参数变量：频数、累积数，累积百分比
		制表

序　号	工　序	操作步骤
2	绘制排列图	设定左侧纵坐标：以频数为纵坐标
		设定横坐标：以项目名称为横坐
		设定右侧纵坐标：以频数为纵坐标
		绘制直方图：标注各点位置，连接各点
		绘制曲线
3	标注图标	标注图名
		标注落款；分析结论
4	检查卷面	检查卷面
5	整理资料、用具	资料及试卷上交，用具整理后带走

三、技术要求

具体详细设计内容按实际计算机考卷要求为准。

项目三　编绘全面质量管理因果图

（一）准备工作

（一）考场准备

可容纳 20～30 人教室 1 间。

（二）资料、材料准备

出现的问题 5 项以上，A4 纸 1 张，演草纸少许。

（三）工具、用具准备

计算器 1 个，钢笔 1 支，橡皮 1 块，2H 铅笔 1 支，200mm 直尺 1 把。

（四）人员

多人操作，劳动保护用品穿戴齐全。

二、操作规程

序　号	工　序	操作步骤
1	收集资料	收集、整理相关数据
		分析问题
		查找主、次要原因及相互关系确定措施手段

续表

序 号	工 序	操作步骤
2	绘制因果图	把"结果"画在右边的矩形框中，然后把各类主要原因放在它的左边，作为"结果"框的输入
		绘制一条带箭头的主线
		在主线两侧绘制：寻找所有下一个层次的主原因并画在相应的主（因）枝上，标注主要原因
		绘制次要原因线：在主要原因线上绘制下一级原因线，将次要原因按相互关系绘制长短不等的箭头，从中原因、小原因、更小原因这样一级一级绘制下去
3	标注图标	标注图名
		标注落款
4	检查卷面	检查卷面
5	整理资料、用具	资料及试卷上交，用具整理后带走

三、技术要求

（1）确定原因，尽可能具体。

（2）有多少质量特性，就要绘制多少张因果图。

（3）绘制因果图的内容分别要实现"重要的因素不要遗漏"和"不重要的因素不要绘制"两方面要求。正如前面提到过，最终的因果图往往是越小越有效。

项目四 压裂井的经济效益粗评价

一、准备工作

（一）考场准备

可容纳 20～30 人教室 1 间。

（二）资料、材料准备

1 口井的压裂生产数据（压裂前后），当前压裂费用，当前原油单位价格，1 张空白压裂效果对比表，1 张空白生产数据对比表，1 份评价答卷，演草纸少许。

（三）工具、用具准备

计算器 1 个，2H 铅笔 1 支，橡皮 1 块，钢笔 1 支。

（四）人员

20～30 人操作，劳动保护用品穿戴齐全。

二、操作规程

序　号	工　序	操作步骤
1	填写对比表	填写生产数据对比表
		填写压裂效果对比表
		计算压裂初期增油量
2	核定费用	核定压裂各项价格（填写评价答卷）
		计算压裂井投资（填写评价答卷）
3	计算增收	计算增收资金（填写评价答卷）
		预算本年度增收资金（填写评价答卷）
4	评价效益	计算投入、产出费用差值（填写评价答卷）
		评价压裂井经济效益（填写评价答卷）
5	提出措施	查找影响压裂效果的问题（填写评价答卷）
		提出下步措施（填写评价答卷）
6	卷面整理	卷面清晰、整洁、字迹工整
7	整理资料、用具	资料及试卷上交，用具整理后带走

项目五　封堵井的经济效益粗评价

一、准备工作

（一）考场准备
可容纳 20～30 人教室 1 间。

（二）资料、材料准备
1 口井的封堵生产数据（封堵前后），当前封堵费用，当前原油单位价格，1 张空白封堵效果对比表，1 张空白生产数据对比表，1 份评价答卷，演草纸少许。

（三）工具、用具准备
计算器 1 个，2H 铅笔 1 支，橡皮 1 块，钢笔 1 支。

（四）人员
20～30 人操作，劳动保护用品穿戴齐全。

二、操作规程

序　号	工　序	操作步骤
1	填写对比表	填写生产数据对比表
		填写封堵效果对比表
		计算封堵初期增油量

续表

序　号	工　序	操作步骤
2	核定费用	核定封堵各项价格（填写评价答卷）
		计算封堵井投资（填写评价答卷）
3	计算增收	计算增收资金（填写评价答卷）
		预算本年度增收资金（填写评价答卷）
4	评价效益	计算投入、产出费用差值（填写评价答卷）
		评价封堵井经济效益（填写评价答卷）
5	提出措施	查找影响封堵效果的问题（填写评价答卷）
		提出下步措施（填写评价答卷）
6	卷面整理	卷面清晰、整洁、字迹工整
7	整理资料、用具	资料及试卷上交，用具整理后带走

项目六　酸化井的经济效益粗评价

一、准备工作

（一）考场准备

可容纳 20~30 人教室 1 间。

（二）资料、材料准备

1 口井的酸化生产数据（酸化前后），当前酸化费用，当前原油和注水单位价格，1 张空白酸化效果对比表，1 张空白生产数据对比表，1 份评价答卷，演草纸少许。

（三）工具、用具准备

计算器 1 个，2H 铅笔 1 支，橡皮 1 块，钢笔 1 支。

（四）人员

20~30 人操作，劳动保护用品穿戴齐全。

二、操作规程

序　号	工　序	操作步骤
1	填写对比表	填写生产数据对比表
		填写酸化效果对比表
		计算酸化初期增油量
2	核定费用	核定酸化各项价格（填写评价答卷）
		计算酸化井投资（填写评价答卷）
3	计算增收	计算增收资金（填写评价答卷）
		预算本年度增收资金（填写评价答卷）

续表

序　号	工　序	操作步骤
4	评价效益	计算投入、产出费用差值（填写评价答卷）
		评价酸化井经济效益（填写评价答卷）
5	提出措施	查找影响酸化效果的问题（填写评价答卷）
		提出下步措施（填写评价答卷）
6	卷面整理	卷面清晰、整洁、字迹工整
7	整理资料、用具	资料及试卷上交，用具整理后带走

项目七　补孔井的经济效益粗评价

一、准备工作

（一）考场准备
可容纳 20～30 人教室 1 间。

（二）资料、材料准备
1 口井的补孔生产数据（补孔前后），当前补孔费用，当前原油单位价格，1 张空白补孔效果对比表，1 张空白生产数据对比表，1 份评价答卷，演草纸少许。

（三）工具、用具准备
计算器 1 个，2H 铅笔 1 支，橡皮 1 块，钢笔 1 支。

（四）人员
20～30 人操作，劳动保护用品穿戴齐全。

二、操作规程

序　号	工　序	操作步骤
1	填写对比表	填写生产数据对比表
		填写补孔效果对比表
		计算补孔初期增油量
2	核定费用	核定补孔各项价格（填写评价答卷）
		计算补孔井投资（填写评价答卷）
3	计算增收	计算增收资金（填写评价答卷）
		预算本年度增收资金（填写评价答卷）
4	评价效益	计算投入、产出费用差值（填写评价答卷）
		评价补孔井经济效益（填写评价答卷）
5	提出措施	查找影响补孔效果的问题（填写评价答卷）
		提出下步措施（填写评价答卷）

续表

序　号	工　序	操作步骤
6	卷面整理	卷面清晰、整洁、字迹工整
7	整理资料、用具	资料及试卷上交，用具整理后带走

理论知识练习题

高级工理论知识练习题及答案

一、单项选择题（每题有4个选项，只有1个是正确的，将正确的选项号填入括号内）

1. AA001　同一岩石有效孔隙度（　　）其总孔隙度。

    A. 大于等于　　　　　　B. 大于　　　　　　C. 小于　　　　　　D. 等于

2. AA001　有效孔隙度是指那些互相连通的，在一般压力条件下，可以允许流体在其中流动的（　　）之和与岩样总体积的比值，以百分数表示。

    A. 绝对孔隙度　　　　　　　　　　B. 相对孔隙度

    C. 总孔隙度　　　　　　　　　　　D. 孔隙体积

3. AA002　砂岩粒度因素是影响孔隙度的因素之一，砂岩粒度均匀，颗粒（　　），孔隙度也就大。

    A. 直径小，孔道就小　　　　　　　B. 直径大，孔道就小

    C. 直径小，孔道就大　　　　　　　D. 直径大，孔道就大

4. AA002　砂岩的主要（　　）物为泥质和灰质，也是影响孔隙度的因素之一。

    A. 沉积　　　　　　B. 胶结　　　　　　C. 储藏　　　　　　D. 含有

5. AA003　胶结物在砂岩中的分布状况以及与（　　）的接触关系称为胶结类型。

    A. 油层颗粒　　　　　　　　　　　B. 砂岩颗粒

    C. 碎屑颗粒　　　　　　　　　　　D. 岩石颗粒

6. AA003　孔隙胶结：胶结物充填于颗粒之间的孔隙中，颗粒呈（　　）接触。

    A. 支撑点　　　　　　B. 支架状　　　　　　C. 框架状　　　　　　D. 托架状

7. AA004　在一定压差下，岩石允许流体通过的性质称为岩石的（　　）。

    A. 孔隙度　　　　　　B. 渗透力　　　　　　C. 渗透性　　　　　　D. 渗透率

8. AA004　渗透性的好坏一般用（　　）来表示。

    A. 孔隙度　　　　　　　　　　　　B. 渗透率

    C. 渗透力　　　　　　　　　　　　D. 达西定律

9. AA005　多相流体在多孔介质中渗流时，其中某一相流体在该饱和度下的渗透率与岩石（　　）的比值称为相对渗透率。

    A. 有效渗透率　　　　　　　　　　B. 绝对渗透率

    C. 有效厚度　　　　　　　　　　　D. 砂岩厚度

10. AA005　岩石渗透率的物理意义是：压力梯度为1时，动力黏滞系数为1的液体在介质中的（　　）。

    A. 流动速度　　　　　　B. 流动压力　　　　　　C. 渗透速度　　　　　　D. 渗透率

11. AA006 通常用干燥的空气来测定岩石的（   ）。

    A. 渗透率   B. 孔隙度   C. 相对渗透率   D. 绝对渗透率

12. AA006 在现场岩心分析中所给的渗透率一般指的是（   ）渗透率。

    A. 绝对   B. 有效   C. 相对   D. 水平

13. AA007 有效渗透率与绝对渗透率有很大的差异，有效渗透率（   ）绝对渗透率。

    A. 大于   B. 小于   C. 大于等于   D. 小于等于

14. AA007 除压裂、酸化、热洗等措施外，有效渗透率反映了井周围流体平均（   ）的变化，含有丰富的油藏动态信息，值得深度挖掘。

    A. 流动速度   B. 流动压力   C. 渗透率   D. 饱和度

15. AA008 胶结物含量多时，则使孔隙、（   ）。

    A. 孔道变大，渗透率降低   B. 孔道变大，渗透率提高

    C. 孔道变小，渗透率降低   D. 孔道变小，渗透率提高

16. AA008 影响渗透率的因素，岩石孔隙越大，则（   ）越高，反之则低。

    A. 孔隙度   B. 渗透率   C. 饱和度   D. 孔隙性

17. AB001 古潜山本身与其上面的披覆层呈（   ）接触。

    A. 不整合   B. 整合   C. 连续   D. 侵入

18. AB001 由于出露地表的岩石抗风化能力不同，抗风化能力强的岩石在古地形上形成高低起伏的残丘山头；抗风化能力弱的岩石被风化剥蚀成洼地。这些残丘山头被埋藏起来形成的古潜山称（   ）型古潜山。

    A. 残丘   B. 侵蚀残丘   C. 侵蚀   D. 断块山

19. AB002 在储层为正常（   ）条件下，可用溢出点、闭合面积、闭合高度描述圈闭的大小。

    A. 原始地层压力   B. 静水压力

    C. 饱和压力   D. 流动压力

20. AB002 作为圈闭形成要素的（   ）可以是盖层本身的弯曲变形，也可以由断层、岩性或物性变化、地层不整合等构成。

    A. 遮挡物   B. 储层   C. 盖层   D. 地层

21. AB003 由于（   ）使地层发生变形或变位而形成的圈闭称为构造圈闭。

    A. 地质作用   B. 内力作用   C. 地壳运动   D. 外力作用

22. AB003 沉积条件的改变是控制（   ）形成的决定因素。

    A. 断层圈闭   B. 地层圈闭   C. 岩性圈闭   D. 构造圈闭

23. AB004 流体充满圈闭后开始溢出的点，称为该圈闭的溢出点。溢出点就是（   ）容纳油气最大限度的点位，若低于该点高度，油气不能被圈闭，要溢出来。

    A. 地层   B. 岩石   C. 油气藏   D. 圈闭

24. AB004 通过溢出点的构造等高线所圈闭的（   ），称为该圈闭的闭合面积。

    A. 体积   B. 高度   C. 构造   D. 面积

25. AB005 在油气藏内，油、气、水是按其相对（   ）大小分布的。

    A. 面积   B. 数量   C. 密度   D. 体积

26. AB005 背斜油气藏中，含油内边缘以外的水称为（   ）；在整个含油边缘内下部都有水，这种水称为底水。

    A. 内缘水   B. 边水   C. 夹层水   D. 外缘水

27. AB006 刚性水压驱动一般适合比较（   ）的油藏。

    A. 小型   B. 大型   C. 大中型   D. 特大型

28. AB006 油藏投入开发时，靠水、油和地层本身的弹性膨胀将油藏中的油挤出来，没有高压水源源不断的推进，这种油藏称为（   ）驱动油藏。

    A. 溶解气   B. 弹性水压   C. 刚性水压   D. 水压

29. AB007 溶解气驱方式采油，油藏采收率最低，一般只有（   ）。

    A. 10%～30%   B. 15%～30%

    C. 15%～20%   D. 10%～20%

30. AB007 开发气顶油藏，在含油区地层压力下降后，只有当因采油形成的压力降传到（   ）后，气顶才开始膨胀，压缩气能量才显示出来，这时油藏才真正处于气压驱动。

    A. 气层   B. 气顶   C. 油顶   D. 油气边界

31. AB008 在油田开发的末期，油层的各种驱动能量全部耗尽，原油只能靠本身的（   ）流向井底。

    A. 能量   B. 重力   C. 流动   D. 弹性能

32. AB008 维护较好的水驱采油效果，应加强油田生产（   ），采用人工注水的方法向油田补充水，以维持油层的压力，达到较高的采收率。

    A. 压力变化   B. 动态分析   C. 日常管理   D. 油层性质

33. AB009 油气田是指石油与天然气现在（   ）的场所，而不是石油与天然气生成的场所。

    A. 生成   B. 运移   C. 运动   D. 聚集

34. AB009 形成任何一个油气田，单一的"局部构造单位"是最重要的因素，它不仅决定面积的大小，更重要的是它直接控制着该范围内各种（   ）的形成。

    A. 褶皱作用   B. 基底活动   C. 沉积作用   D. 油气藏

35. AB010 岩浆柱油、气田是（   ）型砂岩油、气田。

    A. 断裂构造   B. 基底活动   C. 刺穿构造   D. 古潜山构造

36. AB010 碳酸盐岩类（   ）大体可以分为四种。

    A. 油气藏   B. 油气田   C. 油气层   D. 构造

37. AB011 凡是能够储集油气，并能使油气在其中流动的（   ）称为储油层。

    A. 沉积岩层   B. 火成岩层   C. 岩层   D. 变质岩层

38. AB011 储层是形成（   ）的必要条件之一。

    A. 油气田   B. 油气藏   C. 储油层   D. 生油层

39. AB012 所谓（   ）是指在一定沉积环境中所形成的沉积岩石组合。

    A. 沉积条件   B. 沉积相   C. 沉积环境   D. 沉积特征

40. AB012 沉积环境包括岩石在沉积和成岩过程中所处的自然地理条件、气候状况、生物发育情况、（   ）的物理化学条件等。

    A. 岩石   B. 沉积相   C. 沉积岩   D. 沉积介质

41. AB013　大陆沉积环境的岩石特征，以发育（　）和黏土岩为主，化学生物成因沉积物少见，黏土矿物以高岭石和水云母为主。

　　A. 化学岩　　　　　B. 生物岩　　　　　C. 碎屑岩　　　　　D. 岩盐

42. AB013　凡处于海陆过渡地带的各种沉积相，统称为海陆（　）。

　　A. 过渡带　　　　　B. 沉积相　　　　　C. 过渡相　　　　　D. 三角洲相

43. AB014　在油田开发过程中要想了解整个区域的地质情况，必须得把各个（　）的剖面进行综合分析、对比，从而在整体上认识沉积地层空间分布特征。

　　A. 岩层　　　　　　B. 砂层　　　　　　C. 地层　　　　　　D. 单井

44. AB014　油层对比最为广泛采用的资料是（　）。

　　A. 测井曲线　　　　B. 岩心资料　　　　C. 动态资料　　　　D. 化验资料

45. AB015　进行油层对比时，选择测井资料的标准之一是能清楚地反映岩性（　）特征。

　　A. 油层　　　　　　B. 标准层　　　　　C. 沉积层　　　　　D. 特殊层

46. AB015　进行油层对比时，选择测井资料的标准之一是较明显地反映岩性组合的（　）特征。

　　A. 胶结物　　　　　B. 韵律　　　　　　C. 旋回　　　　　　D. 结构

47. AB016　地层剖面上岩性相对稳定、厚度不太大，电性、岩性、物性、化石等特征明显，分布广泛的岩层为（　）。

　　A. 油层　　　　　　B. 标准层　　　　　C. 沉积层　　　　　D. 特殊层

48. AB016　一级标准层是岩性、电性特征明显，在三级构造内分布稳定，稳定程度可达（　）以上的层。

　　A. 50%　　　　　　B. 80%　　　　　　C. 60%　　　　　　D. 90%

49. AB017　冲积扇环境发育在山谷出口处，主要为暂时性洪水水流形成的（　）。

　　A. 山谷堆积物　　　B. 洪水冲积物　　　C. 山麓堆积物　　　D. 水下分流物

50. AB017　冲积扇的面积变化较大，其半径可小于100m到大于150km，为陆上沉积体最（　）的、分选最差的近源沉积物。

　　A. 细　　　　　　　B. 粗　　　　　　　C. 厚　　　　　　　D. 薄

51. AB018　扇根分布在邻近冲积扇（　）地带的断崖处，主要是泥石流沉积和河道充填沉积。

　　A. 底部　　　　　　B. 中部　　　　　　C. 顶部　　　　　　D. 尾部

52. AB018　扇中河道砂砾岩中出现大型的多层序的交错层理，也有洪积层理。砾石呈现叠瓦状排列，扁平面倾向山口，倾角（　）。

　　A. 5°～10°　　　　B. 10°～15°　　　　C. 15°～20°　　　　D. 20°～30°

53. AB019　岩石成分以（　）为主，有时也有砾岩及砂质砾岩，砾石扁平面大都向上游方向倾斜，可用做判断河流的流向。

　　A. 砂岩　　　　　　B. 粉砂岩　　　　　C. 碳酸盐岩　　　　D. 油页岩

54. AB019　在河床沉积中，特别是河床沉积的底部，由于（　）作用，其下伏岩层常常有侵蚀切割现象。

　　A. 流水　　　　　　B. 地形　　　　　　C. 沉积　　　　　　D. 侵蚀

55. AB020　河漫滩沉积一般为（　）或呈缓坡状、断续波状层理，也有斜层理。

　　A. 斜层理　　　　　B. 水平层理　　　　C. 交错层理　　　　D. 波状层理

56. AB020　河床两边的低地，平常在河水面以上，洪水季节被淹没，接受河流所携带的大量悬浮物质沉积，称为（　　）相沉积。

　　A. 牛轭湖　　　　　B. 三角洲　　　　　C. 河漫滩　　　　　D. 天然堤

57. AB021　边滩以小型（　　）层理为主，有时见波状层理，局部夹有水平层理的砂岩。

　　A. 交错　　　　　　B. 斜　　　　　　　C. 微细　　　　　　D. 平行

58. AB021　从沉积物的平面分布看，河道中心的（　　）核心沉积物较粗，为砂、砾岩，其上部和下游沉积物变细，以砂岩为主。

　　A. 河漫滩　　　　　B. 边滩　　　　　　C. 心滩　　　　　　D. 天然堤

59. AB022　由于天然堤沉积物受到暴晒，常有（　　）。

　　A. 冲刷构造　　　　B. 干裂缝　　　　　C. 结核　　　　　　D. 雨痕

60. AB022　接近河道、分布于（　　）两岸的沉积物堆积地貌，称为天然堤。

　　A. 河床　　　　　　B. 河漫滩　　　　　C. 天然堤　　　　　D. 边滩

61. AB023　泛滥平原常受（　　）约束，中心地势最低，呈盆地状，故称泛滥盆地为洼地。

　　A. 心滩　　　　　　B. 边滩　　　　　　C. 河漫滩　　　　　D. 天然堤

62. AB023　沉积物粒径较细，以泥质和细粉砂为主，此为（　　）的特征。

　　A. 泛滥盆地　　　　B. 天然堤　　　　　C. 心滩　　　　　　D. 河漫滩

63. AB024　湖泊沉积是（　　）沉积中分布最广泛的沉积环境之一。

　　A. 海陆过渡相　　　B. 海相　　　　　　C. 陆相　　　　　　D. 三角洲

64. AB024　我国中生代和新生代地层中，常有巨厚的（　　）沉积。

　　A. 牛轭湖　　　　　B. 冰川相　　　　　C. 海相　　　　　　D. 湖泊相

65. AB025　淡水湖泊相沉积特征是沉积以（　　）为主，次为砂岩、粉砂岩和碳酸盐岩，砾石较少。

　　A. 侵入岩　　　　　B. 岩浆岩　　　　　C. 火成岩　　　　　D. 黏土岩

66. AB025　在剖面上，盐湖沉积规律（　　）为碳酸盐或碳酸钠—硫酸盐层—盐岩层。

　　A. 由上而下　　　　B. 由下而上　　　　C. 由左而右　　　　D. 由右而左

67. AB026　三角洲前缘相沉积代表三角洲海或湖岸线向海或湖推进作用所形成的（　　）沉积，分选好，是较好的储油岩。

　　A. 泥质　　　　　　B. 细碎屑　　　　　C. 粗碎屑　　　　　D. 黏土岩

68. AB026　三角洲分流平原相是指河流分叉至分流（　　）部分。

　　A. 入海　　　　　　B. 河口　　　　　　C. 平原　　　　　　D. 水下

69. AB027　典型的破坏性三角洲的成因主要是（　　）作用。

　　A. 波浪　　　　　　B. 潮汐　　　　　　C. 三角洲　　　　　D. 河流

70. AB027　剖面上，潮成三角洲最下部是（　　）泥质沉积。

　　A. 陆相　　　　　　B. 海相　　　　　　C. 湖泊相　　　　　D. 河流相

71. AB028　高建设性三角洲沉积的（　　）特征非常明显。

　　A. 分区　　　　　　B. 旋回　　　　　　C. 分带　　　　　　D. 分层

72. AB028　高建设性三角洲的形成过程，主要是在河流的作用下，由分支河流将泥砂携带入海，以及由决口扇、（　　）促进三角洲平原不断向海方向扩展。

　　A. 心滩　　　　　　B. 边滩　　　　　　C. 河漫滩　　　　　D. 天然堤

73. AB029　正旋回特点是砂岩的粒度由下到上逐渐变细，正旋回底粗上细，一般情况下正旋回（　　）都有不同程度的剥蚀现象。

    A. 顶部　　　　　　　　B. 底部　　　　　　　　C. 中部　　　　　　　　D. 中下部

74. AB029　粒级变化是由细到粗再由粗到细的旋回，也有时出现由粗到细再由细到粗的粒级变化称为（　　）。

    A. 一级　　　　　　　　B. 正旋回　　　　　　　C. 反旋回　　　　　　　D. 复合旋回

75. AB030　三级旋回在三级构造范围内稳定分布，是（　　）旋回包含的次级旋回。

    A. 一级　　　　　　　　B. 二级　　　　　　　　C. 三级　　　　　　　　D. 四级

76. AB030　四级旋回包含一个单油层在内的、不同（　　）序列岩石的一个组合。

    A. 粒度　　　　　　　　B. 厚度　　　　　　　　C. 结构　　　　　　　　D. 构造

77. AB031　在油层划分中，（　　）也称复油层，是油层组内含油砂岩集中发育层段，由若干相互邻近的单油层组合而成。

    A. 二级旋回　　　　　　B. 油层组　　　　　　　C. 砂岩组　　　　　　　D. 小层

78. AB031　在油层划分中，（　　）是同一沉积环境下连续沉积的油层组合。

    A. 二级旋回　　　　　　B. 油层组　　　　　　　C. 砂岩组　　　　　　　D. 小层

79. AB032　骨架剖面的建立也便于在全区（　　）。

    统层　　　　　　　　　B. 解释　　　　　　　　C. 对比　　　　　　　　D. 分层

80. AB032　骨架剖面是在对比中建立起来的，随着对比工作的深入，需要不断（　　）。

    A. 分析　　　　　　　　B. 完善　　　　　　　　C. 改造　　　　　　　　D. 开发

81. AC001　在油水井中出现的层与层之间的相互干扰现象称为（　　）矛盾。

    A. 层间　　　　　　　　B. 平面　　　　　　　　C. 井间　　　　　　　　D. 层内

82. AC001　在油井生产过程中，层间矛盾主要表现为（　　）。

    A. 层间亲和　　　　　　B. 平面干扰　　　　　　C. 井间干扰　　　　　　D. 层间干扰

83. AC002　油层在（　　）的油水运动主要受井网类型、油层渗透率变化和油水井工作制度的控制。

    A. 剖面上　　　　　　　B. 平面上　　　　　　　C. 井间　　　　　　　　D. 层间

84. AC002　油层渗透率在平面上分布的不均匀性，造成注入水推进不均匀。这种注入水在油层平面上的不均匀推进，称为油层的（　　）矛盾。

    A. 层间　　　　　　　　B. 平面　　　　　　　　C. 井间　　　　　　　　D. 层内

85. AC003　影响油层内油水运动的主要因素之一是（　　）。

    A. 油层内渗透率高低分布不均匀　　　　　　　B. 油层内渗透率高低分布均匀
    C. 油层内孔隙度高低分布不均匀　　　　　　　D. 油层内孔隙度高低分布均匀

86. AC003　一个单独发育的厚油层内部，注入水（　　）。

    A. 也是不均匀推进的，渗透率越高，吸水能力越强，水的推进速度越快
    B. 是均匀推进的，渗透率越高，吸水能力越强，水的推进速度越快
    C. 也是不均匀推进的，渗透率越高，吸水能力越强，水的推进速度越慢
    D. 是均匀推进的，渗透率越高，吸水能力越强，水的推进速度越慢

87. AC004　底部水淹其（　　），这种类型主要在正韵律油层中出现。

    A. 上部未洗厚度较大　　　　　　　　　　　　B. 上部未洗厚度较小
    C. 下部未洗厚度较大　　　　　　　　　　　　D. 下部全部未水洗

88. AC004　均匀水淹型主要在反韵律油层中出现，（　　）。

　　A. 上部水淹，其顶部未水洗厚度大　　　　B. 上部水淹，其底部未水洗厚度大

　　C. 下部水淹，其底部未水洗厚度大　　　　D. 下部水淹，其顶部未水洗厚度大

89. AC005　层间矛盾的根本原因是（　　）导致了层间差异较大。

　　A. 纵向上油层的非均质性　　　　　　　　B. 横向上油层的非均质性

　　C. 纵向上油层的均质性　　　　　　　　　D. 横向上油层的均质性

90. AC005　由于（　　）矛盾的存在，使各层注水受效程度不同，造成各油层压力和含水率相差悬殊。

　　A. 平面　　　　　　　B. 层内　　　　　　　C. 井间　　　　　　　D. 层间

91. AC006　对高含水带油井堵水，或调整注水强度，也可以解决注水开发中的（　　）矛盾。

　　A. 层间　　　　　　　B. 平面　　　　　　　C. 井间　　　　　　　D. 层内

92. AC006　调整平面矛盾，就是要使受效差和受效不好的区域受到（　　）效果。

　　A. 注水　　　　　　　B. 防卡　　　　　　　C. 防蜡　　　　　　　D. 防砂

93. AC007　层内矛盾在高渗透率的（　　）反映突出。

　　A. 均匀层　　　　　　B. 薄层　　　　　　　C. 差层　　　　　　　D. 厚层

94. AC007　解决层内矛盾的根本措施，一是提高注水井的（　　），二是对不同层段采取对应的措施。

　　A. 注水质量　　　　　　　　　　　　　　　B. 注水强度

　　C. 吸水指数　　　　　　　　　　　　　　　D. 吸水强度

95. AC008　层间矛盾在注水井中的表现是：高渗透层吸水能力强，吸水量占全井吸水量的30%～70%，水线前缘向生产井突进快，形成（　　）。

　　A. 单层突进　　　　　　　　　　　　　　　B. 单层指进

　　C. 局部舌进　　　　　　　　　　　　　　　D. 层中指进

96. AC008　由于高渗透率部位水淹区内压力损耗大幅度减少，使高渗透率部位油层中的压力升高，油从高压区向低压区流动，造成层内窜流，这也是（　　）矛盾的表现。

　　A. 层间　　　　　　　B. 平面　　　　　　　C. 井间　　　　　　　D. 层内

97. BA001　水力活塞泵采油突出的优点是无级调参、（　　）。

　　A. 费用小　　　　　　　　　　　　　　　　B. 管理方便

　　C. 流程简单　　　　　　　　　　　　　　　D. 检泵方便

98. BA001　对于（　　）以上的深井，水力活塞泵是最成功的机械采油方法，最大下泵深度可达5486m。

　　A. 3600m　　　　　　B. 1000m　　　　　　C. 2000m　　　　　　D. 3000m

99. BA002　水力活塞泵是依靠液力传递能量的，根据液体能等值传递压力的原理，将地面泵提供的压力能传递给井下泵机组的液马达（换向机构）；通过（　　）和差动原理，液马达驱动抽油泵产生往复运动，抽油泵的活塞产生举升力，达到连续抽油的目的。

　　A. 力的放大，压强的缩小　　　　　　　　　B. 力的缩小，压强的放大

　　C. 力的放大，压强的放大　　　　　　　　　D. 力的缩小，压强的缩小

100.BA002　水力活塞泵地面部分由地面（　　）、各种控制阀及动力液处理和准备设备等
　　　　　　　组成，起着向井下机组提供和处理高压动力液的作用。

　　　A. 储液罐　　　　　　B. 电控箱　　　　　　C. 流量计　　　　　D. 动力泵

101. BA003　射流泵不仅在油井采油应用广泛，而且还用于陆上及海上探井试油、油井排
　　　　　　　酸及（　　）排液等。

　　　A. 气井　　　　　　　B. 油井　　　　　　　C. 水井　　　　　　D. 盐井

102. BA003　射流泵因其结构简单，尺寸小，性能可靠，运转周期长，适用于（　　）及海
　　　　　　　上油田，易调参。

　　　A. 直井　　　　　　　B. 水平井　　　　　　C. 斜井　　　　　　D. 定向井

103. BA004　射流泵正循环结构（　　）。

　　　A. 动力液由油管进入，混合液由套管返出
　　　B. 动力液由套管进入，混合液由套管返出
　　　C. 动力液由油管进入，混合液由油管返出
　　　D. 动力液由套管进入，混合液由油管返出

104. BA004　射流泵喷嘴位于喉管的入口处，它的作用就是将来自地面（　　），产生喷射流，
　　　　　　　使井内流体在喷射流周围流动而被喷射流吸入喉管。

　　　A. 高压动力液的动能转换为高速喷射的势能
　　　B. 高压动力液的动能转换为高速喷射的动能
　　　C. 高压动力液的势能转换为高速喷射的动能
　　　D. 高压动力液的势能转换为高速喷射的势能

105. BA005　油气井出砂会使套管受坍塌地层砂岩团块的撞击和（　　）变化的作用，受力
　　　　　　　失去平衡而产生变形或损坏。

　　　A. 地层能力　　　　　B. 地层流量　　　　　C. 地层应力　　　　D. 地层压力

106. BA005　地层出砂会使地层砂产出（　　），造成井下设备磨损。

　　　A. 井口　　　　　　　B. 套管　　　　　　　C. 油管　　　　　　D. 井筒

107. BA006　不恰当的开采速度以及（　　）的突然变化，落后的开采技术，低质量和频繁
　　　　　　　的修井作业，设计不良的酸化作业和不科学的生产管理等造成油气井的出砂。

　　　A. 采油速度　　　　　B. 采油强度　　　　　C. 注水压力　　　　D. 注水强度

108. BA006　在注水开发中，为了保持产量必须要提高（　　），这就会增加地层流体的流速，
　　　　　　　加大流体对地层砂的冲拽力，因此，注水有可能造成地层出砂。

　　　A. 产气量　　　　　　B. 产水量　　　　　　C. 产油量　　　　　D. 产液量

109. BA007　投产以后，地层砂会在炮眼附近剥落，逐渐发展而形成洞穴，这些剥落的小
　　　　　　　团块地层砂进入井筒极易填满井底口袋，堵塞（　　），掩埋油气层。

　　　A. 套管　　　　　　　B. 尾管　　　　　　　C. 油管　　　　　　D. 筛管

110.BA007　部分胶结地层随着产层压力递减，作用在承载骨架砂粒上的负荷逐渐增加，
　　　　　　　（　　）情况会日趋严重。

　　　A. 出气　　　　　　　B. 出油　　　　　　　C. 出水　　　　　　D. 出砂

111. BA008　砂拱防砂是指油气井（　　）完井后不再下入任何机械防砂装置或充填物，也
　　　　　　　不注入任何化学药剂的防砂的方法。

　　　A. 射孔　　　　　　　B. 裸眼　　　　　　　C. 衬管　　　　　　D. 砾石充填

112. BA008　焦化防砂的原理是向（　　）提供热能，促使原油在砂粒表面焦化，形成具有胶结力的焦化薄层。

A. 地层　　　　　　　B. 井筒　　　　　　　C. 油管　　　　　　　D. 油层

113. BA009　原油黏度偏高，地质条件相对简单，地层砂具有一定的胶结强度的（　　）可以考虑采用裸眼防砂。

A. 产层　　　　　B. 气层　　　　　　　　C. 地层　　　　　　　D. 水层

114. BA009　砂拱防砂对（　　）。

A. 产能的影响最大，但可以保持砂拱的稳定

B. 产能的影响最大，但难以保持砂拱的稳定

C. 产能的影响最小，但可以保持砂拱的稳定

D. 产能的影响最小，但难以保持砂拱的稳定

115. BA010　油田有底水时，由于油井生产压差过大，破坏了由于重力作用所建立起来的油水平衡关系，使原来的油水界面在靠近井底处呈锥形升高的现象，即所谓的（　　）现象。

A. 底水锥进　　B. 单层突进　　　　　　　C. 水淹　　　　　　　D. 指进

116. BA010　对于底水锥进和最下层水淹的油井，可用（　　）将底部的水封堵住。

A. 封隔器　　　B. 水泥隔板　　　　　　　C. 化学堵剂　　　　　D. 软木塞

117. BA011　注水井调剖要达到调整（　　）、改善水驱开发效果的目的。

A. 吸水剖面　　　　　　　　B. 注水量

C. 注水压力　　　　　　　　D. 吸水指数

118. BA011　按调剖（　　）可分为深部调剖和浅部调剖两种类型，简称深调和浅调。

A. 深度　　　　B. 厚度　　　　　　　　C. 面积　　　　　　　D. 比例

119. BA012　化学调剖技术可以提高机械细分中与（　　）相邻层的吸水能力。

A. 低吸水层　　　　　　　　B. 低渗透层

C. 高吸水层　　　　　　　　D. 不吸水层

120. BA012　化学调剖技术可以解决由于受（　　）影响而不能细分注水的井的问题，实现细分注水。

A. 渗透率　　　　　　　　　B. 固井质量

C. 层间矛盾　　　　　　　　D. 隔层条件

121. BA013　在化学调剖中，（　　）磺酸盐有复杂的分子结构，其反应物为复杂立体的网状凝胶体，可封堵大孔道和高渗透层。

A. 木质素　　　B. FW　　　　　　　　　C. 聚丙烯　　　　　　D. 调剖剂

122. BA013　FW调剖剂是由聚丙烯酰胺和木质素磺酸盐在一定条件下，通过（　　）作用经过改性和接枝形成新型成胶物质，在地层条件下交联形成凝胶封堵高渗透层，从而达到调整吸水剖面、改善注水井吸水状况的目的。

A. 催化剂　　　B. FW　　　　　　　　　C. 聚丙烯　　　　　　D. 调剖剂

123. BA014　以蒙脱石为主要成分的膨润钠土，溶于水后形成（　　）乳状液。

A. 悬浮　　　　B. 沉淀　　　　　　　　C. 絮凝　　　　　　　D. 黏土

124. BA014　聚合物延时交联调剖剂交联时间最长可控制在（　　）左右，适合大剂量深度调剖。

　　A. 一个月　　　　　　B. 两个月　　　　　　C. 一周　　　　　　D. 两周

125. BA015　为了消除或者减少水淹对油层的危害，所采取的一切封堵出水层位的井下工艺措施，统称为油井（　　）。

　　A. 增注　　　　　　B. 补孔　　　　　　C. 堵水　　　　　　D. 解堵

126. BA015　由于封堵层含水高，对产油量的影响不大，而产水量的大幅度减少在一定程度上将降低（　　）和区块的综合含水率，控制含水上升速度。

　　A. 注水井　　　　　　B. 补孔井　　　　　　C. 堵水井　　　　　　D. 压裂井

127. BA016　"丢手接头 +Y341−114 平衡式封隔器 +635− Ⅲ 三孔排液器及扶正器、桶杆、井下开关"等组成的堵水管柱适用于（　　）堵水。

　　A. 抽油机井　　　　　　B. 电泵井　　　　　　C. 注水井　　　　　　D. 生产井

128. BA016　自验封机械堵水管柱由 FXZY445−112A 可捞式自验封封隔器和 FXZY341−112A 可捞式自验封封隔器及 635−3 排液器组成的是（　　）丢手管柱。

　　A. 有卡瓦　　　　　　B. 无卡瓦　　　　　　C. 平衡丢手　　　　　　D. 悬挂式

129. BA017　所谓选择性（　　），是将具有选择性的堵水剂笼统注入井中或注入卡出的高含水大层段中，选择性堵剂本身对水层有自然选择性，能与出水层中的水发生作用，产生一种固态或胶态阻碍物，以阻止水进入层内。

　　A. 堵剂　　　　　　B. 补孔　　　　　　C. 化学堵水　　　　　　D. 机械堵水

130. BA017　所谓（　　）化学堵水是将堵剂注入预堵的出水层，形成一种不透水的人工隔板，使油、气、水都不能通过的堵水方法。

　　A. 水溶性　　　　　　B. 非选择性　　　　　　C. 选择性　　　　　　D. 油溶性

131. BA018　压裂的第二阶段（　　），为了保持裂缝的张开状态，在压裂液中混入一定强度和数量的支撑剂（一般使用天然石英砂），压裂液携带石英砂进入裂缝，石英砂因重力的原因沉降在裂缝中支撑裂缝，随着加砂的继续，裂缝不断延伸、扩展。

　　A. 加砂　　　　　　B. 试挤　　　　　　C. 试压　　　　　　D. 替挤

132. BA018　水力压裂施工可分为三个阶段：第一阶段试挤，第二阶段加砂，第三阶段（　　）。

　　A. 加压　　　　　　B. 加水　　　　　　C. 替挤　　　　　　D. 加固

133. BA019　只有选择合适的压裂时间才会取得理想的（　　）效果。

　　A. 增压　　　　　　B. 降产　　　　　　C. 增水　　　　　　D. 增油

134. BA019　压裂效果的好坏与压裂井的（　　）有着密切关系。

　　A. 流动压力值　　　B. 地层压力值　　　C. 生产压差值　　　D. 饱和压力值

135. BA020　所谓（　　）压裂是压开地层裂缝之前，先用暂堵剂封堵高含水层或高含水部位或已压裂过的油层，然后启压压开低含水层或低含水部位，达到压裂、增油的目的。

　　A. 普通　　　　　　B. 选择性　　　　　　C. 平衡限流法　　　　　　D. 限流法

136. BA020　多裂缝压裂是在一个封隔器卡距内压开两条或两条以上的裂缝，一般为（　　）裂缝。

　　A. 两条　　　　　　B. 三条　　　　　　C. 四条　　　　　　D. 五条

137. BA021　所谓（　）压裂是通过严格限制射孔炮眼的个数和直径，以尽可能大的排量进行施工迫使压裂液分流，使破裂压力接近的其他油层相继被压开，达到一次加砂同时改造几个油层的目的。
　　A. 普通　　　　　　　B. 选择性　　　　　　C. 平衡限流法　　　D. 限流法

138. BA021　平衡限流法压裂适用于目的层附近有高含水层，并且隔层厚度（　）可能发生窜槽的井。
　　A. 小　　　　　　　　B. 均衡　　　　　　　C. 中等　　　　　　D. 大

139. BA022　要想提高油井压裂增产效果，必须首先明确油井（　）的原因。
　　A. 措施　　　　　　　B. 高产　　　　　　　C. 调参　　　　　　D. 低产

140. BA022　油层物性差，即使油层具有一定的压力，因为渗透率低，用通常的完井方法也不能使油井获得理想的（　）。
　　A. 工作参数　　　　　B. 电压参数　　　　　C. 产量　　　　　　D. 压力

141. BA023　根据达西定律，油井产量的大小在其他条件不变的情况下与油层岩石的渗透率成正比。因此，可通过（　），提高油层的渗透性，达到增产的目的。
　　A. 调剖改造　　　　　　　　　　　B. 堵水改造
　　C. 提高泵径　　　　　　　　　　　D. 压裂改造

142. BA023　压裂层应具有一定的厚度和（　），这是取得较好压裂效果的物质基础。压裂层厚度大，含油饱和度高，压后通常会取得较好的增产效果。
　　A. 供液能力　　　　　B. 沉没度　　　　　　C. 含油饱和度　　　D. 产液量

143. BA024　油井（　）选井要选择全井产液量低、含水低的油井。
　　A. 压裂　　　　　　　　　　　　　B. 化学堵水
　　C. 换大泵　　　　　　　　　　　　D. 机械堵水

144. BA024　油井实施压裂措施时，应选择压裂层段厚度大，具有一定的（　），已动用程度低或未动用的油层。
　　A. 渗透率　　　　　　　　　　　　B. 饱和压力
　　C. 储量　　　　　　　　　　　　　D. 生产压差

145. BA025　单封隔器分层压裂用于对（　）一层进行压裂，适于各种类型油气层，特别是深井和大型压裂。
　　A. 最下面　　　　　　　　　　　　B. 最上面
　　C. 厚度最大　　　　　　　　　　　D. 厚度最小

146. BA025　滑套封隔器分层压裂在国内采用（　）带滑套施工管柱，采用投球憋压方法打开滑套。该压裂方式可以不动管柱、不压井、不放喷一次施工分层选层；对多层进行逐层压裂和求产。
　　A. 配水器　　　　　　B. 保护器　　　　　　C. 喷砂器　　　　　D. 喷油器

147. BA026　加强注水井调剖后的（　）管理，并分析水井调剖后是否见到调剖作用。
　　A. 作业　　　　　　　B. 措施　　　　　　　C. 生产　　　　　　D. 调整

148. BA026　水井调剖后应及时测压降曲线，分析压降曲线是否（　），pH值是否增大。
　　A. 稳定上升　　　　　　　　　　　B. 保持不变
　　C. 降为零　　　　　　　　　　　　D. 明显减缓

149. BA027　水井实施调剖措施后，除观察水井的调剖效果外，还要观察周围（　）的调剖受效情况。

A. 连通油井　　　　　　　　　B. 连通水井

C. 井区外同层系油井　　　　　D. 井区外不同层系油井

150. BA027　水井（　）后及时录取周围有关油井的生产资料，观察效果，分析措施后油井是否受效。

A. 调剖措施　　　　B. 同位素测试　　　　C. 改井别　　　　D. 改井号

151. BA028　多油层油井在开发（　）应首先生产有效厚度大、渗透率高的主力油层，这样的油层压力高、产量也高，与注水井联通好。

A. 初期　　　　　　B. 中期　　　　　　C. 中后期　　　　D. 后期

152. BA028　对于单采高渗透主力油层的油井，油井高含水后，在将高渗透的主力油层（　）后，要及时对具备条件的中低渗透层进行补孔，以接替油井的生产能力，使油井含水率降低、产油率上升。

A. 封堵　　　　　　B. 压裂　　　　　　C. 解堵　　　　　D. 解封

153. BA029　油井实施堵水措施后，应连续量油、（　），观察效果，分析是否见效。

A. 化验含水　　　　　　　　　B. 每天监测产液剖面

C. 每天监测示功图　　　　　　D. 每天监测静压

154. BA029　油井实施堵水后应及时测动液面和示功图，分析抽油机井（　）是否正常，根据生产状况，确定是否需要调参。

A. 冲程　　　　　　B. 泵况　　　　　　C. 泵压　　　　　D. 泵径

155. BA030　在（　）要通过注水方案调整，提前把水注上去，保证预定压裂层段压裂时取得较好的增油效果，并保持较长的有效期。

A. 压裂前　　　　　B. 压裂后　　　　　C. 压裂时　　　　D. 压裂中

156. BA030　压裂后已投入正常生产的油井，如要进行其他作业，不能轻易采用任何压井液压井，如工艺上必须压井时，对压井液的性能要严格选择，压井后要进行处理，因为压井液易对（　）造成二次损害。

A. 油层　　　　　　B. 油井　　　　　　C. 裂缝　　　　　D. 压裂井

157. BA031　油井压裂后，（　）能量突然释放，井底流压升高，生产压差明显缩小，在稳定生产一段时间后，应根据实际生产情况及时采取调参、换泵等措施，确保取得较好的增油效果。

A. 井内　　　　　　B. 压裂　　　　　　C. 井底　　　　　D. 油层

158. BA031　采取压堵结合的方法既可控制高含水层的产液量，又可充分发挥（　）的作用，会取得较好的增油降水效果。

A. 压裂层　　　　　B. 调参层　　　　　C. 堵水层　　　　D. 压堵层

159. BA032　油井压后生产管理必须做到压后及时开井，跟踪（　），分析原因，提出措施意见。

A. 作业队伍　　　　　　　　　B. 压裂效果

C. 作业监督　　　　　　　　　D. 压裂总结

160. BA032　油井压后生产管理必须做到对压后泵况差的井及时（　）。

A. 封堵　　　　　　B. 换杆　　　　　　C. 检泵　　　　　D. 调参

161. BA033 用高压泵将酸液在低于油层破裂压力的条件下挤入油层，使之与油层中的矿物、胶结物或杂质起化学反应，以达到提高油层渗流能力或者解除油层堵塞物的施工技术称为（　　）。

    A. 压裂　　　　　　　　B. 补孔　　　　　　　　C. 酸化　　　　　　　　D. 封堵

162. BA033 油层酸化处理可以解除或者缓解钻井时钻井液造成的堵塞，解除注水时管线腐蚀生成的氧化铁和细菌繁殖对油层的堵塞，更主要的是可以对（　　）油层进行改造以提高渗流能力。

    A. 碳酸盐岩　　　　　　B. 岩浆岩　　　　　　　C. 变质岩　　　　　　　D. 火山岩

163. BA034 压裂酸化是用酸液作压裂液，既起压裂作用，又起酸化作用，它适用于改造低渗透率油层或堵塞范围大而严重的层。为了保证酸压效果，除要求裂缝具有一定宽度外，更重要的是裂缝要有足够长度。因此酸液的有效作用距离越大，（　　）效果越好。

    A. 封堵　　　　　　　　B. 解堵　　　　　　　　C. 调配　　　　　　　　D. 降水

164. BA034 高浓度酸化是指用酸液浓度大于（　　）的盐酸溶液进行的酸化。

    A. 12%　　　　　　　　B. 24%　　　　　　　　C. 16%　　　　　　　　D. 36%

165. BA035 油井酸化后的生产管理内容：观察该油井液面及含水变化的关系；并注意观察与该油井连通的注水井变化，必要时及时调整（　　）的工作参数。

    A. 测试井　　　　　　　B. 观察井　　　　　　　C. 采油井　　　　　　　D. 注水井

166. BA035 油井酸化后的生产管理内容规定：油井酸化后需要关井（　　），使酸岩充分反应。

    A. 16h　　　　　　　　B. 48h　　　　　　　　C. 8h　　　　　　　　D. 24h

167. BA036 油田开发中的（　　）采油系指注水、注气的开采方法，是一种保持和补充油藏能量的开采方法。

    A. 一次　　　　　　　　B. 二次　　　　　　　　C. 三次　　　　　　　　D. 试验

168. BA036 通常称改变残油排油机理的开采方法，例如，混相驱、火烧油层和蒸汽驱油等均为（　　）采油。

    A. 一次　　　　　　　　B. 二次　　　　　　　　C. 三次　　　　　　　　D. 试验

169. BA037 热力采油技术包括蒸汽吞吐、蒸汽驱油、（　　）和火烧油层。

    A. 热油驱动　　　　　　　　　　　　　B. 热水驱油
    C. 热气驱油　　　　　　　　　　　　　D. 复合驱油

170. BA037 三元复合驱油是（　　）中的一种。

    A. 热力采油技术　　　　　　　　　　　B. 烃类驱采油技术
    C. 化学驱采油技术　　　　　　　　　　D. CO_2 混相或非混相驱采油技术

171. BA038 所有表面活性剂的分子都由极性的亲水基和非极性的憎水基两部分组成，因此，（　　）有连接油水两相的功能。

    A. 表面吸附剂　　　　　　　　　　　　B. 胶束溶液
    C. 聚合物溶液　　　　　　　　　　　　D. 表面活性剂

172. BA038 将能显著降低水表面（　　）的物质称为表面活性剂。

    A. 张力　　　　　　　　B. 重力　　　　　　　　C. 吸附力　　　　　　　D. 弹力

173. BA039 碱性水驱可以降低水与原油之间的界面张力，可以（   ）。

A. 降低原油的采收率，幅度较大　　　　B. 降低原油的采收率，幅度较小

C. 提高原油的采收率，但幅度有限　　　D. 提高原油的采出程度，幅度较大

174. BA039 注氢氧化钠水溶液驱油的方法即通常所谓的（   ）水驱。

A. 碱性　　　　B. 酸性　　　　C. 盐性　　　　D. 油性

175. BA040 ASP驱是同时向地层中注入碱、表面活性剂和聚合物三种化学剂，提高采收率的机理是（   ）效应的综合结果。

A. 一种　　　　B. 两种　　　　C. 三种　　　　D. 多种

176. BA040 三元复合驱注入方式一般有三种，无论采用何种方式注入，其（   ）都是一样的。

A. 驱动方式　　　　B. 界面张力　　　　C. 驱油机理　　　　D. 驱油效果

177. BA041 三次采油中的（   ）驱油溶剂有：醇、纯烃、石油气、碳酸气及烟道气等。

A. 碱性水驱　　　　B. 酸性水驱　　　　C. 混相驱　　　　D. 聚合物驱

178. BA041 混相系指物质相互之间不存在（   ）的一种流体混合状态。

A. 界面　　　　B. 吸附　　　　C. 降解　　　　D. 溶解

179. BA042 提高油藏，特别是稠油油藏的采收率，行之有效的办法是（   ）采油。

A. 热力　　　　B. 注 CO_2　　　　C. 稠油冷采　　　　D. 注干气

180. BA042 注蒸汽是以水蒸气为介质，把地面产生的热注入油层的一种（   ）采油法。

A. 热气　　　　B. 蒸汽　　　　C. 热力　　　　D. 注气式

181. BA043 聚合物采油，是以聚合物（   ）为驱油剂。

A. 水溶液　　　　B. 粉状物　　　　C. 砾状物　　　　D. 热溶液

182. BA043 以聚合物溶液为驱油剂的采油中，增加注入水的（   ），在注入过程中降低水浸带的岩石渗透率，提高注入水的波及效率，改善水驱油效果，从而达到提高原油采收率的目的。

A. 密度　　　　B. 流度　　　　C. 温度　　　　D. 黏度

183. BA044 由一种或几种（   ）的化合物聚合而成的高分子化合物称为聚合物或高聚物。

A. 简单　　　　B. 复杂　　　　C. 重复　　　　D. 结构

184. BA044 天然聚合物从自然界中得到，如改进的纤维素类，有时也从（   ）中得到。

A. 植物　　　　B. 动物　　　　C. 细菌发酵　　　　D. 纤维

185. BA045 聚合物分子在溶液中的形态与（   ）溶剂体系密切相关。

A. 分子量　　　　B. 浓度比　　　　C. 高分子　　　　D. 低分子

186. BA045 聚合物在良溶剂中，高分子处于（   ）状态。

A. 不溶　　　　B. 紧缩　　　　C. 舒展　　　　D. 凝胶

187. BA046 聚合物溶液是指聚合物以分子状态分散在溶剂中所形成的（   ）混合体系。

A. 非均相　　　　B. 均相　　　　C. 聚合物　　　　D. 聚合物分子

188. BA046 聚合物溶液可分为聚合物（   ）和聚合物稀溶液。

A. 浓溶液　　　　　　　　　　　　B. 高分子聚合物溶液

C. 低分子聚合物溶液　　　　　　　D. 水溶液

189. BA047 聚合物溶液（   ）时内摩擦阻力大小的物理性质称为聚合物溶液的黏度。

A. 溶解　　　　B. 搅拌　　　　C. 流动　　　　D. 静止

190. BA047　聚合物溶液的相对黏度是指溶液的黏度比（　　）的黏度大的倍数。可用公式 $\mu_\gamma = \mu/\mu_o$ 表示。

　　A. 盐水　　　　　　　　B. 母液　　　　　　　　C. 溶剂　　　　　　　　D. 石油

191. BA048　一定量的聚合物溶液中所含（　　）的量，称为聚合物溶液的浓度，单位为 mg/L。

　　A. 分子　　　　　　　　B. 溶质　　　　　　　　C. 溶剂　　　　　　　　D. 母液

192. BA048　在聚合物溶液配制站，其浓度要求较高，一般应保持在（　　）左右。

　　A. 3000 mg/L　　　　　　　　　　　　B. 4000 mg/L

　　C. 5000 mg/L　　　　　　　　　　　　D. 6000 mg/L

193. BB001　递减幅度是表示油田产量（　　）的一个指标，它是指下一阶段产量与上一阶段产量相比的百分数。

　　A. 下降效率　　　　　　　　　　　　B. 下降程度

　　C. 下降速度　　　　　　　　　　　　D. 下降幅度

194. BB001　下月末的日产量与上月末的日产量相比称为日产量的（　　）。

　　A. 日递减程度　　　　　　　　　　　B. 月递减幅度

　　C. 日递减幅度　　　　　　　　　　　D. 月递减速度

195. BB002　采油速度和采出程度是衡量一个油田（　　）的重要指标。

　　A. 勘探方案　　　　　　　　　　　　B. 勘探水平

　　C. 开发方案　　　　　　　　　　　　D. 开发水平

196. BB002　所谓（　　）是指油田开采到某一时刻，总共从地下采出的油量（即这段时间的累积采油量）与地质储量的比值，用百分数表示。

　　A. 采油速度　　　　　　　　　　　　B. 采出速度

　　C. 采出程度　　　　　　　　　　　　D. 采出强度

197. BB003　注聚井现场检查要求瞬时配比误差不超过（　　）。

　　A. ±5%　　　　　　B. ±10%　　　　　　C. ±15%　　　　　　D. ±20%

198. BB003　注聚井现场检查要求底数折算配比误差不超过（　　）。

　　A. +5%　　　　　　B. ±5%　　　　　　C. ±10%　　　　　　D. −5%

199. BB004　视电阻率测井方法可利用不同岩石导电性的差别，间接判断钻穿岩层的（　　）。

　　A. 强度　　　　　　B. 厚度　　　　　　C. 性质　　　　　　D. 状态

200. BB004　火成岩的导电方式主要是（　　）导电。

　　A. 自由电子　　　　　　　　　　　　B. 游离电子

　　C. 吸附电子　　　　　　　　　　　　D. 合成电子

201. BB005　横向测井通常选用梯度电极系，一般横向测井都采用（　　）条视电阻率曲线，除此以外还要配一条自然电位曲线。这些测井曲线编绘成的图称为横向测井图。

　　A. 5　　　　　　　　B. 6　　　　　　　　C. 7　　　　　　　　D. 8

202. BB005　标准测井图主要用途是绘制单井（　　）和井与井之间的地层对比。

　　A. 小层剖面图　　　　　　　　　　　B. 实测示功图

　　C. 综合录井图　　　　　　　　　　　D. 理论测井图

203. BB006　（　　）测井是在没有外加电源的条件下，在井眼自然电场中测得的随井深
变化的曲线。

　　A. 理论电极　　　　　B. 自然电位　　　　　C. 标准电位　　　　　D. 自然电极

204. BB006　地层被钻穿以后，井筒内钻井液滤液与地层孔隙中的水直接接触，由于钻井
液滤液的含盐浓度与地层水的浓度不同，它们之间就产生了离子的（　　）
作用。

　　A. 凝固　　　　　　　B. 扩散　　　　　　　C. 胶连　　　　　　　D. 渗透

205. BB007　由于泥岩比较稳定，其自然电位曲线显示为一条变化不大的直线，把它作为
自然电位的基线，这就是通常所说的泥岩（　　）。

　　A. 上线　　　　　　　B. 基线　　　　　　　C. 标线　　　　　　　D. 准线

206. BB007　当地层水（　　）大于钻井液滤液矿化度时，自然电位显示为负异常。

　　A. 温度　　　　　　　B. 矿化度　　　　　　C. 密度　　　　　　　D. 黏度

207. BB008　自然伽马测井是在井内测量岩层中自然存在的放射性元素核衰变过程中放射
出来的伽马射线的（　　）。

　　A. 强度　　　　　　　B. 深度　　　　　　　C. 厚度　　　　　　　D. 宽度

208. BB008　不同岩石，放射性元素的含量和种类是不同的，一般来说火成岩的放射性最
强，其次是变质岩，最弱的是（　　）。

　　A. 油页岩　　　　　　B. 碳酸盐岩　　　　　C. 沉积岩　　　　　　D. 岩浆岩

209. BB009　密度测井主要是确定地下岩层（　　）的。

　　A. 物性　　　　　　　B. 岩性　　　　　　　C. 孔隙度　　　　　　D. 渗透率

210. BB009　放射性同位素测井是人为地向（　　）注入放射性同位素溶液，通过测试同位
素含量达到示踪的目的。

　　A. 地面管线内　　　　B. 注入站内　　　　　C. 井内　　　　　　　D. 地层内

211. BB010　密度测井是一种孔隙度测井，测量由伽马源放出并经过岩层散射和吸收而回
到探测仪器的（　　）的强度。

　　A. 伽马射线　　　　　B. 自然电位　　　　　C. 同位素　　　　　　D. X 射线

212. BB010　当伽马射线通过物质时，由于光电反应，部分伽马射线被吸收而（　　）减弱。

　　A. 密度　　　　　　　B. 强度　　　　　　　C. 重度　　　　　　　D. 浓度

213. BB011　抽油机井系统效率：将井下液体举升到地面的有效功率与抽油机的输入功率
的（　　）百分数。

　　A. 比例　　　　　　　B. 比值　　　　　　　C. 差值　　　　　　　D. 乘积

214. BB011　抽油机系统效率计算中，$W_{输入} = \dfrac{\sqrt{3}IU\cos\phi}{1000}$ 公式中的 I 为电动机输入电流
（线电流），单位为 A；U 为（　　），单位为 V。

　　A. 输入电压（线电压）　　　　　　　　　　B. 输出电流
　　C. 输出电阻　　　　　　　　　　　　　　　D. 输出电容

215. BB012　井下泵部分包括定子和转子，转子在定子内转动，实现（　　）。

　　A. 地面旋转　　　　　B. 密封腔室　　　　　C. 地下旋转　　　　　D. 抽汲功能

216. BB012　螺杆泵专用井口简化了（　　），使用、维修、保养方便，同时增加了井口强度，减小了地面驱动装置的震动，起到保护光杆和换密封盒时密封井口的作用。

　　A. 抽油机　　　　　　B. 采油树　　　　　　C. 基础　　　　　　D. 井口流程

217. BB013　地面驱动井下单螺杆泵的转子转动是通过地面驱动装置驱动光杆转动，通过中间抽油杆将旋转运动和动力传递到井下（　　），使其转动。

　　A. 泵　　　　　　　　B. 螺子　　　　　　　C. 定子　　　　　　D. 转子

218. BB013　定子是以丁腈橡胶为衬套硫化黏接在缸体外套内形成的，衬套内表面是双线螺旋面，其导程为转子螺距的（　　）。

　　A. 6 倍　　　　　　　B. 4 倍　　　　　　　C. 3 倍　　　　　　D. 2 倍

219. BB014　计算注水井层段相对吸水百分数、层段吸水量需要根据（　　）计算在不同测试压力下各小层及全井的吸水百分数。

　　A. 分层注入成果　　　B. 分层测试成果　　　C. 笼统注入量　　　D. 笼统测试水量

220. BB014　计算注水井层段相对吸水百分数、层段吸水量时，各压力点间隔以（　　）为宜，以备日常注水，方便查找在各个压力下的小层吸水百分数。

　　A. 0.2MPa　　　　　　B. 0.1MPa　　　　　　C. 1MPa　　　　　　D. 2MPa

221. BB015　现场资料准确率计算公式为（　　）除以现场检查井数所得数值的百分比。

　　A. 现场关井井数，口　　　　　　　　　　B. 现场笼统井数，口
　　C. 现场分水井数，口　　　　　　　　　　D. 现场资料准确井数，口

222. BB015　注聚井现场检查时，瞬时配比是（　　）与瞬时母液注入量的比值。

　　A. 全日注水　　　　　B. 瞬时注水　　　　　C. 配注水量　　　　D. 日注母液

223. BB016　聚合物驱注入井资料录取现场检查规定，采油矿、队要建立（　　）检查考核制度。

　　A. 每日　　　　　　　B. 年度　　　　　　　C. 季度　　　　　　D. 月度

224. BB016　注聚井现场聚合物溶液浓度检查指标现场执行标准为浓度误差为 ±10%，超过此范围，注聚井浓度不达标（　　）。

　　A. 进行复样落实原因不用整改　　　　　　B. 必须进行复样落实原因，进行整改
　　C. 不用复样，只落实原因就行　　　　　　D. 不用复样，随机整改

225. BC001　抽油井管理指标计算中，计算抽油机井利用率涉及三个指标分别为开井生产井数、总井数、（　　）。

　　A. 作业关井数　　　　B. 计划关井数　　　　C. 高含水关井数　　D. 故障关井数

226. BC001　单井（　　）指采油井最近两次检泵作业之间的实际生产天数。

　　A. 生产周期　　　　　B. 监测周期　　　　　C. 测试周期　　　　D. 检泵周期

227. BC002　抽油机扭矩利用率≤ 80%，泵径 < 70mm，以上条件可以作为（　　）的依据条件之一。

　　A. 换大泵　　　　　　B. 换小泵　　　　　　C. 压裂　　　　　　D. 酸化

228. BC002　抽油机井冲程利用率是抽油机（　　）与抽油机铭牌最大冲程的比值。

　　A. 最小冲程　　　　　　　　　　　　　　　B. 实际冲程
　　C. 理论冲程　　　　　　　　　　　　　　　D. 实际冲程的 80%

229. BC003　电泵井管理指标计算时用电泵井的（　　）计算电泵井过载和欠载整定值。

　　A. 整定电流　　　　　　　B. 运行电流　　　　　C. 额定电流　　　　　D. 变频电流

230. BC003　电泵井系统效率计算公式：电泵井系统效率＝[（（　　）× 实际举升高度）/ 日耗电]× 100%。

　　A. 日产油　　　　　　　　B. 日产液　　　　　　C. 日产水　　　　　　D. 月产油

231. BC004　电泵井管理指标中，电泵井的（　　）=（$Q_aH\gamma$）/75（hp）=（$Q_aH\gamma$）/102（kW），其中 Q_a 代表产液量，单位为 m^3/s；H_a 代表扬程，单位为 m；γ 代表液体重度，单位为 N/m^3。

　　A. 有效功率　　　　　　　B. 电机功率　　　　　C. 系统效率　　　　　D. 排量效率

232. BC004　电泵井设备（　　）是指完好运转机组总数与井下机组总数的比值，为百分数。

　　A. 检泵率　　　　　　　　B. 全准率　　　　　　C. 使用率　　　　　　D. 完好率

233. BC005　注水井定点测压率有年和（　　）为单位两种计算方法。

　　A. 天　　　　　　　　　　B. 月　　　　　　　　C. 季度　　　　　　　D. 半年

234. BC005　注水井（　　）是衡量注水井实际利用能力的一个重要指标。

　　A. 关井率　　　　　　　　B. 注水率　　　　　　C. 利用率　　　　　　D. 开井率

235. BC006　注水井利用率计算公式中，应在注水井总井数中减掉（　　）。

　　A. 计划开井数　　　　　　B. 计划关井数　　　　C. 实际开井数　　　　D. 临时关井数

236. BC006　年（季）注水水质（　　）= {年（季）注水井水质合格总井数 /[年（季）注水井总井数 − 计划关井总井数]}× 100%。

　　A. 利用率　　　　　　　　B. 合格率　　　　　　C. 检验率　　　　　　D. 化验率

237. BC007　年（季、月）原油计量系统误差={[（　　）− 年（季、月）核实产油量]/ 年（季、月）井口产油量 }× 100%。

　　A. 年（季、月）井口产油量　　　　　　B. 年（季、月）外输产油量
　　C. 年（季、月）计划产油量　　　　　　D. 年（季、月）措施产油量

238. BC007　年（季、月）完成（　　）=[实际注水量 / 计划注水量]× 100%。

　　A. 注水计划　　　　　　　B. 注聚计划　　　　　C. 产水计划　　　　　D. 配注计划

239. BC008　抽油机井扭矩利用率是指抽油机井（　　）实际扭矩与抽油机铭牌额定扭矩的比值。

　　A. 连杆　　　　　　　　　B. 光杆　　　　　　　C. 曲柄轴　　　　　　D. 电机输出轴

240. BC008　生产井开井数是指当（　　）内连续生产（注水）24h 以上，并有一定产量（注水量）的油水井总数。

　　A. 年　　　　　　　　　　B. 季　　　　　　　　C. 月　　　　　　　　D. 周

241. BD001　绘制生产运行曲线的横、纵坐标，以（　　）水平为纵坐标，以时间（月、季、年）为横坐标。

　　A. 日产　　　　　　　　　B. 月产　　　　　　　C. 季产　　　　　　　D. 年产

242. BD001　绘制计划生产运行曲线，在纵坐标上标出对应月份上各项目的计划平均日水平，以间断线连接成（　　）。

　　A. 实线　　　　　　　　　B. 折线　　　　　　　C. 虚线　　　　　　　D. 台阶状

243. BD002　理论示功图是认为光杆只承受（　　）与活塞截面积以上液柱的静载荷时，理论上所得到的示功图。

　　　A. 泵　　　　　　　B. 抽油杆柱　　　　　　C. 油管柱　　　　　　D. 套管柱

244. BD002　示功图是由（　　）绘出的一条表示悬点载荷与悬点位移之间的关系曲线图，曲线所围成的面积表示抽油泵在一个冲程中所做的功。

　　　A. 计量仪　　　　　B. 温度仪　　　　　　C. 测试仪　　　　　　D. 动力仪

245. BD003　抽油机井理论示功图是理想化地描述了（　　）工作状况，它是分析实际示功图的基础，只有对其真正理解掌握，才能对实测示功图有一个正确的分析思路。

　　　A. 深井泵　　　　　B. 螺杆泵　　　　　　C. 射流泵　　　　　　D. 电泵

246. BD003　通过对示功图分析，可以知道抽油机驴头（　　）变化情况。

　　　A. 最大载荷　　　　B. 动载荷　　　　　　C. 悬点载荷　　　　　D. 静载荷

247. BD004　绘制理论示功图，首先要以冲程长度为横坐标，以（　　）为纵坐标，建立直角坐标系。

　　　A. 动载荷　　　　　B. 悬点载荷　　　　　C. 静载荷　　　　　　D. 最大载荷

248. BD004　绘制示功图载荷线，计算出最大载荷、（　　），在坐标上完成两条横坐标的平行线，长度为抽油井冲程。

　　　A. 最小载荷值在纵坐标上点点　　　　　B. 最大载荷值在纵坐标上点点

　　　C. 最小载荷值在横坐标上点点　　　　　D. 最大载荷值在横坐标上点点

249. BD005　理论示功图的 AB 线，当（　　），即为增载线，在增载过程中，由于抽油杆因加载而拉长，油管因减载而弹性缩回产生冲程损失，当达到最大载荷 B 点时增载完毕，所以增载线呈斜直线上升。

　　　A. 抽油机驴头开始上行时，光杆开始增载

　　　B. 抽油机驴头开始上行时，光杆开始卸载

　　　C. 抽油机驴头开始下行时，光杆开始增载

　　　D. 抽油机驴头开始下行时，光杆开始卸载

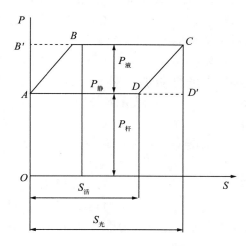

250.BD005 理论示功图的 A 点，表示抽油机驴头处在起点位置，即下死点，此时抽油井光杆承受的载荷为抽油杆在液体中的重量，（   ）。

A. 为最大载荷，点位在纵坐标轴上   B. 为最小载荷，点位在纵坐标轴上

C. 为最大载荷，点位在横坐标轴上   D. 为最小载荷，点位在横坐标轴上

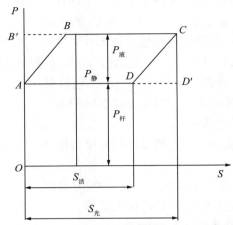

251. BE001 井位图是油田开发图件中最基础的底图，许多采油地质图都是在井位图上勾画的，只需把井别按（   ）标在图上，用小圆圈表示并上墨即可。

A. 坐标点   B. 比例   C. 顺序   D. 井排

252. BE001 井网具有较大的灵活性，可以先应用（   ），以后改为五点法；生产井和注水井的井位可以互换，井网形式仍保持不变。

A. 四点法   B. 反九点井网   C. 九点法井网   D. 七点法井网

253. BE001 开发井网对油层的（   ）的大小，直接影响着采油速度、含水上升率、最终采收率等开发指标的好坏。

A. 有效厚度   B. 储量丰度   C. 水驱控制程度   D. 动用状况

254. BE002 井位图确定图幅大小，在纸上算出个大约的范围，用（   ）画好图廓，并上墨。

A. 对角线法   B. 部面法   C. 三角形内插法   D. 面积法

255. BE002 井位图坐标系 X 轴是指（   ）。

A. 地球经度线   B. 地球纬度线   C. 中央子午线   D. 赤道线

256. BE003 分层注采剖面图在采油井的（   ）画一大小适当的直角坐标系，横坐标与基线在同一水平线上，横坐标表示各分层产量，纵坐标表示对应油层。

A. 上方   B. 左方   C. 右方   D. 下方

257. BE003 分层注采剖面图根据（   ）的资料，把每个小层的砂岩厚度按比例换算后画出剖面图。

A. 产液剖面测试成果   B. 小层数据表

C. 连通数据表   D. 吸水剖面成果

258. BE004 分层注采剖面图中如果一口井为单层，同层号的另一口井为两个以上小层时，则在两井间（   ）连接。

A. 分成支层   B. 分成平行   C. 不进行   D. 成喇叭口

259. BE004　分层注采剖面图的吸水剖面横坐标表示（　　）。

　　A. 吸水百分数　　　　B. 小层数值　　　　　C. 产水量　　　　　　D. 分层的注水量

260. BE005　油层栅状连通图在基线与（　　）之间标注栅状图所需各项内容的名称。

　　A. 辅助线　　　　　　B. 井轴线　　　　　　C. 剖面线　　　　　　D. 地面线

261. BE005　油层栅状连通图按渗透率上色：高渗透率油层红色，中渗透率油层上黄色，低渗透油层上绿色，砂层上（　　），用虚线时不上色。

　　A. 白色　　　　　　　B. 棕色　　　　　　　C. 紫色　　　　　　　D. 灰色

262. BE006　可以用油层栅状图来表示油层（　　），它是将油层垂向上的发育状况和平面上的分布情况结合起来，反映油层在空间上变化的一种图件。

　　A. 连通关系　　　　　B. 油砂体特征　　　　C. 沉积环境　　　　　D. 发育状况

263. BE006　油层栅状连通图中为了能够更加明确分析对象，在绘制井柱剖面时，不必将单井所钻遇的每一小层都画出，可以按（　　）绘制。

　　A. 砂岩厚度　　　　　B. 油层组　　　　　　C. 有效厚度　　　　　D. 射孔情况

264. BE007　油层栅状连通图作用之一，可以了解每口井的小层情况，如砂层厚度，有效厚度，渗透率，掌握油层特性及（　　）。

　　A. 射孔情况　　　　　B. 油层组　　　　　　C. 目地层　　　　　　D. 潜力层

265. BE007　油层栅状连通图可以研究分层措施，对于采油井采得出而注水井注不进的小层，要在注水井上采取（　　）措施。

　　A. 停注　　　　　　　B. 调剖　　　　　　　C. 酸化　　　　　　　D. 堵水

266. BE008　绘制井位图时，根据要求的注采井距标识的井位要准确，图上注明的方向与制图时（　　）方向一致。

　　A. 坐标　　　　　　　B. 井排　　　　　　　C. 井网图　　　　　　D. 指南针

267. BE008　油层剖面图完成后，用（　　）对图上的每条线、每个数据进行严格检查，保证图幅的质量。

　　A. 小层数据　　　　　B. 测井解释成果图　　C. 小层连通对比表　　D. 原始资料

268. BF001　油田开发过程中，油藏内部多种因素的变化状况称为（　　）。

　　A. 油田动态　　　　　B. 油田静态　　　　　C. 油田分析　　　　　D. 油藏变化

269. BF001　油藏动态分析是人们认识油藏和改造油藏的一项十分重要的基础研究工作，也是一项（　　）和技术性很强的工作。

　　A. 综合性　　　　　　B. 单一性　　　　　　C. 多变性　　　　　　D. 极其复杂

270. BF002　油田（　　）可分为单井、井组、区块和全油田进行分析，也可分阶段进行分析。

　　A. 地质工作　　　　　B. 静态地质　　　　　C. 开发内容　　　　　D. 动态分析

271. BF002　单井动态分析，要根据分析结果，提出加强管理和（　　）的调整措施。

　　A. 加强观察　　　　　B. 改善开采效果　　　C. 加强核实　　　　　D. 加强调大参数

272. BF003　油田动态分析中，生产分析主要分析了解（　　）产量、压力、含水率变化、注水量变化的原因，从而提出下步措施意见，如注水井调整等。

　　A. 油水井　　　　　　B. 油井　　　　　　　C. 水井　　　　　　　D. 气井

273. BF003　油田动态分析中，开发分析主要在油水井管理分析、生产分析及措施效果分析基础上，对区块或全油田进行（　　）主要了解各个油层的工作状况。

　　A. 设备分析　　　　　B. 地下分析　　　　　C. 地面分析　　　　　D. 井筒分析

274. BF004　油田开发的中后期即达到中、高含水期以后，为提高采收率，可以通过注采系统调整和井网层系的调整，逐步地转向（　）注水方式。

　　A. 面积　　　　　　　B. 行列　　　　　　　C. 缘外　　　　　　　D. 点状

275. BF004　把注水井组的注水状况和吸水能力与周围相连通油井之间的注采关系分析清楚，并对有关的油水井提出具体调整措施，这也是井组（　）的任务。

　　A. 动态分析　　　　　B. 系统调整　　　　　C. 静态分析　　　　　D. 措施分析

276. BF005　分析开发单元开发中存在的问题，纵向上要分析射孔各油层注采平衡和油层压力状况，找出（　）并对主要矛盾采取调整措施。

　　A. 层间矛盾　　　　　B. 层内矛盾　　　　　C. 平面矛盾　　　　　D. 井间矛盾

277. BF005　分析开发单元开发中存在的问题，平面上要分析注采平衡和油层压力状况，找出（　）并对主要矛盾采取调整措施。

　　A. 层间矛盾　　　　　B. 层内矛盾　　　　　C. 平面矛盾　　　　　D. 井间矛盾

278. BF006　抽油机井示功图横坐标代表（　）。

　　A. 光杆冲程　　　　　　　　　　　　　　　　B. 光杆所承受负荷

　　C. 活塞冲程　　　　　　　　　　　　　　　　D. 油管所承受负荷

279. BF006　某抽油机井实测示功图为正常，产量下降，液面上升，该井存在问题是（　）。

　　A. 油管上部漏失　　　B. 游动阀漏失　　　C. 固定阀漏失　　　D. 气体影响

280. BF007　一般（　）被分割的四块图形是完整无缺的，而且上、下负荷线与基线基本平行，增载线与卸载线平行，斜率一致。

　　A. 理论示功图　　　　B. 动态控制图　　　C. 正常示功图　　　D. 泵况图

281. BF007　有（　）影响的正常示功图图形，上、下负荷线与基线不平行，有一转角，图形按顺时针偏转一个角度，冲次越大转角越大。

　　A. 严重漏失　　　　　B. 砂卡　　　　　　C. 静压力　　　　　D. 惯性

282. BF008　正常生产的油井关井测得的静止压力代表的是（　）的油层压力。

　　A. 目前　　　　　　　B. 原始　　　　　　C. 注水后　　　　　D. 注水前

283. BF008　注水开发的油田，影响油层压力变化的主要因素是井组（　）的变化。

　　A. 含水量　　　　　　B. 油水井数比　　　C. 注采比　　　　　D. 储采比

284. BF009　油层正常生产以后见到底水，可能是油水界面（　）或水锥造成。

　　A. 下降　　　　　　　B. 上升　　　　　　C. 前移　　　　　　D. 活跃

285. BF009　边水推进或者是边水舌进的情况，通常在边水比较活跃或油田靠（　）驱动开采的情况下出现。

　　A. 弹性　　　　　　　B. 重力　　　　　　C. 水压　　　　　　D. 注气

286. BF010　月实际产油量与当月日历天数的比值反映的是（　），它表示油田实际产量的大小。

　　A. 日产油水平　　　　B. 日产油能力　　　C. 日产液水平　　　D. 日产液能力

287. BF010　采油指数是指单位（　）下油井的日产油量，它反应油井生产能力的大小，可用来判断油井工作状况及评价增产措施效果。

　　A. 有效厚度　　　　　B. 生产压差　　　　C. 砂岩厚度　　　　D. 地层压力

288. BF011　油井投产后，当地层压力和流压都高于饱和压力时，产油量和生产气油比都比较稳定，随着压力的下降，气油比逐渐（　　）。

A. 下降　　　　　　　B. 上升　　　　　　　C. 不变　　　　　　　D. 先升后降

289. BF011　油井压开低含水、低渗透层时，气油比就会很快（　　）。

A. 稳定　　　　　　　B. 上升　　　　　　　C. 下降　　　　　　　D. 先升后降

290. BF012　含水率是表示油田油井含水多少的指标。它在一定程度上反映油层的（　　）。

A. 水淹程度　　　　　B. 吸水剖面　　　　　C. 含油量　　　　　　D. 含水指数

291. BF012　在实际工作中含水率有（　　）、油田或区块综合含水率和见水井平均含水率之分。

A. 单井含水率　　　　B. 高含水率　　　　　C. 中含水率　　　　　D. 低含水率

292. BF013　对于分层的注水井，井下水嘴不变的情况下，注水指示曲线 2 与 1 对比，向左偏移，曲线斜率变大，吸水指数（　　），表明在相同注水压力下注水量减少，说明地层吸水能力下降（注水指示曲线 2 为最新测试结果，注水指示曲线 1 为之前测试结果）。

A. 变小　　　　　　　B. 变大　　　　　　　C. 为 0　　　　　　　D. 不变

293. BF013　对于分层的注水井，井下水嘴不变的情况下，注水指示曲线 2 向上方平移（注水指示曲线 2 为最新测试结果，注水指示曲线 1 为之前测试结果），曲线斜率不变，吸水指数不变，说明层段或全井吸水能力不变，但油层或全井的启动压力、注水压力（　　）。

A. 为 0　　　　　　　B. 下降　　　　　　　C. 不变　　　　　　　D. 上升

294. BF014　抽油机井动态控制图的参数偏大区，该区域的井泵效 η 不大于（　　），流压与饱和压力之比 P_f/P_h 不小于 0.4。

A. 0.6　　　　　　　B. 0.75　　　　　　　C. 0.3　　　　　　　D. 0.25

295. BF014　针对抽油机井动态控制图的参数偏大区的井，下一步措施为（　　）。

A. 调小参数　　　　　B. 调大参数　　　　　C. 机械堵水　　　　　D. 水井调剖

296. BF015　所谓（　　）是表示每年采出的油量占总地质储量的比值，在数值上等于年采出油量除以油田地质储量，通常用百分数表示。

A. 采油量　　　　　　B. 采油指数　　　　　C. 采出程度　　　　　D. 采油速度

297. BF015　所谓（　　）是表示按目前生产水平所能达到的采油速度。

A. 折算采油量　　　　　　　　　　　　　　　B. 折算采油指数

C. 折算采出程度　　　　　　　　　　　　　　D. 折算采油速度

298. BF016　一个独立的开发层系应具有一定的（　　），保证油井具有一定的生产能力，以使油井的采油工艺比较简单，能够达到较好的技术经济指标。

A. 渗透率　　　　　　B. 厚度　　　　　　　C. 储量　　　　　　　D. 孔隙度

299. BF016　油田开发各个阶段都要求对（　　）的适应性进行分析和评价。

A. 注水系统　　　　　B. 渗透率　　　　　　C. 注采系统　　　　　D. 采油系统

300. BG001　判断计算机系统是否已受到病毒的侵袭，除了通过观察异常外，也可以根据计算机病毒的（　　）、程序特征信息、病毒特征及传播方式、文件长度变化等编制病毒检测程序。

A. 关键字　　　　　　B. 格式　　　　　　　C. 个别语句　　　　　D. 处理程序方式

301. BG001　常用预防计算机病毒的主要方法有人工预防、软件预防、硬件预防和（　　）。

　　A. 管理预防　　　　　B. 专机专用　　　　　C. 慎用共享软件　　　　　D. 不用软盘引导

302. BG002　Excel 中创建图表时，可以使用其系统内置的（　　）种标准图表类型。

　　A. 14　　　　　　　　B. 8　　　　　　　　　C. 20　　　　　　　　　D. 24

303. BG002　在 Excel 中，为了形象的表达数据，可以用改变图形的方式任意修改图形，方法是将鼠标移至图表内，单击右键，在快捷菜单中选择（　　），对图表进行修改。

　　A. 绘图区格式　　　B. 图表类型　　　　　C. 图表选项　　　　　D. 源数据

304. BG003　在 Excel 表格很大，以至无法在一页中全部打印时，可以选择"页面设置"中的（　　）进行设置选择，使得每一页上都有相同的表头项目。

　　A."页面"标签的"选项"　　　　　　　　B."页边距"标签的"选项"

　　C."页眉 / 页角"标签的"自定义页眉"　　　D."工作表"标签的"顶端标题行"

305. BG003　在 Excel "打印预览"中设置页边距操作中，多余的一步是（　　）。

　　A. 选"文件"菜单中的"打印预览"命令，产生"打印预览"

　　B. 在"页边距"栏内输入适当的数据

　　C. 单击标尺边距来调整页边距

　　D. 拖动"页边距"来调整页边距

306. BG004　Excel 中，公式通过现有数据计算出新的数值，总是以（　　）开始。

　　A. ～　　　　　　　　B. =　　　　　　　　　C. §　　　　　　　　　D. #

307. BG004　Excel 中，需删除或替换公式中的某些项，需要在编辑栏中选中要删除或替换的部分，然后按（　　）键或 Delete 键。

　　A. Insere　　　　　　B. BJpslock　　　　　　C. Backspace　　　　　D. Enter

308. BG005　在 Excel 中，AVERAGEA 是（　　）。

　　A. 求和函数　　　　　B. 条件函数　　　　　C. 平均值函数　　　　　D. 求最大值函数

309. BG005　Excel 中，函数"COUNTIF"是（　　）函数。

　　A. 频率分布　　　　　　　　　　　　　　　B. 按指定条件查找

　　C. 计算数据库中满足条件的单元格的个数　　D. 计算满足条件的单元格数目

310. BG006　数据库是存放信息数据的"仓库"，它是以（　　）的格式把信息数据存储在微机中。

　　A. 一维表　　　　　　B. 二维表　　　　　　C. 报单　　　　　　　D. 扫描

311. BG006　为了科学管理各种类型的信息数据，对它们的名称、类型、长度等，应该有相应的规定。如二维表的项目（即表格列的属性）名称为（　　）。

　　A. 数据库结构　　　　B. 记录　　　　　　　C. 字段　　　　　　　D. 关键字

312. BG007　数据库以若干项目（即字段）和若干记录构成，并提供统计、（　　）等数据管理功能。

　　A. 编辑、显示　　　　B. 制作、绘制表格　　C. 数据编辑　　　　　D. 查询、检索

313. BG007　数据库中，一个表以记录和（　　）的形式存储数据。

　　A. 字段　　　　　　　B. 信息　　　　　　　C. 命令　　　　　　　D. 程序

314. BG008　建立数据库命令的格式为（　　）。

　　A. USE〈文件名〉　　　　　　　　　　　　B. ERASE〈文件名〉

    C. CREATE〈文件名〉　　　　　　　　　D. USE

315. BG008　数据库数据录入的常用方式是（　　）。

    A. 编辑　　　　　　　B. 修改　　　　　　　C. 插入　　　　　　　D. 复制

316. BG009　数据库打开的命令的格式为（　　）。

    A. USE〈文件名〉　　　　　　　　　　B. ERASE〈文件名〉

    C. CREATE〈文件名〉　　　　　　　　　D. USE

317. BG009　数据库关闭的命令的格式为（　　）。

    A. USE〈文件名〉　　　　　　　　　　B. ERASE〈文件名〉

    C. CREATE〈文件名〉　　　　　　　　　D. USE

318. BG010　数据库的统计命令中，（　　）是分类统计求和。

    A. COUNT　　　　　B. SUM　　　　　　C. AVERAGE　　　　D. TOTAL

319. BG010　数据库的常用窗口命令中，（　　）是关闭所有窗口的命令。

    A. CLEAR WINDOWS　　　　　　　　B. DEFINE WINDOWS

    C. HIDE WINDOWS　　　　　　　　　D. MOVE WINDOWS

320. BG011　对列的类型为日期类型进行插入时，要用（　　）函数指定日期。

    A. TO_NUMBHR　　　　　　　　　　B. TO_CHAR

    C. TO_DATE　　　　　　　　　　　　D. CONVERT

321. BG011　求平均值的函数是（　　）。

    A. MAX　　　　　　　B. AVG　　　　　　　C. MIN　　　　　　　D. SQRT

二、多项选择题（每题有 4 个选项，有 2 个或 2 个以上是正确的，将正确的选项号填入括号内）

1. AA001　有效孔隙度可以分为（　　）。

    A. 孔隙度　　　　B. 基质孔隙度　　　　C. 裂缝孔隙度　　　　D. 绝对孔隙度

2. AA002　影响孔隙度大小的主要因素有（　　）。

    A. 胶结类型　　　B. 砂岩粒度　　　　　C. 岩石密度　　　　　D. 胶结物

3. AA003　接触胶结，（　　），它的孔隙率最高。

    A. 胶结物含量很少　　　　　　　　　B. 分布于颗粒相互接触的地方

    C. 砂岩颗粒埋藏在胶结物中　　　　　D. 颗粒呈点状或线状接触

4. AA004　渗透率的大小与孔隙度、液体渗透方向上空隙的（　　）等因素有关，而与在介质中运动的液体性质无关。

    A. 几何形状　　　B. 颗粒大小　　　　　C. 砂岩粒度　　　　　D. 排列方向

5. AA005　渗透率可分为（　　）。

    A. 相对渗透率　　B. 绝对渗透率　　　　C. 有效渗透率　　　　D. 低渗透率

6. AA006　通常采用气体，（　　）的渗透率作为绝对渗透率。

    A. 氩气　　　　　B. 氮气　　　　　　　C. 空气　　　　　　　D. 氧气

7. AA007　有效渗透率不是岩石本身的固有性质，它受岩石（　　）等因素的影响，因此它不是一个定值。

    A. 孔隙结构　　　B. 流体性质　　　　　C. 流体饱和度　　　　D. 流体流量大

8. AA008　岩石（　　）是影响岩石渗透率的主要因素。

    A. 孔隙结构　　　　　　　　　　　B. 孔隙的大小

    C. 颗粒的均匀程度　　　　　　　　D. 胶结物含量的多少

9. AB001　断块型古潜山是由断盘的相对交替变化而形成的，根据断层的组合方式可分为（　　）。

    A. 断阶式古潜山　　　　　　　　　B. 单断式古潜山

    C. 双断式古潜山　　　　　　　　　D. 复合式古潜山

10. AB002　组成圈闭的三个基本要素是（　　）。

    A. 盖层　　　　　　B. 地层　　　　　　C. 储层　　　　　　D. 遮挡物

11. AB003　地层圈闭是指储层（　　）横向变化，或由于纵向沉积的连续性中断而形成的圈闭。

    A. 电性　　　　　　B. 岩性　　　　　　C. 物性　　　　　　D. 渗透性

12. AB004　水动力对圈闭有效性主要取决于（　　）。

    A. 盖层好坏　　　　　　　　　　　B. 水动力大小

    C. 岩层倾角大小　　　　　　　　　D. 流体性质

13. AB005　与褶皱作用有关的背斜油气藏，其主要特点有（　　）。

    A. 闭合度高　　　　　　　　　　　B. 两翼倾角陡，常呈不对称状

    C. 闭合面积小　　　　　　　　　　D. 常伴有断裂

14. AB006　在整个开发过程中，具有（　　）条件的油藏称为刚性水压驱动油藏。

    A. 油层压力保持不变　　　　　　　B. 含水保持不变

    C. 产量保持不变　　　　　　　　　D. 气油比不变

15. AB007　气压驱动油藏的开发，随着（　　），油中溶解的天然气不断逸出，这些气体一部分作为伴生气随原油一道被采出地面，一部分可能补充到不断扩大的气顶中去。

    A. 产液量降低　　　　　　　　　　B. 井底流压不断上升

    C. 地下储量的采出　　　　　　　　D. 油层压力不断下降

16. AB008　在自然条件下，油、气在油层中流动常常是各种能量同时作用的结果，如（　　）等，都不同程度地发挥作用。

    A. 高压气体的膨胀能力　　　　　　B. 重力

    C. 静水柱压力　　　　　　　　　　D. 岩石和气体的弹性能量

17. AB009　油气田在同一面积范围内受（　　）所控制。

    A. 单一局部构造　　　　　　　　　B. 地层因素

    C. 油气圈闭　　　　　　　　　　　D. 岩性因素

18. AB010　随着国内外油气勘探开发的进展，为了能够反映油气地质学领域新进展，在进行油气田分类时，应考虑区分（　　）。

    A. 砂岩油气田　　　　　　　　　　B. 古潜山油气田

    C. 碳酸盐岩油气田　　　　　　　　D. 刺穿构造型油气田

19. AB011　常与碎屑岩储油层伴生的盖层为（　　）。

    A. 碳酸盐岩　　　　　B. 砂岩　　　　　　C. 泥岩　　　　　　D. 页岩

20. AB012   陆相沉积包括（   ）沉积。

    A. 河流相   B. 沼泽相   C. 冰川相   D. 湖泊相

21. AB013   沉积环境中的海相（   ），以碳酸盐岩及黏土岩为主，碎屑岩次之。

    A. 沉积面积广   B. 层位稳定   C. 地层复杂   D. 有机质少见

22. AB014   地层对比中，区域性地层对比是以地层的（   ）等作为分层对比的依据，是确定地层层位关系的对比。

    A. 构造   B. 结构   C. 岩性   D. 古生物化石

23. AB015   在对比大地层单位时，主要考虑测井曲线的大幅度变化和组合关系，而小地层单位进行对比时，则主要考虑单层（   ）及电性的方向性升高或降低等。

    A. 曲线形状   B. 厚度   C. 组合变化   D. 含油性

24. AB016   在陆相碎屑岩剖面中，一般选择（   ）和火山碎屑岩这些有特殊岩性的岩层作为标准层。

    A. 白云岩   B. 碳质页岩   C. 石灰岩   D. 油页岩

25. AB017   冲积扇的形成需要具备必要条件是（   ）。

    A. 气候潮湿   B. 气候干热   C. 地壳升降运动强烈   D. 洪水期

26. AB018   扇中为冲积扇中部，是冲积扇的主要组成部分，它具有（   ）为特征。

    A. 地形较平缓   B. 发育有直而深的主河道

    C. 中到较低的沉积坡角   D. 发育的辫状河道

27. AB019   冲积平原上最主要的地貌是河流作用形成的河谷，河谷上分布有（   ）和决口扇等。

    A. 河漫滩   B. 河床   C. 浅滩   D. 天然堤

28. AB020   河漫滩沉积以粉砂岩为主，次为黏土岩；在平面上，距河床越远，（   ）。

    A. 粒度越细   B. 粒度越粗   C. 呈现交错层理   D. 层理变薄

29. AB021   边滩沉积的重要特征（   ）。

    A. 以砂岩为主   B. 沉积物比较复杂   C. 成熟度低   D. 板状交错层理

30. AB022   天然堤由于（   ），故沉积物常被局部氧化成棕色。

    A. 沉积物复杂   B. 位置较高

    C. 排水良好   D. 粉砂渗透性较强

31. AB023   由于长期暴露于空气中，泛滥盆地沉积物常有（   ）。

    A. 局部氧化痕迹   B. 扁状沉积物   C. 冲刷构造   D. 干裂缝

32. AB024   深湖区为还原环境，生物遗体保存较好，有利于向油气转化，是良好的生油环境，其中（   ）黏土岩是良好的生油岩。

    A. 黑色   B. 红色   C. 灰黑色   D. 灰色

33. AB025   淡水湖泊的水动力较弱，有（   ）几种作用方式。

    A. 寒流   B. 波浪   C. 洋流   D. 底流

34. AB026   三角洲的发育情况和形态特征主要受河流作用与蓄水盆地能量（   ）的对比关系的控制。

    A. 波浪   B. 洪水   C. 潮汐   D. 海流

35. AB027　高破坏性三角洲向海洋的延伸部分完全变成了海相，向陆地方向的延伸部分则为（　　）的复合体。

　　A. 三角洲相　　　　B. 沼泽相　　　　　C. 湖泊相　　　　　D. 河流相

36. AB028　三角洲分流平原相有分支流河床相、（　　）和决口扇。

　　A. 沼泽相　　　　　B. 天然堤相　　　　C. 分支河床相　　　D. 分流河口砂坝

37. AB029　沉积旋回是指相似岩性在剖面上的有规律重复，可以是岩石的（　　）等方面表现出来的规律性重复。

　　A. 颜色　　　　　　B. 岩性　　　　　　C. 结构　　　　　　D. 构造

38. AB030　在四级旋回中，单油层粒度最粗，它的厚度、（　　）随沉积相带的变化而有所不同。

　　A. 渗透率　　　　　B. 结构　　　　　　C. 构造　　　　　　D. 孔隙度

39. AB031　含油层系是若干油层组的组合，是一个一级沉积旋回的连续沉积，是（　　）的油层组合。

　　A. 沉积环境相同　　　　　　　　　　B. 岩石类型相近

　　C. 油水分布特征相同　　　　　　　　D. 油水运动规律相似

40. AB032　"骨架剖面"就是根据油层发育特征，在区块内拉几条横剖面和纵剖面，将标准层涂上颜色，界线标在图上，再将相同界线连成线，能非常直观地看到各（　　）的曲线特征。

　　A. 油层组　　　　　B. 砂岩组　　　　　C. 标准层　　　　　D. 小层

41. AC001　在非均质多油层油田分层注水后，由于高中低渗透层的差异，各层在（　　）、水线推进速度、采油速度、水淹情况等方面产生的差异，造成了层间矛盾。

　　A. 吸水能力　　　　B. 采出程度　　　　C. 地层压力　　　　D. 采收率

42. AC002　如果不考虑（　　）的影响，注入水总是首先沿着油层高渗透部位窜入油井后再向四周扩展。

　　A. 层系　　　　　　　　　　　　　　B. 井网

　　C. 油水井工作制度　　　　　　　　　D. 油层渗透率变化

43. AC003　注入水不能波及整个油层厚度，造成水淹状况的不均匀，从而降低（　　），这种现象称为层内矛盾。

　　A. 采油强度　　　　B. 采收率　　　　　C. 水淹厚度　　　　D. 渗透率

44. AC004　在油田注水开发中，均匀水淹多出现在油层岩石（　　）而相对较均匀的油层，或者高渗透段不在油层底部的反韵律油层中。

　　A. 颗粒较粗　　　　B. 渗透率较高　　　C. 颗粒较细　　　　D. 渗透率较低

45. AC005　调整层间矛盾，以高压分层注水为基础的注水量完成好向差、高向低的转移，提高（　　）的油层的吸水能力。

　　A. 性质好　　　　　B. 性质差　　　　　C. 吸水能力高　　　D. 吸水能力低

46. AC006　调整平面矛盾，可以通过分注分采工艺对（　　），或调整注水强度，加强受效差地区油层的注水。

　　A. 高含水带油层堵水　　　　　　　　B. 低含水带油层换大泵

　　C. 高含水带油层酸化　　　　　　　　D. 低含水带油层压裂

47. AC007 "四选"工艺是解决层内矛盾的措施之一，包括选择性注水、（　　）、选择性压裂。

A. 选择性调剖 B. 选择性酸化 C. 选择性堵水 D. 选择性细分

48. AC008 平面矛盾的表现之一是注水井周围（　　）。

A. 油井见水时间相差较大 B. 各个方向渗透率不同

C. 各个方向注水强度不同 D. 油井受效时间相差不大

49. BA001 水力活塞泵要求所使用的动力液具有良好的（　　），以保证泵的正常工作和延长使用寿命。

A. 流动性 B. 润滑性 C. 防腐蚀性 D. 防垢性

50. BA002 水力活塞泵井下部分是水力活塞泵的主要机组，它由（　　）组成，起着抽油的主要作用。

A. 电动机 B. 液动机 C. 水力活塞泵 D. 滑阀控制机构

51. BA003 射流泵由于泵的结构特点，具有抽吸广泛流体的能力，适用于（　　）、高温和腐蚀性流体。

A. 高气油比 B. 低产量 C. 高含砂 D. 高含水

52. BA004 射流泵一般由（　　）和密封填料组成。

A. 泵体 B. 井下固定装置 C. 工作筒 D. 喇叭口

53. BA005 油气井出砂，最容易造成（　　）。

A. 油层砂埋 B. 油管砂堵

C. 地面管汇积砂 D. 贮藏油管积砂

54. BA006 地层强度取决于（　　）以及地层颗粒本身的重力。

A. 地层胶结物的胶结力 B. 圈闭内流体的黏着力

C. 地层颗粒物之间的摩擦力 D. 地层的渗透力

55. BA007 部分胶结地层含有（　　），用常规取心工具可以取得岩心，但岩心非常容易破碎。

A. 地层压力高 B. 胶结物数量少

C. 胶结力弱 D. 地层强度低

56. BA008 油气井防砂方法很多，最终要以防砂后的经济效果来选择评价，根据防砂原理，大致可分为（　　）。

A. 砂拱防砂 B. 机械防砂 C. 化学防砂 D. 焦化防砂

57. BA009 因地层条件复杂，含有（　　）夹层的井应考虑采用管内防砂。

A. 水 B. 气 C. 泥岩 D. 页岩

58. BA010 对于用注水开发方式开发的油气藏，由于油层的非均质性及开采方式不当，使注入水（　　）不均匀推进，在纵向上形成单层突进，在横向上形成舌进或指进现象，使油井过早水淹。

A. 边水沿高渗透层 B. 边水沿低渗透层

C. 边水沿高、低渗透区 D. 底水推进

59. BA011 油田进入高含水期后（　　），纵向上存在多层高含水的现象相当普遍。控水工艺措施已由油井堵水转向水井化学调剖。

A. 分层注水 B. 油水分布趋于复杂化

C. 聚合物延时交联深度 D. 层间干扰进一步加剧

60. BA012　通过化学调剖可以解决由于（　　）而无法实施分层注水的问题。

　　A. 油层薄　　　　　B. 套管窜槽　　　　　C. 夹层小　　　　　D. 夹层窜槽

61. BA013　YFT 调剖剂在一定的（　　）条件下发生化学反应，使线型聚合物变成体型聚合物，生成凝胶体。

　　A. 压力值　　　　　B. pH 值　　　　　C. 稳定值　　　　　D. 温度值

62. BA014　黏土聚合物调剖机理就是向目的层注入黏土、聚合物两种工作液，（　　），从而调整注入剖面。

　　A. 中间用隔离液隔开　　　　　　　　　B. 通过化学作用形成黏土聚合物絮凝体

　　C. 堵塞高渗透部位大孔道　　　　　　　D. 堵塞低渗透部位小孔道

63. BA015　油井堵水是油田高含水期（　　）的一项重要措施。

　　A. 增注　　　　　B. 稳油控水　　　　　C. 含水上升速度快　　　D. 改善开发效果

64. BA016　机械堵水是使用封隔器及其配套的井下工具来封堵（　　）的产液层，以减小各油层之间的干扰。

　　A. 高含水　　　　　B. 高产油　　　　　C. 低产能　　　　　D. 高压

65. BA017　根据堵剂在油层形成封堵的方式不同，化学堵水可分为（　　）。

　　A. 机械堵水　　　　　　　　　　　　　B. 选择性化学堵水

　　C. 非选择性化学堵水　　　　　　　　　D. 双液法机械堵水

66. BA018　水力压裂是（　　）的一项重要技术措施。

　　A. 降低含水　　　　　B. 水井增注　　　　　C. 井口增压　　　　　D. 油井增产

67. BA019　实践过程中发现压裂改造的最好时机，应是（　　）以上两者比较接近时，可获得最佳压裂效果，地层压力过低或过高都不会获得最佳效果。

　　A. 地层压力　　　　　B. 饱和压力　　　　　C. 井筒压力　　　　　D. 原始地层压力

68. BA020　多裂缝压裂适用于（　　）、油水井连通较好的井。

　　A. 油层多　　　　　B. 厚度小　　　　　C. 夹层薄　　　　　D. 渗透率高

69. BA021　一般平衡限流法压裂在高含水层靠近薄夹层处射一孔，这样，压裂液的高压同时作用于薄夹层上下的（　　），薄夹层上下受到基本相同的压力，避免了薄夹层上下压差过大而被压窜，即保护了薄夹层，又避免了与高含水层串通，事后再配以堵水技术，将高含水层孔眼堵住即可。

　　A. 高含水层　　　　　B. 低含水层　　　　　C. 油层　　　　　D. 气层

70. BA022　由于油水井连通差，或连通较好但水井吸水差，油层（　　），导致油井产量低。

　　A. 压力水平高　　　　B. 压力水平低　　　　C. 无驱动能量　　　D. 驱动能量充足

71. BA023　影响压裂增产效果的因素包括：（　　）。

　　A. 压裂层厚度和含油饱和度的影响　　　　B. 油层压力水平的影响

　　C. 裂缝长度、宽度及裂缝渗透率的影响　　　D. 压裂工艺的影响

72. BA024　油井压裂选井时，应注意选择（　　），油层压力水平在原始地层压力附近的油井进行压裂措施。

　　A. 油水井连通差　　　　　　　　　　　B. 对应水井注水量低

　　C. 油水井连通好　　　　　　　　　　　D. 对应水井注水量高

73. BA025　压裂工艺技术种类很多,目前技术已经成熟的几种常规压裂工艺主要有:(　　)、平衡限流法压裂工艺。

A. 普通封隔器压裂工艺　　　　　　　　　　B. 选择性压裂工艺

C. 多裂缝压裂工艺　　　　　　　　　　　　D. 限流法压裂工艺

74. BA026　水井调剖后要及时测同位素吸水剖面,分析其吸水剖面是否发生变化,分析吸水(　　)是否增加。

A. 压力　　　　　B. 指数　　　　　C. 层段　　　　　D. 厚度

75. BA027　注水井实施调剖后周围有关的油井需要及时测(　　),根据抽油机井的泵况情况,分析受效油井是否需要调参。

A. 动液面　　　　B. 注入量　　　　C. 配注量　　　　D. 示功图

76. BA028　多油层开采的油田,随着生产时间的延长,主力油层的(　　),对此必须采取一定的措施使油井稳产。

A. 含水将不断下降　　　　　　　　　　　　B. 产油量不断上升

C. 含水将不断上升　　　　　　　　　　　　D. 产油量不断下降

77. BA029　油井实施堵水措施后若(　　),示功图呈严重供液不足,需调小生产参数。

A. 产量较高　　　　B. 动液面较高　　　C. 产量较低　　　D. 动液面较低

78. BA030　在压裂前要对油井各项生产数据进行核实,为(　　)对比分析提供可靠依据。

A. 选井　　　　　B. 选层　　　　　C. 压裂后效果　　　D. 压裂前效果

79. BA031　注水开发的非均质多油层砂岩油田,由于高含水层的(　　),抑制了其他油层的作用,因此,高含水井在压裂时要压堵结合,否则,就发挥不了压裂层的作用,油井就不能取得理想的压裂效果。

A. 压力高　　　　B. 产液量大　　　C. 压力低　　　　D. 产液量小

80. BA032　水井压裂后的生产管理主要是做到核实日注能力,根据周围油井的(　　)情况,确定其工作制度。

A. 连通状况　　　B. 抽油杆柱　　　C. 含水变化　　　D. 保护器

81. BA033　适合用酸化处理的油层条件:(　　)、氧化铁堵塞物、低渗透砂岩泥质胶结地层、碳酸盐岩地层。

A. 油基堵塞　　　B. 细菌堵塞　　　C. 钻井液堵塞　　　D. 结蜡堵塞

82. BA034　选择性酸化:选择性酸化是根据油层(　　)、各层吸水量相差大的特点,用化学球暂时封堵高渗透层的炮眼,使酸液大量进入低吸水层,以达到低吸水层的改造,提高低渗透层的吸水量的目的。

A. 渗透率差异大　　B. 层间夹层厚　　C. 层间差异也较小　　D. 层间夹层薄

83. BA035　注水井酸化后的生产管理内容包括:注意观察与该井连通的周围油井的(　　)的变化情况,以便采取相应的配套措施。

A. 注水　　　　　B. 液面　　　　　C. 产液　　　　　D. 含水

84. BA036　从整体上看,目前三次采油技术中,仅有少数方法已经成熟到能够以工业规模进行开采的阶段,国内外研究较多并相对成熟,具有良好前景的三次采油技术有(　　)。

A. 热力采油技术　　　　　　　　　　　　　B. 化学驱采油

C. 微生物采油　　　　　　　　　　　　　　D. 气体混相驱(或非混相驱)采油技术

85. BA037 化学驱采油包括（　　）、碱驱采油和表面活性剂—碱—聚合物采油。

　　A. 聚合物采油　　　B. 热力采油　　　C.表面活性剂采油　　　D. 气体混相驱采油

86. BA038 表面活性剂按照其在水溶液中离解出的表面活性离子的类型可分为(　　)几类。

　　A. 两性型表面活性剂　　　　　　　　　　B. 阳离子型表面活性剂

　　C.阴离子型表面活性剂　　　　　　　　　D. 非离子型表面活性剂

87. BA039 碱水驱的注入一般分三步：首先注入（　　）；然后将配制好的碱液注入地层；最后再注入清水驱替碱液。

　　A. 清水　　　　　　B. 酸性水　　　　　C. 淡盐水　　　　　D. 活性剂

88. BA040 三元复合体系驱（ASP）是注入水中加入低浓度的（　　）、和碱的复合体系驱油的一种提高原油采收率的方法。

　　A. 碱性水　　　　　B. 酸性水　　　　　C. 聚合物　　　　　D. 表面活性剂

89. BA041 气体混相驱采油技术包括烃类驱采油技术和（　　）采油。

　　A. 富气驱　　　　　　　　　　　　　　　B. 氮气驱

　　C. CO_2 混相或非混相驱　　　　　　　　D. 贫气驱

90.BA042 注蒸汽是以水蒸气为介质，把地面产生的热注入油层的一种热力采油法，包括（　　）。

　　A. 蒸汽驱油　　　　B. 热力激励法　　　C. 热力驱替法　　　D. 蒸汽吞吐

91. BA043 聚合物驱油是通过降低注入剂的流动度来实现水、油的流度比的降低，达到（　　）的目的。

　　A. 扩大水驱波及面积　　　　　　　　　　B. 提高采出程度

　　C. 注入剂波及系数的增加　　　　　　　　D. 提高采收率

92. BA044 聚合物驱较好地解决了影响采收率的因素，其基本机理是（　　）。

　　A. 扩大水驱波及面积　　　　　　　　　　B. 提高采出程度

　　C.提高驱油效率　　　　　　　　　　　　D. 扩大波及体积

93. BA045 聚合物分子在不良溶剂中处于（　　）状态。

　　A. 舒展　　　　　　B. 紧缩　　　　　　C. 不溶　　　　　　D. 易溶解

94. BA046 聚合物浓溶液中，聚合物分子链接彼此接近甚至相互（　　），相互作用强，可因缠结而产生物理交联。

　　A. 作用小　　　　　B. 稳定　　　　　　C. 贯穿　　　　　　D. 纠缠

95. BA047 聚合物驱油是利用聚合物的关键性质黏度来改善油层中（　　）的。黏度高，驱油效果好，因此聚合物溶液黏度达到注入方案的要求是保证聚合物驱获得好效果的关键。

　　A. 油水流度比　　　B. 渗透率　　　　　C. 调整吸水剖面　　　D. 孔隙度

96. BA048 聚合物溶液的稀释是在配制站完成的，由于稀释过程中受（　　）及人工操作等多种因素的影响，要求随时化验聚合物溶液浓度。

　　A. 清水的矿化度　　　　　　　　　　　　B.设备质量

　　C.计量仪表的精度　　　　　　　　　　　D. 聚合物的分子量

97. BB001 表示油田实际产量大小的有（　　）等几种，使用最多的是日产量，单位用 t/d 表示。

　　A. 日产量　　　　　B.月产量　　　　　C. 年产量　　　　　D. 累积产量

98. BB002 采油指数与油井的（　　）有关。

    A. 驱替面积   B. 泄油面积   C. 流动系数   D. 渗流阻力

99. BB003 聚合物驱注入井资料现场检查记录中的（　　）、现场检查与报表母液量误差、现场检查与测试聚合物溶液注入量误差中的任何一项超出规定要求和超允许注入压力注入，该井定为不准井。

    A. 油压差值   B. 瞬时配比误差

    C. 底数折算配比误差   D. 母液配注完成率

100. BB004 自然界中的岩石和矿物也是一种导体，根据它们的导电性质可分为（　　）两大类。

    A. 分子导电性   B. 电子导电性   C. 离子导电性   D. 中子导电性

101. BB005 标准测井图中主要有（　　）、2.5m 视电阻率曲线。

    A. 自然电位曲线   B. 压降曲线

    C. 井径曲线   D. 指示曲线

102. BB006 在井眼内钻井液压力大于地层压力的条件下，渗透层处（　　）方向一致。

    A. 凝固电位   B. 胶连电位

    C. 过滤电位   D. 扩散吸附电位

103. BB007 利用自然电位判断水淹层也是比较常见的。如水淹层段自然电位偏移，（　　）。

    A、根据偏移大小   B. 判断水淹程度的强弱

    C. 根据偏移面积   D. 判断矿化程度的高低

104. BB008 自然伽马最高的岩石有（　　）、放射性软泥。

    A. 黏土岩   B. 膨土岩   C. 火山灰   D. 油页岩

105. BB009 放射性同位素测井就是利用某些放射性同位素做示踪元素，来研究井内（　　）的测井方法。

    A. 地质剖面   B. 技术情况   C. 录取资料的厚度   D. 油水比例

106. BB010 放射性测井常用的有（　　）。

    A. 伽马测井   B. 自然电估测井

    C. 标准测井   D. 中子测井

107. BB011 拖动采油设备的电动机输入功率计算公式为 $W_{输入} = \dfrac{\sqrt{3}IU\cos\phi}{1000}$，式中（　　）。

    A. $W_{输入}$ 代表输入功率

    B. I 代表电动机输入电流（线电流），单位为 A

    C. U 代表输入电压（线电压），单位为 V

    D. $\cos\phi$ 代表功率因数，一般为 0.84 ～ 0.85

108. BB012 螺杆泵是一种容积式泵，它运动部件少，没有阀件和负责的流道，（　　）。由于缸体转子在定子橡胶衬套内表面运动带有滚动和滑动的性质，使油液中砂粒不易沉积，同时转子—定子间容积均匀变化而产生的抽吸、推挤作用使油气混输效果良好，在开采高黏度、高含砂和含气量较大的原油时，同其他采油方式相比具有独特的优点。

    A. 油流扰动大   B. 油流扰动小   C. 排量均匀   D. 排量多变

109.BB013　螺杆泵是摆线内啮合螺杆齿轮副的一种应用。螺杆泵又有（　　）螺杆泵之分。

A. 单头　　　　　　　　B. 多头　　　　　　　　C. 单向　　　　　　　　D. 双向

110.BB014　计算注水井层段相对吸水百分数、层段吸水量时，以（　　）作为最高注水压
　　　　　　力点，利用与之相邻的两个测试点水量，应用内插法推算上沿压力点水量，
　　　　　　并计算此压力下的吸水百分数。

A. 最高测试压力点为基础　　　　　　　　　　B. 最低测试压力点为基础

C. 上沿 0.5MPa 压力　　　　　　　　　　　　D. 上沿 5MPa 压力

111.BB015　注聚井现场资料检查管理内容计算时，以下说法正确的是（　　）。

A.“母液日注量”栏的“现场检查与报表母液量误差”计算公式为聚合物母液折日注
　　入量与前日报表的母液日注入量的差值除以前日报表的母液日注入量所得数值的
　　百分比

B.“母液日注量”栏的“母液配注完成率”计算公式为聚合物母液折日注入量与母液
　　日配注量之比的百分数

C.“母液日注量”栏的“现场检查与报表母液量误差”不用计算

D“母液日注量”栏的“母液配注完成率”不用计算

112.BB016　聚合物驱注入井资料录取现场检查时，采油厂每季度至少组织抽查一次，抽
　　　　　　查井数比例不低于聚合物驱注入井总数的 10%，并（　　）。

A. 分析存在的问题　　　　　　　　　　　　　B. 制定和落实整改措施

C. 编写检查公报　　　　　　　　　　　　　　D. 上报油田公司开发部

113.BC001　抽油机井资料全准率计算可以分为（　　）抽油机井资料全准率几个时段分别
　　　　　　进行计算。

A. 旬度　　　　　　　　B. 年度　　　　　　　　C. 月度　　　　　　　　D. 季度

114.BC002　计算抽油井管理指标中计算检泵周期可以分为（　　）。

A. 累积检泵周期　　B. 单井检泵周期　　　C. 平均检泵周期　　　D. 区块检泵周期

115.BC003　电泵井设备完好率计算公式包含的参数有（　　）。

A. 完好运转机组总数　　　　　　　　　　　　B. 井下机组总数

C. 异常机组总数　　　　　　　　　　　　　　D. 计划关机组总数

116.BC004　电泵井泵型排量通常分为：$50m^3$、$100m^3$、$150m^3$、$200m^3$、（　　）、$425m^3$
　　　　　　和 $550m^3$ 八种类型。

A. $250\ m^3$　　　　　　　B. $300m^3$　　　　　　　C. $350m^3$　　　　　　　D. $320m^3$

117.BC005　计算注水井管理指标包括注水井利用率、注水井资料全准率、注水井分注率、
　　　　　　（　　）等几项指标。

A、分层注水测试率　　　　　　　　　　　　　B. 分层注水合格率

C. 注水水质合格率　　　　　　　　　　　　　D. 注水井定点测压率

118.BC006　计算分层注水合格率时要用到的参数有（　　）。

A. 笼统注水层段数　　　　　　　　　　　　　B. 注水合格层段数

C. 分层总层段数　　　　　　　　　　　　　　D. 计划停注层段数

119.BC007　油田生产任务管理指标计算可分为（　　）。

A. 年　　　　　　　　　B. 季　　　　　　　　　C. 月　　　　　　　　　D. 天

120.BC008　抽油机井电机功率利用率是指电动机名牌电功率的利用程度,是(　)的比值。

A. 实际输入电功率　　　　　　　　　B. 实际输出电功率

C. 电机名牌额定功率　　　　　　　　D. 电机名牌输出功率

121. BD001　绘制产量运行曲线可以是月度、年度,区块单元可以是一个(　)、采油队,也可以是一套井网或一套层系。

A. 油田　　　　　B. 区块　　　　　C. 采油厂　　　　　D. 采油矿

122. BD002　绘制理论示功图目的是用理论示功图和实际示功图进行比较,从中找出载荷变化的差异,以此判断深井泵的工作状况及(　)情况。

A. 气层　　　　　B. 抽油杆　　　　　C. 油管　　　　　D. 油层

123. BD003　理论示功图在油田机械开采过程中是必不可缺少的技术手段,研究好理论示功图在实践中的应用为油田(　),管理好抽油井筒提供科学依据。

A. 稳产　　　　　B. 欠产　　　　　C. 停产　　　　　D. 高产

124. BD004　在绘制理论示功图之前,必须首先算出有关的基本数据,再求出光杆静负荷在纵坐标上的高度及(　)的伸缩长度在坐标上的相应长度,最后在直角坐标内做出平行四边形,就是所求的理论示功图。

A. 抽油杆　　　　　B. 抽油泵　　　　　C. 油管　　　　　D. 筛管

125. BD005　理论示功图的 B 点,为抽油机增载完,此时抽油机承受的载荷为抽油杆在液体中重量与活塞以上液体重量之和,即为最大载荷,(　),井底液体流入泵筒。

A. 活塞开始上升　　　　　　　　　B. 活塞开始下降

C. 固定阀打开　　　　　　　　　　D. 游动阀关闭

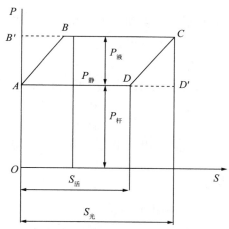

126. BE001　强化注水系统其井网严格地按一定的几何形状布置,可分为(　)、九点系统和反九点系统。

A. 线性注水系统　　　　　　　　　B. 四点系统

C. 七点系统　　　　　　　　　　　D. 五点系统

127. BE002　九点法面积井网对于早期进行面积注水的油田来说，由于注水井所占的比例小，所以（　　）。

A. 无水采收率较高　　　　　　　　　B. 注水强度高

C. 见水时间较迟　　　　　　　　　　D. 扫油面积系数高

128. BE003　分层注采剖面图是以栅状连通图为基础，加上（　　）构成的综合图幅。

A. 出油剖面　　　　B. 小层平面　　　　C. 井网图　　　　D. 吸水剖面

129. BE004　分层注采剖面图中采油井和注水的单层数据包括：射孔层位、砂岩厚度、有效厚度、（　　）。

A. 含油饱和度　　　B. 油层渗透率　　　C. 油层组及小层号　　D. 孔隙度

130. BE005　油层栅状图中按井的排列画（　　），根据各井所画剖面深度确定合理基线，隔层采用等厚画法。

A. 基线　　　　　　B. 油层厚度　　　　C. 井轴线　　　　D. 井网密度

131. BE006　当油层栅状图作为工具图幅应用时，其（　　）要在所定的基线深度之下，按所设比例画出，以保证图幅的准确真实性。

A. 有效厚度　　　　B. 砂体厚度　　　　C. 隔层厚度　　　　D. 小层厚度

132. BE007　油井栅状图绘图内容包括：井号、（　　）、井深线、有效厚度、砂岩厚度等。

A. 油层顶面线　　　B. 有效渗透率　　　C. 井轴线　　　　D. 油层编号

133. BE008　油井栅状图中油底界限表示方法以（　　）的横线画在垂直井轴线上。

A. 长 2cm　　　　　B. 粗 0.5cm　　　　C. 长 3cm　　　　D. 粗 0.8cm

134. BF001　油田动态包括很多内容，主要包括（　　）等内容。

A、油藏内部油气储量的变化　　　　　B. 油气水分布的变化

C. 压力的变化　　　　　　　　　　　D. 生产能力的变化等

135. BF002　以下答案中不正确的是：井组动态分析通常是指在单井动态分析的基础上以（　　）为中心的注采单元分析。

A. 采油井　　　　　B. 注水井　　　　　C. 井组　　　　　D. 区块

136. BF003　油田动态分析中的开发分析主要解决的问题包括：（　　）。

A. 确定区块、小层的注采比　　　　　B. 合理生产压差、合理注采强度

C. 编制配产配注方案　　　　　　　　D. 拟定井下作业技术措施

137. BF004　注采井组油层连通状况分析是指研究井组小层静态资料，主要是分析每个油层的（　　）。

A. 岩性　　　　　　B. 厚度　　　　　　C. 注入量　　　　D. 渗透率

138. BF005　在区块动态分析里，油田开发指标检查主要包括（　　）等。

A. 与采油有关的指标　　　　　　　　B. 与注水有关的指标

C. 与区块设备管理有关的指标　　　　D. 与油层能量有关的指标

139. BF006　某抽油机井实测示功图由供液不足变为正常，分析该井变化的原因可能包括以下内容：（　　）。

A、注水井对应连通层上调方案　　　　B. 对本井进行增产措施

C. 井区周围油井堵水等措施影响　　　D. 维持生产的结果

140. BF007　通过实测以下资料与液面等资料结合起来分析，不能了解油层的供液能力的是（　　）。

A. 动液面　　　　　B. 示功图　　　　　C. 含水资料　　　　　D. 含聚浓度

141. BF008　地层压力上升的主要原因包括：（　　）；油井机、泵、杆工况差；连通注水井配注过高。

A. 注水井配注、实注增加　　　　　B. 注水井全井或层段超注

C. 油井工作制度调小　　　　　D. 相邻油井堵水

142. BF009　注水开发的油田，在通常情况下，渗透率高及处于砂体主体部位的油层先见水，如果上提某注水井高渗透层，周围联通水井会出现（　　）的变化特征。

A. 产水比例上升　　　　　B. 含水上升

C. 沉没度上升　　　　　D. 含水下降

143. BF010　实际采油速度是指（　　）。

A. 年产油量与地质储量之比　　　　　B. 衡量油田开发速度快慢

C. 产油量与产液量之比　　　　　D. 产油量与可采储量之比

144. BF011　油层或井筒结蜡，改变了油流通道，使油的阻力增加，油井出现的生产状况有：（　　）。

A. 产油量下降　　　　　B. 气油比上升　　　　　C. 载荷上升　　　　　D. 载荷下降

145. BF012　油田含水率指标的控制方法很多，目前常用的有（　　）。

A. 上提低含水层注水　　　　　B. 控制高含水层注水

C. 周期注水　　　　　D. 对低产液低含水层进行措施改造

146. BF013　注水指示曲线右移，斜率变小，吸水指数增加，说明地层吸水能力增强了，其原因是注水井由于（　　）。

A、增加了吸水层段　　　　　B. 增加了吸水厚度

C. 地层在注水压力下产生新裂缝　　　　　D. 油层堵塞

147. BF014　某抽油机井的流压为 8.0MPa，泵效为 70%，采用的机型 CYJ10-3-48HB，冲程为 2.0m，冲次为 4 n/min，该井位于动态控制图的参数偏小区，要使该井进入动态控制图的合理区，首先应采取的措施不正确的是（　　）。

A. 调小参数　　　　　B. 调大参数　　　　　C. 换大泵　　　　　D. 换机型

148. BF015　采出程度反映油田储量的采出情况，但不可以理解为不同开发阶段所达到的（　　）。

A. 采油量　　　　　B. 采油指数　　　　　C. 采收率　　　　　D. 采油速度

149. BF016　油田开发各个阶段都要求对注采系统的适应性进行分析和评价，（　　）。

A. 合理的压力注采系统是开发好油田的基础和先决条件

B. 合理的注采系统是开发好油田的基础和先决条件

C. 注采系统是否合理，将直接影响油层压力系统是否合理

D. 而压力系统的合理与否又直接影响油田开发效果的好坏

150. BG001　下面有关计算机病毒的说法正确的是（　　）。

A. 计算机病毒有引导型病毒、文件型病毒、复合型病毒等

B. 计算机病毒中也有良性病毒

C.计算机病毒实际上是一种计算机程序

D.计算机病毒是由于程序的错误编制而产生的

151.BG002　对已建立的工作表，建立图表的方法有：（　　）

    A.图表向导建立图表　　　　　　　　　　B.自动绘图建立图表

    C.用"图表"工具建立图表　　　　　　　D.在写字板里手绘

152.BG003　在工作簿窗口中，改变屏幕的显示比例的操作不正确的是（　　）。

    A.单击"格式"工具栏中"显示比例"列表框的向下箭头，从表中选择一个显示比例

    B.单击菜单栏中"编辑"——"显示比例"，然后选择显示比例

    C.单击菜单栏中"视图"——"显示比例"，然后选择显示比例

    D.单击菜单栏中"工具"——"显示比例"，然后选择显示比例

153.BG004　在 Excel 中，公式由（　　）等几部分组成。

    A.等号　　　　　　　　B.数据　　　　　C.运算符号　　　　　D.逻辑语句

154.BG005　下列说法正确的是（　　）。

    A.在 Excel 2003 中，函数的嵌套层数最多可以嵌套64层

    B.在 Excel 2003 中，函数的嵌套层数最多可以嵌套7层

    C.在 Excel 2007 及以后版本中，函数的嵌套层数最多可以嵌套64层

    D.在 Excel 2007 及以后版本中，函数的嵌套层数最多可以嵌套128层

155.BG006　"数据库"就是计算机按照一定数据模式、（　　）的相关数据集合。

    A.组织　　　　　　　　B.存储　　　　　C.管理　　　　　　　D.程序设计

156.BG007　在日常生活中，经常需要使用数据库来处理许多事情，许多的管理系统都是建立在数据库的基础上的，下列关于数据库管理优势的描述中正确的有（　　）。

    A.数据库管理操作方便、快捷，数据维护简单、安全

    B.数据共享应用好，对于数据可以进行集中管理，可以通过网络等各种技术，使数据能够共享，提高数据的使用效率

    C.检索统计准确，效率高，速度快

    D.能够存储大量的数据，不但可以存储文字，还可以存储图像、声音、视频等多媒体信息，但耗费空间

157.BG008　建立数据库，首先应根据用户的需要设计数据库的逻辑结构，包括（　　）以及取值范围的限制等。

    A.字段名称　　　　　　B.类型　　　　　C.宽度　　　　　　　D.小数位

158.BG009　在 Visual FoxPro 中，对数据库结构或记录进行输入、修改后，按（　　）键不能存盘退出。

    A.Ctrl+W　　　　　　　B.Ctrl+Q　　　　C.Ctrl+C　　　　　　D.Esc

159.BG010　在 Visual FoxPro 中，删除数据库的所有记录，仅保留库结构的命令，以下答案错误的是（　　）。

    A.Delete　all　　　　　B.pack　　　　　C.recall　　　　　　D.zap

160.BG011　在 Visual FoxPro 中函数 ROUND（66.662，1）的数值，以下答案不正确的是（　　）。

    A.67　　　　　　　　　　B.66.7　　　　　C.66.66　　　　　　D.66

三、判断题（对的画"√"，错的画"×"）

（　）1. AA001　孔隙度不到 5% 的油储，一般认为是有开采价值的。

（　）2. AA002　如果砂岩粒度不均匀，则可能出现大颗粒之间充填小颗粒的现象，使孔隙度变大。

（　）3. AA003　基底胶结和孔隙胶结其孔隙率的大小取决于胶结物和碎屑颗粒的孔隙率大小。

（　）4. AA004　渗透性的大小及岩石渗透率的数值用达西定律公式来确定。

（　）5. AA005　同一多孔介质中不同流体在某一饱和度下的相对渗透率之和永远大于1。

（　）6. AA006　相对渗透率是岩石本身具有的固有性质，它只与岩石的孔隙结构有关，与通过岩石的流体性质无关。

（　）7. AA007　岩石相对渗透率是在非饱和水流运动条件下的多孔介质的渗透率。

（　）8. AA008　对于疏松、渗透性好的油层，采用压裂方法改善井底渗透率。

（　）9. AB001　古潜山及其上面的超覆层与油气的关系非常密切。

（　）10. AB002　圈闭是背斜圈闭的一种。

（　）11. AB003　圈闭不是地壳运动的产物。

（　）12. AB004　圈闭的最大有效容积取决于闭合面积、闭合高度、储层的有效厚度和有效孔隙度等参数。

（　）13. AB005　背斜油气藏中，油—水界面与储油层顶面的交线，称为含油边缘。

（　）14. AB006　在一个渗透性非常好的供水区内，油水层连通好、水层有露头、水供应非常活跃、压力高于饱和压力、流量大的油藏是刚性水压驱动油藏。

（　）15. AB007　依靠溶解气驱动开采的油藏，最后气体排净，在油层里剩下大量的不含溶解气的油，这些油流动性较差，称为剩余油。

（　）16. AB008　同一油田的不同部分也可存在不同驱动方式。

（　）17. AB009　一个油气田内有的包括几个油气藏，有的仅有一个油气藏，有的是多种油气藏类型，有的是单一油气藏类型。

（　）18. AB010　单斜型砂岩油气田包括与断裂作用有关的和与沉积作用有关的单斜砂岩构造。

（　）19. AB011　储层可分为碎屑岩储层、碳酸盐岩储层及其他类型的储层等。

（　）20. AB012　油气的生成和分布与沉积相的关系非常密切，因此，研究沉积相对了解生油层和储层及油气田勘探开发有着重要的意义。

（　）21. AB013　陆相沉积物具有规模大，纵向、横向分布稳定的特点。

（　）22. AB014　油层对比工作的基本方法是以岩性为基础，以各种测井曲线为手段，参考有关油、气、水分析资料，在标准层控制下，采用"旋回对比、分级控制"的油层对比方法来划分小层。

（　）23. AB015　运用测井资料进行油层对比，必须选取专门的测井资料，加以综合运用，相互取长补短，才能较全面地将油层岩性、电性、物性及含油性综合反映出来。

（　）24. AB016　油层对比离不开标准层，油层剖面中标准层选的越多，油层对比也就越容易。

（　　）25. AB017　每个冲积扇在剖面上可分为扇顶、扇中、扇底三个亚相环境。

（　　）26. AB018　扇中沉积物与扇根比较在砂与砾状砂岩中则出现主要由辫状河作用形成的不明显的平行层理和交错层理，局部可见到逆行沙丘交错层理。

（　　）27. AB019　按河流的分岔，弯曲情况可分为平直河、曲流河、辫状河和网状河。

（　　）28. AB020　河漫滩相有动物化石，可见植物碎屑及较完整的树叶。

（　　）29. AB021　边滩表面的凹槽，在河流低水位和中水位时常被河流淹没，形成凹槽充填沉积。

（　　）30. AB022　天然堤沉积特征是细砂、粗粉砂、细粉砂呈互层。

（　　）31. AB023　洪水期间，河水常由河床低处溢出，或在天然堤决口而分为若干分流（指状流），向泛滥平原低处流去，形成扇状堆积物，称为决口扇。

（　　）32. AB024　按湖水含碱度不同将湖泊相可分为淡水湖相和盐湖相两类。

（　　）33. AB025　盐湖分布于干燥气候区，这里蒸发量大于注入量和降雨量的总和。

（　　）34. AB026　三角洲前缘相指河口以下河流入海或入湖部分的沉积。

（　　）35. AB027　高破坏性三角洲在波浪作用较强的情况下，也可形成一系列海滨砂滩；而黏土物质则被带到三角洲的潮成平原或被带进海中。

（　　）36. AB028　高建设性三角洲的沉积特征：陆上的为前三角洲相和三角洲平原相，水下的为三角洲前缘相。

（　　）37. AB029　沉积岩的岩性及岩相变化的规律是受沉积环境控制的，而沉积环境的变化是由地壳升降、气候、水动力强弱的变化因素所决定。

（　　）38. AB030　三级旋回又称韵律，为水流强度所控制的、包含在三级旋回中的次一级旋回。

（　　）39. AB031　油层的划分与旋回的划分等级是对应的，旋回划分是以岩性组合为依据，油层划分是以油层特性的一致性与垂向上的连通性为依据。

（　　）40. AB032　油层对比标准图就是油层组、砂岩组、小层划分典型曲线特征、岩电关系特征描述都有的图。

（　　）41. AC001　由于层间差异较小，在采油井中就出现了高产液层和低产液层、高压层和低压层、出水层和纯出油层的相互干扰。

（　　）42. AC002　注采完善程度的高低可以加快或减缓油水运动速度，不可以改变水流方向。

（　　）43. AC003　油水黏度比越大，水驱油过程的黏性指进越严重。

（　　）44. AC004　正韵律的非均质油层，渗透率越高，渗透率级差越小，重力作用越不明显。

（　　）45. AC005　提高油层性质差、吸水能力低的油层的吸水能力，适当控制油层性质好、吸水能力过高的油层的注水量，甚至局部停注；在必要时，放大全井生产压差或把高压高含水层堵掉；还可对已受效而生产能力仍然较低的油层进行压裂改造，均可调整层间矛盾提高其产能。

（　　）46. AC006　平面矛盾的本质是在平面上注入水受油层均质性控制，形成不均匀推进，造成局部渗透率低的地区受效差，甚至不受效。

( ) 47. AC007 注好水就是根据不同油层的地质特点和发育状况调整注水量，缓解层内、层间、平面的矛盾，增加差油层的见效层位、见效方向、受效程度，尽量延长高产能稳产期，得到较好的注水开发效果。

( ) 48. AC008 注水初期，渗透率高的部位水线推进快，由于水淹区阻力小，因此它与中低渗透率部位相比水线推进速度相差很小，这种现象称为水驱油不稳定现象。

( ) 49. BA001 水力活塞泵井口装置简单，适合于海上平台和丛式井以及地理环境恶劣地区。

( ) 50.BA002 水力活塞泵按动力液循环方式不同可分为开式循环和闭式循环两类。

( ) 51. BA003 射流泵检泵方便，无须起油管，可通过液力投捞或钢丝起下。

( ) 52. BA004 连续油管工作筒下部与连续油管相连，上部与抛光短节相连，其作用是坐封射流泵，提供混合液通道，同时防止停泵时动力液漏入地层。

( ) 53. BA005 油气井防砂不仅是油气开采本身的需要，也是自然保护的需要。

( ) 54. BA006 地层出砂没有明显的深度界限，一般来说，地层应力低于地层强度就有可能出砂。

( ) 55. BA007 脆性地层砂也称易碎砂地层，有较少的胶结物，是中等胶结强度的砂岩。

( ) 56. BA008 无论哪一种防砂方法，都应该能够有效地阻止地层中承载骨架砂随着地层流体进入井筒。

( ) 57. BA009 机械防砂不受井段长度的限制。

( ) 58. BA010 "同层水"进入油井，造成油井出水是不可避免的，但要求缓出水、少出水，所以必须采取控制和必要的压裂措施。

( ) 59. BA011 对于注水井，由于油层的非均质性，油层的每一层的吸水量都是平衡的，每一层的每一部分的吸水量都是不同的，这反映在吸水剖面上。

( ) 60. BA012 通过化学调剖可以缓解层间矛盾，控制含水上升速度。

( ) 61. BA013 YFT调剖剂主要由两性聚合物、交联剂、稳定剂和促凝剂组成。

( ) 62. BA014 聚合物延时交联调剖剂主要成分是聚合物和乳酸铬溶液，三价铬离子的浓度控制交联和成胶时间，初始时为弱凝胶,胶体具有一定的流动性。

( ) 63. BA015 由于封堵层含水高，这样就减少了注入水在高含水层的产出，也就降低了注入水的利用率。

( ) 64. BA016 机械堵水使用封隔器及其配套的井下工具来封堵高含水目的层，调整注入水的平面驱油方向，以达到提高注入水驱油效率，增加产油量减少产水量的目的。

( ) 65. BA017 机械堵水方法可分为单液法机械堵水和双液法机械堵水。

( ) 66. BA018 压裂的第一阶段是试挤，就是在地面采用高压大排量泵车，将具有一定黏度的压裂液以大于油层吸入能力的排量注入，使井筒内压力逐渐增高，当泵压达到油层破裂所需压力时，油层就会形成裂缝，随着压裂液的注入，裂缝就会不断地延伸、扩展。

( ) 67. BA019 如果压裂层平面上距离水淹带较近，裂缝过长会引起平面窜流，造成油井压裂含水上升，起不到增产的目的。

（　　）68. BA020　多裂缝压裂第一条裂缝的施工过程是选择性压裂，第二条裂缝的施工过程是普通压裂。

（　　）69. BA021　平衡限流法压裂形成水平裂缝，适用于挖潜目的层与高含水层的夹层较薄只要大于 0.2m 的调整新井。

（　　）70.BA022　在外来因素的影响下，改变了油层物理性质的自然状况，提高了油层渗透率，导致油层堵塞，油井同样不能获得理想的产量。

（　　）71. BA023　选择压力水平高、油层性质差或因受污染堵塞而低产的井，压裂后通常会取得较好的增产效果；反之，地层压力水平低，没有驱动能量，即使油层的渗透性很好，油层中的油还是不能大量产出来，这类井只有通过外来能量的补充提高地层压力后，油井才能增产。

（　　）72. BA024　油井压裂选层原则：非均质性严重的厚油层内未水淹或低水淹部位和砂体平面变差部位；具有压裂工艺水平所要求的良好隔层。

（　　）73. BA025　普通压裂是在一个封隔器卡距内压开一条裂缝。其工具主要由 K344–113 封隔器及弹簧式滑套喷砂器组成，压裂液由喷砂器进入地层。适用于常规射孔完井、需提高单井产能的各层。

（　　）74. BA026　调剖后初期按正常注水压力注水，二周后按配注量注水。

（　　）75. BA027　调剖后加强油水井的生产管理和资料录取工作是十分重要的，直接关系到措施的效果和措施经济效益。

（　　）76. BA028　对于多油层合采井，开发初期适当控制高渗透层注水甚至局部停注，以发挥中低渗油层生产潜力，也是一种层间接替的方法。

（　　）77. BA029　为了保证措施效果，加强堵水措施后的生产管理是十分重要的。

（　　）78. BA030　油井压裂后产油量增加，含水下降，流压上升，生产压差缩小。但是开井初期不能盲目放大油井产量，因为生产压差过大，支撑剂会倒流，掩埋油层，甚至井壁缝口闭合，影响出油。

（　　）79. BA031　油井压裂后增产效果，与压裂后的配套调整有关，与选井选层和压裂施工质量没有关系。

（　　）80.BA032　油井压裂后的生产管理主要是做到压后下笼统管柱，按方案要求进行笼统注水。注入量控制在方案的 ±20% 以内。注入压力的控制主要以注入量为主（注入压力上限控制在破裂压力以内）。

（　　）81. BA033　酸化虽然可使油井增产，水井增注，但造成油、水井产（注）量低的地质条件完全相同，有些是可以通过酸化来解决的，有些是不能用酸化来解决的。

（　　）82. BA034　高浓度酸化溶解单位体积的岩石所需要的酸溶液成本比使用常规酸化低；高浓度酸进入油层后，随着反应，酸液浓度下降；但酸能增加反应时间，其有效时间是常规酸化的 5 倍。

（　　）83. BA035　注水井酸化后必须立刻开井注水。

（　　）84. BA036　提高原油注采比是通过向油层注入非常规物质开采原油的方法，包括注入溶于水的化合物，交替注入混相气体和水，注入胶束溶液，注蒸汽以及火烧油层等。

（　）85. BA037　相对成熟，并具有良好发展前景的三次采油技术主要有热力采油技术、气体混相驱采油技术和化学驱采油技术。

（　）86. BA038　各种碱水与表面活性剂联合使用可降低界面张力到最低值，并可以抑制表面活性剂在油层中的吸附，这些技术导致低张力表面活性剂驱的产生。

（　）87. BA039　碱液注入地层中的量可根据碱耗来确定，通常注入 0.1～0.5PV，碱剂的浓度一般小于 5%。

（　）88. BA040　在注入水中加入低浓度的表面活性剂、碱和聚合物的复合体系的驱替剂，其实质是以廉价的碱部分或全部地代替高成本的表面活性剂，同时保持较高的三次采收率。

（　）89. BA041　实践表明，高压注干气、注富气和注二氧化碳这三种方法在混相驱中是最有前途的。

（　）90.BA042　蒸汽驱油，是蒸汽从采出井注入，油从生产井采出的一种热力驱油方法。

（　）91. BA043　聚合物驱是以聚合物水溶液为驱替剂，增加注入水的黏度，在采油过程中降低水侵带岩石的渗透率，以扩大注入水波及效率，达到提高采收率的目的。

（　）92. BA044　聚合物驱油中也有部分水解聚丙烯酰胺（PAM），它是聚多糖及其衍生物。

（　）93. BA045　聚合物溶液的流变性是指其在流动过程中发生形变的性质。

（　）94. BA046　聚合物溶液的浓和稀是指溶液浓度而不是溶液性质。

（　）95. BA047　聚合物溶液的黏度随温度的升高而升高。

（　）96. BA048　在聚合物溶液注入站，其浓度经过清水稀释后，在向井口输送过程中，一般应保持在 1000mg/L 左右，上下误差应小于 100mg/L。

（　）97. BB001　计算折算产量常用的公式为：折算年产油量 = 日产油量 × 365 或 折算年产油量 = 月产油量 × 12。

（　）98. BB002　采油速度表示每年采出的油量与总地质储量的比值，在数值上等于年采出油量除以油田地质储量，通常用百分数表示。

（　）99. BB003　注聚井现场检查要求母液配注完成率达标要求：当允许注入压力与现场油压差值 >0.2MPa 时，母液日注量不大于 10m³，93% ≤ 母液配注完成率 ≤ 107%；母液日注量大于 10m³，95% ≤ 母液配注完成率 ≤ 105%。

（　）100.BB004　火成岩的导电方式有两种情况：一种是火成岩非常致密坚硬，不含地层水，电阻率很高，另一种是火成岩中有金属矿物，这种有金属矿物的火成岩的电阻率比较低。

（　）101. BB005　所谓横向测井是选用一套不同电极距的电极系在某一井或井段中，测量地层的视电阻率，然后根据测量的视电阻率确定地层的真电阻率，以及判断油气水层和钻井液侵入情况。

（　）102. BB006　自然电位测井的 M 电极的电位随着地层自然电位的变化，利用地面仪器记录下来，就得到自然电位曲线。

（　）103. BB007　当地层水矿化度小于钻井液滤液矿化度时，显示为正异常。

（　）104. BB008　自然伽马测井主要用于划分岩性，对比地层，确定地层中的泥质含量。

（　）105. BB009　当伽马射线通过物质时，由于光电反应，部分伽马射线被吸收而强度减弱。

（　）106. BB010　油田上常用的放射性曲线有自然伽马测井、密度测井及生产测井中的同位素测井。

（　）107. BB011　抽油机井系统效率合格标准为 $\eta \geqslant 30\%$。

（　）108. BB012　地面驱动装置是螺杆泵采油系统的主要地面设备，是把动力传递给井下泵转子，使转子实现自转和公转，实现抽汲原油的机械装置。从变速形式上分，有无级调速和分级调速。

（　）109. BB013　螺杆泵是一种面积泵，所以它具有自吸能力，甚至在气、液混输时也能保持自吸能力。

（　）110. BB014　计算注水井层段相对吸水百分数、层段吸水量时，每个层段日注水量取整数，四舍五入，但应使各层段日注水量之和等于全井日注水量，不等于全井水量时，应随机在任一小层上调整（增加或减少 1m³ 水量）。

（　）111. BB015　实际配比 = 水注入量：母液注入量。

（　）112. BB016　聚合物驱注入井资料录取现场检查时，采油队每年普查一次，并将检查考核情况逐级上报。

（　）113. BC001　抽油机冲程利用率是抽油机实际冲次与抽油机铭牌最大冲次的比值。

（　）114. BC002　实际生产中，抽油机井平衡度是上下行电流的比值，一般认为其值大于 85% 为平衡。

（　）115. BC003　电泵井单井检泵周期指潜油电泵井最近两次检泵作业之间的实际生产天数。

（　）116. BC004　电泵井资料全准率的计算公式为：年（季、月）电泵井资料全准率＝[年（季、月）资料全准井数 / 年（季、月）应取资料井数] ×100%。

（　）117. BC005　分注井总井数是指地质开发方案要求的分层注水井的总井数，笼统井也在统计之内。

（　）118. BC006　计算注水井分注率时笼统井井数不应计入注水井总井数。

（　）119. BC007　计算原油计量系统误差时应用井口产油量与核实产油量的差值除以井口产液量，为百分数。

（　）120. BC008　实际分层测试井数是指分注井测试后取得合格资料的井数。

（　）121. BD001　绘制生产运行曲线，措施日产油曲线的颜色规定是紫色折线。

（　）122. BD002　抽油机井生产状态的分析首先是示功图分析，而示功图分析主要是泵况的分析，示功图资料是比较直观的。

（　）123. BD003　理论示功图就是借助于静液面的分析，了解深井泵状况和整个井筒的实际情况，采取相应的管理措施、管理好井筒，为油井稳产提供保障。

（　）124. BD004　在绘制理论示功图时，纵坐标单位要进位到千牛再绘制图形。

（　）125. BD005　理论示功图 DD′ 虚线，表示抽油机上行，固定阀关闭，游动阀打开，活塞以上液柱重量又回到管柱上，此时抽油杆因卸载而缩短，油管因增载而拉长，泵塞对泵筒又存在冲程损失。

（   ）126. BE001　随着井网密度的增加，对储层在空间展布和连通关系的认识程度加深。

（   ）127. BE002　井位图中的 Y 轴是指地球的子午线。

（   ）128. BE003　分层注采剖面图中产油上红色，产水上蓝色，注水上绿色。

（   ）129. BE004　吸水剖面是根据水井分层吸水剖面绘制形成的直方图。

（   ）130. BE005　油层栅状连通图的绘图内容包括：井号及油层顶面线、井轴线、井深线、有效渗透率、射孔井段、油层编号、砂岩厚度、有效厚度和通过剖面的断层。

（   ）131. BE006　油层栅状连通图中当主井的厚层与邻井的两个层号连通，而邻井的厚层也与主井的两个层连通，同时其层间的尖灭层平行出现。

（   ）132. BE007　油层栅状图是进行注采井组动态分析的基础图幅之一。

（   ）133. BE008　断层表示方法中当选取的对比井发生断层时，断失层位上注明"断失"。

（   ）134. BF001　油田动态分析的目的是在油田开发过程中，通过对油藏开发动态的分析和研究，掌握其规律和控制因素，预测其发展趋势，从而因势利导，使其向人们需要的方向发展，达到以尽可能少的经济投入，获取尽可能高的经济效益的目的。

（   ）135. BF002　油田动态分析按时间尺度划分可分为阶段分析，年度分析，月（季）度、旬度分析。

（   ）136. BF003　油藏动态分析必须以单井分析为单元，以油砂体为基础，分析油层内部的变化，明确各类油层的开发状况及其动态变化规律，从而为改善油田的开发效果服务。

（   ）137. BF004　注入水在油藏中的流动，必然引起井组生产过程中与驱替状态密切相关的压力、产量、含水等一系列动态参数的变化，除了油井本身井筒工作状态的因素外，引起这些变化的主要因素是采油井。

（   ）138. BF005　区块动态分析中的开发状况分析主要内容包括：注水状况、产油状况、产水状况、压力状况、机采井工作状况。

（   ）139. BF006　通过抽油机井示功图的分析，可以了解抽油装置各项参数配置是否合理，抽油泵工作性能好坏，以及井下技术状况变化等。

（   ）140. BF007　实测示功图的右上角主要分析泵的充满程度及气体影响情况。右上、下角都多一块为衬套上部过紧或光杆盘根过紧，少一块为未充满，是供液不足或气体影响。

（   ）141. BF008　由于含水上升井筒中液柱密度增大，流压也要下降。

（   ）142. BF009　油井投产即见水，可能是误射水层，也可能是油层本身含水。

（   ）143. BF010　输差也称原油计量误差是核实产油量与井口计量之间存在的误差，用百分数表示。

（   ）144. BF011　对于注水开发的油田，当含水率达到 60% ~ 70% 时，气油比下降；当含水率达到 80% ~ 90% 时，气油比升到最高值，随后又上升。

（　　）145. BF012　含水上升率＝（阶段末含水率－阶段初含水率）/（阶段末采出程度－阶段初采出程度）。

（　　）146. BF013　指示曲线变化的原因，一般为油层堵塞，油层压力变化或进行了增产措施等引起的。

（　　）147. BF014　利用抽油机井动态控制图可分析、了解抽油机井的运行工况。

（　　）148. BF015　采油速度是指油田开采到某一时刻，总共从地下采出的油量（即这段时间的累积采油量）与地质储量的比值，用百分数表示。

（　　）149. BF016　分析一个油田开发层系划分得是否合理，能否适应油田地质特征条件的要求时，应重点分析油田储量动用状况，明确未动用储量的分布和成因，为层系、井网调整提供可靠依据。

（　　）150. BG001　大部分反病毒软件可以同时清除查出来的病毒和变异的病毒。

（　　）151. BG002　在 Excel 中，使用图表的方式有两种：嵌入式图表和独立图表。

（　　）152. BG003　如果编辑的文件是新建的文件，则不管是执行"文件"中"保存"命令或是"另存为"命令，都会出现"另存为"对话框。

（　　）153. BG004　在 Excel 中，可以在公式中加入括号，它是先完成括号外的运算，再进行括号内的运算。

（　　）154. BG005　在 Excel 中，某单元格的公式为 SUM（A1，A2，A3，A4），它相当于 =A1+A2+A3+A4 表达式。

（　　）155. BG006　Visual FoxPro 软件是拥有功能强大的面向对象程序设计工具，它适用于制作、绘制表格。

（　　）156. BG007　共享是数据库系统的目的，也是它的重要特点，一个库中的数据不仅可为同一企业或机构之间的各个部门所共享，也可为不同单位、地域甚至不同国家的用户所共享。

（　　）157. BG008　数据库字段宽度用以表明允许字段存储的最大字节数，对于字符型、数值型、浮动性 3 种字段，在建立表结构时应根据要存储的数据的实际需要设定合适的宽度，其他类型字段的宽度均由 VFP 规定，例如，日期型宽度为 7。

（　　）158. BG009　数据库只有 DISP 一种显示数据库记录的显示命令。

（　　）159. BG010　"AVERAGE"是数据库的统计命令中的一般统计求平均值命令。

（　　）160. BG011　ABS 是求绝对值函数。

四、简答题

1. AA001　孔隙的类型分为哪几种？
2. AB006　底水驱动类型油藏的描述内容有哪些？
3. AB010　油气田的分类？
4. AB011　圈闭形成具备的条件？
5. AC001　层间矛盾的表现形式有哪些？
6. AC002　平面矛盾的表现形式有哪些？
7. AC003　层内矛盾的表现形式有哪些？

8. BA005 油井出砂的危害有哪些？

9. BA010 油井出水的原因是什么？

10. BA010 油井出水的危害有哪些？

11. BA015 什么是油井堵水？

12. BA018 油水井水力压裂的基本原理是什么？

13. BA018 目前油田上普遍应用的压裂工艺有哪些？

14. BA026 水井调剖后应主要加强哪几项管理内容？

15. BA032 油井压裂后生产管理内容有哪些？

16. BA032 水井压裂后生产管理内容有哪些？

17. BA036 什么是三次采油技术？常用的方法有哪些？

18. BA037 目前三次采油的技术方法主要有哪些？

19. BF001 根据油田管理工作的需要，油气藏动态分析一般有几种分类方法？

20. BF003 油气藏动态分析的目的是什么？

五、计算题

1. AA001 岩石的总体积 $15cm^3$，有效孔隙体积为 $7cm^3$，求岩石的有效孔隙度是多少？

2. AA004 岩样的长为 3cm，截面积为 $3cm^2$，两端压差为 0.2MPa，原油的黏度为 $2mPa \cdot s$，求流量为 $0.4cm^3/s$ 时的岩样渗透率是多少？

3. BB002 某油田地质储量为 $7500 \times 10^4 t$，到去年底已累积产油为 $520 \times 10^4 t$，到今年采出程度达到了 7.9%。求今年的年采油量及采油速度。

4. BB011 某抽油机井日产液 $Q_{实}$ 为 100t/d，综合含水 f_w 为 80%，实测动液面 L_f 为 500m，正常生产油压 P_h 为 0.5MPa，套压 P_c 为 1.0MPa，抽油机运行线电压 U 为 380V，抽油机运行平均上行电流为 60A，平均下行电流为 50A，求该井的系统效率（g 为 $10m/s^2$，功率因数 $cos\phi$ 为 0.85，纯油相对密度 ρ_o 为 0.86）？

5. BB016 某聚合物注入井 12 月份日配注入量为 $120m^3$，实际注入量为 $125m^3$，日配注入清水为 $80m^3$，日注清水量为 $82m^3$，请计算该井实际配比和配比误差？

6. BC001 已知某机型 CYJ5-2.5-26B，实际冲程为 1.8m，求冲程利用率是多少？

7. BC002 某抽油机井使用 CYJ10-3-37HB 型抽油机，下泵深度 L 为 1050m，该井使用的三相异步电动机功率因数为 0.85，线电压为 380V，平均线电流 49A，电动机铭牌功率为 30kW，抽油机工作时所测上、下冲程电流分别为 48A、46A。试计算电动机功率利用率。

8. BC004 某采油矿 3 月份，电泵井全月生产井为 135 口，不全月生产井为 15 口，全月故障停机为 8 口，高含水关井数为 3 口，关井待转注水井为 4 口，求电泵井利用率？

9. BC006 某采油队 2013 年一季度分层井总层段数为 480 个，高含水层停注层段为 25 个，套变停注层段为 13 个，注水不合格层段为 20 个，求一季度分层注水合格率？

10. BC006 某采油队 2013 年一季度共有注水井为 130 口，其中笼统注水井为 15 口。有 4 口井封隔器不密封米测试，2 口井井下有落物料测试，4 口分层井套变停注井，求一季度注水井分层测试率？

11. BC007 某区块上年核实产油量为 $58 \times 10^4 t$；已知今年新井产油量为 $5 \times 10^4 t$，综合递减率为 10.52%，年计量输差为 6.4%。试计算今年的井口产油量？

12. BD004 某抽油井泵挂深度为 930m，冲程为 3.0m，冲数为 6n/min，抽油杆在空气中重力 23.8N/m，活塞截面以上液柱重为 21N/m，抽油杆长度为 932m，求该井的最大悬点载荷？

13. BD004 某抽油井泵挂深度为 930m，冲程为 3.0m，冲数为 6n/min，抽油杆在空气中重力 23.8N/m，活塞截面以上液柱重为 21N/m，抽油杆长度为 932m，求该井的最小悬点载荷？

14. BF008 某注水井的油层破裂压力为 19.41MPa，上覆岩层压力梯度为 0.023MPa/m，求该井井口的最高配注压力？

15. BF008 某油井油层中部深度为 1300m，关井 72h 后测得动液面深度为 380m，该井含水为 95%，原油密度为 $860kg/m^3$，套压为 1.14MPa，求该井静压（g 取 $10m/s^2$）？

16. BF010 有一口采油井，某年产油量为 3150t/a，地层压力为 10.5MPa，流动压力为 2.1MPa，求这一年的采油指数？

17. BF010 已知某采油井今年的年平均采油指数为 1.16（t/d·MPa），地层压力为 9.8MPa，流动压力为 3.2MPa，求折算年产油量？

18. BF012 已知某区块上年 12 月综合含水为 60.6%，采出程度为 36.2%；当年 12 月综合含水为 66.6%，采出程度为 38.2%，求含水上升率是多少？

19. BF015 某区块去年 12 月综合含水为 80.1%，到今年的 12 月综合含水上升到 87.1%，含水上升率为 3.5%。求该区块今年的采油速度？

20. BF016 某个反九点法注采井组，其中：角井产液量为 114t/d，综合含水为 67.2%；边井产液为 137t/d，综合含水为 75%。井组注采比按 1.09 配注，该注水配注水量是多少（原油密度为 $0.86 t/m^3$，原油体积系数为 1.13）？

答　案

一、单项选择题

1. C	2. D	3. D	4. B	5. C	6. B	7. C	8. B	9. B	10. C	11. D
12. A	13. B	14. D	15. C	16. B	17. A	18. B	19. B	20. A	21. C	22. B
23. D	24. D	25. C	26. B	27. A	28. B	29. B	30. D	31. B	32. B	33. D
34. D	35. C	36. B	37. C	38. B	39. B	40. D	41. C	42. C	43. D	44. A
45. B	46. C	47. B	48. D	49. C	50. B	51. C	52. D	53. A	54. D	55. B
56. C	57. A	58. C	59. B	60. A	61. D	62. A	63. C	64. D	65. D	66. B
67. C	68. B	69. B	70. B	71. C	72. A	73. B	74. D	75. B	76. A	77. C
78. B	79. A	80. B	81. A	82. D	83. B	84. B	85. A	86. A	87. A	88. B
89. A	90. D	91. B	92. A	93. D	94. A	95. A	96. D	97. D	98. A	99. C
100. D	101. A	102. C	103. A	104. C	105. C	106. D	107. A	108. D	109. C	110. D
111. A	112. D	113. A	114. D	115. A	116. B	117. A	118. A	119. C	120. D	121. A
122. A	123. A	124. A	125. C	126. C	127. A	128. D	129. C	130. B	131. A	132. C
133. D	134. B	135. B	136. A	137. C	138. A	139. D	140. C	141. D	142. C	143. A
144. C	145. A	146. C	147. C	148. D	149. A	150. A	151. A	152. A	153. A	154. B
155. A	156. A	157. D	158. A	159. B	160. C	161. C	162. A	163. B	164. C	165. D
166. C	167. B	168. C	169. B	170. C	171. D	172. A	173. A	174. A	175. C	176. C
177. C	178. A	179. A	180. C	181. A	182. D	183. A	184. C	185. C	186. A	187. B
188. A	189. C	190. C	191. B	192. C	193. C	194. B	195. D	196. C	197. B	198. B
199. C	200. A	201. B	202. C	203. B	204. B	205. B	206. B	207. A	208. C	209. C
210. C	211. A	212. B	213. B	214. A	215. B	216. B	217. B	218. B	219. B	220. B
221. D	222. B	223. D	224. B	225. B	226. D	227. A	228. B	229. C	230. B	231. A
232. D	233. D	234. C	235. B	236. B	237. A	238. A	239. C	240. C	241. A	242. B
243. B	244. D	245. A	246. C	247. B	248. A	249. A	250. B	251. A	252. B	253. C
254. A	255. B	256. C	257. B	258. A	259. D	260. A	261. D	262. A	263. B	264. D
265. C	266. A	267. D	268. A	269. A	270. D	271. B	272. A	273. B	274. A	275. A
276. A	277. C	278. A	279. A	280. C	281. D	282. A	283. C	284. B	285. A	286. A
287. B	288. B	289. C	290. C	291. A	292. A	293. D	294. D	295. A	296. D	297. D
298. C	299. C	300. A	301. A	302. A	303. B	304. D	305. A	306. B	307. C	308. C
309. D	310. B	311. C	312. D	313. A	314. C	315. C	316. A	317. D	318. D	319. A

320. C　321. B

二、多项选择题

1. BC	2. ABD	3. ABD	4. ABD	5. ABC	6. ABC
7. ABC	8. BCD	9. ABC	10. ACD	11. BC	12. BCD
13. ABCD	14. ACD	15. CD	16. ABCD	17. ABD	18. AC
19. CD	20. ABCD	21. AB	22. ABCD	23. ABC	24. BCD
25. BC	26. CD	27. ABCD	28. AD	29. ACD	30. BCD
31. AD	32. AC	33. BD	34. ACD	35. BCD	36. ABC
37. ABCD	38. BC	39. BC	40. ABD	41. AC	42. BC
43. BC	44. CD	45. BD	46. AD	47. BC	48. AB
49. BCD	50. BCD	51. ACD	52. ABC	53. ABCD	54. ABC
55. BCD	56. ABCD	57. ABC	58. ABC	59. BD	60. CD
61. BC	62. ABC	63. BD	64. AD	65. BC	66. BD
67. AD	68. ABC	69. AC	70. BC	71. ABCD	72. CD
73. ABCD	74. CD	75. AD	76. CD	77. CD	78. ABC
79. AB	80. AC	81. BC	82. AD	83. BCD	84. ABD
85. ABCD	86. ABCD	87. AC	88. CD	89. BC	90. AD
91. CD	92. CD	93. BC	94. CD	95. AC	96. BC
97. ABCD	98. BC	99. ABCD	100. BC	101. AC	102. CD
103. AB	104. BC	105. AB	106. AD	107. ABCD	108. BC
109. AB	110. AC	111. AB	112. ABCD	113. BCD	114. BC
115. AB	116. AD	117. ABCD	118. BCD	119. ABC	120. AC
121. ABCD	122. BCD	123. AD	124. AC	125. ACD	126. BCD
127. AC	128. AD	129. BC	130. AC	131. BC	132. ABCD
133. CD	134. ABCD	135. ACD	136. ABCD	137. ABD	138. ABD
139. ABC	140. ACD	141. ABCD	142. ABC	143. AB	144. ABC
145. ABCD	146. ABC	147. ACD	148. ABD	149. BCD	150. ABC
151. ABC	152. ABD	153. ABC	154. BC	155. ABC	156. ABC
157. ABCD	158. BCD	159. ABC	160. ACD		

三、判断题

1. ×　正确答案：孔隙度不到 5% 的油储，一般认为是没有开采价值的。　2. ×　正确答案：如果砂岩粒度不均匀，则可能出现大颗粒之间充填小颗粒的现象，使孔隙度变小。　3. √　4. √　5. ×　正确答案：同一多孔介质中不同流体在某一饱和度下的相对渗透率之和永远小于 1。　6. ×　正确答案：绝对渗透率是岩石本身具有的固有性质，它只与岩石的孔隙结构有关，与通过岩石的流体性质无关。　7. √　8. ×　正确答案：对于致密、渗透性差的油层，采用压裂方法改善井底渗透率。　9. √　10. ×　正确答案：背斜圈闭是圈闭的一种。　11. ×　正确答案：圈闭是地壳运动的产物。　12. √

13. √ 14. √ 15. × 正确答案：依靠溶解气驱动开采的油藏，最后气体排净，在油层里剩下大量的不含溶解气的油，这些油流动性较差，称为死油。 16. √ 17. √ 18. √ 19. √ 20. √ 21. × 正确答案：海相沉积物具有规模大，纵向、横向分布稳定的特点。 22. √ 23. × 正确答案：运用测井资料进行油层对比，必须选取适用的多种测井资料，加以综合运用，相互取长补短，才能较全面地将油层岩性、电性、物性及含油性综合反映出来。 24. √ 25. × 正确答案：每个冲积扇在平面上可分为扇顶、扇中、扇底三个亚相环境。 26. √ 27. √ 28. × 正确答案：河漫滩相无动物化石，可见植物碎屑及较完整的树叶。 29. × 正确答案：边滩表面的凹槽，在河流高水位和中水位时常被河流淹没，形成凹槽充填沉积。 30. √ 31. × 正确答案：洪水期间，河水常由天然堤低处溢出，或在天然堤决口而分为若干分流（指状流），向泛滥平原低处流去，形成扇状堆积物，称为决口扇。 32. × 正确答案：按湖水含盐度不同将湖泊相可分为淡水湖相和盐湖相两类。 33. √ 34. √ 35. √ 36. × 正确答案：高建设性三角洲的沉积特征：陆上的为三角洲平原相，水下的为三角洲前缘相和前三角洲相。 37. √ 38. × 正确答案：四级旋回又称韵律，为水流强度所控制的、包含在三级旋回中的次一级旋回。 39. √ 40. √ 41. × 正确答案：由于层间差异较大，在采油井中就出现了高产液层和低产液层、高压层和低压层、出水层和纯出油层的相互干扰。 42. × 正确答案：注采完善程度的高低可以加快或减缓油水运动速度，也可以改变水流方向。 43. √ 44. × 正确答案：正韵律的非均质油层，渗透率越高，渗透率级差越小，重力作用也越明显。 45. √ 46. × 正确答案：平面矛盾的本质是在平面上注入水受油层非均质性控制，形成不均匀推进，造成局部渗透率低的地区受效差，甚至不受效。 47. √ 48. × 正确答案：注水初期，渗透率高的部位水线推进快，由于水淹区阻力小，因此它与中低渗透率部位相比水线推进速度相差很大，这种现象称为水驱油不稳定现象。 49. √ 50. √ 51. √ 52. × 正确答案：连续油管工作筒上部与连续油管相连，下部与抛光短节相连，其作用是坐封射流泵，提供混合液通道，同时防止停泵时动力液漏入地层。 53. × 正确答案：油气井防砂不仅是油气开采本身的需要，也是环境保护的需要。 54. × 正确答案：地层出砂没有明显的深度界限，一般来说，地层应力超过地层强度就有可能出砂。 55. × 正确答案：脆性地层砂也称易碎砂地层，有较多的胶结物，是中等胶结强度的砂岩。 56. √ 57. √ 58. × 正确答案："同层水"进入油井，造成油井出水是不可避免的，但要求缓出水、少出水，所以必须采取控制和必要的封堵措施。 59. × 正确答案：对于注水井，由于地层的非均质性，地层的每一层的吸水量都是不平衡的，每一层的每一部分的吸水量都是不同的，这反映在吸水剖面上。 60. √ 61. √ 62. √ 63. × 正确答案：由于封堵层含水高，这样就减少了注入水在高含水层的产出，也就提高了注入水的利用率。 64. √ 65. × 正确答案：化学堵水方法可分为单液法化学堵水和双液法化学堵水。 66. √ 67. √ 68. × 正确答案：多裂缝压裂第一条裂缝的施工过程是普通压裂，第二条裂缝的施工过程是选择性压裂。 69. × 正确答案：平衡限流法压裂形成水平裂缝，适用于挖潜目的层与高含水层的夹层较薄但大于 0.4m 的调整新井。 70. × 正确答案：在外来因素的影响下，改变了油层物理性质的自然状况，降低了油层渗透率，导致油层堵塞，油井同样不能获得理想的产量。 71. √ 72. √ 73. √ 74. × 正确答案：调

剖后初期按正常注水压力注水，一周后按配注量注水。　75.√　76.√　77.√　78.√
79.×　正确答案：油井压裂后能否增产，增产量的大小以及增产有效期的长短，与选井
选层和压裂施工质量有关，跟压裂后的配套调整也有直接关系。　80.×　正确答案：水
井压裂后的生产管理主要是做到压后下笼统管柱，按方案要求进行笼统注水。注入量控
制在方案的 ±20% 以内。注入压力的控制主要以注入量为主（注入压力上限控制在破裂
压力以内）。　81.×　正确答案：酸化虽然可使油井增产，水井增注，但造成油、水井
产（注）量低的地质条件各不相同，有些是可以通过酸化来解决的，有些是不能用酸化
来解决的。　82.√　83.√　84.×　正确答案：提高原油采收率是通过向油层注入非常
规物质开采原油的方法，包括注入溶于水的化合物，交替注入混相气体和水，注入胶束
溶液，注蒸汽以及火烧油层等。　85.√　86.×　正确答案：各种盐水与表面活性剂联
合使用可降低界面张力到最低值，并可以抑制表面活性剂在油层中的吸附，这些技术导
致低张力表面活性剂驱的产生。　87.×　正确答案：碱液注入地层中的量可根据碱耗来
确定，通常注入 0.1 ~ 0.5PV，碱剂的浓度一般大于 5%。　88.√　89.√　90.×　正
确答案：蒸汽驱油，是蒸汽从注入井注入，油从生产井采出的一种热力驱油方法。
91.×　正确答案：聚合物驱是以聚合物水溶液为驱替剂，增加注入水的黏度，在注入
过程中降低水侵带岩石的渗透率，以扩大注入水波及效率，达到提高采收率的目的。
92.√　93.√　94.×　正确答案：聚合物溶液的浓和稀并不是指溶液浓度而是溶液性
质。　95.×　正确答案：聚合物溶液的黏度随温度的升高而降低。　96.√　97.√
98.√　99.√　100.√　101.√　102.√　103.√　104.√　105.√　106.√
107.×　正确答案：抽油机井系统效率合格标准为 $\eta \geqslant 50\%$。　108.√　109.×　正
确答案：螺杆泵是一种容积泵，所以它具有自吸能力，甚至在气、液混输时也能保
持自吸能力。　110.×　正确答案：计算注水井层段相对吸水百分数、层段吸水量
时，每个层段日注水量取整数，四舍五入，但应使各层段日注水量之和等于全井日
注水量，不等于全井水量时，应在最后一个 小层上调整（用全井减去其他层段注水
量）。　111.√　112.×　正确答案：聚合物驱注入井资料录取现场检查时，采油队
每月普查一次，并将检查考核情况逐级上报。　113.×　正确答案：抽油机冲次利
用率是抽油机实际冲次与抽油机铭牌最大冲次的比值。　114.√　115.√　116.√
117.×　正确答案：分注井总井数是指地质开发方案要求的分层注水井的总井数，笼统
井不在统计之内。　118.×　正确答案：计算注水井分注率时笼统井井数应计入注水井
总井数。　119.×　正确答案：计算原油计量系统误差时应用井口产油量与核实产油量
的差值除以井口产油量，为百分数。　120.√　121.×　正确答案：绘制生产运行曲
线，措施日产油曲线的颜色规定是橙色折线。　122.×　正确答案：抽油机井生产状态
的分析首先是泵况分析，而泵况分析主要是示功图的分析，示功图资料是比较直观的。
123.×　正确答案：理论示功图就是借助于示功图的分析，了解深井泵状况和整个井
筒的实际情况，采取相应的管理措施、管理好井筒，为油井稳产提供保障。　124.√
125.×　正确答案：理论示功图 DD' 虚线，表示抽油机下行，固定阀关闭，游动阀
打开，活塞以上液柱重量又回到管柱上，此时抽油杆因卸载而缩短，油管因增载而拉
长，泵塞对泵筒又存在冲程损失。　126.√　127.√　128.×　正确答案：分层注
采剖面图中产油上红色，产水上绿色，注水上蓝色。　129.√　130.√　131.×　正

确答案：油层栅状连通图中当主井的厚层与邻井的两个层号连通，而邻井的厚层也与主井的两个层连通，同时其层间的尖灭层交错出现。　132. √　133. √　134. √　135. √　136. ×　正确答案：油藏动态分析必须以油砂体为单元，以单井分析为基础，分析油层内部的变化，明确各类油层的开发状况及其动态变化规律，从而为改善油田的开发效果服务。　137. ×　正确答案：注入水在油藏中的流动，必然引起井组生产过程中与驱替状态密切相关的压力、产量、含水等一系列动态参数的变化，除了油井本身井筒工作状态的因素外，引起这些变化的主要因素是注水井。　138. ×　正确答案：区块动态分析的主要内容包括：注水状况、产油状况、含水状况、压力状况、机采井工作状况。　139. √　140. ×　正确答案：实测示功图的右下角主要分析泵的充满程度及气体影响情况。右上、下角都多一块为衬套上部过紧或光杆盘根过紧，少一块为未充满，是供液不足或气体影响。　141. ×　正确答案：由于含水上升井筒中液柱密度增大，流压也要上升。　142. √　143. √　144. ×　正确答案：对于注水开发的油田，当含水率达到 60%～70% 时，气油比上升；当含水率达到 80%～90% 时，气油比升到最高值，随后又下降。　145. √　146. √　147. √　148. ×　正确答案：采出程度是指油田开采到某一时刻，总共从地下采出的油量（即这段时间的累积采油量）与地质储量的比值，用百分数表示。　149. √　150. ×　正确答案：大部分反病毒软件可以同时清除查出来的病毒，但很难处理变异的病毒。　151. √　152. √　153. ×　正确答案：在 Excel 中，可以在公式中加入括号，它是先完成括号内的运算，再进行括号外的运算。　154. √　155. ×　正确答案：Visual FoxPro 软件是拥有功能强大的面向对象程序设计工具，它适用于数据、报表管理。　156. √　157. ×　正确答案：数据库字段宽度用以表明允许字段存储的最大字节数，对于字符型、数值型、浮动性 3 种字段，在建立表结构时应根据要存储的数据的实际需要设定合适的宽度，其他类型字段的宽度均由 VFP 规定，例如，日期型宽度为 8。　158. ×　正确答案：DISP、LIST 均是数据库记录的显示命令。　159. √　160. √

四、简答题

1. 答：孔隙可划分为三种类型：①超毛细管孔隙；②毛细管孔隙；③微毛细管孔隙。

评分标准：答对①②各占 35% 答对③占 30%。

2. 答：底水驱动类型油藏，①出现在单层厚度较厚的油层里 (指单层厚度与油藏面积比较而言)，②油藏面积较小，③油层倾角较平缓，④水在油的底下，故称为底水驱动油藏。⑤这种油藏，随着地下储量的采出，底水逐渐上推，油层逐渐被淹没。

评分标准：①②③④⑤各 20%。

3. 答：①根据控制产油气面积的地质因素，②油气田可分为构造油气田、地层油气田、岩性油气田和复合油气田四大类型，③其中最主要的构造油气田又可分为背斜油气田和断层（断块）油气田。

评分标准：① 20%，②③各 40%。

4. 答：一个圈闭必须具备三个条件：①容纳流体的储层；②阻止油气向上逸散的盖层；③在侧向上阻止油气继续运移的遮挡物。④它可以是盖层本身的弯曲变形，如背斜，也可以是断层、岩性变化等。

评分标准：①②③④各 25%。

5. 答：在实际生产中，①注水井高渗透层吸水能力强，吸水量可占全井吸水量的 30%~70%，水线前缘向生产井突进快，形成单层突进，②中低渗透层吸水能力弱，当注水压力较低时，水线前缘向生产井突进慢。③生产井中，高渗透层渗透率高，受到的注水效果好，是主力油层，中低渗透层受注水效果差。④而高渗透层注水见效后，地层压力和流动压力明显上升，形成高压层，这样就会影响中低渗透层的产能，全井产量递减较快，含水上升快。

评分标准：答对①②③④占各 25%。

6. 答：平面矛盾的表现一般有三种：①注水井周围各方向渗透率不同，致使油井见水时间相差较大；②注水井投注时间不同，水线在平面上推进距离相差较大；③注水井两侧开采层系和井排距不同，对配水强度要求有矛盾。④具体表现为高渗透区出现犬牙交错的舌进，⑤低渗透区或连通差的区内出现低压区和死油区。

评分标准：答对①②③④⑤各占 20%。

7. 答：①层内矛盾的表现形式为层中指进；②厚油层内高渗透部位见水后形成水流的有利通道，使油层含水上升速度加快，阶段驱油效率低，注入水利用率低；③厚层内部各部位水线推进速度不一致，油井见水时，水淹厚度小，无水驱油效率低。

评分标准：答对①占 20%答对②③各占 40%。

8. 答：出砂的危害主要表现三个方面：①减产或停产作业；②地面和井下设备腐蚀；③套管损坏、油井报废。

评分标准：答对①②各占 30% 答对③占 40%。

9. 答：油井出水原因不同，采取的堵水措施一般也不同，在油田中常见的出水原因一般包括：①注入水及边水推进；②底水推进；③上层水、下层水窜入；④夹层水进入。

评分标准：答对①②③④各占 25%。

10. 答：①油井出砂；②油井停喷；③形成"死油"区；④设备腐蚀；⑤增加采油成本。

评分标准：答对①②③④⑤各占 20%。

11. 答：①在油田开发过程中，由于注入水沿高渗透层段突进造成油层局部高含水，为了消除或者减少水淹对油层的危害采取封堵出水层位的井下工艺措施，统称为油井堵水；②油井堵水分为机械堵水和化学堵水两种。

评分标准：答对①占 60%；答对②占 40%。

12. 答：①水力压裂是油井增产、水井增注的一项重要技术措施。②其要点是利用水力作用，③人为在地层中造出足够长、有一定宽度及高度的填砂裂缝，④从而改善井筒附近油层液体的流动通道，⑤增加液体流动面积，⑥降低液体渗流阻力，⑦使油层获得增产、增注的效果。

13. 答：压裂工艺主要有：①普通压裂工艺、②选择性压裂工艺、③多裂缝压裂工艺、④限流法压裂工艺、⑤平衡限流法压裂工艺。

评分标准：答对①②③④⑤各占 20%。

14. 答：①观察注水调剖井的注水压力和注入量的变化情况；②及时测压降曲线，分析压降曲线是否明显减缓，pH 值是否增大；③及时测同位素吸水剖面，分析其吸水剖面是否发生变化，吸水层段和厚度是否增加；④调剖后初期按正常注水压力注水，一周后按配注量注水；⑤对调剖见效的水井，要及时调整注水方案，增加中、低渗透差油层的注水量，降低高渗透吸水量大的油层的注水量。

评分标准：答对①②③④⑤各占 20%。

15. 答：油井压后生产管理必须做到"四个及时"。①压后及时开井，跟踪压裂效果，分析原因，提出措施意见；②对压后泵况差的井及时检泵；③对压后参数偏小的井，及时调整工作参数；④对压裂井压后及时保护，及时调整注水方案加强对压裂层的注水。

评分标准：答对①②③④各占 25%。

16. 答：水井压裂后的生产管理主要是做到以下四个方面。①压后下笼统管柱，按方案要求进行笼统注水。注入量控制在方案的 ±20% 以内。注入压力的控制主要以注入量为主（注入压力上限控制在破裂压力以内）；② 7d 内，完成吸水剖面的测试工作；③压后下分层管柱的 1 个月内，完成分层注水工作；④实日注能力，根据周围油井的连通状况和含水变化情况，确定其工作制度。

评分标准：答对①②③④各占 25%。

17. 答：（1）①以提高采收率为目的，②改变油藏中残油的排油机理，③强制采出残油的方法与技术。

（2）常用的主要有：①物理方法；②化学方法；③生物方法；④综合方法。

评分标准：答对（1）中①②③各占 20%；答对（2）中①②③④各占 10%。

18. 答：主要有①表面活性剂溶液驱油；②碱性水驱油；③三元复合驱油；④微生物驱油；⑤混相驱油；⑥热力驱油；⑦聚合物驱油。

评分标准：答对①②⑤⑥各占 10%；答对③④⑦各占 20%。

19. 答：（1）按开发单元的大小划分：①单井动态分析；②井组动态分析；③开发单元（区块）动态分析；④油田动态分析。（2）按时间尺度划分：①旬度动态分析；②月（季）生产动态分析；③年度油藏动态分析；④阶段开发分析。（3）按分析内容划分：①生产动态分析；②油（气）藏动态分析。

评分标准：答对（1）中①②③④各占 10%；答对（2）中①②③④各占 10%；答对（3）占中①②各占 10%。

20. 答：①找出并掌握油气田开发过程中各项动态指标的变化规律；②对油气田开发趋势进行科学的预测；③及时对开发方案进行综合调整；④实现较高的最终采收率和经济效益的最大化；⑤从而达到科学合理地开发油气田的目的。

评分标准：答对①②③④⑤各占 20%。

五、计算题

1. 解：$\phi_e = (V_{有}/V_{岩}) \times 100\% = 7/15 \times 100\% = 46.7\%$

答：岩石的有效孔隙度是 46.7%。

评分标准：公式正确占 40%；过程正确占 40%；答案正确占 20%；无公式、过程，只有结果不得分。

2. 解：由达西公式 $Q = KA\Delta p/\mu L$

可知 $K = Q\mu L/A\Delta p = (0.4 \times 2 \times 3)/(3 \times 0.2) = 4$（$\mu m^2$）

答：流量为 0.4cm³/s 时的岩样渗透率是 4μm²。

评分标准：公式正确占 40%；过程正确占 40%；答案正确占 20%；无公式、过程，只有结果不得分。

3. 解：①由公式　今年的年采油量＝今年底累积采油量－去年底累积产油量

可知今年的年采油量＝今年底采出程度 × 地质储量－去年底累积产油量

$= 592.5 \times 10^4 - 520 \times 10^4$

$= 72.5 \times 10^4 \, (\text{t/a})$

②由公式　采油速度＝今年采油量 / 地质储量 ×100%

可知采油速度＝（72.5×10^4）/（7500×10^4）×100%

$\qquad\qquad = 0.97\%$

答：今年的年采油量为 72.5×10^4t/a；采油速度为 0.97%。

评分标准：①②公式正确各占 20%；过程正确各占 20%；答案正确各占 10%；无公式、过程，只有结果不得分。

4. 解：①由公式 $\rho = (1-f_w) \times \rho_o + f_w \times \rho_w$

可知 $\rho = (1-80\%) \times 0.86 + 20\% \times 1$

$= 0.972 \times 10^3 \, (\text{kg/m}^3)$

②由公式 $H = L_f + (P_h - P_c) \times 10^6 / \rho g$

$\qquad\qquad = 500 + (0.5-1.0) \times 10^6 / (0.972 \times 10^3 \times 10)$

$\qquad\qquad = 449 \, (\text{m})$

③由公式 $W_{有} = Q_{实} \rho g H / 86400$

可知 $W_{有} = 449 \times 100 \times 0.972 \times 10 / 86400 = 5.05 \, (\text{kW})$

④由公式

可知 $W_{输入} = [1.732 \times 380 \times (60+50) / (2 \times 0.85)] / 1000$

$\qquad\qquad = 30.77 \, (\text{kW})$

⑤由公式 $\eta = (W_{有} / W_{输入}) \times 100\%$

可知该井系统效率＝（5.05/30.77）×100% = 16.4%

答：该井系统效率为 64%。

评分标准：公式正确占 50%；过程正确占 40%；答案正确占 10%；无公式、过程，只有结果不得分。

5. 解：①由公式方案配比 ＝ 清水配注量：母液配注量

$\qquad\qquad$ 可知方案配比 =80 :（120−80）

$\qquad\qquad\qquad\qquad = 2 : 1$

②由公式实际配比 ＝ 清水注入量：母液注入量

$\qquad\qquad$ 可知实际配比 =82 :（125−82）

$\qquad\qquad\qquad\qquad = 1.91 : 1$

$\qquad\qquad\qquad\qquad = 1.91$

③由公式配比误差 ＝（实际配比 − 方案配比）/ 方案配比 ×100%

$\qquad\qquad$ 可知配比误差 =（1.91−2）/2 ×100%

$\qquad\qquad\qquad\qquad = -4.5\%$

答：该井实际配比为 1.91，配比误差为 −4.5%。

评分标准：①②公式正确各占 10%；过程正确各占 10%；答案正确各占 5%；无公式、过程，只有结果不得分；③公式正确占 20%；过程正确占 20%；答案正确占 10%；无公式、过程，只有结果不得分。

6. 解：由公式 $\eta_s = (S_实/S_大) \times 100\%$

可知冲程利用率 $= (1.8/2.5) \times 100\% = 72\%$

答：冲程利用率是 72%。

评分标准：公式正确占 40%；过程正确占 40%；答案正确占 20%；无公式、过程，只有结果不得分。

7. 解：由公式 $N_实 = \sqrt{3} IU \cos\phi$

可知电动机实际功率 $= 1.732 \times 49 \times 380 \times 0.82 = 27412$（W）

由公式 $N_利 = \dfrac{N_实}{N_理} \times 100\%$

可知电动机功率利用率 $= \dfrac{27412}{30000} \times 100\% = 91.4\%$

答：该井电机功率利用率为 91.4%

评分标准：公式正确占 40%；过程正确占 40%；答案正确占 20%；无公式、过程，只有结果不得分。

8. 解：由公式 3 月份电泵井利用率 =[3 月份开井数 /（3 月份总井数 − 计划关井数）] × 100%

可知电泵井利用率 =[（135+15）/（135+15+8+3+4−3−4）] × 100%

$\qquad\qquad\qquad = (150/158) \times 100\% = 94.94\%$

答：电泵井利用率是 94.94%。

评分标准：公式正确占 40%；过程正确占 40%；答案正确占 20%；无公式、过程，只有结果不得分。

9. 解：由公式 2013 年一季度分层注水合格率 =[2013 年一季度注水合格层段数 /（2013 年一季度分层总层段数 − 停注层段）]

一季度分层注水合格率 =[（480−25−13−20）/（480−25−13）] × 100%

$\qquad\qquad\qquad = (422/442) \times 100\%$

$\qquad\qquad\qquad = 95.48\%$

答：一季度分层注水合格率是 95.47%。

评分标准：公式正确占 40%；过程正确占 40%；答案正确占 20%；无公式、过程，只有结果不得分。

10. 解：由公式 2013 年一季度注水井分层测试率 =2013 年一季度实际分层测试井数 /（分层注水总井数 − 计划关井数）

一季度注水井分层测试率 =[（130−15−4−2−4）/（130−15−4）] × 100%

$\qquad\qquad\qquad = (105/111) \times 100\%$

$\qquad\qquad\qquad = 94.6\%$

答：一季度注水井分层测试率是 94.6%。

评分标准：公式正确占 40%；过程正确占 40%；答案正确占 20%；无公式、过程，只有结果不得分。

11. 解：①由公式 $D_{\text{综}}=$〔（上年核实产量－今年核实产油量＋新井年产油）/ 上年核实产量〕× 100%

今年核实产油量 =（上年核实产量 + 新井产油）$-D_{\text{综}}$ × 上一年核实产量

可知今年核实产油量 =（$58 \times 10^4 + 5 \times 10^4$）$-0.1052 \times 58 \times 10^4$

$\qquad = 56.9 \times 10^4$（t）

②由公式 今年井口产油量 = 本年核实产油量 /（1－ 输差）

可知今年井口产油量 = 56.9×10^4/（1－0.064）

$\qquad = 60.8 \times 10^4$（t）

答：今年井口产油量为 60.8×10^4t。

评分标准：①②公式正确各占 20%；过程正确各占 20%；答案正确各占 10%；无公式、过程，只有结果不得分。

12. 解：① $W_{\text{r}}=q_{\text{r}}L_{\text{r}}$ 可知抽油杆柱载荷 =23.8 × 932=22181.6（N）

② $W_{\text{l}}=q_{\text{l}}L_{\text{l}}$ 可知液柱载荷 =21 × 930=19530（N）

③ $W_{\max}=(W_{\text{r}}+W_{\text{l}})\cdot(1+Sn^2/1790)$

可知最大悬点载荷 =（22181.6+19530）×（1+3 × 36/1790）

$\qquad =44214$（N）

答：该井的最大悬点载荷为 44214N。

评分标准：①②③公式正确各占 20%；过程正确各占 10%；答案正确占 5%；无公式、过程，结果正确不得分。

13. 解：① $W_{\text{r}}=q_{\text{r}}L_{\text{r}}$ 可知抽油杆柱载荷 =23.8 × 932=22181.6（N）

② $W_{\min}=W_{\text{r}}(1-Sn^2/1790)$

可知最小悬点载荷 =22181.6 ×（1－3 × 36/1790）

$\qquad =20844$（N）

答：该井的最小悬点载荷为 20844N。

评分标准：①②公式正确各占 35%；过程正确占各 10%；答案正确各占 5%；无公式、过程，只有结果不得分

14. 解：由公式 井口最高配注压力 = 油层破裂压力 － 静水柱压力

可知井口最高配注压力 =19.41－19.41/0.023 × 1/100

$\qquad =10.97$（MPa）

答：该井井口最高配注压力为 10.97MPa。

评分标准：公式正确占 40%；过程正确占 40%；答案正确占 20%；无公式、过程，只有结果不得分。

15. 解：① $\rho_{\text{L}}=\rho_{\text{w}}f_{\text{w}}+\rho_{\text{o}}(1-f_{\text{w}})$

可知 ρ_{L}=1000 × 0.95+860 ×（1－0.95）

$\qquad =993$（kg/m³）

② $P_{\text{e}}=P_{\text{c}}+\rho_{\text{L}}g(H-L_{\text{f}}) \times 10^3$

可知 P_{e}=1.14+993 × 10 ×（1300－380）× 10⁻⁶

$\qquad =10.28$（MPa）

答：该井静压为 10.28MPa。

评分标准：①②公式正确各占 20%；过程正确各占 20%；答案正确各占 10%；无公式、过程，只有结果不得分。

16. 解：由公式 $J_{油}=\dfrac{Q_日}{\Delta P}$

可知采没指数 $=\dfrac{3150/365}{10.5-2.1}=1.03(\mathrm{t/d\cdot MPa})$

答：这一年的采油指数为 1.03（t/d · MPa）。

评分标准：公式正确占 40%；过程正确占 40%；答案正确占 20%；无公式、过程，只有结果不得分。

17. 解：①由公式 $Q_日=J_{油}\cdot\Delta P$

可知折算日产油量 $=1.16\times$（9.8−3.2）

　　　　　　　　　=7.66（t/d）

②由公式 $Q_年=Q_日\times365$

可知折算年产油量 $=7.66\times365$

　　　　　　　　　=1796（t）

答：今年的折算产油量为 2796t/a。

评分标准：①②公式正确各占 20%；过程正确各占 20%；答案正确各占 10%；无公式、过程，只有结果不得分。

18. 解：

由公式 $F_{w}=\dfrac{f_{w2}-f_{w1}}{R_2-R_1}$

可知含水上升率 =（66.6−60.6）/（38.2−36.2）

　　　　　　　　=3%

答：含水上升率是 3%。

评分标准：公式正确占 40%；过程正确占 40%；答案正确占 20%；无公式、过程，只有结果不得分。

19. 解：

$V_{采油}=(f_{w2}-f_{w1})/F_{w}$

可知采油速度 =（87.1−80.1）/3.5×1%

　　　　　　　=7/3.5×1%

　　　　　　　=2%

答：该区块今年的采油速度为 2%。

评分标准：公式正确占 40%；过程正确占 40%；答案正确占 20%；无公式、过程，只有结果不得分。

20. 解：①由公式 井组产油量 = 边井产油量 ×1/2+ 角井产油量 ×1/4

可知井组产油量 =137×（1−0.75）×1/2+114×（1−0.672）×1/4

　　　　　　　　=26.46（t/d）

②由公式 井组产水量 = 边井产水量 ×1/2+ 角井产水量 ×1/4

可知井组产水量 $=137 \times 0.75 \times 1/2 + 114 \times 0.672 \times 1/4$

$\qquad\qquad\qquad = 70.52$（m³/d）

③由公式配注量 = 注采比 × （产油量 $/\rho_o \times B_{oi}$ + 产水量）

可知配注量 $=1.09 \times$（$26.48/0.86 \times 1.13 + 70.53$）

$\qquad\qquad\qquad = 114.76$（m³/d）

答：该井组配注量为 114.76m³/d。

评分标准：①②公式正确各占 10%；过程正确各占 10%；答案正确各占 10%；无公式、过程，只有结果不得分；③公式正确占 20%；过程正确占 10%；答案正确占 10%；无公式、过程，只有结果不得分。

技师、高级技师理论知识练习题及答案

一、单项选择题（每题有4个选项，只有1个是正确的，将正确的选项号填入括号内）

1. AA001　储油气岩层的（　）是指地下储层中含有一定数量的油气。
　　A. 饱和性　　　　B. 孔隙性　　　　C. 渗透性　　　　D. 含油气性

2. AA001　含油饱和度是指在储油岩石的（　）孔隙体积内，原油所占的体积百分数。
　　A. 有效　　　　B. 绝对　　　　C. 相对　　　　D. 总

3. AA002　油层尚未开发时，原始地层压力下测得的含油饱和度称为（　）饱和度。
　　A. 原始含油　　　　B. 目前含油　　　　C. 原始含水　　　　D. 目前含水

4. AA002　原始含油饱和度是评价油层产能、计算石油（　）和编制开发方案的重要参数。
　　A. 质量　　　　B. 密度　　　　C. 储量　　　　D. 比重

5. AA003　储层非均质性是指储层岩性、物性、含油性及微观孔隙结构等内部属性特征和储层空间分布等方面的（　）。
　　A. 单一性　　　　B. 多样性　　　　C. 不均一性　　　　D. 均一性

6. AA003　目前我国已发现的油气储量中（　）来自陆相沉积地层，并且绝大多数都是注水开发，因此了解和掌握储层的非均质性特征尤为重要，对提高油气的采收率意义重大。
　　A. 80%　　　　B. 90%　　　　C. 75%　　　　D. 85%

7. AA004　孔隙非均质性包括（　）岩石孔隙、喉道大小及其均匀程度，以及孔隙与吼道的配置关系和连通程度。
　　A. 储层　　　　B. 含油气层　　　　C. 产层　　　　D. 盖层

8. AA004　层内非均质性包括粒度韵律性、层理构造序列、渗透率差异程度和高渗透段位置、层内不连续薄泥质夹层的分布频率和大小，以及其他的渗透（　）的水平渗透率和垂直渗透率的比值等。
　　A. 隔层、水层　　　　B. 水层、全层　　　　C. 隔层、全层　　　　D. 液层、水层

9. AA005　储层微观孔隙喉道内流体流动的地质因素的空间不均一性是（　）非均质性。
　　A. 孔隙　　　　B. 层内　　　　C. 平面　　　　D. 层间

10. AA005　储层岩石的储集空间可分为（　）和喉道。
　　A. 粒间　　　　B. 晶间　　　　C. 孔隙　　　　D. 生物

11. AA006　层内非均质性是指一个单砂层在垂向上的（　）性质变化。
　　A. 渗透　　　　B. 储渗　　　　C. 孔隙　　　　D. 储集

12. AA006 层内非均质性是直接影响单砂层内注入剂（　　）的主要地质因素。

    A. 渗透率　　　　　B. 孔隙度　　　　　C. 波及体积　　　　　D. 含油饱和度

13. AA007 平面的非均质性从平面的角度展示储层基本储渗性能的差异程度，其内容为砂体的几何形态、砂体规模及各向连续性、砂体的连通性、（　　）、渗透率的平面变化。

    A. 含油饱和度　　　B. 孔隙度　　　　　C. 含水饱和度　　　　D. 孔隙性

14. AA007 孔隙度、渗透率的平面变化是研究储层平面非均质性的重点，一般通过绘制孔隙度、渗透率的平面（　　）来反映其平面变化情况。

    A. 等值图　　　　　B. 曲线　　　　　　C. 剖面图　　　　　　D. 等厚图

15. AA008 剖面上砂岩总厚度与地层总厚度之比是指（　　）。

    A. 砂岩厚度　　　　B. 有效厚度　　　　C. 砂层密度　　　　　D. 砂层厚度

16. AA008 层间非均质性是对一套含油层系内多个砂层之间储集性质的描述和比较，即砂体的（　　）差异程度。

    A. 层内　　　　　　B. 层间　　　　　　C. 平面　　　　　　　D. 孔隙

17. AB001 湖相油层，在标准层的控制下，按照沉积旋回的级次及厚度比例关系，从大到小（　　）对比，为油层组、砂岩组、小层界线。

    A. 逐个　　　　　　B. 分层　　　　　　C. 单层　　　　　　　D. 逐级

18. AB001 横向上对比时，依据（　　）的原则。

    A. 由点到线，由面到线　　　　　　　　B. 由点到线，由线到面

    C. 由线到点，由面到线　　　　　　　　D. 由线到面，由点到线

19. AB002 湖相沉积油层利用沉积（　　）对比砂岩组。

    A. 旋回　　　　　　B. 间断　　　　　　C. 层理　　　　　　　D. 相别

20. AB002 湖相沉积油层根据标准层的分布规律及（　　）旋回的数量和性质，用标准层确定对比区内油层组间的层位界限。

    A. 一级　　　　　　B. 二级　　　　　　C. 三级　　　　　　　D. 四级

21. AB003 对于跨时间单元的（　　），则需确定是一个时间单元下切作用形成的，还是河流下切叠加而成的。

    A. 顶凸砂层　　　　B. 水平砂层　　　　C. 薄砂层　　　　　　D. 厚砂层

22. AB003 采用岩性—时间标准层作控制，把距同一标准层等距的（　　）顶面作等时面，将位于同一等时面上的砂岩划分为同一时间单元。

    A. 变质岩　　　　　B. 泥岩　　　　　　C. 砂岩　　　　　　　D. 岩浆岩

23. AB004 通过对（　　）的观察分析可以发现油层、气层，并且还可以对岩心的含油、气、水产状进行观察描述。

    A. 岩性　　　　　　B. 岩石　　　　　　C. 岩样　　　　　　　D. 岩心

24. AB004 取心可以了解岩性和岩相特征。通过对重矿物、粒度和薄片鉴定等分析，判断（　　）。

    A. 断层　　　　　　B. 沉积环境　　　　C. 开发效果　　　　　D. 开采层位

25. AB005 岩心盒两头应有盒号,岩心盒的正面标上(　　),岩心在盒内从左到右顺序摆放。

    A. 岩心号　　　　　B. 样品号　　　　　C. 井号　　　　　　　D. 序号

26. AB005　一般岩心油砂部分每隔（　）编一个号，即样品编号，它与岩心柱状图上的编号是对应的。

　　A. 2（4）cm　　　　B. 3（6）cm　　　　　C. 5（10）cm　　　　D. 10（20）cm

27. AB006　当岩石中次要颗粒含量在（　）时，用"含"字表示，将"含"字放在次要颗粒之前，如含泥细砂岩。

　　A. 5%～15%　　　B. 10%～25%　　　　C. 15%～25%　　　D. 10%～20%

28. AB006　当岩石中次要颗粒小于（　）时，不定名作描述。

　　A. 5%　　　　　　B. 10%　　　　　　　C. 15%　　　　　　D. 20%

29. AB007　油浸是指含油面积为（　），一般多为泥质粉砂岩，在砂粒富集处含油，多呈条带、斑块状含油，劈开岩心后不染手，含油不饱满的状态。

　　A. 10%～25%　　B. 25%～50%　　　　C. 50%～80%　　　D. 80%以上

30. AB007　对含油（　）程度的描述，一般用含油饱满、含油较饱满和含油不饱满等形式表示岩心的含油饱满程度。

　　A. 产状　　　　　B. 状况　　　　　　C. 饱满　　　　　　D. 分布

31. AB008　岩心（　）时应认真细心观察岩心含油、气、水产状特征，并做好记录或必要的试验、取样等，以作为详细描述时的补充。

　　A. 刚出筒　　　　B. 未出筒　　　　　C. 放置很久　　　　D. 绘图

32. AB008　描述岩心含油气水特征时，特别指出的是，不应忽视对（　）产状如油浸、油斑、油迹的描述。

　　A. 高含水层　　　B. 高含油　　　　　C. 低含油　　　　　D. 气层

33. AB009　岩心综合数据包括单块岩样分析数据和（　）综合数据。

　　A. 含油饱和度　　　　　　　　　　B. 渗透率曲线

　　C. 分层段水洗　　　　　　　　　　D. 原油性质

34. AB009　目前含油饱和度、含水饱和度是（　）直接分析的数据，为计算饱和度差值及水驱油效率，应将目前含油饱和度换算成地下体积计算。

　　A. 单井　　　　　B. 油层　　　　　　C. 油田　　　　　　D. 岩样

35. AB010　深入研究了主力油层的水洗特征和水洗规律，研究了油层水洗前后特性的变化及其对驱油效率的影响，对油田不同地区各类油层的水驱效果和（　）进行了分析评价。

　　A. 地质储量　　　　　　　　　　　B. 预测储量

　　C. 探明储量　　　　　　　　　　　D. 可采储量

36. AB010　取心目的层除较好油层外，侧重于对有效厚度小于（　）的薄差层及表外储层选样分析。

　　A. 1. 0m　　　　　B. 0. 5m　　　　　　C. 1. 5m　　　　　　D. 2. 0m

37. AB011　根据水深、岩性和生物等特征的不同，又可将（　）相分为两个亚相，即亚浅海相和深浅海相。

　　A. 滨海　　　　　B. 浅海　　　　　　C. 深海　　　　　　D. 半深海

38. AB011　亚浅海相的层理以（　）层理为主。

　　A. 波状　　　　　B. 水平　　　　　　C. 垂直　　　　　　D. 交错

39. AB012　半深海沉积发生在（　　）。

　　A. 大陆边缘　　　　B. 大陆与海洋之间　　　　C. 大陆斜坡　　　　D. 大陆架

40. AB012　半深海—深海区沉积化石以（　　）为主。

　　A. 植物　　　　　　B. 浮游生物　　　　　　C. 动物　　　　　　D. 细菌

41. AB013　潟湖底部通常处于（　　）环境，有利于生物遗体的保存。

　　A. 氧化　　　　　　B. 还原　　　　　　　C. 过渡　　　　　　D. 稳定

42. AB013　三角洲区具备有利的生、储、盖组合及（　　），是一个具有经济价值的油气田必须具备的因素。

　　A. 圈闭条件　　　　　　　　　　　　B. 地理位置

　　C. 生油环境　　　　　　　　　　　　D. 开发条件

43. AB014　位于海湾地区的（　　）相的沉积物，多为原来海滩沉积的重新分配和由陆上来的少数物质。

　　A. 滨海　　　　　　B. 浅海　　　　　　　C. 潟湖　　　　　　D. 深海

44. AB014　（　　）包括：淡化潟湖相、咸化潟湖相和沼泽潟湖相三个亚相。

　　A. 潟湖相　　　　　B. 三角洲相　　　　　C. 海陆过渡相　　　　D. 浅海相

45. AB015　油田沉积相研究的特点与（　　）沉积相的研究是有明显区别的，但油田沉积相的研究成果与其研究成果又是分不开的。

　　A. 标准　　　　　　B. 油层　　　　　　　C. 区域　　　　　　D. 特殊

46. AB015　油田沉积相研究的主要对象是（　　）。

　　A. 沉积环境　　　　B. 砂体的几何图形　　　C. 砂体内部结构　　　D. 油砂体

47. AB016　细分（　　）是油田沉积相研究的基础工作。

　　A. 沉积小层　　　　　　　　　　　　B. 沉积单元

　　C. 沉积亚相　　　　　　　　　　　　D. 沉积环境

48. AB016　由于陆相砂岩、泥岩沉积层常常具有明显的多级旋回性，因此可普遍采用"旋回对比，分级控制"的总原则，按照不同沉积环境（　　）发育的不同模式，具体进行沉积单元的划分对比。

　　A. 油层　　　　　　　　　　　　　　B. 砂体

　　C. 储油层　　　　　　　　　　　　　D. 沉积单元

49. AB017　目前在油田上主要还是应用取心井资料，总结（　　），广泛应用测井曲线的形态来划相，这是近年来新出现的划相方法。

　　A. 沉积特征　　　　　　　　　　　　B. 岩电关系

　　C. 开发方案　　　　　　　　　　　　D. 沉积环境

50. AB017　根据沉积（　　）对比不同沉积相带的砂体连通关系。相同相带的砂体连通为一类连通。不相同相带的砂体连通为二类连通，不同河道的砂体连通为三类连通。

　　A. 形态　　　　　　B. 关系　　　　　　　C. 指标　　　　　　D. 特征

51. AB018　油田（　　）是指一个油田内埋藏在地下的石油和天然气的数量。

　　A. 剩余储量　　　　　　　　　　　　B. 储量

　　C. 地层储量　　　　　　　　　　　　D. 可采储量

52. AB018　反映油田开发水平的一个综合性指标是（　　）。

　　A. 地质储量　　　　B. 可采储量　　　　　C. 剩余可采储量　　　　D. 探明储量

53. AB019　已开发探明储量简称Ⅰ类，相当其他矿种的（　　）级。

　　A. A　　　　　　　B. B　　　　　　　　C. C　　　　　　　　D. D

54. AB019　多含油气层系的复杂断块油田、复杂岩性油田和复杂裂缝性油田，在完成地震详查、精查或三维地震，并钻了（　　）后，在储量计算参数基本取全、含油面积基本控制住的情况下所计算的储量为基本探明储量。

　　A. 参数井　　　　　B. 开发井　　　　　　C. 评价井　　　　　　D. 基础井

55. AB020　预测储量是制定评价（　　）的依据。

　　A. 钻探方案　　　　B. 开发方案　　　　　C. 经济效益　　　　　D. 地质方案

56. AB020　通过地震和综合勘探初步查明了（　　），确定了油藏类型和储层沉积类型，大体控制了含油面积和油（气）层厚度，评价了储层产能和油气质量后，计算的储量称为控制储量。

　　A. 油气含量　　　　B. 圈闭形态　　　　　C. 含油面积　　　　　D. 开采范围

57. AB021　不同注水方式对油层的控制程度来看，对于一些分布不稳定、形态不规则或呈透镜体状态分布的油层，在相同井网密度下，（　　）要比行列注水更适应一些。

　　A. 面积注水　　　　B. 缘外注水　　　　　C. 缘内注水　　　　　D. 缘上注水

58. AB021　在油层条件、井网密度均相近的情况下，面积注水方式可获得比行列注水（　　）的采油速度。

　　A. 较低　　　　　　B. 较高　　　　　　　C. 相等　　　　　　　D. 少一半多

59. AB022　按油气藏（　　）划分为浅层、中深层、深层、超深层等四个等级。

　　A. 地质储量　　　　B. 埋藏深度　　　　　C. 储量丰度　　　　　D. 产能大小

60. AB022　按油、气藏埋藏深度划分，油藏埋藏深度小于（　　），气藏埋藏深度小于1500m 为浅层。

　　A. 500m　　　　　　B. 1000m　　　　　　C. 1500m　　　　　　D. 2000m

61. AB023　油田开发晚期油藏描述中储层精细地质研究工作在（　　）向定量化、自动化和预测方向发展，随着技术的不断完善，描述水平的提高，将油藏描述工作推向一个更高层次。

　　A. 低含水期　　　　B. 中含水期　　　　　C. 高含水期　　　　　D. 高含水后期

62. AB023　油田开发中期油藏描述以（　　）为主，参考地震结果，重新落实构造形态，特别是通过测井解释资料对比结果，逐井落实断点及断层组合。

　　A. 测井解释资料　　B. 油砂体　　　　　　C. 小层对比　　　　　D. 测井动态资料

63. AB024　特殊储量是指根据流体性质、勘探开发难度及经济效益，在开发上需要采取（　　）措施的储量。

　　A. 高技术　　　　　B. 特殊　　　　　　　C. 普通增产　　　　　D. 新方法

64. AB024　储量规范将地下原油黏度大于（　　）的原油划归为稠油。

　　A. 200mPa·s　　　B. 150mPa·s　　　　C. 100mPa·s　　　　D. 50mPa·s

65. AC001 在（ ）油田开发时，首先应考虑如何合理地划分、组合层系，以达到合理开发油藏的目的。

    A. 厚油层   B. 单油层   C. 多油层   D. 薄油层

66. AC001 划分开发层系主要是解决多油层非均质油藏注水开发中的（ ）矛盾，达到提高油田开发效果的目的。

    A. 层间   B. 平面   C. 层内   D. 砂体

67. AC002 一套开发层系内层数不宜过多，井段应比较集中，并具有较好的上、下（ ）。

    A. 产层   B. 隔层   C. 储层   D. 砂层

68. AC002 我国陆相油藏一般以油层厚度 10m 左右，（ ）控制储量 $20 \times 10^4 t$ 上下组合成一套开发层系。

    A. 单井   B. 井组   C. 区块   D. 井网

69. AC003 把油田内性质相近的油层组合在一起，用一套井网进行开发称为（ ）。

    A. 开发方式   B. 开发层系

    C. 开发原则   D. 开发方案

70. AC003 同一油田，由于参数组合的不同,可以有几个不同的层系划分的( )进行对比，要择优选用。

    A. 开发方案   B. 远景规划

    C. 划分原则   D. 开发原则

71. AC004 油藏开发方案追求的目标是（ ）。

    A. 经济效益好、采出程度高   B. 投入成本低、采出程度高

    C. 经济效益好、采收率高   D. 投入成本高，采收率高

72. AC004 油田开发总体方案优化要在各专业经济评价的基础上，进行（ ）经济技术评价。

    A. 综合   B. 单项   C. 区块   D. 油田

73. AC005 按开采方法划分，二次采油阶段是利用（ ）、注气补充油藏能量，使地层压力回升，产量上升并稳定在一定的水平上。

    A. 注聚采油   B. 抽吸采油

    C. 人工注水   D. 天然能量

74. AC005 二次采油阶段，这一阶段可采地质储量的（ ）。

    A. 10% ～ 15%   B. 15% ～ 20%

    C. 20% ～ 25%   D. 25% ～ 30%

75. AC006 认识、掌握油田开发全过程的客观规律，对科学、合理地划分（ ）具有重要意义。

    A. 调整阶段   B. 开发层系

    C. 开发过程   D. 开发阶段

76. AC006 划分开发阶段就是要明确开发过程中不同阶段的主要开采对象，认识影响高产稳产的（ ），达到改善油田开发效果的目的。

    A. 主要矛盾   B. 次要矛盾

    C. 平面矛盾   D. 层间矛盾

77. AC007　油田（　　），是油田开发中较大规模的阶段性综合调整。

A. 开发层系和压力系统的调整　　　　B. 井网和压力系统的调整

C. 开发层系和井网的调整　　　　　　D. 开发层系和注水工艺的调整

78. AC007　在原井网注采条件下，通过（　　），也称油田开发综合调整。

A. 采取各种工艺措施进行的经常性调整

B. 采取各种工艺措施进行的阶段性调整

C. 采取各种增产措施进行的经常性调整

D. 采取各种增产措施进行的阶段性调整

79. AC008　作为一个独立的（　　），在具有一定可采储量、油井有较高生产能力的前提下，层数不宜过多，射孔井段不宜过长，厚度要适宜，与相邻开发层系间应具有稳定的隔层。

A. 开发区块　　　　B. 开发方式　　　　C. 开发层系　　　　D. 开发系统

80. AC008　同一开发层系内油层的裂缝性质、分布特点、孔隙结构、油层润湿性应尽可能一致，以保证（　　）的基本一致。

A. 开发方式　　　　B. 注水工艺　　　　C. 注采系统　　　　D. 注水方式

81. AC009　注水方式的选择，应使注入水平面波及系数增大，保证（　　），提高总体开发效果。

A. 调整前层系无须有独立的注采系统，又能与原井网搭配好，注采关系协调

B. 调整前层系既有独立的注采系统，又能与原井网搭配好，注采关系协调

C. 调整后层系无须有独立的注采系统，又能与原井网搭配好，注采关系协调

D. 调整后层系既有独立的注采系统，又能与原井网搭配好，注采关系协调

82. AC009　注水方式的选择，应能满足采油井所需产液量提高和保持油层压力的要求，确定合理的（　　）。

A. 注采比　　　　B. 油水井数比　　　　C. 布井方式　　　　D. 地层压力

83. AC010　由于断层影响，造成断层附近注采不完善，受不到注水效果或存在死油区，在断层地区进行局部注采系统调整，如增加（　　）注水井点。

A. 面积　　　　B. 行列　　　　C. 边缘　　　　D. 点状

84. AC010　油藏（　　）的调整也是阶段性油藏开发的内容，例如，原定靠边水等天然能量开发的油藏转为全面注水开发等。

A. 注水方式　　　　B. 开发层系　　　　C. 注采系统　　　　D. 驱动方式

85. AC011　自喷开采方式转换为人工举升开采方式时，要做好单井（　　）预测，以便选择合理的机采设备。

A. 地层压力　　　　B. 产量　　　　C. 含水　　　　D. 饱和压力

86. AC011　大批油井同时进行不同的机械开采方式的转换，（　　）将发生变化，应注意进行调整。

A. 油藏压力系统　　B. 地面集输系统　　C. 油藏注水系统　　D. 地面采油系统

87. AC012　如果采取强化生产措施，在（　　）后仍见不到显著效果，可进行酸化、压裂等改造油层的措施。

A. 放大采油压差或降低注水压力　　　B. 放大采油压差或提高注水压力

C. 缩小采油压差或提高注水压力　　　D. 缩小采油压差或降低注水压力

88. AC012 自喷油井和潜油电泵生产制度调整是通过缩放油嘴来实现的，其他机械采油井是通过（　　）来实现的。

A. 改变抽汲参数　　B. 加深或上提泵挂　　C. 控制闸门　　D. 更换泵径

89. AC013 油田开发方案中对（　　）和注水方式的确定，是以地震资料和为数不多的探井、资料井所取资料以及短期小规模试采资料为依据的。

A. 层系、井网　　B. 层系、井别　　C. 层号、井网　　D. 层号、井别

90. AC013 油田注水开发后，由于不同油层对开发井网的适应程度各不相同，各类油层的吸水能力、产液能力、注采平衡情况以及（　　），不但影响油田的高产、稳产，而且降低了开发区的无水采收率和阶段采收率。

A. 油层压力相差很小，在开采过程中形成了层内矛盾

B. 油层压力相差很小，在开采过程中形成了层间矛盾

C. 油层压力相差很大，在开采过程中形成了层内矛盾

D. 油层压力相差很大，在开采过程中形成了层间矛盾

91. AC014 层间差异主要是由各小层的（　　）和原油黏度引起的。

A. 渗透率　　B. 有效厚度　　C. 地层系数　　D. 水淹状况

92. AC014 在目前生产工艺技术条件下，要实现各个小层在不同（　　）和流体黏度条件下获得相同的流动速度是不可能的。

A. 有效厚度　　B. 渗透率　　C. 地层系数　　D. 水淹情况

93. AC015 一个油田开发层系划分得是否合理，能否适应油田（　　）的要求，应重点分析油田储量动用状况，明确未动用储量的分布和成因，为层系、井网调整提供可靠依据。

A. 开发方案　　B. 开发设计　　C. 地质特征条件　　D. 井网布局

94. AC015 利用油井产液剖面资料统计油层动用（　　），最后估算出水驱动用储量。

A. 体积　　B. 厚度　　C. 储量　　D. 面积

95. AC016 油田开发试验效果分析中，一个重要的内容是（　　）根据试验设计要求进行试验的全过程中，每个阶段的成果、特点和出现的问题，以及根据问题和阶段特点对试验设计的校正、修改及其实践。

A. 验证　　B. 阐述　　C. 论证　　D. 认证

96. AC016 油田开发（　　）效果分析，就是根据其特定目的和内容，详尽录取一切必要的资料和室内分析数据，调动一切动态监测手段，采用一切动态分析的理论和方法进行认真的分析和研究，为开发好油田提供指导性作用。

A. 动态　　B. 试验　　C. 注采　　D. 水驱控制程度

97. BA001 蒸汽吞吐是指向一口生产井（　　）注入一定数量的蒸汽，然后关井（焖井）数天，使热量得以扩散，之后再开井生产。

A. 短期内连续　　B. 长期内连续　　C. 短期内间歇　　D. 长期内间歇

98. BA001 火烧油层是将空气或（　　）由注入井注入油层，先将注入井油层点燃，使重烃不断燃烧产生热量，并驱替原油至采油井中被采出。

A. 氮气　　B. 氯气　　C. 氧气　　D. 氨气

99. BA002　蒸汽吞吐就是将一定数量的高温高压湿饱和蒸汽注入油层，焖井数天，加热油层中的原油，然后开井（　　）。

A. 回采　　　　　　　B. 回注　　　　　　　C. 采油　　　　　　　D. 注水

100. BA002　随着回采时间的延长，由于地层中注入热量的损失及产出液带出的热量，被加热的油层逐渐降温，流向近井地带及井底的（　　）。

A. 原油黏度逐渐下降，原油产量逐渐升高

B. 原油黏度逐渐下降，原油产量逐渐下降

C. 原油黏度逐渐增高，原油产量逐渐下降

D. 原油黏度逐渐增高，原油产量逐渐升高

101. BA003　稠油对（　　）非常敏感，当向油层中注入 $250\sim350℃$ 的高温高压蒸汽和热水后，油层中与其接触的流体和骨架被加热，原油的黏度急剧下降，原油流向井底的阻力相应减小，油井的产量随之增加。

A. 温度　　　　　　　B. 湿度　　　　　　　C. 压力　　　　　　　D. 干度

102. BA003　油层中的原油在高温蒸汽下产生某种程度的裂解，使原油（　　），起到一定的溶剂抽提作用。

A. 黏度增大　　　　B. 含油饱和度降低　　　C. 轻馏分增多　　　D. 轻馏分减少

103. BA004　注汽速度降低，将增加（　　）的热损失，导致井底干度的降低，从而降低吞吐开采效果。

A. 泵筒　　　　　　　B. 井筒　　　　　　　C. 油管　　　　　　　D. 套管

104. BA004　在注蒸汽开采中，（　　）。

A. 井筒热损失较小，井底蒸汽干度较低

B. 井筒热损失较小，井底蒸汽干度较大

C. 井筒热损失较大，井底蒸汽干度较低

D. 井筒热损失较大，井底蒸汽干度较大

105. BA005　随着蒸汽的连续注入，油藏（　　）升高，油和水的黏度都要降低，但水的黏度降低程度远比原油黏度降低的幅度小，其结果改善了水油流度比。

A. 温度　　　　　　　B. 压力　　　　　　　C. 产量　　　　　　　D. 黏度

106. BA005　随着蒸汽前缘温度升高，（　　）从油中逸出，发生膨胀形成驱油动力，增加了原油产量。

A. 天然气　　　　　　B. 游离气　　　　　　C. 溶解气　　　　　　D. 水蒸气

107. BA006　蒸汽驱初期应高速注汽，注汽速度太低，则加热油层的速度很慢，（　　）得不到迅速恢复，热前缘推进也很慢，油井迟迟见不到蒸汽驱效果。

A. 流动压力　　　　　B. 油层压力　　　　　C. 地层压力　　　　　D. 饱和压力

108. BA006　注入井底蒸汽（　　）的高低，不仅决定蒸汽携带热量的多少，从而能否有效地加热油层，而且决定蒸汽带体积能否稳定扩展，驱扫油层而达到有效蒸汽驱开发。

A. 温度　　　　　　　B. 湿度　　　　　　　C. 干度　　　　　　　D. 压力

109. BA007　我国稠油油藏主要采取（　　）开采方式，普遍面临着油层出砂、汽窜和采油成本高的严峻挑战。

A. 注蒸汽　　　　　　B. 注热水　　　　　　C. 注氮气　　　　　　D. 蒸汽吞吐

110. BA007　稠油（　　）具有投资少、日产油量高、单位原油成本低的特点，是减低稠油开采成本、提高稠油资源，尤其是低品位稠油资源利用率的一项重要的稠油开采技术。

A. 蒸汽驱　　　　　B. 蒸汽吞吐　　　　　C. 出砂冷采　　　　　D. 火烧油层

111. BA008　稠油出砂冷采井一般采用射孔完井方式，射孔完井末端呈弧形，流线密集，（　　）较高，稳定性较差，所以砂子的崩落主要发生在射孔孔道的弧形末端。

A. 压力梯度　　　　B. 流压梯度　　　　　C. 静压梯度　　　　　D. 流饱压差

112. BA008　稠油出砂冷采井必须采用大孔径射孔，（　　）。

A. 储层岩石粒径越粗，要求射孔孔径越小

B. 储层岩石粒径越粗，要求射孔孔径越大

C. 储层岩石粒径越细，要求射孔孔径越大

D. 储层岩石粒径越细，要求射孔孔径为定值

113. BA009　堵水井选井选层原则：有两排受效井时，封堵离注水井（　　）的第一排受效井的高含水层。

A. 深　　　　　　　B. 远　　　　　　　　C. 浅　　　　　　　　D. 近

114. BA009　堵水井选井选层要选择由于油层非均质性或井网注采关系不完善造成的（　　）矛盾较大的井。

A. 层间　　　　　　B. 平面　　　　　　　C. 层内　　　　　　　D. 井内

115. BA010　对封堵层对应的注水井、层的注水量，也要根据周围油井的压力、产量、含水状况进行适当（　　）。

A. 酸化后提水　　　B. 压裂后提水　　　　C. 无措施上调水量　　D. 调整

116. BA010　高含水层封堵后，由于（　　），接替层的产量将会增加。

A. 渗透率上升　　　B. 生产压差放大　　　C. 渗透率下降　　　　D. 生产压差缩小

117. BA011　堵塞物中的（　　）含量较高时，此时盐酸浓度一般可用 10% ~ 15%。

A. 碳酸盐　　　　　B. 碳酸钙　　　　　　C. 硝酸盐　　　　　　D. 硝酸钙

118. BA011　目前大庆油田常用的（　　）配方为 7 : 3，即含盐酸 7%，含氢氟酸 3%。

A. 土酸　　　　　　B. 醋酸　　　　　　　C. 盐酸　　　　　　　D. 硫酸

119. BA012　当（　　）在浓酸中溶解后，随酸液进入其他孔隙，一旦酸浓度降低时，它又在新孔隙内重新沉淀造成堵塞。

A. 天然气　　　　　B. 沥青　　　　　　　C. 石膏　　　　　　　D. 石蜡

120. BA012　$FeCl_3$ 进一步水解，生成氢氧化铁 $[Fe(OH)_3]$（　　）沉淀物堵塞地层。

A. 粉末状　　　　　B. 颗粒状　　　　　　C. 絮状　　　　　　　D. 胶状

121. BA013　在酸液中添加（　　），其目的是避免或减轻盐酸对地面设备及井下油管腐蚀。

A. 腐蚀物　　　　　B. 碱溶液　　　　　　C. 微生物　　　　　　D. 防腐剂

122. BA013　在酸液中添加（　　），可以防止氢氧化物沉淀产生，常用 EDTA（乙二胺四乙酸）。此外还有乳酸、柠檬酸等，均有稳定作用。

A. 盐酸　　　　　　B. 硫酸　　　　　　　C. 防腐剂　　　　　　D. 络合剂

123. BA014　聚合物延时交联调剖剂主要成分是聚合物和（　　）溶液，三价铬离子的浓度控制交联和成胶时间，初始时为弱凝胶，胶体具有一定的流动性。

A. 乳酸盐　　　　　B. 乳酪根　　　　　　C. 碳酸铬　　　　　　D. 乳酸铬

124. BA014 聚合物延时交联调剖剂交联时间最长可控制 1 个月左右，适合大剂量（　　）调剖。

    A. 宽度　　　　　　　B. 高度　　　　　　　C. 浅度　　　　　　　D. 深度

125. BA015 电泵井的小泵换大泵、大泵换小泵，均属于机采（　　）井内容。

    A. 三换　　　　　　　B. 三定　　　　　　　C. 三调　　　　　　　D. 一平衡

126. BA015 机采井三换中的"三换"措施主要指换大泵、换大电泵和抽油机换电泵，均以（　　）为目的。

    A. 提液　　　　　　　B. 降油　　　　　　　C. 提水　　　　　　　D. 稳定

127. BA016 施工作业时，（　　）井要求地质管理人员对该井所处区块、井组及受效井注入状况进行分析，确定该井换泵后能否及时补充能量，保持措施后的有效期。

    A. 换电机　　　　　　B. 换皮带　　　　　　C. 换杆　　　　　　　D. 换大泵

128. BA016 当确定换泵后，还应对地面（　　）进行预测及更换。

    A. 采油树　　　　　　B. 管线　　　　　　　C. 井口　　　　　　　D. 设备

129. BA017 换大泵的现场监督要求监督作业队是否按（　　）的工序要求进行作业施工。

    A. 设计方案　　　　　　　　　　　　　B. 调整方案
    C. 大修方案　　　　　　　　　　　　　D. 施工总结

130. BA017 换大泵的井作业完井后，采油队应认真（　　）后再开井，保证井筒干净无杂物。

    A. 冲砂　　　　　　　B. 测试　　　　　　　C. 洗井　　　　　　　D. 试油

131. BA018 一般在满足油井产能要求时，应采取（　　）、长冲程、慢冲次的原则。

    A. 小负荷　　　　　　B. 小泵径　　　　　　C. 适当间抽　　　　　D. 大泵径

132. BA018 当（　　）超过一定数值时，降低泵的充满程度，活塞撞击液面引起杆柱振动，易损坏设备。

    A. 压力　　　　　　　B. 泵径　　　　　　　C. 冲程　　　　　　　D. 冲次

133. BA019 间歇抽油井工作制度的观察法是指将油井停抽一天或半天后开井，配合间隔定时量油，观察油井生产情况，直至不出油为止，计算有效出油时间；反复多次观察，确定合理的（　　）时间。

    A. 注聚　　　　　　　B. 测试　　　　　　　C. 开关井　　　　　　D. 措施

134. BA019 采取间歇工作制度的油井出砂严重时，停止间歇出油，以免造成（　　）。

    A. 油层污染　　　　　B. 蜡卡　　　　　　　C. 杆断　　　　　　　D. 砂卡

135. BA020 如果开采油层能量过低或气量较大，当饱和压力高于泵吸入口压力时，油气混合物将进入泵筒，相对降低了进入泵筒内油的体积，降低泵效甚至造成（　　）现象。

    A. 气锁　　　　　　　B. 卡泵　　　　　　　C. 结蜡　　　　　　　D. 杆断

136. BA020 油稠，油流阻力加大，造成阀打开或关闭不及时，从而降低泵的（　　），降低泵效。

    A. 充满系数　　　　　　　　　　　　　B. 驱动系数
    C. 弹性系数　　　　　　　　　　　　　D. 流动系数

137. BA021 注入液体占油藏总孔隙体积的百分比称为（　　）。

    A. 体积换算系数　　　　　　　　　　　B. 面积波及系数
    C. 体积波及系数　　　　　　　　　　　D. 体积系数

138. BA021　影响体积波及系数的主要因素是层系（　　）。

　　A. 砂体　　　　　　B. 渗透率　　　　　　C. 井别　　　　　　D. 井网

139. BA022　注入聚合物以后将引起聚合物的水溶液在（　　）。

　　A. 油层中的流度明显降低　　　　　　　　B. 油层中的浓度明显降低

　　C. 油层中的流度明显提高　　　　　　　　D. 油层中的浓度明显提高

140. BA022　聚合物注入油层后，将（　　），提高水淹层的实际驱油效率。

　　A. 控制未水淹层中水相流度，改善水油流度比

　　B. 控制水淹层中水相流度，改善水油流度比

　　C. 控制水淹层中流体总流度，改善水油流度比

　　D. 控制未水淹层中流体总流度，改善水油流度比

141. BA023　聚合物驱在低渗透层中有效期较长，原因在于聚合物在低渗透层中（　　）。

　　A. 驱动压差小　　　B. 推进较慢　　　　C. 不易突破　　　　D. 容易突破

142. BA023　聚合物在高渗透层容易突破，其主要的原因在于（　　）形成的水洗通道。

　　A. 低渗透油层存在注聚前　　　　　　　　B. 高渗透油层存在注聚后

　　C. 低渗透油层存在空白水驱时　　　　　　D. 高渗透油层存在水驱时

143. BA024　油田上应用的聚合物应满足具有（　　）性，以防聚合物堵塞地层，引起渗透率降低或使溶质黏度下降。

　　A. 抗增黏　　　　　B. 抗稳定　　　　　　C. 抗吸附　　　　　D. 抗扩散

144. BA024　油田上应用的聚合物应具备在多孔介质中有良好的（　　），除具有较强的扩散能力外，还应在注入量较高的条件下不出现微凝胶、沉淀和其他残渣。

　　A. 溶解性　　　　　B. 渗透性　　　　　　C. 导压性　　　　　D. 传输性

145. BA025　聚合物驱油层渗透率变异系数在 0.6 ~ 0.8 μm^2，以（　　）为最好。

　　A. 0.8 μm^2　　　B. 0.68 μm^2　　　C. 0.72 μm^2　　　D. 0.6 μm^2

146. BA025　聚合物驱油层有一定潜力，可流动油饱和度大于（　　）。

　　A. 3%　　　　　　　B. 1%　　　　　　　　C. 5%　　　　　　　D. 10%

147. BA026　聚合物驱油层应具有一定厚度，一般有效厚度在（　　）以上。

　　A. 1m　　　　　　　B. 2m　　　　　　　　C. 4m　　　　　　　D. 6m

148. BA026　聚合物驱最佳的注采井数比是（　　），井距在 150 ~ 250m。

　　A. 1：1　　　　　　B. 1：5　　　　　　　C. 3：1　　　　　　D. 1：3

149. BA027　编制聚合物驱方案应注重（　　），包括油层发育状况、沉积单元划分和剩余油分布、水淹状况等。

　　A. 资料分析　　　　B. 资料搜集　　　　　C. 油藏分析　　　　D. 油藏描述

150. BA027　编制聚合物驱方案时应充分考虑注聚合物前的油水井生产（　　）状况。

　　A. 开发　　　　　　B. 动用　　　　　　　C. 水平　　　　　　D. 设备

151. BA028　以含水变化趋势划分，聚合物驱油全过程可分为四个阶段，其中第二、第三两个阶段含水变化的主要特征分别是（　　）。

　　A. 上升、下降　　　B. 下降、上升　　　　C. 下降、稳定　　　D. 稳定、上升

152. BA028　聚合物驱油第二阶段的主要任务是实施聚合物驱油方案，将方案中所设计的聚合物用量按不同的注入段塞注入油层。此阶段的后期也是（　　）。

　　A. 含水上升期　　　B. 增液的稳定期　　　C. 降油的高峰期　　　D. 增油的高峰期

153. BA029 在确定了区块注入速度后，根据注入速度的要求，以注入井为中心的井组为单元，按（　　）为注入井进行单井配注。

A. 邻井厚度　　　　B. 碾平厚度　　　　C. 注入水井平均厚度　　D. 连通油井厚度

154. BA029 确定生产井的配产量，是在确定注入井（　　）的基础上，根据注入井的注入能力计算单井配产量，并结合井间关系及生产能力进行局部调整。

A. 注入系统　　　　B. 注采关系　　　　C. 配注量　　　　　D. 实注量

155. BA030 聚合物驱效果预测，展示了（　　），预测的准确程度直接影响着对聚合物驱油效果评价。

A. 驱油速度和驱油效果　　　　　　　B. 驱油速度和最终结果

C. 驱油过程和最终结果　　　　　　　D. 驱油效果和最终结果

156. BA030 聚合物驱的初始条件是指聚合物驱开始时刻区块的（　　）。

A. 生产状况　　　　B. 递减情况　　　　C. 采出速度　　　　D. 采出程度

157. BA031 混配水中的含氧量对聚合物溶液的热降解、氧化降解和化学降解都有影响，所以对水质含氧量要求不得超过 50mg/L，温度越高对含氧量的要求越高，在温度超过 70℃时，含氧量不得超过（　　）。

A. 5mg/L　　　　　B. 10mg/L　　　　　C. 15mg/L　　　　　D. 20mg/L

158. BA031 为保证聚合物溶液达到要求，混配水对矿化度的要求是：当钙、镁离子含量在 20mg/L < $Ca^{2+}+Mg^{2+}$ ≤ 40mg/L 时，总矿化度小于 800mg/L，当钙、镁离子含量在 $Ca^{2+}+Mg^{2+}$ > 40mg/L 时，总矿化度小于（　　）。

A. 400mg/L　　　　B. 600mg/L　　　　C. 800mg/L　　　　D. 1000mg/L

159. BA032 在改善水、油流度比，扩大水驱波及体积方面，（　　）主要有两个作用，一方面是绕流作用，另一方面是调剖作用。

A. 碱水驱油　　　　B. 表面活性剂驱油　　C. 气驱采油　　　　D. 聚合物驱油

160. BA032 在提高水驱油效率方面，聚合物驱油主要有：吸附作用、黏滞作用和（　　）的作用。

A. 增加生产压差　　B. 增加驱动压差　　C. 降低流饱压差　　D. 降低注采压差

161. BA033 通常将相对分子质量在（　　）以下的聚合物称为低分子聚合物。

A. 500×10^4　　B. 1000×10^4　　C. 1300×10^4　　D. 1600×10^4

162. BA033 中分子聚合物是指相对分子质量在（　　）的聚合物。

A. $1000 \times 10^4 \sim 1300 \times 10^4$　　　　　B. $1300 \times 10^4 \sim 1600 \times 10^4$

C. $1600 \times 10^4 \sim 1900 \times 10^4$　　　　　D. $500 \times 10^4 \sim 1000 \times 10^4$

163. BA034 在长链分子的两边，接有相当数量的侧链，称为（　　）结构聚合物。

A. 长链型　　　　　B. 支链型　　　　　C. 边链型　　　　　D. 侧链型

164. BA034 当聚合物（　　）的链与链之间有交联键连接时，就形成了体型结构。

A. 附加物　　　　　B. 分解物　　　　　C. 化合物　　　　　D. 胶结物

165. BA035 聚合物驱计算区块面积时，如区块边界井排为油井排类型，区块面积以区块边界井排为准；如区块边界井排为间注间采类型，区块面积以区块边界井排外扩（　　）井排距离为准。

A. 1 个　　　　　　B. 1/4 个　　　　　C. 1/3 个　　　　　D. 1/2 个

166. BA035 聚合物注入速度的计算用聚合物溶液（　　）和油层孔隙体积计算。

    A. 浓度　　　　　　　B. 黏度　　　　　　　C. 配比　　　　　　　D. 注入量

167. BA036 一些低分子量的有机酸、气体、生物表面活性剂和乳化剂、生物聚合物和各种溶剂，是（　　）产生的代谢产品，这些代谢产品分别发挥提高地层压力、提高地层渗透率、降低原油黏度、降低表面张力、驱油等作用。

    A. 动植物　　　　　　B. 高等生物　　　　　C. 病毒　　　　　　　D. 微生物

168. BA036 微生物采油通过（　　）对油层的直接作用主要有以下两点：一是通过在岩石表面繁殖占据孔隙空间而驱出原油；二是通过降解原油而使原油黏度降低。

    A. 生物　　　　　　　B. 细菌　　　　　　　C. 病毒　　　　　　　D. 酵母

169. BA037 油层的（　　）对聚合物驱有着非常大的影响，渗透率变异系数越大，改变流度比所能改善的体积扫及效率越低。

    A. 地层系数　　　　　B. 水淹状况　　　　　C. 非均质性　　　　　D. 厚度

170. BA037 聚合物的相对分子质量增加，聚合物（　　），降低渗透率的能力也增加。

    A. 注入速度提高　　　　　　　　　　B. 注入速度降低

    C. 溶液的黏度增加　　　　　　　　　D. 溶液的黏度降低

171. BA038 注聚合物后，采出井逐渐见到聚合物的水溶液，黏度随着聚合物的浓度增大而增大，因此，机采井设备的（　　）。

    A. 采油效率会上升　　　　　　　　　B. 采油效率会下降

    C. 采油效率会不变　　　　　　　　　D. 利用率会提高

172. BA038 注入聚合物后，注入能力（　　）。

    A. 下降，注入压力上升　　　　　　　B. 下降，注入压力下降

    C. 上升，注入压力上升　　　　　　　D. 上升，注入压力下降

173. BB001 所谓（　　）是注入剂在地下所占的体积与采出物（油、气、水）在地下所占的体积之比，可用它衡量注采平衡情况。

    A. 体积系数　　　　　B. 气油比　　　　　　C. 水油比　　　　　　D. 注采比

174. BB001 地层条件下单位体积原油与地面标准条件下脱气后原油体积的比值称为（　　），是计算注采比时重要的指标之一。

    A. 换算系数　　　　　　B. 体积系数　　　　　　C. 地层系数　　　D. 水驱指数

175. BB002 四点法面积注水井网每口注水井与周围六口采油井相关，每口采油井受三口注水井影响。计算注采比时，以注水井为中心的注采井数比为（　　）。

    A. 1∶1　　　　　　　　B. 1∶6　　　　　　　　C. 1∶2　　　　　D. 2∶1

176. BB002 三点法（　　）的每口注水井与周围六口采油井相关，每口采油井受两口注水井影响，其注采井数比为1∶3。

    A. 面积注水井网　　　　　　　　　　B. 行列切割注水井网

    C. 环状注水井网　　　　　　　　　　D. 边缘注水井网

177. BB003 水驱指数是指每采出1t原油在地下的存水量，单位为（　　）。

    A. m^4/t　　　　　　　B. m^4/d　　　　　　　C. m^3/t　　　　　D. m^3/d

178. BB003 所谓（　　）就是指注入水有多少留在地下，并起着驱油的作用，可用于衡量油田的注水效果。

    A. 存水率　　　　　　B. 水驱效果　　　　　C. 注入体积　　　　　D. 注水利用率

179. BB004　微电极测井，由于微梯度探测半径较小，受（　）影响较大，显示较低的数值。
　　A. 冲洗带　　　　　B. 钻井液　　　　　　C. 井径　　　　　　　D. 滤饼

180. BB004　利用微电极（　），可以判断渗透性地层，区别砂岩、泥岩，划分薄层。
　　A. 幅度和　　　　　B. 幅度积　　　　　　C. 幅度比　　　　　　D. 幅度差

181. BB005　带有聚焦电极的侧向测井，解决了砂、泥岩互层段的高阻邻层对普通电极系的屏蔽影响，比较准确地求出了薄层及（　）条件下的电阻率。
　　A. 盐水钻井液　　B. 淡水钻井液　　　C. 无钻井液　　　　D. 油基钻井液

182. BB005　侧向测井的特点是在主电极两侧加有同极性的屏蔽电极，把主电极发出的电流聚焦成一定厚度的平板状电流束，并沿（　）井轴方向进入地层，使井的分流作用和围岩的影响大大减小。
　　A. 垂直于　　　　　B. 对比于　　　　　　C. 平行于　　　　　　D. 交叉于

183. BB006　感应测井是利用（　）原理测量地层中涡流的次生电磁场在接收线圈产生的感应电动势。
　　A. 电流感应　　　　B. 电磁感应　　　　　C. 电动感应　　　　　D. 电波感应

184. BB006　感应测井记录的是一条随深度变化的电导率曲线，也可以同时记录出（　）变化曲线。
　　A. 电容率　　　　　B. 电感率　　　　　　C. 真电阻率　　　　　D. 视电阻率

185. BB007　利用岩石等介质的声学特性来研究钻井地质剖面，判断固井质量等问题的测井方法，称为（　）测井。
　　A. 声学　　　　　　B. 传导波　　　　　　C. 电声　　　　　　　D. 声波

186. BB007　岩石密度是控制地层声速的重要因素，而岩石密度和岩石的孔隙度有密切的关系，所以声波时差可以反映地层的（　）。
　　A. 孔隙度　　　　　B. 含油饱和度　　　　C. 胶结程度　　　　　D. 岩性

187. BB008　测井曲线在实际工作中，还可以用来判断（　），识别储层性质，如油层、气层、水层，进行地层、油层对比等。
　　A. 含盐性　　　　　B. 含碱性　　　　　　C. 岩性　　　　　　　D. 含酸性

188. BB008　通过测井曲线判断油层底部（　）后，声波时差数值增大，自然电位基线偏移、负异常相对减小，视电阻率降低。
　　A. 水淹　　　　　　B. 油层污染　　　　　C. 酸化　　　　　　　D. 堵塞

189. BC001　油田投入开发后，可采储量与累积采出量之差称为（　）。
　　A. 水驱储量　　　　B. 表内储量　　　　　C. 表外储量　　　　　D. 剩余可采储量

190. BC001　所谓（　）是指在现有技术经济条件下，有开采价值并能获得社会经济效益的地质储量。
　　A. 表外储量　　　　B. 可采储量　　　　　C. 表内储量　　　　　D. 地质储量

191. BC002　按目前生产水平开采所能达到的年采油速度，称为（　），用百分数表示。
　　A. 预测年采油速度　　　　　　　　　　　B. 计划年采油速度
　　C. 实际年采油速度　　　　　　　　　　　D. 折算年采油速度

192. BC002　所谓（　）是指油田开采到某一时刻，累积从地下采出的油量与动用地质储量的比值，用百分数表示。
　　A. 采油强度　　　　B. 采出程度　　　　　C. 采油速度　　　　　D. 采出强度

193. BC003 每采出 1t 原油伴随产出的天然气量称为综合生产气油比，单位为（　　）。

A. m⁴/d
B. m³/d
C. m³/t
D. m⁴/t

194. BC003 为了解油田不同开发时期油井生产能力的大小，采用（　　）生产指标，它的含义为单位生产压差下的日产油量。

A. 采油指数
B. 地层系数
C. 采油指标
D. 注水指数

195. BC004 油田产量（　　）是表示油田产量下降速度一个指标，它是指下一阶段产量与上一阶段产量相比的百分数。

A. 回升速度
B. 递减速度
C. 递减幅度
D. 下降速度

196. BC004 油田产量递减率是单位时间的产量变化率，或单位时间内产量递减的（　　）。

A. 总和
B. 百分数
C. 差值
D. 积

197. BC005 产水量表示油田每天实际产水多少，它是油田所有（　　）产水量的总和，单位为 m³/d。

A. 低含水油井
B. 高产井
C. 含水油井
D. 自喷井

198. BC005 累积注水量表示油田开始注水到某一时间的（　　），单位为 m³。

A. 总产水量
B. 总注水量
C. 阶段注水量
D. 阶段产水量

199. BC006 输油干线压力对油井井口的一种反压力或者克服输油干线流动阻力所需要的起始压力称为（　　）。

A. 套压
B. 流压
C. 回压
D. 泵压

200. BC006 油井正常生产时所测得的（　　），称为流动压力，简称流压。

A. 输油干线压力
B. 油井井口压力
C. 井筒内部压力
D. 油层中部压力

201. BC007 注入孔隙体积（　　）为区块累积注聚合物溶液量与油层孔隙体积之比。

A. 因数
B. 参数
C. 速度
D. 倍数

202. BC007 （　　）是通过区块年注入聚合物溶液量和区块油层孔隙体积计算的。

A. 注入速度
B. 注入程度
C. 注入强度
D. 注入浓度

203. BC008 计算聚合物驱区块面积时，区块边界井排为油井排类型时，区块面积以区块（　　）为准。

A. 边界井排
B. 边界井排外扩半个井距
C. 边界井排内收半个井距
D. 边界井排最近距离水井

204. BC008 聚合物区块累积采出聚合物量用区块逐月采出聚合物量之和表示，单位为（　　）。

A. m³
B. t
C. t⁴
D. m

205. BD001 在现有工艺技术和经济条件下，从储油层中所能采出的那部分油气储量称为（　　）。

A. 水驱储量
B. 剩余可采储量
C. 可采储量
D. 计划可采储量

206. BD001 储采比的计算方法为上年（　　）与当年采油量的比值。

A. 地质储量
B. 可采储量

C. 损失储量　　　　　　　　　　　　D. 剩余可采储量

207. BD002　不管是单井还是小区块的地质储量计算，（　）的确定都十分重要。

A. 厚度　　　　　　　B. 井位　　　　　　　C. 面积　　　　　　　D. 井别

208. BD002　断层及油水边界附近的井，划分（　）时，应以断层及油水边界为界限。

A. 单井控制厚度　　　　　　　　　　B. 单井控制面积

C. 区块控制储量　　　　　　　　　　D. 区块控制面积

209. BD003　容积法计算地质储量时，其中（　）是专门的研究机构根据油田区块情况，运用大量资料得出的。

A. 油藏含油面积　　　　　　　　　　B. 油层平均有效厚度

C. 单储系数　　　　　　　　　　　　D. 油层平均有效孔隙度

210. BD003　在总储量不变的情况下，还可以应用单位体积储量（　）方法计算地质储量。

A. 百分数　　　　　　　　　　　　　B. 绝对值

C. 乘积　　　　　　　　　　　　　　D. 加权平均

211. BE001　在小层数据表或横向图上，把跨小层的砂岩厚度和有效厚度根据（　）数据劈分开来。

A. 砂岩厚度　　　　　B. 有效厚度　　　　　C. 小层界线　　　　　D. 渗透率

212. BE001　在小层平面图的井位图上绘制出该油层组最新的（　）和该小层所在油层组的内外含油边界线。

A. 有效厚度零线　　　　　　　　　　B. 渗透率等值线

C. 小层界线　　　　　　　　　　　　D. 断层走向线

213. BE002　在勾砂岩尖灭线时，不考虑区内断层，因为这些断层在（　）时无控制作用。

A. 小层编号　　　　　B. 地层沉积　　　　　C. 沉积环境　　　　　D. 渗透率

214. BE002　根据断层研究的结果做出断层图件，可以指导（　）的布井工作。

A. 调整井　　　　　　B. 开发井　　　　　　C. 参数井　　　　　　D. 新井

215. BE003　绘制压力等值线图时，先将每口井的压力值标在井位图上，把相邻最近的井位用铅笔连成若干个（　）的网状系统。

A. 正方形　　　　　　B. 三角形　　　　　　C. 梯形　　　　　　　D. 五边形

216. BE003　根据图幅的整体分布确定合适的压力等值间隔值，用（　）在两井连线上做出内插值点。

A. 内插法　　　　　　B. 劈分法　　　　　　C. 估算法　　　　　　D. 经验法

217. BE004　画（　）一般不穿过井点，但特殊情况也可以穿过。

A. 构造等值图　　　　　　　　　　　B. 渗透率等值图

C. 压力等值图　　　　　　　　　　　D. 小层平面图

218. BE004　画渗透率等值图时应将每口井的（　）标在井位图上。

A. 有效厚度　　　　　　　　　　　　B. 地层系数

C. 渗透率值　　　　　　　　　　　　D. 砂岩厚度

219. BE005　构造等值图作图层位通常选择油气层的顶、底面或油气层附近标准层的顶、底面，以便更好地反映油气层的（　）。

A. 岩石性质　　　　　　　　　　　　B. 地质特点

C. 构造形态　　　　　　　　　　　　D. 沉积环境

220. BE005 构造等值图的海拔高程是井口海拔与（   ）的差值。

    A. 铅垂井深　　　　　　　　B. 设计井深　　　　　　　C. 方补心　　　　　　　D. 套补距

221. BE006 沉积相带图是表示油层（   ）的图幅，还可以表示油层在平面上的沉积相带分布情况。

    A. 地质特点　　　　　　　　　　　　　　B. 水淹状况

    C. 沉积环境　　　　　　　　　　　　　　D. 连通关系

222. BE006 沉积相带图按（   ）比例标绘各井点的沉积单元小剖面。

    A. 渗透率　　　　　　　　　　　　　　　B. 深度

    C. 砂体　　　　　　　　　　　　　　　　D. 连通厚度

223. BE007 油层剖面图绘制时，选择一条基线为（   ），按井的排列画基线及井轴线，根据各井所画剖面的深度确定合理的基线。

    A. 地面线　　　　　　　B. 海拔高度　　　　　　C. 辅助线　　　　　　D. 实线

224. BE007 油层剖面图绘制时，选一条辅助线，距基线（   ），由此线往下画单井小层剖面。

    A. 2. 0cm　　　　　　　B. 1. 5cm　　　　　　　C. 1. 0cm　　　　　　　D. 0. 5cm

225. BE008 构造剖面图是沿构造某一方向切开的（   ）。

    A. 垂直剖面图　　　　　　　　　　　　　B. 水平断层图

    C. 地下构造图　　　　　　　　　　　　　D. 油层顶面图

226. BE008 用钻井资料作构造剖面图，首先应确定（   ）。

    A. 断层界线　　　　　　　　　　　　　　B. 井位

    C. 剖面方向　　　　　　　　　　　　　　D. 地质界线

227. BF001 在如图所示的注聚井口流程图中，2 所画的是（   ）。

    A. 取样阀门　　　　　　　　　　　　　　B. 测试阀门

    C. 套管阀门　　　　　　　　　　　　　　D. 生产阀门

228. BF001 在如图所示的注聚井口流程图中，7 所画的是（   ）。

    A. 放空阀门　　　　　　　　　　　　　　B. 测试阀门

    C. 套管阀门　　　　　　　　　　　　　　D. 生产阀门

229. BF002 聚合物注入过程应在注入站聚合物母液进液管、注入泵进出口、阀组出户处和（   ）设置取样口。

    A. 注入井井口　　　　　　　　　　　　　B. 采出井井口

    C. 外输管道　　　　　　　　　　　　　　D. 取套压点

230. BF002 聚合物注入井口应采用（   ）井口过滤器，安装聚合物溶液取样口，或安装井口在线取样器。

    A. 高剪切　　　　　　　B. 高氧化　　　　　　　C. 高降解　　　　　　　D. 低剪切

231. BF003 井口对聚合物注入液（浓度为 1000mg/L）的黏度要求：一般情况下，清水配制清水稀释时，相对分子质量为 $12 \times 10^6 \leqslant M < 16 \times 10^6$ 的聚合物黏度要求达到（   ）。

    A. 40mPa · s　　　　　　　　　　　　　B. 45mPa · s

    C. 50mPa · s　　　　　　　　　　　　　D. 35mPa · s

232. BF003　对非金属管道热洗水温应控制在（　　）以内，金属管道温度可适当提高。

A. 65～70℃　　　　　　B. 60℃　　　　　　C. 75℃　　　　　　D. 55℃

233. BF004　聚合物注入工艺流程最常用的主要有三种：一种是（　　）注入工艺流程，一种是一泵多井注入工艺流程，一种是比例调节泵注入工艺流程。

A. 多泵多井　　　　　　　　　　B. 多泵一井

C. 单泵单井　　　　　　　　　　D. 单泵双井

234. BF004　由一台注入泵为一口注入井供给高压聚合物母液，高压母液与高压水混合稀释成低浓度的聚合物目的液，然后送给注入井，是（　　）流程。

A. 一泵多井　　　　　　　　　　B. 单泵单井

C. 多泵一井　　　　　　　　　　D. 单泵双井

235. BF005　在如图所示的单泵单井配注工艺流程图中，节点3所画的是（　　）。

A. 单流阀　　　　　　　　　　　B. 母液表

C. 静混器　　　　　　　　　　　D. 流量调节器

236. BF005　在如图所示的单泵单井配注工艺流程图中，节点5所画的是（　　）。

A. 单流阀　　　　　　　　　　　B. 母液表

C. 静混器　　　　　　　　　　　D. 流量调节器

237. BG001　日产水量与日产油量之比称为（　　），它可以理解为地下采出1t（或1m³）原油同时采出的水量。

A. 水油比　　　　　　　　　　　B. 油水比

C. 含水率　　　　　　　　　　　D. 存水率

238. BG001　在一定时间内油井含水率或油田综合含水的上升值称为（　　），可按月、季、年计算。

A. 含水上升率　　　B. 含水率　　　　　C. 含水上升速度　　　D. 存水率

239. BG002　井组注采平衡状况的动态分析，按要求指标对注入水量和（　　）进行对比分析。

A.　采出水量　　　　　　　　　B.　采出液量

C.　含水状况　　　　　　　　　D.　采出油量

240. BG002　井组注采平衡状况的动态分析应对注水井全井注入水量是否达到配注水量的要求进行分析，再分析各采油井采出液量是否达到配产液量的要求，并计算出井组（　　）。

A. 注入量　　　　　　B. 气油比　　　　　C. 储采比　　　　　D. 注采比

241. BG003　水淹层内垂向上水淹程度的差异服从该层的沉积韵律，正韵律储层（　　）首先水淹，反韵律水淹相对较均匀，复合正韵律储层水淹规律复杂，呈多段水淹。

　　A. 底部　　　　　B. 边部　　　　　C. 上部　　　　　D. 中部

242. BG003　不同水淹时期，具有不同的剩余油分布特点，在水淹中期平面上水淹带面积不断扩大，纵向上水淹层的层数增多，在这个时期以（　　）剩余油为主。

　　A. 大面积富集　　B. 层内　　　　　C. 层间　　　　　D. 井间

243. BG004　水驱控制程度是油田开发的一项重要参数，它反映了当前水驱条件下，（　　）所控制的地质储量与其总储量之比，主要受断块的复杂程度、储层的非均质性、注采井网完善程度的综合影响。

　　A. 注聚井　　　　B. 措施井　　　　C. 注水井　　　　D. 采出井

244. BG004　对于中高渗透油藏，水驱储量控制程度一般应达到（　　），特高含水期达到90%。

　　A. 75%　　　　　B. 85%　　　　　C. 70%　　　　　D. 80%

245. BG005　正旋回油层，注入水沿底部快速突进，油层（　　）含水饱和度迅速增长，水淹较早。

　　A. 底部　　　　　B. 顶部　　　　　C. 中部　　　　　D. 外部

246. BG005　地层为（　　）油层，注入水一般在油层内推进状况比较均匀，即该韵律水淹相对较均匀。

　　A. 正韵律　　　　B. 反旋回　　　　C. 正旋回　　　　D. 复合旋回

247. BG006　增产增注效果指标有平均（　　）日增产（增注）量和累积增产（增注）量两个指标。

　　A. 每井次　　　　B. 每层次　　　　C. 每月次　　　　D. 每年次

248. BG006　措施累积增产（注）量是指实施增产（注）措施后获得的（　　）增产（注）量。

　　A. 历年　　　　　B. 当年　　　　　C. 开井以来　　　　D. 投产以来

249. BG007　已知一口注水井有四个层段，每层均有配注量且各小层一直都能完成小层配注量，以下是最近一次的分层流量卡片，分析该井目前存在问题是（　　）。

　　A. 正常　　　　　　　　　　B. 偏Ⅰ水嘴堵
　　C. 偏Ⅱ水嘴堵　　　　　　　D. 偏Ⅲ水嘴堵

250. BG007　已知一口注水井有四个层段，每层均有配注量且各小层一直都能完成小层配注量，以下是最近一次的分层流量卡片，分析该井目前存在问题是（　　）。

　　A. 测偏Ⅲ时下层水嘴堵塞　　B. 偏Ⅰ水嘴堵
　　C. 偏Ⅱ水嘴堵　　　　　　　D. 偏Ⅲ水嘴堵

251. BG008　应用注水井吸水剖面监测资料可以很容易地判断出注水井的（　　）、吸水厚度和吸水能力，为注水井确定分注层段和分层配注水量提供依据。

　　A. 吸水层位　　　B. 产液层位　　　C. 产液能力　　　D. 产液厚度

252. BG008 在油藏注水开发过程中，根据油井见效、见水情况，定期测（　　），不仅能及时掌握分层水驱动用状况，并且可以及时调整分层注水的层段和注水量，很快控制高渗透层的水窜，对低渗透层采取增注措施，不断扩大注水波及体积，控制含水上升。

    A. 产液剖面　　　　　B. 吸水剖面　　　　　C. 井温曲线　　　　　D. 流量卡片

253. BG009 在漏失层的地方，由于钻井液大量漏入地层，漏失处短期内难于恢复其地层温度，因而造成井温曲线（　　）的异常变化，因此利用井温曲线可以找寻漏失层。

    A. 不变　　　　　　　B. 上升　　　　　　　C. 下降　　　　　　　D. 周波跳跃

254. BG009 声幅测井，在套管井中测井除了用来检查固井质量外，尚可用来查找套管断裂位置，在套管断裂处，由于套管波的严重衰减，所以有一个明显的（　　）。

    A. 高值尖峰　　　　　B. 低值尖峰　　　　　C. 直线段　　　　　　D. 波浪式跳跃段

255. BG010 聚合物驱注入井在注聚合物后，注入井有注入压力（　　）、注入能力下降的反映。

    A. 升高　　　　　　　B. 下降　　　　　　　C. 平稳　　　　　　　D. 先降后升

256. BG010 开发区块聚合物驱之前，都要经历一个水驱空白阶段，一般为（　　），这个阶段要做好油水井的资料录取和开采分析工作。

    A. 三个月　　　　　　B.　五个月　　　　　C.　半年至一年　　　D.　两年

257. BG011 注聚合物后，采出井有采出液中的（　　）浓度逐渐增加的现象。

    A. 含盐物　　　　　　B. 聚合物　　　　　　C. 混合物　　　　　　D. 含碱度

258. BG011 聚合物突破的显著标志是（　　）。一般情况下，采出井多数是先见效、后突破，或者是同步，也有少数井是先突破后见效。

    A. 采出井含水下降　　　　　　　　　　　B. 注入井压力下降

    C. 采出井聚合物浓度上升　　　　　　　D.　采出井见聚

259. BH001 在 PowerPoint 中创建表格时，从插入下拉菜单中选择（　　）。

    A. 影片和声音　　　　B. 图表　　　　　　　C. 表格　　　　　　　D. 对象

260. BH001 在 PowerPoint 中，插入新幻灯片时使用的快捷键是（　　）。

    A. Ctrl+C　　　　　　B. Ctrl+V　　　　　　C. Ctrl+M　　　　　　D. Ctrl+D

261. BH002 在 PowerPoint 中，应用设计模板时，可以预览选定的模板，其中预览区在模板选择区的方位是（　　）。

    A. 上面　　　　　　　B. 下面　　　　　　　C. 左面　　　　　　　D. 右面

262. BH002 在 PowerPoint 中，应用设计模板时，选择完模板文件后，点击（　　）确定。

    A. 粘贴　　　　　　　B. 复制　　　　　　　C. 应用　　　　　　　D. 取消

263. BH003 在"新幻灯片"中输入文字的方法是（　　）。

    A. "插入" → "文本框" → "水平或垂直" →输入文字

    B. "插入" → "对象" → "文本框" → "水平或垂直" →输入文字

    C. "格式" → "字体" →输入文字

    D. "插入" → "图片" → "艺术字" →输入文字

264. BH003 更改幻灯片上对象出现的顺序，应在"自定义动画"中的（　）栏中进行编辑。

    A. 多媒体设置   B. 效果   C. 顺序和时间   D. 图表效果

265. BH004 在 PowerPoint 中，创建表格时，从插入下拉菜单中选择（　）。

    A. 表格   B. 图表   C. 影片和声音   D. 对象

266. BH004 在 PowerPoint 中，创建表格时，假设创建的表格为 6 行 4 列，则在表格对话框中的列数和行数分别应填写（　）。

    A. 6 和 4   B. 4 和 6   C. 都为 6   D. 都为 4

267. BH005 在 Word 中，创建表格或编辑表格的时候，最好把"表格和边框"工具栏调出来，调表格边框工具栏的方法为：（　）—"工具栏"—"表格边框"。

    A. 编辑   B. 视图   C. 插入   D. 工具

268. BH005 Word 中表格有比较简单的计算功能，移动插入点到指定位置，"表格和边框"工具栏上的"自动求和"按钮，求和先后顺序正确为（　）。

    A. 先计算列数据再把前面所有行数据相加

    B. 先计算行数据再把上面所有列数据相加

    C. 先行后列

    D. 先列后行

269. BI001 科技论文是以自然科学（　）为内容的论文。

    A. 专题研究   B. 理论研究   C. 专业技术   D. 科学普及

270. BI001 完成一项课题后就其科研过程、实验数据等而写的理论文章称为（　）。

    A. 科技综述   B. 科技专论   C. 科普论文   D. 文学作品

271. BI002 技术报告标题的简洁性是指在能把内容表达清楚的前提下，标题应（　）。

    A. 越短越好，不易纷争   B. 越生动越好，利于理解

    C. 越短越好，便于记忆   D. 越奇越好，便于创名

272. BI002 技术报告标题的（　）是指用词要恰如其分，反映实质，表达出所研究的范围和达到的深度。

    A. 准确性   B. 简洁性   C. 鲜明性   D. 生动性

273. BI003 写技术报告的正文中，一般是首先（　），即研究分析课题的准备过程。

    A. 细写研究课题的手段   B. 细写研究课题的方法

    C. 写出取得的成果   D. 提出论点

274. BI003 写技术报告的正文中，在提出论点后，接着细写研究课题过程中所（　）。

    A. 进行的模拟和实验   B. 采取的手段和方法

    C. 遇到难题   D. 取得的成果

275. BI004 写好一篇论文，要具备一定的（　），作者须懂得什么是概念和判断，学会运用各种推理。

    A. 逻辑知识   B. 语法知识   C. 修辞知识   D. 图表知识

276. BI004 写好一篇论文，要学会（　），作者应该学会检索、做文摘以及对积累起来的材料进行归纳整理。

    A. 方法   B. 论证   C. 表达   D. 积累材料

277. BI005 （　　）反映一类对象的概念，它的外延是指一类对象中的每一个分子，例如，花、学生等。
    A. 普遍概念　　　　B. 单独概念　　　　C. 具体概念　　　D. 集合概念

278. BI005 集合概念也称（　　）概念，它是反映一定数量的同类对象集体的概念。
    A. 群体　　　　　　B. 个体　　　　　　C. 独立　　　　　D. 单一

279. BI006 定义一般应当是（　　）的。
    A. 否定　　　　　　B. 肯定　　　　　　C. 典型　　　　　D. 唯一

280. BI006 定义是揭示概念内涵的逻辑方法，即指出概念所反映的（　　）的本质属性。
    A. 对象　　　　　　B. 事件　　　　　　C. 物体　　　　　D. 事物

281. BI007 说明论点的过程称为（　　）。
    A. 概念　　　　　　B. 定义　　　　　　C. 论证　　　　　D. 论据

282. BI007 说明论点的根据、理由称为（　　）。
    A. 概念　　　　　　B. 定义　　　　　　C. 论证　　　　　D. 论据

283. BI008 所谓（　　）就是用典型的具体事实作论据来证明论点的方法，也就是通常所说的"摆事实"。
    A. 例证法　　　　　B. 对比法　　　　　C. 论证法　　　　D. 论据法

284. BI008 所谓（　　）是一种用已知的事理做论据来证明论点的方法，习惯上也称"从理论上论述"。
    A. 归纳法　　　　　B. 对比法　　　　　C. 引证法　　　　D. 论据法

285. BJ001 全面质量管理的核心是提高人的素质，调动人的积极性，人人做好本职工作，通过抓好工作质量来保证和提高产品质量或（　　）。
    A. 服务质量　　　　B. 人员素质　　　　C. 工作效率　　　D. 管理水平

286. BJ001 全面质量管理的基础工作有标准化工作、质量教育工作、质量责任制工作和（　　）工作。
    A. 质量检查　　　　B. 质量服务　　　　C. 计量　　　　　D. 计划

287. BJ002 在PDCA循环中的C阶段通常是指（　　）。
    A. 找出存在问题、分析产生问题原因、找出主要原因、制定对策
    B. 检查所取得的效果
    C. 按制定的对策实施
    D. 制订巩固措施，防止问题再发生；指出遗留问题及下一步打算

288. BJ002 在PDCA循环中的A阶段通常是指（　　）。
    A. 找出存在问题、分析产生问题原因、找出主要原因、制定对策
    B. 检查所取得的效果
    C. 按制定的对策实施
    D. 制订巩固措施，防止问题再发生；指出遗留问题及下一步打算

289. BJ003 排列图是利用图表，将质量（　　）的项目从重要到次要顺序排列。
    A. 改进　　　　　　B. 分析　　　　　　C. 回访　　　　　D. 检查

290. BJ003 在油田动态分析中可用（　　）判断影响原油产量下降的主要原因及其他问题。
    A. 直方图　　　　　B. 散布图　　　　　C. 因果图　　　　D. 排列图

291. BJ004 因果图是表示（　　）与原因关系的图。

　　A. 质量问题　　　　B. 质量原因　　　　　　C. 质量特性　　　　　　D. 影响因素

292. BJ004 产品质量在（　　）的过程中，一旦发现了问题就要进一步寻找原因。

　　A. 调查　　　　　　B. 形成　　　　　　　　C. 分析　　　　　　　　D. 研究

293. BJ005 在生产或岗位上从事劳动的职工，围绕企业的经营目标和现场存在问题，以改进质量、（　　）、提高人的素质和经济效益为目的组织起来，运用质量管理的理论和方法开展活动的小组是 QC 小组。

　　A. 提高服务水平　　B. 降低消耗　　　　　　C. 改善生产环境　　　　D. 提高管理水平

294. BJ005 QC 小组活动首先要（　　），然后才能进行其他的工作。

　　A. 确定选题理由　　B. 确定小组概况　　　　C. 确定课题名称　　　　D. 确定效果

295. BK001 技术（　　）一般是指为了掌握本职业技能或提高职业活动水平所参加的职业技能理论学习和实际操作等活动。

　　A. 培训　　　　　　B. 考试　　　　　　　　C. 表演　　　　　　　　D. 观摩

296. BK001 凡是有目的地增进人的知识技能，影响人的思想品德，发展人的智力和体力的活动，无论是有组织的还是无组织的，系统的或零碎的都是（　　）。

　　A. 表演　　　　　　B. 考试　　　　　　　　C. 教育　　　　　　　　D. 观摩

297. BK002 教学计划是（　　）安排的具体形式。

　　A. 课程　　　　　　B. 时间　　　　　　　　C. 学科　　　　　　　　D. 培训

298. BK002 所谓（　　）原则，是在教学过程中，引导学员在理解的基础上牢固地掌握知识技能，长久地保持在记忆中，能根据需要迅速再现出来。

　　A. 巩固性　　　　　B. 长久性　　　　　　　C. 再现性　　　　　　　D. 顺序性

299. BK003 所谓（　　）原则，是指教师从学员的实际情况、个别差异出发，有的放矢地进行差别教学，使每个学员都能扬长避短、获得最佳地获得知识的途径，针对学生的特点进行有区别的教学，采取有效措施使学员得到充分的发展。

　　A. 因势利导　　　　B. 因物施教　　　　　　C. 因人施教　　　　　　D. 因材施教

300. BK003 在教学方法中，以实际训练作为教学方法的有：（　　）、练习法、实验法、实践活动法。

　　A. 作业法　　　　　B. 演示法　　　　　　　C. 参观法　　　　　　　D. 读书指导法

301. BK004 课程准备完成之后，应编制出学期教学进度计划、课题式单元（　　）、课时安排。

　　A. 课时　　　　　　B. 计划　　　　　　　　C. 时间　　　　　　　　D. 内容

302. BK004 所谓（　　）就是根据教学大纲的要求和本门课程特点，结合学生的具体情况，选择最适合的表达方法和顺序，以保证学员有效的学习。

　　A. 备课　　　　　　B. 讲课　　　　　　　　C. 辅导　　　　　　　　D. 听课

303. BK005 研究人的心理发生和发展规律的科学称为（　　）。

　　A. 心理学　　　　　B. 人类学　　　　　　　C. 生理学　　　　　　　D. 生物学

304. BK005 心理学是介于自然科学与社会科学之间的中间学科，是一种（　　）学科。

　　A. 自然　　　　　　B. 社会　　　　　　　　C. 研究　　　　　　　　D. 边缘

305. BL001 为了预测油区中长期开发规划的经济效果或分析油田开发经济动态，须分析的问题是（　　），油田开发经济动态分析等。

A. 中长期开发规划的经济效果决策

B. 长期开发规划的经济效果数据

C. 长期开发规划的经济效果预测

D. 中长期开发规划的经济效果可行性

306. BL001 油田开发经济评价中，工程技术方案主要是指：新区开发方案、老区调整方案、（　　）、未开发储量经济评价等。

A. 已开发储量经济评价　　　　　　B. 中外合作开发方案

C. 老井开发方案　　　　　　　　　D. 新井开发方案

307. BL002 经济评价工作，必须在国家和地区的中长期（　　）指导下进行。

A. 投资方针　　　　B. 经济目标　　　　C. 发展规划　　　　D. 发展目标

308. BL002 油田开发经济评价，项目经济评价应使用国家规定的（　　）。

A. 经济分析参数　　B. 经济政策　　　　C. 投资方针　　　　D. 计算参数

309. BL003 进行经济分析，就是要对不同设计方案技术指标进行（　　），并最终算出全油田开发的经济效果。

A. 对比计算　　　　B. 技术对比　　　　C. 经济计算　　　　D. 技术分析

310. BL003 油田布井方案，特别是油田的总钻井数、采油井数和注水井数，是注水开发油田进行（　　）所依据的主要指标。

A. 方案评价　　　　B. 技术论证　　　　C. 技术分析　　　　D. 经济分析

311. BL004 油田经济指标预测是根据不同开发方案中的（　　）来计算相应的经济指标，这样就能对比其经济效果。

A. 技术指标　　　　B. 开发指标　　　　C. 管理指标　　　　D. 技术参数

312. BL004 在经济指标计算时，不同的经济指标计算方法必须适应不同的（　　），如果不适应则必须修改。

A. 开发阶段　　　　B. 开发过程　　　　C. 技术指标　　　　D. 管理指标

313. BL005 原油生产费用或称生产成本，是采油部门在生产过程中消耗的物化劳动和活劳动用（　　）表现的总和。

A. 货币　　　　　　B. 数字　　　　　　C. 费用　　　　　　D. 投资

314. BL005 活劳动是在生产过程中的劳动力的消耗即劳动者（　　）的直接耗费。

A. 体力劳动　　　　B. 脑力劳动　　　　C. 体力和脑力　　　　D. 劳务服务

315. BL006 原油总产值是指采油生产部门在（　　），包括了生产过程中通过生产资料消耗的价值和劳动者创造的新价值。

A. 一定期限内生产出来的原油总量的价值表现

B. 一定期限内生产出来的商品油量的价值表现

C. 一定期限内生产出来的商品油量的货币表现

D. 一定期限内生产出来的原油总量的货币表现

316. BL006 劳动占用，从（　　）应当包括固定资金和流动资金，而流动资金应当包括定额流动资金和非定额流动资金。

    A. 企业角度　　　　　　B. 费用角度　　　　　　C. 原油成本角度　　　　D. 投资角度

317. BL007 目前采用的油田经济评价方法，是世界上最通用的（　　）评价方法，是结合中国国情的评价方法。

    A. 动态　　　　　　　　B. 静态　　　　　　　　C. 价值　　　　　　　　D. 经济

318. BL007 原油单位成本所包含的折旧和生产费用能够反映油田开发建设的（　　），包含的各项生产费用能够反映油田开发的措施效果、开发技术水平和组织管理水平的高低。

    A. 技术合理性　　　　　B. 预测合理性　　　　　C. 经济合理性　　　　　D. 技术水平

319. BL008 通过班组经济核算的分析，反映和（　　）班组经济指标的完成情况，考核班组经济效果，寻求以最小的生产消耗取得最大的生产成果的途径。

    A. 计算　　　　　　　　B. 核实　　　　　　　　C. 预测　　　　　　　　D. 监督

320. BL008 班组产品质量指标的核算，是用（　　）与计划（或标准）要求相对比，检查质量指标的完成程度。

    A. 材料消耗　　　　　　B. 实际质量　　　　　　C. 能源消耗　　　　　　D. 生产成本

二、多项选择题（每题有4个选项，有2个或2个以上是正确的，将正确的选项号填入括号内）

1. AA001 确定含油饱和度的方法较多，有（　　）。

    A. 岩心直接测定方法　　　　　　　　　B. 测井解释方法
    C. 毛管压力计算方法　　　　　　　　　D. 其他间接方法

2. AA002 原始含油饱和度主要受储层岩石的（　　）的影响。

    A. 孔隙度　　　　　　　B. 表面张力　　　　　　C. 孔隙结构　　　　　　D. 表面性质

3. AA003 油气储层非均质变化具体地表现在（　　）及储层内部的物性和孔隙结构的变化。

    A. 储层空间分布形态　　　　　　　　　B. 储层岩性和厚度
    C. 泥岩夹层的多少及厚薄　　　　　　　D. 所含流体性质和空间分布

4. AA004 平面非均质性包括砂体成因单元的（　　）以及砂体渗透率的方向性等。

    A. 连通程度　　　　　　　　　　　　　B. 平面孔隙度
    C. 渗透率的变化　　　　　　　　　　　D. 非均质程度

5. AA005 孔隙的非均质性还包括（　　）等。

    A. 岩石的组分　　　　　　　　　　　　B. 颗粒排列方式
    C. 基质含量　　　　　　　　　　　　　D. 胶结物的类型

6. AA006 在碎屑岩储层中，层理是常见的沉积构造，有平行层理、斜层理、（　　）、水平层理等。

    A. 交错层理　　　　　　B. 波状层理　　　　　　C. 递变层理　　　　　　D. 块状层理

7. AA007 平面的非均质性是指储层砂体的（　　）和孔隙度、渗透率的平面不均匀性。

    A. 交错层理　　　　　　B. 几何形态　　　　　　C. 展布规模　　　　　　D. 横向连续性

8. AA008　层间渗透率非均质性的定量表征采用（　　）等参数来定量描述多个油层之间的渗透率差异程度。

　　A. 渗透率等值图　　　　　　　　　　B. 渗透率变异系数

　　C. 渗透率突进系数　　　　　　　　　D. 渗透率级差

9. AB001　形成于陆相湖盆沉积环境的砂岩油气层，大多具有明显的多级沉积旋回和清晰的多层标准层，（　　）变化均有一定的规律。因此，常采用在标准层控制下的"旋回—厚度"的对比方法。

　　A. 孔隙度　　　　B. 渗透率　　　　　C. 岩性　　　　　D. 厚度

10. AB002　湖泊相沉积的（　　）比较稳定，具有明显的多级沉积旋回及较多的标准层。

　　A. 岩性　　　　　B. 厚度　　　　　　C. 岩石组合　　　D. 标准层

11. AB003　河流 – 三角洲沉积油层对比最后要把油层的（　　）用对比线连接起来。

　　A. 砂体变化　　　B. 层位关系　　　　C. 连通情况　　　D. 厚度变化

12. AB004　取心的目的之一是明确油层分布，合理划分（　　）。

　　A. 小层　　　　　B. 油层组　　　　　C. 砂岩组　　　　D. 岩层性质

13. AB005　密闭取心井的岩心出筒后应及时整理岩心，清理密闭液后马上进行（　　），及时取样、化验分析，在 2h 内完成。

　　A. 涂漆　　　　　B. 丈量　　　　　　C. 描述　　　　　D. 编号

14. AB006　给岩石定名要概括岩石的基本特征，包括（　　）及特殊含有物。

　　A. 颜色　　　　　B. 含油气　　　　　C. 水产状　　　　D. 岩性

15. AB007　含油岩心刚出筒时，（　　），捻碎后染手。

　　A. 油味浓　　　　　　　　　　　　　B. 无原油外溢

　　C. 劈开岩心新鲜面油脂感较强　　　　D. 斑块状含油

16. AB008　在描述岩心含油、气、水特征时，除对（　　）、进行描述外，还要突出描述岩心的含油饱满程度、产状特征等。

　　A. 构造特征　　　B. 岩石渗透率　　　C. 含水饱和度　　D. 岩石结构

17. AB009　岩心盒内筒次之间用隔板隔开，并贴上岩心标签，注明（　　），以便区别和检查。

　　A. 块数　　　　　B. 长度　　　　　　C. 深度　　　　　D. 筒次

18. AB010　采油厂进行岩心描述与录井公司不同，一般都是为了某种单一的目的而进行的，如沉积相研究、（　　）等。

　　A. 岩电关系确定　　B. 厚度划分　　　C. 油层对比　　　D. 剩余油分析

19. AB011　亚浅海相生物繁盛，（　　）而形成各种生物岩。

　　A. 化石丰富　　　B. 底栖动物富集　　C. 藻类富集　　　D. 阳光充足

20. AB012　半深海相沉积的有（　　）等；深海相沉积的有石灰质软泥、含硅藻和放射虫的硅质软泥和红色软泥等。

　　A. 蓝色软泥　　　B. 黑色软泥　　　　C. 红色软泥　　　D. 绿色软泥

21. AB013　三角洲前缘带中沉积的各种砂体（包括中心带和过渡带砂体），一般（　　）。

　　A. 分选好　　　　B. 粒度适中　　　　C. 质纯　　　　　D. 储油物性好

22. AB014　由于（　　）等离岸沉积的发育，把海湾与海洋完全隔开或基本隔开，形成一个封闭或基本封闭的湖盆状态称为潟湖相。

　　A. 心滩　　　　　B. 沙坝　　　　　　C. 沙洲　　　　　D. 堤岛

23. AB015　油田沉积相研究的目的是（　　）。

　　A. 详细掌握油田储层特征　　　　　　　B. 了解沉积环境特征

　　C. 提高油田开发效果　　　　　　　　　D. 提高油田采收率

24. AB016　在油田内以砂层组为单元划分沉积相，主要依据的资料有：（　　）。

　　A. 测井曲线资料　　　　　　　　　　　B. 区域岩相古地理研究成果

　　C. 岩心观察和分析化验资料　　　　　　D. 砂岩体的几何形态

25. AB017　选择泥质岩的颜色、（　　），以及特殊构造、沉积现象都可作为划相标志。

　　A. 岩性组合与旋回性　　　　　　　　　B. 层理类型与沉积层序

　　C. 生物化石与遗迹化石　　　　　　　　D. 特殊岩性与特殊矿物

26. AB018　由于地质上、技术上和经济上的种种原因，目前还不能把地下储存的油、气全部采到地面上来，为此，油气储量可以分为（　　）几类。

　　A. 地质储量　　　　　　　　　　　　　B. 可采储量

　　C. 探明储量　　　　　　　　　　　　　D. 剩余可采储量

27. AB019　探明储量按开发和油藏复杂程度分为（　　）。

　　A. 已开发探明储量　　　　　　　　　　B. 未开发探明储量

　　C. 基本探明储量　　　　　　　　　　　D. 剩余探明储量

28. AB020　控制储量通过地质、地球物理综合研究，对（　　）和油气质量已做出初步评价。

　　A. 油藏复杂程度　　　B. 勘探方案　　　C. 投资决策　　　D. 产能大小

29. AB021　油田开发中，注水方式选择是否合理，对油田的（　　）有着直接的影响。

　　A. 最终采收率　　　　　　　　　　　　B. 采油速度

　　C. 经济效益　　　　　　　　　　　　　D. 油层非均质性

30. AB022　申报的油气储量按产能、（　　）、油气藏埋藏深度方面进行综合评价。

　　A. 储量丰度　　　　　B. 地质储量　　　C. 油水关系　　　D. 储量指标

31. AB023　油田开发早期油藏描述依靠（　　）、测井等资料，划分油、气、水系统及其形成和控制条件，确定油、气、水界面，圈定含油气面积，估算不同产状的资源储量。

　　A. 录井　　　　　　　B. 取心　　　　　C. 试油　　　　　D. 勘探

32. AB024　非烃类天然气包括（　　）。

　　A. 硫化氢　　　　　　B. 二氧化碳　　　C. 氦气　　　　　D. 一氧化碳

33. AC001　划分开发层系，就是根据油藏（　　），将油层性质相近的油层组合在一起，采用与之相适应的注水方式、井网和工作制度分别进行开发。

　　A. 沉积环境　　　　　B. 地质特点　　　C. 开发条件　　　D. 沉积特点

34. AC002　一套开发层系内油层的井段比较集中，开采方式应以相同为原则，这样有利于油井的生产，可以避免因为井段分散产生的干扰现象；对于（　　）、注水和注水受效程度不同的油层，应采用不同的开采方式，并划分成不同的开发层系。

　　A. 油层厚度　　　　　B. 渗透率　　　　C. 孔隙度　　　　D. 产层

35. AC003　划分开发层系的基本单元，指大体上符合一个开发层系基本条件的油砂组，每个基本单元上、下必须具有良好的隔层，并有一定的（　　）。

　　A. 产量　　　　　　　B. 生产能力　　　C. 储量　　　　　D. 剩余油

36. AC004 油田开发方案由油藏工程设计、(　　)组成,是一个统一的有机整体,环环相扣,不可分割。

    A. 机械工程设计 　　　　　　　　　B. 钻井工程设计

    C. 地面建设工程设计 　　　　　　　D. 经济评价

37. AC005 按含水率划分开发阶段可划分为四个阶段,即低含水阶段(含水率小于20%), (　　)和特高含水阶段。

    A. 未见水阶段 　　　　　　　　　　B. 中含水阶段

    C. 高含水阶段 　　　　　　　　　　D. 中高含水阶段

38. AC006 明确开发阶段后,可以分阶段有步骤地部署井网,重新组合(　　)等,做到不同开发部署适合不同开发阶段的要求。

    A. 划分层系 　　　　　　　　　　　B. 确定注水方式

    C. 确定开采方式 　　　　　　　　　D. 划分层段

39. AC007 井网调整是油田综合调整内容之一,它主要用于解决平面问题,其调整的目的是提高开发对象的(　　)。

    A. 水驱程度 　　B. 采出程度 　　C. 产油强度 　　D. 产液强度

40. AC008 层系局部调整就是根据井钻遇油层(　　)的分析,跨层系封堵部分井的高含水层,补射开差油层或重新认知后有开采价值的油层,进行局部的层系调整,也能收到好的开发效果。

    A. 发育情况 　　B. 油水分布状况 　　C. 渗透率 　　D. 孔隙结构

41. AC009 选择注水方式应根据油层非均质特点,尽可能做到调整后的油井(　　)受效,水驱程度高。

    A. 单层 　　　　B. 单方向 　　　　C. 多层 　　　　D. 多方向

42. AC010 对原来采用(　　)的油藏,其内部的采油井受效差,应在油藏内部增加注水井。

    A. 边外注水 　　B. 边缘注水 　　　C. 行列注水 　　D. 面积注水

43. AC011 油井由自喷开采转为机械开采,采油井流压大幅度下降,如果流压大大低于饱和压力,井底会出现油、气、水三相流,影响开采油井的(　　)以及注水井的注水压力的确定。

    A. 原始地层压力 　　B. 饱和压力 　　C. 地层压力 　　D. 流动压力

44. AC012 调整生产制度可以采取(　　)的方式进行。

    A. 压裂 　　　　B. 调参 　　　　　C. 关井停注 　　D. 缩放油嘴

45. AC013 以地震资料和为数不多的探井资料、小规模试采资料确定的层系、井网和注水方式,存在一定的局限性和原始性。因此,在投入注水开发后,应依据动态资料,深入研究层系、(　　)的适应性,重新认识,不断调整。

    A. 油层产液能力 　　B. 井网 　　　C. 注水方式 　　D. 油层压力

46. AC014 由于沉积环境不同,使油层的分布形态、岩性、物性等差异较大,导致开发层系内各小层的(　　)不同。

    A. 原油密度 　　B. 地层系数 　　　C. 渗透率 　　　D. 原油黏度

47. AC015 分析研究不同类型油层动用状况主要是利用(　　),以及密闭取心井资料。

    A. 注水井吸水剖面 　　　　　　　　B. 分层测试资料

　　C.声波测井资料　　　　　　　　　　　　　　D.油井产液剖面

48. AC016　油田开发试验分析中，包括对试验区（　　）。

　　A.剩余储量的重新计算　　　　　　　　　　B.油层的再认识

　　C.地质储量的重新计算　　　　　　　　　　D.沉积相的再认识

49. BA001　注热水主要作用是增加油层驱动能量，（　　），提高驱油效率。

　　A.提高波及系数　　　　　　　　　　　　　B.降低原油黏度

　　C.减小流动阻力　　　　　　　　　　　　　D.改善流度比

50. BA002　蒸汽驱开采注汽工艺参数包括（　　）及周期注汽量，根据油藏地质参数及原
　　　　　　油黏度等进行优化设计。

　　A.注入压力　　　　　B.蒸汽干度　　　　　C.注汽速度　　　　　D.注汽强度

51. BA003　蒸汽驱开采过程中油层加热后其骨架体积、流体的体积膨胀，在（　　）的作
　　　　　　用下，原油在油层中容易流动，使油井增产。

　　A.重力驱动　　　　　B.弹性能　　　　　　C.气体　　　　　　　D.液体

52. BA004　蒸汽吞吐采油，注汽速度不能太高，它主要取决于（　　）

　　A.油层本身的吸汽能力　　　　　　　　　　B.注汽压力

　　C.油层的破裂压力　　　　　　　　　　　　D.蒸汽锅炉的最高压力

53. BA005　蒸汽驱开采（　　），然而蒸汽驱又是提高采收率的有效方式。

　　A.成本高　　　　　　B.技术复杂　　　　　C.难度大　　　　　　D.风险高

54. BA006　适宜于蒸汽驱开采的油藏，在开发系统设计中，在蒸汽驱开采的实际操作中，
　　　　　　均需适应其（　　）的要求。

　　A.高速注汽　　　　　　　　　　　　　　　B.高速排液

　　C.快速升温　　　　　　　　　　　　　　　D.高速强化开采

55. BA007　稠油油藏一般埋藏较浅，压实成岩作用差，储层胶结疏松，开采过程中出砂
　　　　　　现象十分普遍和严重，经常因出砂严重，致使（　　）。

　　A.井下卡泵　　　　　　　　　　　　　　　B.地面设备损坏

　　C.容易结蜡　　　　　　　　　　　　　　　D.油井不能正常生产

56. BA008　稠油出砂冷采开采机理中泡沫油的作用主要表现（　　）。

　　A.前缘带温度升高　　　　　　　　　　　　B.充分利用溶解气弹性驱动能量

　　C.改善了原油在井筒中的流动性　　　　　　D.提高了原油的携砂能力

57. BA009　堵水井选井选层要注意选择（　　）的井、层。

　　A.含水高　　　　　　B.产液量高　　　　　C.流压高　　　　　　D.压力平稳

58. BA010　高含水井堵水时应注意（　　）几个问题。

　　A.实施堵水的时机　　　　　　　　　　　　B.注、堵、采的综合调整

　　C.资料的获取　　　　　　　　　　　　　　D.堵水工艺的选择

59. BA011　土酸是用（　　）混合而成，其中盐酸可以溶解岩石中的碳酸盐和所含的铁、铜，
　　氢氟酸可以溶解岩石中的硅酸盐类。

　　A.盐酸　　　　　　　B.碳酸　　　　　　　C.氢氟酸　　　　　　D.亚硝酸

60. BA012　盐酸进入地层还会与地层中的石膏（$CaSO_4 \cdot H_2O$）发生反应，生成（　　）。

　　A.SO_2　　　　　　　B.氯化钙　　　　　　C.硫酸　　　　　　　D.氢气

61. BA013　为使酸液不致在刚进入地层的流动过程中快速反应而降低酸度，除在施工中快速挤酸，还需加入缓速剂，缓速剂主要有（　）等。

　　A. 三氧化二铁　　　　B. 氯化钙　　　　C. 烷基苯磺酸钠　　　D. 二氧化碳

62. BA014　聚合物延时交联调剖根据调剖方案和调剖剂的配方要求，在地面将聚合物干粉和交联剂按设计比例（　），按设计用量注入调剖目的层。

　　A. 混合配制　　　　　B. 熟化　　　　　C. 降解　　　　　　D. 分离

63. BA015　机采井"三换"的内容包括（　）等。

　　A. 抽油机换杆　　　　　　　　　　　　B. 抽油机换电泵
　　C. 电泵换抽油机　　　　　　　　　　　D. 电泵换控制屏

64. BA016　换大泵井需对（　）、动液面进行全面核实。

　　A. 静压　　　　　　　B. 产液量　　　　C. 含水　　　　　　D. 生产压差

65. BA017　换大泵的现场监督要求作业后（　），抽压验泵压力达到 3 ~ 4MPa，稳压 15min 压力下降不超过 0.3MPa，满足以上要求方可接井（带脱卡器的井不可抽压）。

　　A. 不得超上覆岩压　　　　　　　　　　B. 按配注注水
　　C. 量油有产量　　　　　　　　　　　　D. 测功图正常

66. BA018　冲次过快会增加抽油机井的动载荷，引起（　）的强烈振动，容易损坏。

　　A. 地下管线　　　　　B. 杆柱　　　　　C. 地面设备　　　　D. 计量间

67. BA019　示功图法确定间歇抽油井的工作制度为：将抽油机井停抽，待液面恢复后开井生产并连续测示功图，示功图反映为严重供液不足，（　），反复观察，确定合理的开关井时间。

　　A. 停抽　　　　　　　B. 计算开井时间　C. 连续生产　　　　D. 计算流压值

68. BA020　在实际生产中，每口井的具体情况不同，影响泵效的因素主要有（　）。

　　A. 地质因素　　　　　B. 录入因素　　　C. 泵的工作方式　　D. 设备因素

69. BA021　油藏砂体的（　）和油层纵向上、平面上渗透率分布的不均匀性及流度比等，都是影响体积波及系数的因素。

　　A. 渗透率　　　　　　B. 沉积环境　　　C. 分布形态　　　　D. 孔隙度

70. BA022　注入油层的聚合物将会产生两方面的重要作用：（　）。

　　A. 增加水相流度比　　　　　　　　　　B. 降低油层孔隙度
　　C. 增加水相黏度　　　　　　　　　　　D. 降低油层渗透率

71. BA023　一般情况下，（　）油层不适合聚合物驱。

　　A. 渗透率太低的油层　　　　　　　　　B. 渗透率太高的油层
　　C. 泥质含量太高　　　　　　　　　　　D. 泥质含量太低

72. BA024　油田上应用的聚合物应满足具有（　），少量的聚合物就能显著地提高水的黏度，改善流度比。

　　A. 明显的降黏性　　　B. 牛顿特性　　　C. 非牛顿特性　　　D. 明显的增黏性

73. BA025　在聚合物驱方案编制过程中，要认真研究油藏地质特征和水驱井网的开发状况等问题。包括地质概况：通过研究开发区块的油藏地质特征，认清油层的发育状况、（　）、油层物理性质及油层流体性质。

A. 油层连通性 　　　　　　　　　　B. 荧光性

C. 电化学效应 　　　　　　　　　　D. 油层非均质性

74. BA026　当聚驱注采井距为 250m 时，聚合物驱效果（　　）。

A. 五点法井网最差 　　　　　　　　B. 五点法井网最好

C. 九点法井网最差 　　　　　　　　D. 九点法井网最好

75. BA027　油藏地质开发简况是聚合物驱方案内容之一：具体是指（　　）。

A. 地质分析 　　　　　　　　　　　B. 油藏描述

C. 地质概况 　　　　　　　　　　　D. 油层开采简史

76. BA028　聚合物驱油第二阶段是聚合物注入阶段，是聚合物驱的中心阶段。此时采出井含水经历了注聚初期的上升期及见效后的（　　），一般需要 3～5 年的时间。

A. 上升期 　　　B. 下降期 　　　C. 稳定期 　　　D. 突破期

77. BA029　聚合物驱单井配注一般常用的方法有（　　）。

A. 剩余油饱和度分布法 　　　　　　B. 碾平厚度法

C. 注采平衡法 　　　　　　　　　　D. 压力平衡法

78. BA030　聚合物驱开发效果预测以地质模型为基础，按所确定的（　　）计算聚合物驱油全过程的指标预测。

A. 地质储量 　　　B. 注采方式 　　　C. 地质数模 　　　D. 工作制度

79. BA031　混配水中金属阳离子对聚合物溶液黏度的影响中，以下说法正确的是：（　　）。

A. 1 价阳离子 Na^+、K^+ 的降黏程度极为接近

B. 2 价阳离子 Ca^{2+}、Mg^{2+}、Fe^{2+} 的影响大约 9 倍于 1 价阳离子，Fe^{2+} 的影响最大，Ca^{2+} 次之

C. 在对初始黏度的影响上，相同质量含量时，Al^{3+} 的降黏作用最大，Cu^{2+} 居中，Fe^{3+} 的降黏作用最小

D. 在有氧条件，Cu^{2+} 对聚合物黏度稳定性的影响却很大

80. BA032　聚合物驱油的机理主要有（　　）。

A. 扩大注入水驱波及面积 　　　　　B. 扩大注入水驱波及体积

C. 提高渗透率 　　　　　　　　　　D. 提高驱油效率

81. BA033　下列几个相对分子质量区间中不属于中低分子聚合物的是（　　）。

A. $1000 \times 10^4 \sim 1300 \times 10^4$ 　　　　B. $1300 \times 10^4 \sim 1600 \times 10^4$

C. $1600 \times 10^4 \sim 1900 \times 10^4$ 　　　　D. $500 \times 10^4 \sim 1000 \times 10^4$

82. BA034　聚合物的分子结构有三种形态，它们是（　　）和体型。

A. 线型 　　　B. 链型 　　　C. 支链型 　　　D. 曲线型

83. BA035　为准确评价聚合物驱区块开采效果，必须首先明确聚合物驱区块的（　　）的基础数据。

A. 油层 　　　B. 井网 　　　C. 产量 　　　D. 压力

84. BA036　微生物采油是非常有前途的强采方法之一，简称 MEOR 法，主要是以（　　）来提高原油采收率。

A. 细菌对地层的间接作用 　　　　　B. 大量繁殖细菌

C. 细菌对地层的直接作用 　　　　　D. 细菌代谢产品的作用

85. BA037 矿化度直接影响（　　）的能力，因此，它也一定会影响聚合物驱效率。

    A. 降低渗透率   B. 聚合物的增黏

    C. 聚合物的降黏   D. 提高渗透率

86. BA038 采出液中聚合物浓度增大，抽油机井的（　　）。

    A. 负荷减少   B. 负荷增加

    C. 载荷利用率增加   D. 载荷利用率降低

87. BB001 原油换算系数的计算方法是原油的（　　）两个数值的比值，可以将地面原油质量换算成地下原油体积。

    A. 存水率   B. 体积系数   C. 相对密度   D. 含水率

88. BB002 面积井网注采比计算时，位于面积井网几何图形中心位置的井称为中心井，中心井可以是（　　）。

    A. 采油井   B. 检查井   C. 水文井   D. 注水井

89. BB003 水驱控制程度为（　　）之比，为百分数。

    A. 剩余储量   B. 水驱储量

    C. 地质储量   D. 可采储量

90. BB004 由于微梯度和微电位的探测半径不同，所以（　　）、和冲洗带电阻率对它们的影响也不同。

    A. 滤饼   B. 钻井液薄膜   C. 钻井液基液   D. 钻井液

91. BB005 按电极系结构特征和电极数目的不同，可分为（　　）、六侧向测井以及微侧向测井等。

    A. 反侧向   B. 同侧向   C. 三侧向   D. 七侧向

92. BB006 感应测井比普通电阻率测井优越，因为（　　）。

    A. 受低阻邻层影响小   B. 受高阻邻层影响小

    C. 对低电阻率地层反应灵敏   D. 对高电阻率地层反应灵敏

93. BB007 地层埋藏深浅及地层地质时代的新老，均对声波在地层中传播的速度有影响，（　　），老地层比新地层声速大。

    A. 地层深，声速大   B. 地层深，声速小

    C. 地层浅，声速小   D. 地层浅，声速大

94. BB008 测井曲线的应用在实际工作中，采油厂主要依据（　　）的测井曲线，判断油、气、水、层。

    A. 横向测井图   B. 标准测井图   C. 含水监测   D. 综合测井图

95. BC001 油层只存在注水井中而在采油井中（　　）的那部分地质储量称为损失储量。

    A. 暂未封堵   B. 暂未射孔   C. 或不存在   D. 或存在

96. BC002 用单井的（　　）可计算出单井的采油速度。

    A. 年产油量   B. 可采储量   C. 采收率   D. 地质储量

97. BC003 计算输差时要用到的参数有：（　　）。

    A. 井口产油量   B. 标定产油量   C. 核实产油量   D. 计划产油量

98. BC004 油田产量递减率是表示油田产量下降速度的一个指标，递减率的大小反映了油田稳产形势的好坏，可以分为（　　）。

    A. 阶段递减率   B. 综合递减率   C. 自然递减率   D. 最终递减率

99. BC005 计算视吸水指数时，用（　　）两个参数计算。

    A. 注水井流压　　　　B. 日注水量　　　　　　C. 井口压力　　　　　　D. 注水井静压

100. BC006 计算生产压差时，用到的参数有（　　）。

    A. 目前地层压力　　　B. 目前地面压力　　　　C. 流动压力　　　　　　D. 井口回压

101. BC007 聚合物用量是指区块地下孔隙体积中所注入的累积聚合物干粉量，用（　　）计算。

    A. 累积平均注入强度　　　　　　　　　　　　B. 累积平均注入浓度

    C. 注入孔隙体积倍数　　　　　　　　　　　　D. 注入孔隙体积因数

102. BC008 根据区块内聚合物驱油目的层累积（　　），可计算区块内聚合物驱油目的层阶段采收率提高值。

    A. 产油量　　　　　　B. 可采储量　　　　　　C. 增油量　　　　　　　D. 地质储量

103. BD001 单储系数是通过（　　）之比计算得出的，即油气藏单位体积所含的地质储量，单位为 $10^4 t/(km^2 \cdot m)$。

    A. 总储量　　　　　　B. 区块储量　　　　　　C. 区块含油体积　　　　D. 总含油体积

104. BD002 在单储系数确定的情况下，影响地质储量变化的参数主要是该区块的（　　）。

    A. 控制面积　　　　　B. 剩余面积　　　　　　C. 油层有效厚度　　　　D. 油层砂岩厚度

105. BD003 容积法计算地质储量时涉及的单储系数与（　　）和换算系数有关。

    A. 总孔隙度　　　　　B. 原始含水饱和度　　　C. 有效孔隙度　　　　　D. 原始含油饱和度

106. BE001 小层平面图的线条一般包括（　　）。

    A. 砂岩厚度等值线　　　　　　　　　　　　　B. 有效渗透率等值线

    C. 砂岩尖灭线　　　　　　　　　　　　　　　D. 有效厚度零线

107. BE002 断层不是孤立的地质现象，随着断裂活动而产生了一系列地层与构造的变化，如断层切开了油气层，就会改变油气层的地质条件，同时会影响断层两盘油气层的（　　）。

    A. 流体性质　　　　　B. 沉积环境　　　　　　C. 压力差异　　　　　　D. 岩石性质

108. BE003 压力等值线图在操作过程中，应（　　），然后标参数。

    A. 连三角网　　　　　B. 确定等值距　　　　　C. 选择比例尺　　　　　D. 点井位

109. BE004 画渗透率等值图时如未给有效渗透率值时，可用（　　）来计算。

    A. 地层孔隙度　　　　B. 砂岩厚度　　　　　　C. 地层系数　　　　　　D. 有效厚度

110. BE005 构造等值图在井位确定后，根据（　　），可以计算出设计井深。

    A. 井口的海拔高度　　　　　　　　　　　　　B. 等高线

    C. 有效厚度零线　　　　　　　　　　　　　　D. 所在目的层的海拔高程

111. BE006 沉积相带图作图时应注意平面上（　　），并根据测井曲线形态的变化，进一步确定河流深切带和河道边缘相，合理地处理河道砂体边界定向，从而保持河道宽度、弯度及凹凸两岸的协调。

    A. 井间距离　　　　　B. 砂体层位　　　　　　C. 厚度变化　　　　　　D. 砂体连通

112. BE007 油层剖面图井排顺序按自左而右表示，横剖面（　　），纵剖面从南向北。

    A. 自上而下　　　　　B. 自下而上　　　　　　C. 由东向西　　　　　　D. 由西向东

113. BE008　编绘构造剖面图时主要依靠（　　）资料。

　　A. 录井
　　B. 测井
　　C. 地震剖面
　　D. 地球物理勘探

114. BF001　在如图所示的注聚井口流程图中，3 所代表的阀答案错误的是（　　）。

　　A. 取样阀门
　　B. 测试阀门
　　C. 总阀门
　　D. 生产阀门

115. BF002　注入井过滤器的滤网宜为 20 目，其结构及过滤面积，应根据具体条件不同依据（　　）原则，通过计算或试验确定。

　　A. 起始压降小于 3MPa
　　B. 清洗周期小于 30d
　　C. 起始压降小于 0.03MPa
　　D. 清洗周期大于 150d

116. BF003　对注入管道的黏损率要求：聚合物注入管道起终点的黏损率应控制的范围，下列答案错误的是（　　）。

　　A. 4%
　　B. 5%
　　C. 6%
　　D. 10%

117. BF004　聚合物母液管道输送阻力增大、回压增高需要进行清洗的压力值，下列答案错误的是：超过（　　）时。

　　A. 1.0MPa
　　B. 0.2MPa
　　C. 0.5MPa
　　D. 0.3MPa

118. BF005　一泵多井的优点是（　　），缺点是全系统为一个注入压力，注入井单井压力、流量调节能量损失较大，增加一定的黏度损失，单井注入方案不好调整，增加了流量调节器投资。

　　A. 设备数量少
　　B. 占地面积小
　　C. 流程简化
　　D. 维护工作量少

119. BG001　含水上升速度可按时间计算，分别称为（　　）。

　　A. 月含水上升速度
　　B. 季含水上升速度
　　C. 年含水上升速度
　　D. 日含水上升速度

120. BG002　分层注水的主要目的是通过改善注入水的水驱效果不断提高各类油层的（　　），从而提高油田的水驱采收率。

　　A. 水驱效率
　　B. 水驱面积
　　C. 波及系数
　　D. 油层厚度

121. BG003　开发潜力分析主要是针对各开发单元（　　），以及各小层内水淹状况和剩余油状况的分析。

　　A. 累积采油量
　　B. 采出程度
　　C. 剩余可采油量
　　D. 发育状况

122. BG004　井网对油层的水驱控制程度的大小，直接影响（　　）等开发指标的好坏。

　　A. 采油速度
　　B. 含水上升率
　　C. 储量动用程度
　　D. 水驱采收率

123. BG005　油藏水淹是一个受多种因素控制的复杂的变化过程，在河道砂储层中，古水流方向对油层水淹规律不可忽视，顺着古水流方向（　　）。

　　A. 注入水推进速度快
　　B. 水驱效果差
　　C. 波及系数高
　　D. 水驱效果好

124. BG006　措施作业施工是指以增产（注）为目的，主要包括（　　）的施工作业。

　　A. 对油层改造
　　B. 改变采油方式

C. 增大抽汲参数   D. 调参

125. BG007　已知一口注水井有四个层段，每层均有配注量且各小层一直都能完成小层配注量，如图是最近一次的分层流量卡片，分析该井目前存在问题是（　　）。

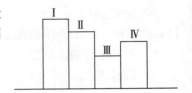

A. 底部球座严重漏失

B. 尾管脱扣

C. 洗井后投球没有座严

D. 正常

126. BG008　注水井吸水剖面资料，可以为进一步（　　）提供依据。

A. 认识层间矛盾   B. 认识层内矛盾

C. 掌握区块注水状况   D. 制定区块整体调剖挖潜措施

127. BG009　应用固井声幅测井曲线检查固井质量是通过相对幅度进行的，下列说法正确的是（　　）。

A. 相对幅度越大说明固井质量越差

B. 相对幅度小于 20% 为胶结良好

C. 相对幅度在 20% ~ 40% 为胶结中等

D. 相对幅度大于 40% 为胶结差

128. BG010　聚合物驱注入井阶段的划分包括：（　　）。

A. 水驱空白阶段   B. 聚合物注入阶段

C. 后续水驱阶段   D. 深度调剖阶段

129. BG011　注聚合物后，采油井见效，含水下降。含水下降幅度与油层各层段剩余油饱和度和地层系数存在一定关系，通常是（　　）的油井含水下降幅度大。

A. 含油饱和度高（含水率低）   B. 含油饱和度抵（含水率高）

C. 地层系数大   D. 地层系数小

130. BH001　如果希望在演示过程中终止幻灯片的演示，不能达到随时终止的键是（　　）。

A. Delete   B. Ctrl+E   C. Shift+C   D. Esc

131. BH002　Microsoft PowerPoint 2007 中，设置文本字体时，选定文本后，可以在菜单栏中进行（　　）操作。

A. 在开始菜单可以进行文本框的填充、轮廓等的设置

B. 在视图菜单下可以进行幻灯片的浏览

C. 在绘图工具菜单下面可以进行编辑形状、文本的填充、轮廓、形状效果的设置

D. 在编辑菜单下可以进行删除幻灯片操作

132. BH003　在 PowerPoint 中，用"文本框"工具在幻灯片中添中文本时，如果想要插入的文本框竖排，下列答案不正确的是（　　）。

A. 默认的格式就是竖排   B. 不可能竖排

C. 选择文本框下拉菜单中的水平项   D. 选择文本框下拉菜单中的垂直项

133. BH004   为了增强文稿的可视性，向演示文稿中添加图片是一项基本的操作，添加图片的方法可以是（   ）。

  A. 执行"插入→图片→来自文件"命令，打开"插入图片"对话框

  B. 定位到需要插入图片所在的文件夹，选中相应的图片文件，然后按下"插入"按钮，将图片插入到幻灯片中

  C. 用拖拉的方法调整好图片的大小，并将其定位在幻灯片的合适位置上即可

  D. 在别的演示文稿复制直接粘贴过来就可以

134. BH005   下列在 Word 文档中绘制表格的方法中正确的是：（   ）。

  A. 打开"表格"菜单，依次选择"插入"/"表格"命令

  B. 单击"常用"工具栏上的"插入表格"按钮

  C."表格和边框"工具栏上，选择"铅笔"工具

  D. 在"编辑"菜单中选择全选

135. BI001   论文是指用抽象思维的方法，通过（   ）、规律的文章。

  A. 专业的理论   B. 说理辨析

  C. 阐明客观事务本质   D. 研究内容

136. BI002   技术报告的标题应具备准确性（   ）。

  A. 完整性   B. 生动性   C. 简洁性   D. 鲜明性

137. BI003   正文是一篇文章的核心内容，在编写过程中，要做到（   ）。

  A. 主次分明   B. 细写研究课题过程中的手段和方法

  C. 对成果进行分析对比   D. 首先提出论点

138. BI004   写好一篇论文，要具备一定的驾驭语言文字的能力，作者应该掌握一定的（   ），学会正确使用标点符号。

  A. 专业的理论   B. 语法   C. 修辞知识   D. 研究内容

139. BI005   根据概念在（   ）方面的逻辑特征，概念可分为很多种。

  A. 内涵   B. 内在联系   C. 外在联系   D. 外延

140. BI006   下定义必须用清楚确切的概念，不能用（   ）的概念。

  A. 否定   B. 肯定   C. 隐喻   D. 含混

141. BI007   技术论文的三要素是（   ）。

  A. 论点   B. 论据   C. 论文   D. 论证

142. BI008   常用的论证方法有（   ）和反证法几种。

  A. 归纳法   B. 对比法   C. 引证法   D. 论据法

143. BJ001   质量管理是为经济地提供用户满意的产品或服务所进行的组织、协调、（   ）、等工作的总称。

  A. 执行   B. 处理   C. 控制   D. 监察

144. BJ002   PDCA 作为（   ）的一种科学方法，适用于企业各方面的工作。因此，整个企业是一个大的 PDCA 循环，各部门又都有各自的 PDCA 循环，依次又有更小的 PDCA 循环，直至具体落实到每一个人。

  A. 计划管理   B. 协调管理   C. 企业管理   D. 质量管理

145. BJ003　排列图就是用来找出产品主要问题或影响产品质量主要因素的一种有效方法，它应用了（　　）原理。

A. 关键的多数　　　B. 关键的少数　　　　　C. 次要的少数　　　　　D. 次要的多数

146. BJ004　因果图又称为（　　）、石川图、鱼刺图等。

A. 特性要因图　　　B. 树枝图　　　　　　　C. 排列图　　　　　　　D. 散布图

147. BJ005　QC 小组在解决质量、成本、生产量等问题时，基于数据的实证式问题解决方法是十分有效的，使用的最基本方法一般有：调查表、帕累托图、特性要因图、（　　）、散布图、管理图。

A. 图表　　　　　　　　B. 确认表　　　　　　C. 矩形图　　　　　　D. 排列图

148. BK001　技术培训是企业对员工进行技术理论和技艺能力的教学和示范活动，技术培训目的是提高企业员工的（　　）。

A. 生产水平　　　　　　　　　　　　B. 专业理论水准

C. 考核能力　　　　　　　　　　　　D. 技术操作能力

149. BK002　制定教学计划的原则是以教学为主，全面安排，互相衔接，相对完善，突出重点，注重联系，统一性、（　　）相结合的原则。

A. 巩固性　　　　　　　B. 长久性　　　　　　C. 稳定性　　　　　　D. 灵活性

150. BK003　教学的方法有多种，以语言传递作为教学方法的有讲授法、（　　）、读书指导法。

A. 练习法　　　　　　　B. 参观法　　　　　　C. 类比法　　　　　　D. 讨论法

151. BK004　考虑教学方法，就是考虑如何将自己掌握的教材知识传授给学员，包括（　　）等。

A. 理论教材　　　　　　　　　　　　B. 规定教材

C. 选定教材　　　　　　　　　　　　D. 技能教材

152. BK005　教育心理学主要是研究在教育和教学条件下，学生的（　　），因此具有自己的特点。

A. 心理现象　　　　　　　　　　　　B. 心理发展的规律

C. 心理活动　　　　　　　　　　　　D. 学习过程

153. BL001　油田开发经济评价的主要任务，是对工程技术方案进行（　　）研究。

A. 经济评价　　　　　B. 综合调整　　　　　C. 预测性　　　　　　D. 可行性

154. BL002　经济评价必须保证评价的（　　）。

A. 正确性　　　　　　　B. 公正性　　　　　　C. 可行性　　　　　　D. 客观性

155. BL003　对注水开发油田进行经济分析或计算所依据的主要指标有：油田布井方案、油田不同开发阶段的采油速度、采油量、含水上升百分数；（　　）不同开发阶段所使用的不同开采方式的井数；油田注水或注气方案，不同开发阶段的注水量或注气量等。

A. 开发过程中的主要工艺技术措施

B. 油田的总钻井数、采油井数和注水井数

C. 自喷井数及机械采油井数

D. 不同开发阶段的采出程度和所预计的最终采收率

156. BL004　在实际油田开发中，每口井的钻井投资都是不同的，但为了进行不同方案的对比，必须假定在（　　）的条件下，每口井的投资是相同的。

A. 不同井深　　　　B. 同一油田　　　　C. 不同油田　　　　D. 同井深

157. BL005　油田开发中计算人力、物力消耗的经济指标主要有四类，（　　）原油生产费用、油田建设的材料消耗量。

A. 油田建设总投资　　　　　　B. 劳动消耗量

C. 资金消耗量　　　　　　　　D. 原油成本

158. BL006　产值利润率，总产值包括了一定期限中（　　）所转移的价值。

A. 成本费用　　　　　　　　　B. 生产资料

C. 消耗费用　　　　　　　　　D. 劳动消耗

159. BL007　油田经济效益评价方法是在资源评价、（　　）钻采、地面工程评价的基础上，对项目投入的费用和产出的效益进行计算分析，再通过多方案比较，论证项目的财务可行性和经济的合理性。

A. 信息工程评价　　　　　　　B. 油藏工程评价

C. 市场预测　　　　　　　　　D. 市场调查

160. BL008　在班组经济核算中，内容主要包括产量指标、（　　）、能源消耗指标等。

A. 材料消耗　　　　　　　　　B. 质量指标

C. 劳动指标　　　　　　　　　D. 施工费用

三、判断题（对的画"√"，错的画"×"）

（　　）1. AA001　含油饱和度是油田勘探开发中的重要油层物理参数之一。

（　　）2. AA002　油气的密度不同，油气的饱和度就不同，黏度较高的油，排水动力小，油气不易进入孔隙，残余水含量低，油气饱和度就高。

（　　）3. AA003　对储层来讲，非均质性是相对的、有条件的、有限的，而均质性则是绝对的、无条件的和无限的。

（　　）4. AA004　层内非均质性指砂体外部纵向上的非均质性。

（　　）5. AA005　孔隙是岩石颗粒之间的较小的空间，喉道则是岩石颗粒之间的宽大通道。

（　　）6. AA006　储层渗透率韵律在纵向上会出现各种各样的变化，但大体上与粒度韵律相同。他们在水驱开发过程中将会出现各自不同的典型动态，产生差别很大的开发效果。

（　　）7. AA007　砂体的规模越大，其横向连续性也越好，因而其非均质性也就越弱，其均质性就越好。

（　　）8. AA008　分层系数是指某一层段内砂岩的层数。

（　　）9. AB001　纵向上对比时要后对比含油层系，再对比油层组，在油层组内对比砂岩组，在砂岩组内对比小层。再由大到小逐级验证。

（　　）10. AB002　湖相沉积层在划分和对比单油层时，应先在三级旋回内分析其单砂层的相对发育程度、泥岩层稳定程度，将三级旋回分为若干韵律，韵律内较粗粒含油部分即是单油层。

（　　）11. AB003　所谓"时间单元"的含义是，在不同时间形成的某一段地层的岩性组合。

（　　）12. AB004　取心的目的之一是研究储层的原油性质如孔隙度、渗透率、含油饱和度等，建立储层物性参数图版，确定和划分有效厚度和隔层标准，为储量计算和油田开发方案设计提供可靠资料。

（　　）13. AB005　岩心盒的井号与岩心排列。

（　　）14. AB006　当岩石颗粒、钙质等含量为 15%～20% 时，定名时用 x 质或 x 状表示，如泥质粉砂岩、砾状砂岩。

（　　）15. AB007　油斑含油面积 5%～15%，一般多为粉砂质泥岩。

（　　）16. AB008　滴水试验应在劈开的岩心新鲜面上进行：用滴瓶取一滴水，滴在含油岩心平整的新鲜面上，然后观察水珠的形状和渗入情况。

（　　）17. AB009　岩心综合数据的整理目前应用电子计算机处理原始数据的方法，包括基础数据运算、脱气校正、层段累加平均、水洗判断等。

（　　）18. AB010　岩心资料是油田勘探和开发的最重要的地质基础。

（　　）19. AB011　亚浅海相位于退潮线至水深 70m 的地带，岩性以砂岩及粉砂岩为主，砾石较少。

（　　）20. AB012　半深海相和深海相由于处于深水，环境安静，主要沉积的是各种远洋软泥。

（　　）21. AB013　前三角洲带常有粉砂质黏土和泥质沉积，且含丰富的有机质，而且是在海底的氧化环境下沉积的，其沉积迅速、埋藏快，这对于有机质的保存和向油气转化特别有利，是重要的生油岩。

（　　）22. AB014　淡化潟湖相由于水体淡化，生物种类单调，淡水生物大量繁殖，形成淡化潟湖相所特有的苔藓虫礁灰岩。

（　　）23. AB015　油田沉积相研究的范围着重于油田本身。

（　　）24. AB016　在河流—三角洲沉积区，一般以一次河流或三角洲旋回层为基本作图单元最为理想。

（　　）25. AB017　在亚相的划分基础上，依据沉积砂体的各种沉积特征，进一步确定砂体成因类型，探讨各类砂体的沉积方式、内部结构特征与夹层的分布状况。

（　　）26. AB018　地质储量是以地下条件的重量单位表示的。

（　　）27. AB019　探明储量是在油田评价钻探阶段完成或基本完成后计算的储量。

（　　）28. AB020　预测储量相当于其他矿种的 C～D 级储量。

（　　）29. AB021　并非所有油藏均适合聚合物驱，即使适合聚合物驱的油藏，其增产幅度也有较大区别。

（　　）30. AB022　按油气田面积大小，将油田划分为特大油田、大型油田、中型油田和小型油田四个等级。

（　　）31. AB023　油田开发早期油藏描述的目的是探明储量及进行开发可行性评价。

（　　）32. AB024　超深层储量指井深大于 4000m、开采工艺要求高、开发难度较大的储量。

（　　）33. AC001　采收率的提高必须以同井分层注水为主，实施分层监测、分层改造、分层堵水等工艺技术进行多套独立层系的开采技术。

（　　）34. AC002　划分开发层系，应考虑与之相适应的采油工艺，不要分得过细。

（ ）35. AC003　油田开发实践证明，油层的沉积条件相近，油层性质不一定就相近，在相同的井网形式下，其开采特点也不一致。

（ ）36. AC004　进行整体技术经济评价过程中，注意优化各专业衔接的参数，要做全流程的节点分析，重点是采油井井底压力、井口压力、进站压力和注入压力，以整体开发体系的能耗及经济效益作为选择依据。

（ ）37. AC005　按综合含水率划分开发阶段，高含水开发阶段的综合含水率应为75%～90%。

（ ）38. AC006　油藏投产阶段一般为1～3年，主要受油田规模、储量和面积大小的影响，随着科学技术日新月异的变化，投产阶段的年限也会变化。

（ ）39. AC007　为改善油田开发效果、延长油田稳产期和减缓油田产量递减而采取的调整措施也是综合调整的内容。

（ ）40. AC008　对于原层系井网中开发状况不好、储量又多的差油层，不能单独作为一套开发层系。

（ ）41. AC009　注水方式及井网调整时，选择井距要考虑有较高的水驱控制程度，能满足注采压差、生产压差和采油速度的要求。

（ ）42. AC010　在进行井网调整时，调整井的井位受原井网制约，新老井的分布要尽可能均匀，保持注采协调。

（ ）43. AC011　开采方式调整主要是指油井由天然能量开采方式转换为抽油机开采方式。

（ ）44. AC012　调整生产制度是为了控制油田开发过程三大矛盾的发展和激化，同时也使机械采油设备处在合理的工作状态中。

（ ）45. AC013　层系井网和注水方式的分析，主要以油层动用程度为基本内容，分析注入水在纵向上各个油层和每个油层平面上波及的均匀程度。

（ ）46. AC014　我国注水开发的多油层砂岩油田广泛采用了分层注水方式，但由于储油层非均质严重，分层压力差异不大，使得开发过程中层内干扰突出。

（ ）47. AC015　在一套层系内，即使沉积条件基本一致，渗透率级差不大，由于射开层数过多，厚度过大，对开发效果影响也比较大。

（ ）48. AC016　油田开发试验效果分析中的试验目的就是将试验中取得的成果经过系统整理，逐项加以总结，并与国内外同类试验或开发成果进行对比，指出达到的水平。

（ ）49. BA001　当瞬时油汽比达到经济界限（一般为0.15）时，蒸汽驱结束或转变为其他开采方式。

（ ）50. BA002　注蒸汽作业前，准备好机械采油设备及出油条件，油井中下入蒸汽管柱，隔热油管及耐热封隔器。

（ ）51. BA003　对于厚油层，热原油流向井底时，除油层压力驱动外，还受到重力驱动作用。

（ ）52. BA004　在注完蒸汽后关井一段时间，使注入油层中的蒸汽充分与孔隙介质中的原油进行交换，使蒸汽完全凝结成热水后再开井生产，可避免开井回采时携带过多的热量从而降低热能利用率。

（　　）53. BA005　温度降低使原油黏度大幅度降低，这是蒸汽驱开采稠油的最重要机理。

（　　）54. BA006　实施有效的蒸汽吞吐驱开采，一是高速连续注入足够量的高干度蒸汽，使其汽化潜热能在抵消损失后不断得到补充；二是在连续注入和降压开采的情况下，保证蒸汽带稳定向前扩展。

（　　）55. BA007　稠油出砂冷采单井产量一般在 3～50m³/d，是常规降压开采（不出砂）的数倍乃至数十倍，也大大高于蒸汽吞吐等热采方式。

（　　）56. BA008　随着大量砂子的不断产出、油层中产生"蚯蚓洞"，并逐步发展成为大规模的"蚯蚓洞"网络。

（　　）57. BA009　堵水井选井选层要选择井下技术状况好、窜槽及套管损坏的井。

（　　）58. BA010　有自喷能力的机采井在堵水前可以进行自喷找水或气举找水。

（　　）59. BA011　如果砂岩中的碳酸盐含量低于 10% 或堵塞物中碳酸盐含量很低时，应选择硫酸。

（　　）60. BA012　当盐酸与金属氧化物（铁锈）反应时，则生成氯化铁与氢气。

（　　）61. BA013　由于盐酸与金属氧化物作用后生成的盐类与水化合成氢氧化物的胶质沉淀，容易将油层的孔道堵塞。为了消除或减轻这种堵塞现象，须加入稳定剂，以防止有氢氧化物生成。

（　　）62. BA014　聚合物凝胶在形成之后，黏度大幅度增加，失去流动性，在地层中产生物理堵塞，从而提高注入水的扫油效率。

（　　）63. BA015　机采井"三换"全称为换机、换泵、抽油机与电泵互换，简称"三换"。

（　　）64. BA016　当确定换大泵后，检查抽油机、电机能否满足换大泵需要，若机型偏大时，须选择合适机型更换。

（　　）65. BA017　换大泵开井投产后 3d 内，由作业队与采油队技术人员一起到现场进行交井。

（　　）66. BA018　在充分满足油井生产能力（最大产液量）需求的前提下，应尽量使用大冲程，冲程加大，可以增加排量，降低动液面，提高油井产量；同时可减少气体对泵的影响，提高抽汲效率。

（　　）67. BA019　间歇井工作原则要求要重视间歇井套管气的管理。

（　　）68. BA020　由于油层性质较差，导致油井出砂，砂子冲刷阀等各部分，磨损速度加快，造成泵漏失，从而提高泵效。

（　　）69. BA021　聚合物注入油层后，提高了低渗透率的水淹层段中流体总流度，缩小了高、低渗透层层段间的水线推进速度差，起到了调整吸水剖面、提高波及系数的作用。

（　　）70. BA022　由于聚合物注入液在高渗透层中的渗流，使得注入液在高、低渗透层中以不均匀的速度向前推进，不能改善非均质层中的吸水剖面。

（　　）71. BA023　在低渗透层中由于残余油饱和度较高，大部分是水驱未波及的含油孔隙，聚合物溶液推动油段向前慢慢移动，在聚合物段塞前形成了含油贫瘠带。

（　　）72. BA024　化学稳定性良好，是油田上应用的聚合物应满足的条件之一，聚合物与油层水及注入水中的离子不发生化学降解。

（　　）73. BA025　在聚驱开发过程中，研究油层开采简史主要包括：该区块开发初始时间，开发层系，基础井网类型，开采方法，开发过程中采取的调整方式，特别要分析聚合物驱目的层的开发过程及当前的开发状况。

（　　）74. BA026　聚合物驱油层在注采井间分布应比较稳定而且连续。

（　　）75. BA027　编制聚合物驱方案是在充分认识油层状况和分析目前生产状况的基础上，综合考虑各种因素，并有针对性的研究过程。

（　　）76. BA028　聚合物注入第一阶段为水驱空白阶段，是在注聚合物之前的准备阶段，一般需要 9 ~ 18 个月，此时含水仍处于聚驱的稳定升期。

（　　）77. BA029　如聚合物驱开发区内有多条断层，且断层可把区块分隔成若干个小区块，则应对断层分隔的小区块统一进行配产配注。

（　　）78. BA030　预测指标主要包括：聚合物最终采收率、与水驱相比提高采收率值、累积增产油量、综合含水下降最大幅度、节约注水量、每注 1t 聚合物增产油量、累积注入量、综合含水和累积产油量的变化等。

（　　）79. BA031　聚合物溶液的混配水的总含铁量要求在 0.9mg/L 以上。

（　　）80. BA032　由于聚合物的黏弹性加强了水相对残余油的黏滞作用，在聚合物溶液的携带下，残余油重新流动，被挟带而出。

（　　）81. BA033　聚合物相对分子质量的计算公式为：$M=M_o X_o$ 或 $X_o=M/M_o$。

（　　）82. BA034　聚合物线型结构是指由许多基本结构胶结连接成一个线型长链大分子的结构。

（　　）83. BA035　聚合物驱油层孔隙度的确定方法，应根据储量公报查相应区块聚合物目的层纯油区厚层和薄层的孔隙度、过渡带厚层和薄层的孔隙度。

（　　）84. BA036　微生物提高原油采收率技术的优点突出，只要碳源（糖蜜或烷烃）和其他营养物质充足，便可在油藏就地产生代谢产物或使细胞生长。

（　　）85. BA037　在聚合物驱油中，聚合物的用量大，提高采收率幅度大，但是每吨聚合物增产的原油量却不是聚合物用量的单值函数。

（　　）86. BA038　在微生物驱油过程中，注入的细菌以及随其进入地层的杂质会造成堵塞效应，特别是细菌生长过快的条件下，油藏被堵可能使渗透率降低 20% ~ 70%，而且原油降解现象严重，不利于提高原油采收率，因此，控制细菌生长速度的问题在实际现场应用中，就显得尤为重要。

（　　）87. BB001　在注采比计算中，原油的换算系数与体积系数是相同的概念不同的说法。

（　　）88. BB002　反九点法面积井网由于所处位置不同可以分为边井和角井，在计算井组注采比时可以忽略边井和角井统一进行计算。

（　　）89. BB003　在计算累积亏空体积时，计算结果为正值，说明地下亏空，计算结果为负值时，说明地下不亏空。

（　　）90. BB004　一般情况下，含油、含水砂岩微电极曲线都有明显的幅度差，水层幅度差略高于油层。

（　　）91. BB005　利用三侧向幅度差判断水淹层也是比较理想的，油层注入淡水，水淹后三侧向幅度差明显减小。

（　　）92. BB006　感应测井能求地层电阻率，计算孔隙度、含油饱和度，判断油气水层等。

（　　）93. BB007　天然气的声速比在油和水中小得多，所以气层的声波时差小于油水层的声波时差。

（　　）94. BB008　油层顶部水淹后，短梯度曲线极大值向上抬，深浅三侧向曲线幅度差减小。

（　　）95. BC001　在现有工艺技术和经济条件，从储油层中所能采出的那部分油气储量称为表内储量。

（　　）96. BC002　采收率是指在某一经济极限内，利用现代工艺技术，从油藏原始地质储量中可以采出原油地质储量的百分数。

（　　）97. BC003　生产压差每增加 1MPa 时，油井每米有效厚度所增加的日产油量称为视采油指数，表示油井每米有效厚度的日产油能力，单位为 $t/(d·MPa·m)$。

（　　）98. BC004　在递减率计算时，如果现场给定井口产油量，应根据输差计算出核实产量再进行递减率的计算。

（　　）99. BC005　含水上升速度是只与时间有关而与采油速度无关的含水上升数值，等于每月（季、年）含水率上升值，相应的称为月（季、年）含水上升速度。

（　　）100. BC006　地层孔隙中某一点流体（油、气、水）所承受的压力称为地层压力。

（　　）101. BC007　聚合物溶液注入浓度等于聚合物注入干粉量与聚合物注入溶液量的比值。

（　　）102. BC008　水驱孔隙度的确定方法，应根据储量公报查出相应区块聚合物目的层纯油区厚层和薄层的孔隙度、过渡带厚层和薄层的孔隙度。

（　　）103. BD001　对油藏的储量可按地质储量丰度划分为高丰度、中丰度、低丰度、特低丰度等四个等级。

（　　）104. BD002　计算小区块地质储量，一般情况下以井距的一倍圈定区块储量面积，也有时需要在井排上划分小区块面积，应根据需要而定。

（　　）105. BD003　储量计算的方法有：容积法、单元体积法、物质平衡法、压降法、产量递减曲线法、驱替特征曲线法、统计对比法和利用蒙特卡洛模拟法。

（　　）106. BE001　在小层数据表或横向图上，小层界线上边的厚度属于上边小层，界线下边的厚度属于下边小层。

（　　）107. BE002　在大比例的构造图中，正断层由于地层缺失而出现一个等值线的空白带，逆断层因地层重复而出现一个等值线的重复带。

（　　）108. BE003　压力等值线图的特点是突变的。

（　　）109. BE004　渗透率等值线图是在三角形各边之间，用内插值法求出不同的渗透率等值点。

（　　）110. BE005　构造图等值线即不能过密，也不能过于稀疏。

（　　）111. BE006　沉积相带图以横排相邻井对比关系资料连接剖面小层的对比线。

（　　）112. BE007　绘制单井小层剖面，一般情况下，有效厚度的层其上下层面线用实线表示。

（　　）113. BE008　油气田应用中，常在构造剖面图的基础上，添加反映地层岩性、含油气性等内容，使之成为常见的油气田地质剖面图。

( ) 114. BF001 如图所示注聚井口流程里，4 所测的压力是油压。

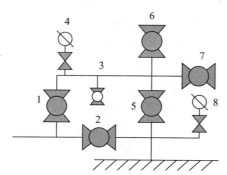

( ) 115. BF002 聚合物注入管道优先选用高压玻璃钢管，也可选用无缝钢管，但要求其内壁采用环氧粉末喷涂或其他成熟可靠的内涂层技术，并对焊缝进行严格的内补口处理。

( ) 116. BF003 聚合物注入管道距离越长，聚合物在管道中停留的时间越长，由于聚合物与管道之间的化学作用以及管道流动的剪切速率，对聚合物溶液黏度的影响就越大，黏损率就越大。一般注入管道距离宜控制在 1000m 以内，最远不超过 2000m。

( ) 117. BF004 单井单泵流程的优点是每台泵与每口井的压力、流量均相互对应，流量及压力调节时没有大幅度节流，能量利用充分，单井配注方案比较容易调整；缺点是设备数量多，占地面积大，工程投资高，维护量大。

( ) 118. BF005 如图所示的注聚合物站内流程中，1 号、2 号泵连接同一条汇管。

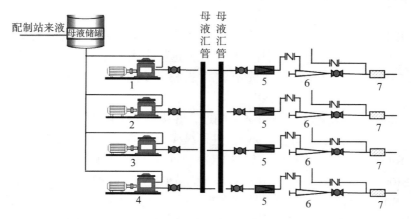

( ) 119. BG001 含水上升率的公式为：含水上升率＝年含水上升速度／采油速度。

( ) 120. BG002 对井组内各油井采出液量进行对比分析，尽量做到各油井采液强度与其油层条件相匹配。

( ) 121. BG003 提高采收率的核心问题就是要明确地下剩余油的分布情况。

( ) 122. BG004 水驱控制程度的简化计算方法为：与水井连通的采油井射开有效厚度（或砂岩厚度）与井组内采油井射开总有效厚度（或砂岩厚度）的比值。

（　　）123. BG005　多层段多韵律油层具有多层段水淹的特点。

（　　）124. BG006　油水井在措施前长期不能生产的，措施后的产量（注水量）全部作为增产量或增注量，并从措施后开井起算到年底为止。

（　　）125. BG007　已知一口注水井有四个层段，如图所示是最近一次的分层流量卡片，该井偏Ⅲ停注或水嘴堵死，如果水嘴堵死应捞出堵塞器进行解堵。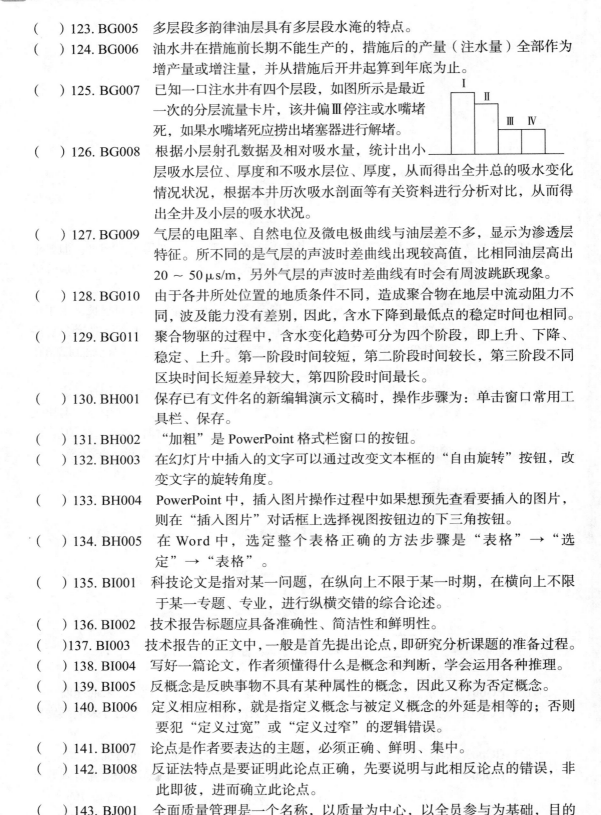

（　　）126. BG008　根据小层射孔数据及相对吸水量，统计出小层吸水层位、厚度和不吸水层位、厚度，从而得出全井总的吸水变化情况状况，根据本井历次吸水剖面等有关资料进行分析对比，从而得出全井及小层的吸水状况。

（　　）127. BG009　气层的电阻率、自然电位及微电极曲线与油层差不多，显示为渗透层特征。所不同的是气层的声波时差曲线出现较高值，比相同油层高出 $20 \sim 50 \mu s/m$，另外气层的声波时差曲线有时会有周波跳跃现象。

（　　）128. BG010　由于各井所处位置的地质条件不同，造成聚合物在地层中流动阻力不同，波及能力没有差别，因此，含水下降到最低点的稳定时间也相同。

（　　）129. BG011　聚合物驱的过程中，含水变化趋势可分为四个阶段，即上升、下降、稳定、上升。第一阶段时间较短，第二阶段时间较长，第三阶段不同区块时间长短差异较大，第四阶段时间最长。

（　　）130. BH001　保存已有文件名的新编辑演示文稿时，操作步骤为：单击窗口常用工具栏、保存。

（　　）131. BH002　"加粗"是 PowerPoint 格式栏窗口的按钮。

（　　）132. BH003　在幻灯片中插入的文字可以通过改变文本框的"自由旋转"按钮，改变文字的旋转角度。

（　　）133. BH004　PowerPoint 中，插入图片操作过程中如果想预先查看要插入的图片，则在"插入图片"对话框上选择视图按钮边的下三角按钮。

（　　）134. BH005　在 Word 中，选定整个表格正确的方法步骤是"表格"→"选定"→"表格"。

（　　）135. BI001　科技论文是指对某一问题，在纵向上不限于某一时期，在横向上不限于某一专题、专业，进行纵横交错的综合论述。

（　　）136. BI002　技术报告标题应具备准确性、简洁性和鲜明性。

（　　）137. BI003　技术报告的正文中，一般是首先提出论点，即研究分析课题的准备过程。

（　　）138. BI004　写好一篇论文，作者须懂得什么是概念和判断，学会运用各种推理。

（　　）139. BI005　反概念是反映事物不具有某种属性的概念，因此又称为否定概念。

（　　）140. BI006　定义相应相称，就是指定义概念与被定义概念的外延是相等的；否则要犯"定义过宽"或"定义过窄"的逻辑错误。

（　　）141. BI007　论点是作者要表达的主题，必须正确、鲜明、集中。

（　　）142. BI008　反证法特点是要证明此论点正确，先要说明与此相反论点的错误，非此即彼，进而确立此论点。

（　　）143. BJ001　全面质量管理是一个名称，以质量为中心，以全员参与为基础，目的在于通过让顾客满意和本组织所有成员及社会受益而达到长期成功的管理途境。

（ ）144. BJ002 在 PDCA 循环中的 D 阶段通常是指按制定的对策实施。

（ ）145. BJ003 排列图又称帕累托图；它是将质量改进的项目从重要到次要顺序排列而采用的一种图表。

（ ）146. BJ004 画因果图是画一条带箭头的主干，箭头指向右端，将结果写在右边方框里，因为影响产品质量一般有五大因素（人、机器、原料、方法、环境），所以经常见到按五大因素分类的因果图。

（ ）147. BJ005 QC 小组是企业实现全员参与质量改进的有效形式。

（ ）148. BK001 教育是一种社会现象，也是企业文化的一部分，是人类社会特有的有意义的活动，也是人类社会特有的传递经验的形式。

（ ）149. BK002 制定教学计划时，通过直接接触实际，引导学员获得感性知识，获得直接的实际知识。

（ ）150. BK003 在传授基本知识时，要利用学员各种感官和已有经验，通过各种形式和手段感知，丰富学员的直接经验和感性知识，使学员直观地获得鲜明的表象。

（ ）151. BK004 备课要熟悉学员，应了解学员原有的学习基础、学习质量、学习态度和学习方法，以及学生的思想精神面貌、个性特征和健康状况。

（ ）152. BK005 辩证唯物主义观点认为，人的心理是感观现实在人脑中的主观印象，人脑是心理活动产生的器官，而心理活动是人脑的机能。

（ ）153. BL001 油田开发经济评价的主要任务有开展油田开发经济动态预测与分析。

（ ）154. BL002 经济评价必须遵守费用与效益的计算具有可操作性的原则。

（ ）155. BL003 不同开发阶段的采出程度和所预计的采收率是进行经济分析或计算所依据的主要指标。

（ ）156. BL004 经济指标的预测与油田开发指标的预测是各自独立的。

（ ）157. BL005 原油生产费用是衡量企业经济效果的综合性指标，也是油田开发中最基本的指标之一。

（ ）158. BL006 企业毛收入是从企业收入中扣除生产领域劳动者所得之后剩余的部分。

（ ）159. BL007 成本利润率：数值上等于一定期限内，企业获得的利润同生产费用的比值。体现了收益同消耗的比较。

（ ）160. BL008 班组经济核算是厂、矿经济核算的基础。

四、简答题

1. AB002 湖泊相油层组对比要掌握哪几个关键？

2. AB015 油田沉积相研究的目的、范围及特点是什么？

3. AB016 油田沉积相研究方法是什么？

4. AB017 简述沉积相的基本划相标志。

5. AB022 储量综合评价按哪几个方面进行？

6. AB022 储量综合评价内容包括什么？

7. AC001　简答划分开发层系的必要性。

8. BA001　简述稠油开采的方法？

9. BA004　注汽参数对蒸汽吞吐开采的影响？

10. BA006　如何实施有效的蒸汽驱开采？

11. BA008　油层出砂的条件是什么？

12. BA009　简述堵水井选井选层原则是什么？

13. BA009　堵水井选层时，对非均质性或井网不完善平面矛盾较大的井如何处理？

14. BA022　注入油层的聚合物将会产生哪两方面的重要作用？其作用结果及作用机理有哪些？

15. BA023　聚合物在高、低渗透层中的特点主要有哪些？

16. BA025　根据国内外已有的经验，有哪几种情况不适合聚合物驱油技术？

17. BE002　断层的观察和研究的内容？

18. BG002　地层压力变化的主要原因有哪些？

19. BG005　造成含水上升的主要原因有哪些？

20. BG010　聚合物驱的动态变化特征有哪些？

五、计算题

1. AA001　岩石的体积为 18cm³，孔隙体积为 7cm³，岩石孔隙中的含油体积为 2.6cm³，求岩石的含油饱和度是多少？

2. BA029　某聚合物注入井的配注为 100m³/d，配制站的母液浓度为 5000mg/L，该井的注入浓度为 1200 mg/L，求该井的母液、污水配注各为多少？

3. BB001　某注水开发区块，182d 采出原油为 2.5×10^4t，采出水量为 3.6×10^4m³，日注水量平均为 345m³/d，日平均溢流为 20m³/d（原油体积系数为 1.2，相对密度为 0.86），求这一时期的注采比和地下亏空是多少？

4. BB001　油田某区块，截至去年已累积产液为 3017×10^4t，累积产油为 402.8×10^4t，累积注水为 2764×10^4m³；今年平均产液量为 7941t/d，年综合含水为 92.10%，注水为 301.3×10^4m³/a。试计算今年的注采比和累积地下亏空是多少（原油体积系数为 1.31，相对密度为 0.86）？

5. BC002　某区块截至今年年底累积产油量为 9.13×10^4t，采出程度为 14.18%；本年度产油量为 4510t/a，月均含水上升为 0.11%。试计算该区块的地质储量、年含水上升率和采油速度各是多少（精确到 0.01）？

6. BC003　某注水井累积注水量为 184210m³，累积溢流量为 728m³，该井组累积注采比为 0.81；油井累积产水量为 651m³，原油体积系数为 1.2，相对密度为 0.86，求累积采油量是多少？

7. BC003　某区块累积注水量 218.80×10^4m³，累积产水量 200.13×10^4m³，累积产油 118.64×10^4t。求此区块水驱指数是多少？

8. BC004　某井组上一年产油量为 9×10^4t/a；今年产油量为 8.9×10^4t/a，其中新井产油量为 0.18×10^4t/a。措施增油量为 0.07×10^4t/a。求该井组今年的自然递减率和综合递减率是多少？

9. BC004　某区块某年 12 月份核实产油量为 295t/d，（停产井 4 口，影响井口产量为 18t/d），年底标定产油水平为 305t/d；第二年井口产油量为 113500t/a，其中新井井口产油量为 4400t/a，老井措施井口年增油为 1100t/a，这一年的年计量输差为 4–5%，求第二年的综合递减率和自然递减率是多少？

10. BC006　某注水井测得的目前地层压力为 10.3MPa，油层中部深度为 878.2m，井口注水压力 11.0MPa，求注水压差？

11. BC006　某抽油井的油层中部深度为 900m，油层静压为 12.0MPa，油井合理的沉没度为 150m，合理的生产压差为 4.6MPa，油井中液体的密度为 933kg/m³，求该井合理的下泵深度是多少（套压为零，g=9.81m/s²）？

12. BC008　已知某聚合物驱区块，已累积注入平均浓度为 1435mg/L 的聚合物溶液 2569×10⁴m³，累积增油为 448.7×10⁴t，求该区块吨聚合物增油量是多少？

13. BC008　某聚合物驱开采区块已累积注入聚合物溶液 1072×10⁴m³，累积使用聚合物干粉为 8000t，注入地下孔隙体积的为 0.49PV，求该区块累积注入聚合物浓度是多少？累积聚合物用量是多少？

14. BD001　某油田地质储量为 8750×10⁴t，采收率为 37%，截至 2013 年年底累积采油量为 1540×10⁴t，2014 年采油量为 45×10⁴t，求 2014 年储采比是多少？

15. BD001　某油田可采储量为 6570×10⁴t，地质储量为 16425×10⁴t，截至 2010 年底可采储量的采出程度为 49.4%，2011 年采油速度为 2.4%，求 2011 年储采比是多少？

16. BD002　某油田含油面积为 120km²，平均有效厚度为 10.3m，地质储量为 500×10⁴t，其中开辟了一个开发试验区，该区含油面积为 40km²，平均有效厚度为 9.4m，求该试验区的地质储量为多少？

17. BD003　某井组是一个注采井距为 400m 的规则五点法面积注水井组，钻井证实井组所在区域油层均质，5 口井的油层厚度均为 13m，孔隙度为 28%，含油饱和度为 72%，原油密度为 0.91t/m³，体积系数为 1.27，求该井组地质储量（计算结果精确到 0.01）为多少？

18. BG001　某井组累积注水量 390×10⁴m³，累积产油量为 18×10⁴t，累积产液量为 299×10⁴m³，原油密度为 0.90，求该井组存水率（精确到 0.01）是多少？

19. BG004　某井组采油井射开砂岩厚度为 25.8m，其中与注水井连通的砂岩厚度为 23.2m，求该井组水驱控制程度（计算结果精确到 0.01）为多少？

20. BG004　已知某井区内 1 口油井与周围三口水井连通，该采油井射开总砂岩厚度为 29.9m，其中与周围水井一个方向连通的砂岩厚度之和为 4.7m，与周围水井两个方向连通的油井砂岩厚度之和为 5.6m，与周围水井三个方向连通的油井砂岩厚度为 18.6m。试计算：①以该油井为中心井组一个方向的水驱控制程度；②以该油井为中心井组两个方向的水驱控制程度；③以该油井为中心井组三个方向的水驱控制程度为多少？

答　案

一、单项选择题

1.D　2.A　3.A　4.C　5.C　6.B　7.A　8.C　9.A　10.C　11.B
12.C　13.B　14.A　15.C　16.B　17.D　18.B　19.A　20.B　21.D　22.C
23.D　24.B　25.C　26.D　27.B　28.B　29.B　30.C　31.A　32.C　33.C
34.D　35.D　36.A　37.B　38.B　39.C　40.B　41.B　42.A　43.C　44.A
45.C　46.D　47.B　48.B　49.B　50.D　51.B　52.B　53.A　54.C　55.A
56.B　57.A　58.B　59.B　60.D　61.D　62.A　63.B　64.D　65.C　66.A
67.B　68.A　69.B　70.A　71.C　72.A　73.C　74.C　75.D　76.A　77.C
78.A　79.C　80.D　81.D　82.B　83.D　84.D　85.B　86.A　87.B　88.A
89.A　90.D　91.A　92.B　93.C　94.B　95.B　96.B　97.A　98.C　99.A
100.C　101.A　102.C　103.B　104.C　105.A　106.C　107.B　108.C　109.A　110.C
111.A　112.B　113.D　114.B　115.D　116.B　117.A　118.A　119.C　120.D　121.D
122.D　123.D　124.D　125.A　126.A　127.D　128.D　129.A　130.C　131.B　132.D
133.C　134.D　135.A　136.A　137.C　138.D　139.A　140.B　141.C　142.D　143.C
144.D　145.C　146.D　147.D　148.A　149.D　150.B　151.C　152.D　153.B　154.C
155.C　156.A　157.C　158.D　159.D　160.B　161.B　162.B　163.B　164.C　165.D
166.D　167.D　168.B　169.C　170.C　171.B　172.C　173.D　174.B　175.C　176.A
177.C　178.D　179.B　180.D　181.A　182.A　183.B　184.D　185.D　186.A　187.C
188.A　189.D　190.C　191.D　192.B　193.C　194.A　195.C　196.B　197.C　198.B
199.C　200.D　201.D　202.A　203.A　204.B　205.C　206.D　207.C　208.B　209.C
210.A　211.C　212.D　213.B　214.D　215.B　216.A　217.B　218.C　219.C　220.A
221.C　222.B　223.A　224.B　225.A　226.C　227.C　228.A　229.A　230.D　231.D
232.A　233.C　234.B　235.B　236.C　237.A　238.D　239.B　240.D　241.A　242.C
243.C　244.D　245.A　246.B　247.A　248.B　249.C　250.A　251.A　252.B　253.C
254.B　255.A　256.C　257.B　258.D　259.C　260.C　261.D　262.C　263.A　264.C
265.A　266.B　267.B　268.D　269.C　270.B　271.C　272.A　273.D　274.B　275.A
276.D　277.A　278.A　279.B　280.A　281.C　282.D　283.A　284.C　285.A　286.C
287.B　288.D　289.A　290.D　291.C　292.B　293.B　294.C　295.A　296.C　297.A
298.A　299.D　300.A　301.B　302.A　303.A　304.D　305.C　306.B　307.C　308.A
309.C　310.D　311.B　312.A　313.A　314.C　315.D　316.A　317.A　318.C　319.D

320.B

二、多项选择题

1.ABCD	2.CD	3.ABCD	4.ABCD	5.ABCD	6.ABCD
7.BCD	8.BCD	9.CD	10.AB	11.BCD	12.ABC
13.ABD	14.ABCD	15.BC	16.AD	17.ABCD	18.ABCD
19.ABC	20.ACD	21.ABCD	22.BCD	23.ACD	24.ABCD
25.ABCD	26.ABD	27.ABC	28.AD	29.ABC	30.AB
31.ABC	32.ABC	33.BC	34.AB	35.BC	36.BCD
37.BC	38.AB	39.AD	40.AB	41.CD	42.AB
43.CD	44.ABCD	45.BC	46.CD	47.ABD	48.BC
49.ABCD	50.ABCD	51.BC	52.ACD	53.BCD	54.ABD
55.ABD	56.BCD	57.ABC	58.ABCD	59.AC	60.BC
61.BC	62.AB	63.BC	64.BC	65.CD	66.BC
67.AB	68.ACD	69.BCD	70.CD	71.AC	72.CD
73.AD	74.BC	75.CD	76.BC	77.AB	78.BD
79.ABCD	80.BD	81.BCD	82.AC	83.AB	84.CD
85.AB	86.BC	87.BC	88.AD	89.BC	90.AB
91.CD	92.BC	93.AC	94.ABD	95.BC	96.AD
97.AC	98.BC	99.BC	100.AC	101.BC	102.CD
103.AD	104.AC	105.CD	106.BCD	107.AC	108.BCD
109.CD	110.AD	111.BC	112.BD	113.ABD	114.BCD
115.CD	116.ABC	117.ABC	118.ABCD	119.ABC	120.AC
121.ABC	122.ABCD	123.AB	124.ABC	125.ABC	126.ABCD
127.ABCD	128.ABC	129.AC	130.ABC	131.ABCD	132.ABC
133.ABCD	134.ABC	135.BC	136.CD	137.ABCD	138.BC
139.AD	140.CD	141.ABD	142.ABC	143.CD	144.CD
145.BD	146.AB	147.ABC	148.BD	149.CD	150.CD
151.BC	152.AB	153.AD	154.BD	155.AD	156.BD
157.AB	158.BD	159.BC	160.BC		

三、判断题

1.√　2.×　正确答案：油气的密度不同，油气的饱和度就不同，黏度较高的油，排水动力小，油气不易进入孔隙，残余水含量高，油气饱和度就低。　3.×　正确答案：对储层来讲，非均质性是绝对的、无条件的和无限的，而均质性则是相对的、有条件的、有限的。　4.×　正确答案：层内非均质性指砂体内部纵向上的非均质性。　5.×　正确答案：孔隙是岩石颗粒之间的较大的空间，喉道则是岩石颗粒之间的狭小通道。　6.√　7.√　8.×　正确答案：分层系数是指某一层段内砂层的层数。　9.×　正确答案：纵向上对比时要先对比含油层系，再对比油层组，在油层组内对比砂岩组，在砂岩组内对比小层，再由小到大逐级验证。 10.√ 11.× 正确答案：所谓"时间单元"的含义是，在同一时间形成的某一段地层的岩性组合。 12.× 正确答案：取心的目的之一是研究储层的储油物性如孔隙度、渗透率、含油饱和度等，建立储层物性参数图版，确定和划分有效厚度和隔层标准，为储量计算和油田开发方案设计提供可靠资料。 13.× 正确答案：岩心盒的编号与岩心排列。 14.× 正确答案：当岩石颗粒、钙质等含量为25%～50%时，定名时用×质或×状表示，如泥质粉砂岩、砾状砂岩。 15.× 正确答案：油斑含油面积10%～25%，一般多为粉砂质泥岩。 16.√ 17.√ 18.√ 19.√ 20.√ 21.× 正确答案：前三角洲带常有粉砂质黏土和泥质沉积，且含丰富的有机质，而且是在海底的还原环境下沉积的，其沉积迅速、埋藏快，这对于有机质的保存和向油气转化特别有利，是重要的生油岩。 22.√ 23.√ 24.√ 25.× 正确答案：在亚相的划分基础上，依据现代砂体的各种沉积特征，进一步确定砂体成因类型，探讨各类砂体的沉积方式、内部结构特征与夹层的分布状况。 26.× 正确答案：地质储量是以地面条件的重量单位表示的。 27.√ 28.× 正确答案：预测储量相当于其他矿种的D～E级储量。 29.√ 30.× 正确答案：按油气田地质储量大小，将油田划分为特大油田、大型油田、中型油田和小型油田四个等级。 31.√ 32.√ 33.√ 34.√ 35.× 正确答案：油田开发实践证明，油层的沉积条件相近，油层性质就相近，在相同的井网形式下，其开采特点也基本一致。 36.√ 37.√ 38.× 正确答案：油藏投产阶段一般为3～10年，主要受油田规模、储量和面积大小的影响，随着科学技术日新月异的变化，投产阶段的年限也会变化。 39.√ 40.× 正确答案：对于原层系井网中开发状况不好、储量又多的差油层，可以单独作为一套开发层系。 41.√ 42.√ 43.× 正确答案：开采方式调整主要是指油井由天然能量开采方式转换为人工举升开采方式。 44.√ 45.× 正确答案：层系井网和注水方式的分析，主要以储量动用程度为基本内容，分析注入水在纵向上各个油层和每个油层平面上波及的均匀程度。 46.× 正确答案：我国注水开发的多油层砂岩油田广泛采用了分层注水方式，但由于储油层非均质严重，分层压力差异大，使得开发过程中层间干扰突出。 47.√ 48.× 正确答案：油田开发试验效果分析中的试验成果就是将试验中取得的成果经过系统整理，逐项加以总结，并与国内外同类试验或开发成果进行对比，指出达到的水平。 49.√ 50.√ 51.√ 52.√ 53.× 正确答案：温度升高使原油黏度大幅度降低，这是蒸汽驱开采稠油的最重要机理。 54.× 正确答案：实施有效的蒸汽驱开采，一是高速连续注入足够量的高干度蒸汽，使其汽化潜热能在抵消损失后不断得到补充；二是在连续注入和降压开采的情况下，保证蒸汽带稳定向前扩展。 55.√ 56.√ 57.× 正确答案：堵水井选井选层要选择井下技术状况好、无窜槽及套管损坏的井。 58.√ 59.× 正确答案：如果砂岩中的碳酸盐含量低于10%或堵塞物中碳酸盐含量很低时，应选择土酸。 60.× 正确答案：当盐酸与金属氧化物（铁锈）反应时，则生成氯化铁与水（$Fe_2O_3+6HCl \longrightarrow 2FeCl_3+3H_2O$）。 61.√ 62.√ 63.√ 64.× 正确答案：当确定换大泵后，检查抽油机、电机能否满足换大泵需要，若机型偏小时，须选择合适机型更换。 65.√ 66.√ 67.√ 68.× 正确答案：由于油层性质较差，导致油井出砂，砂子冲刷阀等各部分，磨损速度加快，造成泵漏失，从而降低泵效。　69.×　正确答案：聚合物注入油层后，降低了高渗透率的水淹层段中流体总流度，缩小了高、低渗透层层段间水线推进速度差，起到了调整吸水剖面、提高波及系数的作用。　70.×　正确答案：由于聚合物注入液在高渗透层中的渗流，使得注入液在高、低渗透层中以较均匀的速度向前推进，改善非均质层中的吸水剖面。　71.×　正确答案：在低渗透层中由于残余油饱和度较高，大部分是水驱未波及的含油孔隙，聚合物溶液推动油段向前慢慢移动，在聚合物段塞前形成了含油富集带。　72.√　73.√　74.√　75.√　76.×　正确答案：聚合物注入第一阶段为水驱空白阶段，是在注聚合物之前的准备阶段，一般需要3～6个月，此时含水仍处于水驱的上升期。　77.×　正确答案：如聚合物驱开发区内有多条断层，且断层可把区块分隔成若干个小区块，则应对断层分隔的小区块分别进行配产配注。　78.√　79.×　正确答案：聚合物溶液的混配水的总含铁量要求是，浓度不能超过 20mg/L。　80.√　81.√　82.×　正确答案：聚合物线型结构是指由许多基本结构单元连接成一个线型长链大分子的结构。　83.√　84.√　85.√　86.√　87.×　正确答案：在注采比计算中，原油的换算系数与体积系数是不同的概念，在计算当中代表不同的含义。　88.×　正确答案：反九点法面积井网由于所处位置不同可以分为边井和角井，在计算井组注采比时要根据边井和角井分别进行计算。　89.×　正确答案：在计算累积亏空体积时，计算结果为负值时，说明地下亏空，计算结果为正值，说明地下不亏空。　90.×　正确答案：一般情况下，含油、含水砂岩微电极曲线都有明显的幅度差，水层幅度差略低于油层。　91.√　92.√　93.×　正确答案：天然气的声速比在油和水中小得多，所以气层的声波时差大于油水层的声波时差。　94.×　正确答案：油层底部水淹后，短梯度曲线极大值向上抬，深浅三侧向曲线幅度差减小。　95.×　正确答案：在现有工艺技术和经济条件，从储油层中所能采出的那部分油气储量称为可采储量。　96.√　97.×　正确答案：生产压差每增加 1MPa 时，油井每米有效厚度所增加的日产油量称为比采油指数，表示油井每米有效厚度的日产油能力，单位为 t/（d·MPa·m）。　98.√　99.√　100.√　101.√　102.×　正确答案：聚合物驱油孔隙度的确定方法，应根据储量公报查出相应区块聚合物目的层纯油区厚层和薄层的孔隙度、过渡带厚层和薄层的孔隙度。　103.√　104.×　正确答案：计算小区块地质储量，一般情况下以井距之半圈定区块储量面积，也有时需要在井排上划分小区块面积，应根据需要而定。　105.√　106.√　107.√　108.×　正确答案：压力等值线图的特点是渐变的。　109.√　110.√　111.√　112.√　113.√　114.√　115.√　116.√　117.√　118.×　正确答案：如图所示的注聚合物站内流程中，1 号泵与右边的汇管交叉是连通的，与左边的汇管不相交，不连通；2 号泵与左边的汇管交叉是连通的，与右边的汇管不相交，不连通，所以 1 号、2 号泵分别连接不同的两条汇管。　119.√　120.√　121.√　122.√　123.√　124.√　125.√　126.×　正确答案：根据小层射孔数据及相对吸水量，统计出小层吸水层位、厚度和不吸水层位、厚度，从而得出全井总的吸水状况，根据本井历次吸水剖面等有关资料进行分析对比，从而得出全井及小层的吸水变化情况。　127.√　128.×　正确答案：由于各井所处位置的地质条件不同，造成聚合物在地层中流动阻力不同，波及能力也有差别，因此，含水下降到最低点的稳定时间也不同。　129.√　130.√　131.√　132.√　133.√　134.√　135.×　正确答案：科技综述是指对某一问题，在纵向上不限于某一时期，在横向上不限于某一专题、专业，进行纵横交错地综合论述。　136.√　137.√　138.√　139.×　正确答案：负概念是反映事物不具有某种属性的概念，因此又称为否定概念。　140.√　141.√　142.×　正确答案：反证法特点是要证明此论点正确，先要证明与此相反论点的错误，非此即彼，进而确立此论点。　143.×　正确答案：全面质量管理是一个组织，以质量为中心，以全员参与为基础，目的在于通过让顾客满意和本组织所有成员及社会受益而达到长期成功的管理途径。　144.√　145.√　146.√　147.√　148.√　149.√　150.√　151.√　152.√　153.√　154.×　正确答案：经济评价必须遵守费用与效益的计算具有可比性的原则。　155.×　正确答案：不同开发阶段的采出程度和所预计的最终采收率是进行经济分析或计算所依据的主要指标。　156.×　正确答案：经济指标的预测与油田开发指标的预测是分不开的。　157.√　158.×　正确答案：企业纯收入是从企业收入中扣除生产领域劳动者所得之后剩余的部分。　159.√　160.×　正确答案：班组经济核算是企业经济核算的基础。

四、简答题

1. 答：油层组对比要掌握三个关键：①标准层控制；②油层组特征（岩性成分、旋回性、厚度、电性特征）；③分析油层组界线附近的岩性电性特征，在没有标准层的情况下要掌握旋回性和辅助标准层。

评分标准：①②每点30%；③40%。

2. 答：①目的：油田沉积相研究是为了提高油田开发效果，提高采收率。②范围：研究着重于油田本身，并以油砂体为主要研究对象，从控制油水运动规律出发。③特点：研究单元要划分到单一旋回层；岩相要描述到单一成因的砂体；以单一砂体的几何形态、规模、稳定性、连通状况及内部结构的详细研究为核心。

评分标准：①②每点20%；③60%。

3. 答：①确定区域背景；②细分沉积单元；③选择划相标志。

评分标准：①②每点30%；③40%。

4. 答：沉积相划相的基本标志有：①泥质岩的颜色；②岩性组合与旋回性；③层理类型与沉积层序；④生物化石与遗迹化石；⑤特殊岩性与特殊矿物；⑥特殊构造；⑦沉积现象。

评分标准：①～③每点20%；④～⑦10%。

5. 答：①按产能大小；②按地质储量丰度；③按油气田地质储量大小；④按油气藏埋藏深度。

评分标准：①②各20%，③④点30%。

6. 答：①根据储量规范要求，②储量评价应包括储量可靠性评价、储量品质综合评价方面的内容。③储量综合评价主要从储量规模、储量丰度、油气藏埋深、储层物性、原油物性与非烃类气体含量进行储量品质的分类。

评分标准：①10%，②30%，③点60%。

7. 答：①分层开发能充分开发各油层的生产能力；②分层开发有利于减缓层间矛盾；③分层开发有利于降低含水上升速度；④分层开发可扩大注入水波及体积，增加储量动用程度；⑤分层开发是部署井网和生产设施的基础；⑥采油工艺技术的发展水平要求进行分层开发；⑦分层开发是油田开发的要求。

评分标准：答对①②③各 20%，答对④⑤⑥⑦各 10%。

8. 答：稠油油藏一般采用热力开采，就其对油层加热的方式可分为两类：①一种是把热流体注入油层，如注热水、蒸汽吞吐、蒸汽驱等；②一种是在油层内燃烧产生热量，称为就地燃烧或火烧油层。

评分标准：答对①②各占 50%。

9. 答：对不同类型油藏，在现有工艺技术条件下，为了提高蒸汽吞吐开采效果，必须进行工艺参数优化。注汽工艺参数对蒸汽吞吐开采效果的影响主要有：①蒸汽干度；②周期注入强度；③注汽速度；④焖井时间。

评分标准：答对①②③④各占 25%。

10. 答：①高速连续注入足够量的高干度蒸汽，使其汽化潜热能在抵消损失后不断得到补充；②在连续注入和降压开采的情况下，保证蒸汽带稳定向前扩展。

评分标准：答对①②各占 50%。

11. 答：①射孔孔径小于油砂粒径的 4 倍时，砂粒容易在孔眼外形成稳定砂桥，不利于地层出砂；②孔径大于油砂粒径的 6 倍时，才有利于出砂并向外延伸形成蚯蚓洞。

评分标准：答对①②各占 50%。

12. 答：①选择含水高、产液量高、流压高的井；②选择层间矛盾大、接替层条件好的井层；③选择由于油层非均质性或井网注采关系不完善造成的平面矛盾较大的井；④井下技术状况好，无窜槽及套管损坏；⑤有良好的隔层。

评分标准：答对①②③④⑤各占 20%。

13. 答：①在同一砂体上，有的井点含水很高，而有的井点含水较低，堵掉高含水井点。②条带状发育的油层，堵掉主流线条带上含水高的井点。③有两排受效井时，封堵离注水井近的第一排受效井的高含水层。

评分标准：答对①②各占 30%；答对③占 40%。

14. 答：注入油层的聚合物将会产生两方面的重要作用：①一是增加水相黏度，②二是因聚合物的滞留引起油层渗透率下降。③两方面共同作用的结果是，引起聚合物水溶液在油层中的流度明显降低。因此，聚合物注入油层后，将产生两项基本作用机理：④一是控制水淹层段中水相流度，改善水油流度比，提高水淹层段的实际驱油效率；⑤二是降低高渗透率的水淹层段中流体总流度，缩小高低层段间水线推进速度差，调整吸水剖面，提高实际波及系数。

评分标准：答对①②各 15%，答对③占 20%，答对④⑤各 25%。

15. 答：聚合物在高、低渗透层中的特点主要有以下两个方面。

①一是聚合物驱在高渗透层先见效，低渗透层见效时间较晚，②但在低渗透层中有效期较长，③原因在于聚合物在低渗透层中不易突破，在高渗透层容易突破。④其主要的原因在于高渗透油层存在水驱时形成的水洗通道。⑤聚合物驱油时，地层岩石、流体等的复杂性，都会影响聚合物的驱油效果。⑥二是在高渗透层中，由于残余油饱和度较低，残余油主要以油滴形式存在，聚合物溶液挟带着小油滴向前运移，聚合物浓度越大，携带的油滴越多。⑦在低渗透层中由于残余油饱和度较高，大部分是水驱未波及的含油

孔隙，聚合物溶液推动油段向前慢慢移动，在聚合物段塞前形成了含油富集带。

评分标准：答对①②③各10%，答对④⑤各15%，答对⑥⑦各20%。

16. 答：根据国内外已有的经验，有以下几种情况不适合聚合物驱油技术：①渗透率太低的油层、②泥质含量太大（如＞25%）的油层、③水驱残余油饱和度太低（＜25%）的油层。④底水油田（或油层）应慎用聚合物驱油技术。

评分标准：答对①②③④各占25%。

17. 答：①断层的识别；②断层产状的确定；③断层两盘运动方向的确定；④断距的确定；⑤断层形成时代的确定；⑥以及探讨断层的组合类型；⑦断层活动演化过程；⑧断层的形成机制及产出地质背景等。

评分标准：①～④各15%，⑤～⑧10%。

18. 答：地层压力变化的主要原因可归纳如下：地层压力上升的主要原因：①注水井配注、实注增加；②注水井全井或层段超注；③相邻油井堵水；④油井工作制度调小或油井机、泵、杆工况差；⑤连通注水井配注过高。地层压力下降的主要原因：⑥注水井配注、实注减小；⑦注水井全井或层段欠注；⑧相邻油井降流压，提液开采；⑨油井采取增产措施或油井工作制度调大；⑩连通注水井配注过低。

评分标准：①～⑩各占10%。

19. 答：①造成含水上升的主要原因可归纳如下：作业、洗井等入井液导致水锁现象；②堵水层封隔器失效或死嘴失效；③化堵层冲开；④井筒有堵塞；⑤抽油机井机、泵、杆工况差；⑥相邻注水井管柱失效；⑦相邻采油井堵水或关井使注入水单层平面突进；⑧高含水层超注；⑨边水、底水侵入加快。

评分标准：答对①占20%；答对②③④⑤⑥⑦⑧⑨各占10%。

20. 答：聚合物驱的动态变化特征有：①油井流压下降，含水大幅度下降，产油量明显增加，产液能力下降；②注入井注入压力升高，注入能力下降；③采出液聚合物浓度逐渐增加，聚合物驱见效时间与聚合物突破时间存在一定的差异；④油井见效后，含水下降到最低点时，稳定时间不同；⑤改善了吸水、产液剖面，增加了吸水厚度及新的出油剖面。

评分标准：答对①②③④⑤各占20%。

五、计算题

1. 解：含油饱和度 =（岩石孔隙中的含油体积 / 岩石孔隙体积）×100%

$$=（2.6/7）×100\%$$

$$=37.14\%$$

答：岩石的含油饱和度是37.14%。

评分标准：公式正确占40%；过程正确占40%；答案正确占20%；无公式、过程，只有结果不得分。

2. 解：母液配注量 =100×1200/5000=24（m³/d）

污水配注量 = 日配注 − 母液配注 =100−24=76（m³/d）

答：该井的母液、污水配注分别为24m³/d、76m³/d。

评分标准：公式正确占40%；过程正确占40%；答案正确占20%；无公式、过程，只有结果不得分。

3. 解：

①根据公式：注采比 $= \dfrac{V_{注入}}{V_{采出}}$

$$= \dfrac{注入量-溢流量}{采油量 \times B_{oi}/\rho_o + 采水量}$$

$$=[182 \times （345-20）]/（2.5 \times 10^4 \times 1.2/0.86 + 3.6 \times 10^4）$$

$$=（5.91 \times 10^4）/（7.09 \times 10^4）$$

$$=0.83$$

②根据公式：亏空 $=$ 采出地下体积 $-$ 注入地下体积

$$=（2.5 \times 10^4 \times 1.2/0.86 + 3.6 \times 10^4）-[182 \times （345-20）]$$

$$=1.18 \times 10^4（m^3）$$

答：这一时期的注采比为 0.83，地下亏空量为 $1.18 \times 10^4 m^3$。

评分标准：①②公式正确各占 20%；过程正确各占 20%；答案正确各占 10%；无公式、过程，只有结果不得分。

4. 解：

今年产液量 $=7941 \times 365=289.85 \times 10^4$（t/a）

今年产水量 $=289.85 \times 10^4 \times 92.10\%=266.95 \times 10^4$（t/a）

今年产油量 $=289.85 \times 10^4 - 266.95 \times 10^4=22.9 \times 10^4$（t/a）

累积产水量 $=（3017 \times 10^4 - 402.8 \times 10^4）+ 266.95 \times 10^4=2881.15 \times 10^4$（m³）

①根据公式：

$$注采比 = \dfrac{V_{注入}}{V_{采出}}$$

$$= \dfrac{注入量-溢流量}{采油量 \times B_{oi}/\rho_o + 采水量}$$

$$=（301.3 \times 10^4）/（22.9 \times 10^4 \times 1.31/0.86 + 266.95 \times 10^4）$$

$$=（301.3 \times 10^4）/（301.83 \times 10^4）$$

$$=0.998$$

②根据公式：

累积亏空 $=V_{累积采出} - V_{累积注入}$

$$=[（402.8 \times 10^4+22.9 \times 10^4）\times 1.31/0.86+2881.15 \times 10^4]-$$

$$（2764 \times 10^4+301.3 \times 10^4）$$

$$=（648.45 \times 10^4 + 2881.15 \times 10^4）-3065.3 \times 10^4$$

$$=464.3 \times 10^4（m^3）$$

答：今年的注采比为 0.998；地下累积亏空量 $464.3 \times 10^4 m^3$。

评分标准：①②公式正确各占 20%；过程正确各占 20%；答案正确各占 10%；无公式、过程，只有结果不得分。

5. 解：

①根据公式：地质储量 = 累积产油 / 采出程度

$$=9.13 \times 10^4/14.18\%=64.4 \times 10^4（t）$$

②根据公式：含水上升率 = ［（月含水上升速度 × 12）/（本年产油量 / 地质储量）×

$$100\%］\times 100\%$$

$$=\{（0.11\% \times 12）/[4510/64.4 \times 10^4）]\times 100\%\} \times 100\%$$

$$=1.89\%$$

③根据公式：采油速度 = 年产油量 / 地质储量

$$=4510/64.4 \times 10^4 \times 100\%$$

$$=0.7\%$$

答：该区块的地质储量为 64.4×10^4t，年含水上升率为 1.89%，采油速度为 0.7%。

评分标准：①公式正确占 10%；过程正确占 10%；答案正确占 10%；②③公式正确各占 20%；过程正确各占 10%；答案正确各占 5%；无公式、过程，只有结果不得分。

6. 解：

根据公式：$注采比=\dfrac{V_{注入}}{V_{采出}}$

$$=\dfrac{累积注水量-累积溢流量}{累积采油量 \times 体积系数 / 原油密度 + 累积采水量}$$

$累积采油量 = (\dfrac{累积注水量-累积溢流量}{注采比}-累积采水量) \times 原油密度 / 体积系数$

$$=[（184210-728）/0.81-651]\times 0.86/1.2$$

$$=225870 \times 0.86/1.2$$

$$=161874（t）$$

$$=16.1874 \times 10^4（t）$$

答：累积采油量为 16.1874×10^4t。

评分标准：公式正确占 40%；过程正确占 40%；答案正确占 20%；无公式、过程，只有结果不得分。

7. 解：根据公式：

$$D_{综}=\dfrac{Q_{累积注水}-Q_{累积产水}}{Q_{累积产油}}$$

$$=\dfrac{218.80 \times 10^4-200.13 \times 10^4}{118.64 \times 10^4}$$

$$=0.157（m^3/t）$$

答：该区块水驱指数为 0.157m³/t。

评分标准：公式正确占 40%；过程正确占 40%；答案正确占 20%；无公式、过程，只有结果不得分。

8. 解：

①根据公式：$D_{自然}=［Q_{上年}-（Q_{本年}-Q_{新井}-Q_{措施}）］/Q_{上年} \times 100\%$

$$= [9.0 - (8.9 - 0.18 - 0.07)]/9.0 \times 100\%$$
$$= 3.88\%$$

②根据公式：$D_{综合} = [Q_{上年} - (Q_{本年} - Q_{新井})]/Q_{上年} \times 100\%$
$$= [9.0 - (8.9 - 0.18)]/9.0 \times 100\%$$
$$= 3.11\%$$

答：井组本年度的自然递减率为3.88%，综合递减率为3.11%。

评分标准：①②公式正确各占20%；过程正确各占20%；答案正确各占10%；无公式、过程，只有结果不得分。

9. 解：

①根据公式：

核实产量 = 井口产量 - （井口产量 × 计量输差）

年核实产油 = 113500 - （113500 × 4.5%）
$$= 108393（t/a）$$

新井年核实产油 = 4400 - （4400 × 4.5%）
$$= 4202（t/a）$$

措施井年核实增油 = 1100 - （1100 × 4.5%）
$$= 1051（t/a）$$

②根据公式：

$$D_{综} = \frac{前一年标定日产 \times 生产天数 - （当年产油量 - 当年新井产量）}{标定日产 \times 生产天数} \times 100\%$$

$$= \frac{305 \times 365 - （108393 - 4202）}{305 \times 365} \times 100\%$$

$$= \frac{111325 - 104191}{111325} \times 100\%$$

$$= 6.4\%$$

③根据公式：

$$D_{自} = \frac{标定日产 \times 生产天数 - （当年产油量 - 当年新井产量 - 当年措施产量）}{标定日产 \times 生产天数} \times 100\%$$

$$= \frac{305 \times 365 - （108393 - 4202 - 1051）}{305 \times 365} \times 100\%$$

$$= \frac{111325 - 103140}{111325} \times 100\%$$

$$= 7.35\%$$

答：第二年的综合递减率为6.4%；自然递减率为7.35%。

评分标准：①公式正确占10%；过程正确占5%；答案正确占5%；②③公式正确各占20%；过程正确各占10%；答案正确各占10%；无公式、过程，只有结果不得分。

10. 解：$\Delta P = P_{流} - P_{静}$
$$= （1000 \times 9.8 \times 878.2 \times 10^{-6} + 11） - 10.3$$

=9.31（MPa）

答：该井注水压差为 9.31MPa。

评分标准：公式正确占 40%；过程正确占 40%；答案正确占 20%；无公式、过程，只有结果不得分。

11. 解：

$$L = H - \frac{p_s - \Delta p_合}{\rho_t g} + h_s = 900 - \frac{(12.0 - 4.6) \times 100}{0.933 \times 9.81} + 150 = 969（m）$$

答：该井合理的下泵深度为 969m。

评分标准：公式正确占 40%；过程正确占 40%；答案正确占 20%；无公式、过程，只有结果不得分。

12. 解：

根据公式：吨聚合物增油量 = 累积增油量 / 注入聚合物干粉量

$$= 448.7 \times 10^4 / （2569 \times 10^4 \times 1435 \times 10^6）$$

$$= 121.71（t）$$

答：该区块吨聚合物增油量为 121.71t。

评分标准：公式正确占 40%；过程正确占 40%；答案正确占 20%；无公式、过程，只有结果不得分。

13. 解：

①根据公式：累积注入浓度 = 累积注入聚合物干粉量 / 累积注入聚合物溶液

$$= 8000 / （1072 \times 10^4）$$

$$= 746.2 \times 10^{-6}（t/m^3）$$

$$= 746.2（mg/L）$$

②根据公式：累积聚合物用量 = 注入地下孔隙体积 × 累积注入浓度

$$= 0.49 \times 746.2$$

$$= 365.6（PV \cdot mg/L）$$

答：该区块累积注入浓度为 746.2mg/L，累积聚合物用量为 365.6PV·mg/L。

评分标准：①②公式正确各占 20%；过程正确各占 20%；答案正确各占 10%；无公式、过程，只有结果不得分。

14. 解：① 2013 年底剩余可采储量 = 可采储量 − 累积采油量

$$= 地质储量 \times 采收率 − 累积采油量$$

$$= 8750 \times 10^4 \times 37\% − 1540 \times 10^4$$

$$= 1697.5 \times 10^4（t）$$

② 2014 年储采比 = 2013 年底剩余可采储量 / 2014 年采油量

$$= 1697.5 \times 10^4 / （45 \times 10^4）$$

$$= 37.72$$

答：2014 年储采比是 37.72。

评分标准：①②公式正确各占 20%；过程正确各占 20%；答案正确各占 10%；无公式、过程，只有结果不得分。

15. 解：① 2010 年底剩余可采储量 = 可采储量 × 可采储量的采出程度

$$=6570×10^4×49.4\%$$
$$=3245.58×10^4（t）$$

② 2011 年储采比 = 2010 年底剩余可采储量 /（地质储量 × 2011 年采油速度）

$$=3245.58×10^4/（16425×10^4×2.4\%）$$
$$=3245.58×10^4/（394.2×10^4）$$
$$=8.23$$

答：2014 年储采比为 8.23。

评分标准：①②公式正确各占 20%；过程正确各占 20%；答案正确各占 10%；无公式、过程，只有结果不得分。

16. 解：

根据公式：区块内储量 = 油田地质储量 × 区块含油体积百分数

$$=500×10^4×[（40×9.4）/（120×10.3）×100\%]$$
$$=500×10^4×30.42\%$$
$$=152.1×10^4（t）$$

答：该区块地质储量为 $152.1×10^4$t。

评分标准：公式正确占 40%；过程正确占 40%；答案正确占 20%；无公式、过程，只有结果不得分。

17. 解：$N=F×H×\phi×S_{oi}×r_o/B_{oi}$

$$=（0.32×10^6×13×0.28×0.72×0.91/1.27）/10000$$
$$=60.09×10^4（t）$$

答：该井组地质储量为 $60.09×10^4$t。

评分标准：公式正确占 40%；过程正确占 40%；答案正确占 20%；无公式、过程，只有结果不得分。

18. 解：根据公式：存水率 = 存留在地下的注入体积 / 总注入体积 ×100%

$$=[390×10^4-（299×10^4-18×10^4/0.9）]/（390×10^4）×100\%$$
$$=28.46\%$$

答：该井组存水率为 28.46%。

评分标准：公式正确占 40%；过程正确占 40%；答案正确占 20%；无公式、过程，只有结果不得分。

19. 解：根据公式：水驱控制程度 = 与注水井连通的采油井射开有效厚度（或砂岩厚度）/ 井组内采油井射开总有效厚度（或砂岩厚度）×100%

$$E_w=h/H_o×100\%$$
$$=23.2/25.8×100\%$$
$$=89.92\%$$

答：井组水驱控制程度为 89.92%。

评分标准：公式正确占 40%；过程正确占 40%；答案正确占 20%；无公式、过程，只有结果不得分。

20. 解：

根据公式：①一个方向水驱控制程度

= 一个方向与水井连通油井砂岩厚度之和 / 油井总砂岩厚度 ×100%

=4.7/29.9×100%

=15.7%

②两个方向水驱控制程度

= 两个方向与水井连通油井砂岩厚度之和 / 油井总砂岩厚度 ×100%

=5.6/29.9×100%

=18.7%

③三个方向水驱控制程度

= 三个方向与水井连通油井砂岩厚度之和 / 油井总砂岩厚度 ×100%

=18.6/29.9×100%

=62.2%

答：以该油井为中心的井组水驱控制程度，一个方向水驱控制程度为 15.7%；两个方向水驱控制程度为 18.7%；三个方向水驱控制程度为 62.2%。

评分标准：①②公式正确各占 10%；过程正确各占 10%；答案正确各占 10%；③公式正确占 20%；过程正确占 10%；答案正确占 10%；无公式、过程，只有结果不得分。

附　录

附录1　职业技能等级标准

1. 工种概况

1.1　工种名称

采油地质工。

1.2　工种定义

从事石油天然气开采过程中生产数据与动、静态资料的收集、整理、管理，并进行油气生产、油（气）田开发动态分析工作的人员。

1.3　工种等级

从事、收集、审核、分析采油井、注入井的地质资料和生产动态数据的人员。

1.4　工种环境

以室内为主，部分从事野外生产现场资料的核实工作。

1.5　工种能力特征

身体健康，具有一定的理解、表达、分析、判断和油气开采技术指导能力。

1.6　基本文化程度

高中毕业（或同等学力）。

1.7　培训要求

1.7.1　培训期限

全日制职业学校教育，根据其培养目标和教学计划确定期限。晋级培训：初级不少于 280 标准学时；中级不少于 210 标准学时；高级不少于 200 标准学时；技师不少于 280 标准学时；高级技师不少于 200 标准学时。

1.7.2　培训教师

培训初、中、高级的教师应具有本职业高级以上职业资格证书或中级以上专业技术职务任职资格；培训技师、高级技师的教师应具有本职业高级技师职业资格证书或相应专业高级专业技术职务任职资格。

1.7.3　培训场地设备

理论培训应具有可容纳 30 名以上学员的教室；技能操作培训应有相应的设备、工具、安全设施等较为完善的场地。

1.8　鉴定要求

1.8.1　适用对象

从事或准备从事本工种的人员。

1.8.2　申报条件

——初级（具备以下条件之一者）

（1）从事本工种工作 1 年以上。

（2）各类中等职业学校及以上本专业毕业生。

（3）经专业培训，达到规定标准学时，并取得培训合格证书。

——中级（具备以下条件之一者）

（1）从事本工种工作 5 年以上，并取得本工种（职业）初级职业资格证书。

（2）各类中等职业学校本专业毕业生，从事本工种工作 3 年以上，并取得本职业（工种）初级职业资格证书。

（3）大专（含高职）及以上本专业（职业）或相关专业毕业生，从事本工种工作 2 年以上。

——高级（具备以下条件之一者）

（1）从事本工种工作 14 年以上，并取得本职业（工种）中级职业资格证书。

（2）各类中等职业学校本专业毕业生，从事本工种工作 12 年以上，并取得本职业（工种）中级职业资格证书。

（3）大专（含高职）及以上本专业（职业）毕业生，从事本工种工作 5 年以上，并取得本职业（工种）中级职业资格证书。

——技师（具备以下条件之一者）

（1）取得本职业（工种）高级职业资格证书 3 年以上。

（2）大专（含高职）及以上本专业（职业）毕业生，取得本职业（工种）高级资格证书 2 年以上。

——高级技师

取得本职业（工种）技师职业资格证书 3 年以上。

1.8.3　鉴定方式

分理论知识考试和技能操作考核。理论知识考试采取闭卷笔试方式，技能操作考核采用笔试、仿真操作方式。理论知识考试和技能操作考核均实行百分制，成绩均达到 60 分以上（含 60 分）者为合格。技师、高级技师还须进行综合评审，高级技师需进行论文答辩。

1.8.4　考评员与考生配比

理论知识考试考评人员与考生配比为 1∶20，每标准教室不少于 2 名考评人员；技能操作考核考评人员与考生配比为 1∶5，且不少于 3 名考评人员，技师、高级技师综合评审及高级技师论文答辩考评人员不少于 5 人。

1.8.5 鉴定时间

理论知识考试 90 分钟；技能操作考核不少于 60 分钟；论文答辩 40 分钟。

1.8.6 鉴定场所设备

理论知识考试在标准教室进行。技能操作考核在相应的设备、工具和安全设施等较为完善的场地进行。

2. 基本要求

2.1 职业道德

（1）爱岗敬业，自觉履行职责；

（2）忠于职守，严于律己；

（3）吃苦耐劳，工作认真负责；

（4）勤奋好学，刻苦钻研业务技术；

（5）谦虚谨慎，团结协作；

（6）安全生产，严格执行生产操作规程；

（7）文明作业，质量、环保意识强；

（8）文明守纪，遵纪守法。

2.2 基础知识

2.2.1 石油天然气基础知识

（1）石油；

（2）天然气；

（3）油田水；

（4）石油天然气的生成、运移及储集知识。

2.2.2 石油地质基础知识

（1）岩石基础知识；

（2）地质时代与地质构造；

（3）油气藏及油气田；

（4）沉积相；

（5）油层对比；

（6）油田储量；

（7）地球物理测井知识；

（8）现场岩心描述。

2.2.3 油田开发基础知识

（1）油田开发知识；

（2）油田开发方式；

（3）油田开发方案；

（4）油水井配产配注；

（5）油田开发阶段与调整。

2.2.4 安全管理知识

（1）安全管理工作概论；

（2）常用灭火方法；

（3）石油、天然气火灾特点及预防；

（4）电气火灾与预防；

（5）常用灭火器的类型；

（6）安全电压；

（7）安全色；

（8）办公室消防安全管理规定。

3. 工作要求

本标准对初级、中级、高级、技师、高级技师的要求依次递进，高级别包括低级别的要求。

3.1 初级

职业功能	工作内容	技能要求	相关知识
一、管理油水井	（一）油水井工艺技术	1.能运用完井方式的选择条件选择完井方式； 2.能判断油气田是否有开采价值； 3.能分析深井泵分离器的工作原理	1.井身结构及各种油井完成方法的相关概念、特点及适用条件； 2.试油工艺、诱喷方法适用条件及特点； 3.产液量计量方法； 4.深井泵、分离器的工作原理
	（二）核实现场资料	1.能录取油井产量； 2.能采集油井的油样； 3.能采集注水井的水样； 4.能录取采油井井口压力； 5.能录取注水井井口压力； 6.能用钳形电流表测量抽油机井电流	1.油井常用的计量方式、设备种类、性能； 2.量油操作方法、玻璃管量油原理； 3.资料录取全准规定中的量油要求； 4.常用电流表的种类、用途、操作方法； 5.资料录取全准规定中电流录取要求； 6.常用压力表的种类、量程、操作方法； 7.资料录取全准规定中压力录取要求； 8.样品采集方法、技术要求和保护方法
	（三）计算审核监测资料	1.能计算玻璃管量油常数及产量； 2.能对采油井日产液量取值； 3.能对采油井计算扣产； 4.能选用采油井化验含水数值； 5.能审核采油井班报表； 6.能审核注水井班报表； 7.能分析简单动态监测资料	1.采油井日产油量、产水量的计算方法； 2.注水井全井注水量的计算方法； 3.填写、计算采油井班报表的标准及要求； 4.填写、计算注水井班报表的标准及要求； 5.填写油、水井月度综合数据的要求； 6.注入、产出剖面、油水井测试方法、概念原理

续表

职业功能	工作内容	技能要求	相关知识
二、绘图	（一）绘制曲线	1. 能绘制井组注水曲线； 2. 能绘制注水井指示曲线	1. 选取坐标和换算比例尺方法； 2. 绘制曲线的基本规定和方法； 3. 注水曲线的用途和绘制方法； 4. 注水指示曲线的概念、用途； 5. 注水指示曲线的绘制方法
	（二）绘制图幅	1. 能绘制分注管柱示意图； 2. 能绘制注水井单井配水工艺流程示意图	1. 工艺流程图各部件绘制方法； 2. 工艺流程图的识别方法； 3. 分层注水管柱的分类及绘制方法； 4. 注水井单井配水工艺流程示意图的绘制方法
三、综合技能	（一）动态分析	1. 能分析判断现场录取的注水井生产数据； 2. 能分析判断现场录取的抽油机井生产数据	1. 注水井油压注水量上升下降分析方法； 2. 注水井油压、启动压力高低分析方法； 3. 油井产液、产油、含水油压变化原因分析方法
	（二）计算机应用	1. 能应用计算机准确录入 Word 文档； 2. 能应用计算机准确录入 Excel 表格	1. Word 办公软件的操作方法； 2. Excel 的办公软件基本功能； 3. Word 、Excel 新建保存方法

3.2 中级

职业功能	工作内容	技能要求	相关知识
一、管理油水井	（一）油水井工艺技术	1. 能判断抽油机井口装置类型； 2. 能运用采油井清防蜡知识对采油井进行清防蜡； 3. 能分析判断套管损坏的原因； 4. 能制定套管损坏的防治措施	1. 抽油机的组成及各部件的名称、作用； 2. 采油井结蜡的特征、影响结蜡的因素以及清防蜡的方法； 3. 套管损坏的机理、原因、形态、检测方法以及防治措施
	（二）核实现场资料	1. 能测试注水井指示曲线、启动压力； 2. 能调整注水井注水量； 3. 能校对压力表； 4. 能采集聚合物注入井溶液样	1. 启动压力的概念、用途； 2. 测试注水指示曲线、启动压力的方法； 3. 调整注水井井口注入量的操作方法； 4. 校对井口压力表的方法； 5. 聚合物注入井溶液样的采集方法
	（三）计算参数监测资料	1. 能计算产量构成数据； 2. 能计算机采井理论排量及泵效； 3. 能计算机采井的沉没度； 4. 能运用生产测井及监测的内容分析判断生产井	1. 产量构成数据的计算方法； 2. 机采井理论排量、泵效的概念计算方法； 3. 机采井沉没度的概念、计算方法； 4. 生产测井、资料监测的概念、内容、方法、用途

职业功能	工作内容	技能要求	相关知识
二、绘图	（一）绘制曲线	1. 能绘制井组采油曲线； 2. 能绘制注采综合开采曲线； 3. 能绘制产量构成曲线	1. 注采综合开采曲线的概念及绘制方法； 2. 采油曲线的用途和绘制方法； 3. 产量构成曲线的概念及绘制方法
	（二）绘制图幅	1. 能绘制注水井多井配水工艺流程示意图； 2. 能绘制机采井地面工艺流程示意图； 3. 能绘制机采井分层开采管柱示意图	1. 注水井多井配水工艺流程示意图的绘制方法； 2. 井间地面工艺流程示意图绘制及应用； 3. 分层开采工艺； 4. 采油井分层采油管柱的绘制方法
三、综合技能	（一）动态分析	1. 能分析注水指示曲线； 2. 能解释抽油机井理论示功图； 3. 能分析判断现场录取的螺杆泵井生产数据； 4. 能分析判断现场录取的电泵井生产数据； 5. 能分析判断分注井井下封隔器密封状况	1. 注水井指示曲线形状与吸水能力变化分析； 2. 抽油机井理论示功图各条线的含义、抽油机井合理工作参数的确定、热洗质量效果分析方法； 3. 电泵井电流卡片、动态控制图的分析； 4. 螺杆泵井生产状况分析方法； 5. 油田开发各阶段含水变化分析方法； 6. 注水井吸水能力变化分析方法； 7. 分层井下封隔器的密封状况、利用指示曲线分析井下工具的工作状况
	（二）计算机应用	1. 能应用 Word 录入文档排版并打印； 2. 能应用计算机录入注水井分层测试资料	1. Word 办公软件基本功能及应用； 2. Word 办公软件文字编辑基础； 3. Word 办公软件页面设置、排版、打印的方法； 4. A2 系统操作方法

3.3 高级

职业功能	工作内容	技能要求	相关知识
一、管理油水井	（一）油水井工艺技术	1. 能计算聚合物注入井的配比； 2. 能分析判断聚合物注入井浓度是否达标； 3. 能利用新工艺新技术指导油田开发； 4. 能运用三次采油知识指导现场实践； 5. 能分析判断出砂井产生的原因； 6. 能制定油井出砂预防措施清砂方法	1. 聚合物注入井配比的概念、用途； 2. 聚合物驱注入井的浓度标准； 3. 射流泵和水力活塞泵新型螺杆泵的采油技术； 4. 三次采油、表面活性剂驱油、三元复合驱、碱性水驱、混相驱的概念； 5. 出砂井、出水井特点及预防措施和处理方法
	（二）计算参数监测资料	1. 能计算抽油机井系统效率； 2. 能计算分层注水井层段实际注入量； 3. 能应用测井资料进行对比分析； 4. 能分析电泵井电流卡片； 5. 能分析动态控制图； 6. 能分析抽油机井示功图	1. 抽油机井系统效率的计算内容； 2. 层段吸水百分数的概念、用途、计算方法； 3. 层段实际注入量的概念、计算方法； 4. 动态控制图的内容、区域划分； 5. 电泵井电流卡片、抽油机井实测示功图的分析方法； 6. 资料监测的原则、方法、应用
	（三）计算指标	1. 能计算抽油机井管理指标； 2. 能计算电泵井管理指标； 3. 能计算螺杆泵井管理指标； 4. 能计算注水井管理指标	1. 机采井管理指标的定义、用途、计算方法； 2. 注水井管理指标的内容

职业功能	工作内容	技能要求	相关知识
二、绘图	（一）绘制曲线	1. 能绘制产量运行曲线； 2. 能绘制理论示功图	1. 产量运行曲线的绘制方法； 2. 理论示功图的绘制方法； 3. 理论示功图载荷的计算方法
	（二）绘制图幅	1. 能绘制分层注采剖面图； 2. 能绘制典型井网图； 3. 能绘制油层栅状连通图	1. 分层注采剖面图的绘制要求、操作程序； 2. 典型井网图的用途、绘制方法； 3. 油层栅状连通图的用途、绘制方法
三、综合技能	（一）动态分析	1. 能分析抽油机井典型示功图； 2. 能分析抽油机井动态控制图； 3. 能利用注水指示曲线分析油层吸水指数的变化； 4. 能分析机采井换泵措施效果	1. 抽油机井典型示功图的分析； 2. 机采井动态控制图的应用； 3. 利用注水井指示曲线分析油层吸水能力； 4. 动态分析的概念、内容、方法、目的
	（二）计算机应用	1. 能应用 Excel 表格数据绘制采油曲线； 2. 能应用 Excel 表格数据绘制注水曲线； 3. 能应用计算机制作 Excel 表格并应用公式处理数据	1. Excel 制作图表的方法； 2. Excel 中绘制曲线的方法； 3. Excel 表格的制作方法及公式运用

3.4 技师

职业功能	工作内容	技能要求	相关知识
一、管理油水井	（一）油水井工艺技术	1. 能分析选用压裂过程中压裂液种类； 2. 能分析选用酸化过程中酸液的种类； 3. 能分析调剖的作用； 4. 能运用聚合物驱油知识指导实践； 5. 能分析判断聚合物注入井黏度是否达标	1. 达到准确地理解和掌握以上概念。学会分析储层改造后的油、水井生产变化，了解油层和水层压裂及酸化施工工序及目的； 2、深度调剖、浅部调剖的概念以及调剖的作用； 3. 聚合物驱油原理、聚合物分子量分类、形态、聚合物浓黏度的概念、聚合物溶液对水质的要求
	（二）计算参数监测资料	1. 能计算反九点法面积井网井组月度注采比； 2. 能计算四点法面积井网井组月度注采比； 3. 能计算井组注采比及累积亏空体积； 4. 能分析各类测井资料	1. 面积井网注采比的计算方法； 2. 井组注采比的计算方法； 3. 累积亏空体积的计算方法； 4. 微电极、侧向、感应、声波放射性测井概念
	（三）计算指标	1. 能计算油田水驱区块开发指标及参数； 2. 能预测油田区块年产量	1. 油田开发指标的意义、应用； 2. 油田开发指标的计算方法； 3. 油田区块产量预测的方法
二、绘图	（一）绘制地质图幅	1. 能绘制油层剖面图； 2. 能绘制地质构造等值图； 3. 能绘制小层平面图	1. 油层剖面图的用途、绘制方法； 2. 地质构造等值图的绘制要求、方法； 3. 小层平面图的用途、画法
	（二）绘制聚驱工艺流程	能绘制聚合物单井注聚工艺流程图	1. 聚合物注入井井口工艺技术； 2. 注聚工艺对水质、设备的要求

续表

职业功能	工作内容	技能要求	相关知识
三、综合技能	（一）动态分析	1. 能分析油水井压裂措施效果； 2. 能应用注入剖面资料分析油层注入状况； 3. 能应用产出剖面资料分析油层产出状况； 4. 能分析分层流量检测卡片判断注水井分注状况； 5. 能分析水驱井组生产动态； 6. 能分析水驱区块综合开采形势	1. 油水井措施效果统计内容； 2. 注采适应性分析内容； 3. 水驱控制程度的分析内容； 4. 水驱井组注采平衡状况、综合含水分析内容； 5. 水驱区块采油、注水、产水指标在分析中的应用
	（二）计算机应用	1. 能制作 PowerPoint 演示文稿； 2. 能制作 PowerPoint 演示文稿中的表格	1. PowerPoint 的编辑、内容及窗口功能、模板应用设置、切换方法； 2.PowerPoint 中表格制作方法
	（三）编写分析报告	能编写区域配产配注方案	单井、区域配产、配注的概念、用途，及方案的编写方法
四、管理与培训	（一）质量管理	1. 能编绘全面质量管理排列图； 2. 能编绘全面质量管理因果图	1. 全面质量管理内容； 2. 质量管理文件体系的内容及操作要求
	（二）技术培训	能进行采油地质初、中、高级工理论和技能培训	技术培训的要求、方法

3.5 高级技师

职业功能	工作内容	技能要求	相关知识
一、管理油水井	（一）油水井工艺技术	1. 能利用新工艺新技术指导油田开发； 2. 能制定聚合物开发方案	1. 蒸汽吞吐及稠油井管理方法； 2. 聚合物方案及阶段划分方法
	（二）计算参数监测资料	1. 能计算单井控制面积； 2. 能计算水驱控制程度； 3. 能应用测井资料	1. 单井控制面积的计算方法； 2. 水驱控制程度的计算方法； 3. 测井资料的应用方法
	（三）计算指标	能计算三采区块的开发指标及参数	1. 聚合物基础指标的统计方法； 2. 聚合物驱效果指标预测的内容
	（四）计算储量	能用容积法计算地质储量	1. 地质储量的概念、用途； 2. 地质储量的计算方法
二、绘图	（一）绘制地质图幅	1. 能绘制沉积相带图； 2. 能绘制构造剖面图； 3. 能绘制渗透率等值图； 4. 能绘制压力等值图	1. 沉积相的概念； 2. 沉积相带图的绘制方法； 3. 地质构造的概念； 4. 断层组合方法； 5. 地质构造剖面图的绘制方法； 6. 渗透率等值图的绘制方法； 7. 压力等值图的绘制方法
	（二）绘制聚驱工艺图幅	能绘制聚合物站内注入工艺流程图	聚合物站内注入工艺流程的绘制方法

续表

职业功能	工作内容	技能要求	相关知识
三、综合技能	（一）动态分析	1. 能利用测井曲线分析判断油气水层及水淹层； 2. 能利用动静态资料进行区块动态分析； 3. 能分析聚驱区块综合开采形势； 4. 能分析聚驱井组生产动态	1. 利用测井曲线识别油、气、水、水淹层的方法； 2. 利用动静态资料进行区块动态分析； 3. 聚驱注采状况分析内容； 4. 聚驱采油动态变化特征的内容
	（二）计算机应用	1. 应用计算机在 PowerPoint 中设置动作及自定义动画； 2. 应用计算机在 Word 中创建表格并进行数据计算	1. 操作数据库的基本命令； 2. 数据库基本逻辑函数的应用； 3. 在 Word 文档中创建表格内容及数据计算的方法
	（三）编写分析报告	1. 能编写区块开采形势分析报告； 2. 能撰写专业技术论文	1. 油藏动态分析、开采形势分析报告撰写方法； 2. 专业技术论文撰写方法
四、管理与培训	（一）经济管理	1. 能进行压裂井的经济效益指标粗评价； 2. 能进行封堵井的经济效益指标粗评价； 3. 能进行酸化井的经济效益指标粗评价； 4. 能进行补孔井的经济效益指标粗评价	1. 经济管理的任务原则步骤； 2. 油田开发的经济效益评价指标
	（二）技术培训	1. 能编制培训计划； 2. 能制作培训课件	1. 培训计划的编制内容、方法； 2. 制作培训课件的方法

4. 比重表

4.1　理论知识

项　　目		初级（%）	中级（%）	高级（%）	技师高级技师（%）
基本要求	基础知识	35	35	30	30
相关知识	管理油水井 油水井工艺技术	23	27	30	24
	核实现场资料	7	4		
	计算审核监测资料	14			
	计算参数监测资料		11	10	5
	计算指标			5	5
	计算储量				2
	绘图 绘制曲线	2	3	3	
	绘制地质图幅	5	5	5	5
	绘制聚驱工艺流程				3
	综合技能 动态分析	6	8	10	7
	计算机应用	8	7	7	3
	编写分析报告				5
	综合管理 质量管理				3
	经济管理				5
	技术培训				3
合　　计		100	100	100	100

4.2 操作技能

项　目			初级（%）	中级（%）	高级（%）	技师（%）	高级技师（%）
技能要求	管理油水井	油水井工艺技术	10	10	10	10	
		核实现场资料	10	10			
		计算审核监测资料	10				
		计算参数监测资料		10	10	10	10
		计算指标			10	10	10
		计算储量					10
	绘图	绘制曲线	15	15	10		
		绘制地质图幅	15	15	20	20	20
		绘制聚驱工艺流程				10	10
	综合技能	动态分析	20	20	20	15	10
		计算机应用	20	20	20	15	10
		编写分析报告					5
		论文写作					5
	综合管理	质量管理				10	
		经济管理					10
		技术培训					
合　计			100	100	100	100	100

附录2　初级工理论知识鉴定要素细目表

行业：石油天然气　　工种：采油地质工　　等级：初级工　　　　鉴定方式：理论知识

行为领域	代码	鉴定范围 （重要程度比例）	鉴定 比重	代码	鉴　定　点	重要 程度	备注
基础知识 A 35%	A	石油天然气 基础知识 （08：02：00）	5%	001	石油的概念	X	上岗要求
				002	地面条件下石油物理性质	X	上岗要求
				003	地层条件下石油物理性质	X	上岗要求
				004	石油的元素组成	X	上岗要求
				005	石油的组分组成	X	上岗要求
				006	石油的馏分组成	Y	上岗要求
				007	天然气的概念	X	上岗要求
				008	天然气的物理性质	Y	上岗要求
				009	天然气的化学组成	X	上岗要求
				010	天然气根据矿藏分类的方法	X	上岗要求
	B	石油地质 基础知识 （23：05：02）	15%	001	岩石的分类	X	
				002	沉积岩的分类	X	
				003	沉积岩的特征	X	
				004	沉积岩的形成过程	X	
				005	风化作用、剥蚀作用的概念	X	
				006	搬运作用的概念	X	
				007	沉积作用的概念	X	
				008	物理风化作用的概念	X	
				009	化学生物风化作用的概念	X	
				010	机械沉积作用和化学沉积作用的概念	X	
				011	生物化学沉积作用的概念	X	
				012	压实脱水作用的概念	X	
				013	胶结作用的概念	Y	
				014	重结晶作用的概念	X	
				015	沉积岩的结构的概念	X	
				016	碎屑结构的概念	X	
				017	泥质结构的概念	X	

续表

行为领域	代码	鉴定范围（重要程度比例）	鉴定比重	代码	鉴 定 点	重要程度	备注
基础知识 A 35%	B	石油地质基础知识（23:05:02）	15%	018	沉积岩的构造	X	
				019	沉积岩的层理的概念	X	
				020	水平层理的概念	X	
				021	斜层理的概念	X	
				022	交错层理和波状层理的概念	X	
				023	层面构造的概念和类型	X	
				024	沉积岩颜色的成因类型	Y	
				025	常见的沉积岩颜色描述	Y	
				026	地层单位的概念	Y	
				027	地层单位的划分	Y	
				028	地质年代的概念	Z	
				029	地质年代的划分	Z	
				030	地质构造的概念	X	
	C	油田开发基础知识（16:03:01）	10%	001	探井的分类	X	上岗要求
				002	开发井的分类	X	上岗要求
				003	探井的井号编排	X	上岗要求
				004	开发井的井号编排	Y	上岗要求
				005	注水方式的概念	X	上岗要求
				006	行列切割注水的概念	X	上岗要求
				007	面积注水的适用条件	X	上岗要求
				008	面积注水的主要特点	Y	上岗要求
				009	四点法面积井网的概念	Z	上岗要求
				010	五点法面积井网的概念	Y	上岗要求
				011	七点法面积井网的概念	X	上岗要求
				012	九点法面积井网的概念	X	上岗要求
				013	反九点法面积井网的概念	X	上岗要求
				014	笼统注水的概念	X	上岗要求
				015	分层注水的概念	X	上岗要求
				016	注入水的基本要求	X	上岗要求
				017	注入水的水质标准	X	上岗要求
				018	原始地层压力的概念	X	上岗要求
				019	地层压力的概念	X	上岗要求
				020	饱和压力的概念	X	上岗要求

行为领域	代码	鉴定范围（重要程度比例）	鉴定比重	代码	鉴 定 点	重要程度	备注
基础知识 A	D	安全管理知识（08:02:00）	5%	001	安全管理的概念、意义、原则	X	上岗要求
				002	安全管理的工作内容、任务	X	上岗要求
				003	常用灭火的方法	Y	上岗要求
				004	石油火灾的特点	X	上岗要求
				005	天然气火灾的特点	X	上岗要求
				006	石油火灾的预防方法	X	上岗要求
				007	电气火灾的概念	Y	上岗要求
				008	电气火灾的特点	X	上岗要求
				009	电气火灾的预防措施	X	上岗要求
				010	电气火灾监控系统的特点	X	上岗要求
专业知识 B 65%	A	油水井工艺技术（37:07:02）	23%	001	完井的概念	X	上岗要求
				002	勘探开发对完井的要求	X	
				003	套管完井方法	X	上岗要求
				004	裸眼完井方法	X	上岗要求
				005	固井的概念、目的	X	上岗要求
				006	射孔的概念	X	上岗要求
				007	射孔参数优化设计	X	
				008	射孔参数对油气层产能的影响	X	
				009	诱喷排液的概念、原则	X	
				010	替喷法的概念、分类	X	
				011	抽汲法的概念	X	
				012	气举法的概念	Y	
				013	试油的概念、目的	X	
				014	试油工艺的分类	X	
				015	中途测试试油的概念	Z	
				016	井身结构的概念	X	上岗要求
				017	完井数据的内容	X	上岗要求
				018	注水井井身的结构	X	上岗要求
				019	注水井生产原理	X	上岗要求
				020	自喷井采油原理	Z	上岗要求
				021	抽油机井结构	X	上岗要求
				022	抽油机井采油原理	X	上岗要求
				023	电动潜油泵井结构	X	上岗要求

续表

行为领域	代码	鉴定范围（重要程度比例）	鉴定比重	代码	鉴　定　点	重要程度	备注
专业知识 B 65%	A	油水井工艺技术（37:07:02）	23%	024	电动潜油泵井采油原理	X	上岗要求
				025	螺杆泵井结构	X	上岗要求
				026	螺杆泵井采油原理	X	上岗要求
				027	采油树的作用	Y	上岗要求
				028	采油树的结构	X	上岗要求
				029	机械采油的分类	X	上岗要求
				030	抽油泵的分类	X	上岗要求
				031	管式抽油泵的结构	X	上岗要求
				032	杆式抽油泵的结构	X	上岗要求
				033	抽油泵的结构	X	上岗要求
				034	抽油泵的工作原理	X	上岗要求
				035	光杆的分类	X	上岗要求
				036	抽油杆的结构	Y	上岗要求
				037	抽油杆的分类	X	上岗要求
				038	抽油机井的抽油参数	X	上岗要求
				039	抽油机悬点载荷的分类	X	上岗要求
				040	潜油电泵的概念	X	上岗要求
				041	潜油电泵各装置的作用	Y	上岗要求
				042	潜油电泵控制屏的作用	Y	上岗要求
				043	潜油电泵的优点	X	
				044	螺杆泵井的优点	Y	
				045	螺杆泵井的缺点	Y	
				046	螺杆泵井各装置的作用	X	
	B	核实现场资料（11:02:01）	7%	001	玻璃管量油的原理	X	上岗要求
				002	分离器的计量标准	X	上岗要求
				003	量油分离器的种类	X	上岗要求
				004	油气分离器的作用及结构	X	上岗要求
				005	油气分离器的工作过程	X	上岗要求
				006	油气分离器的基本原理	X	上岗要求
				007	产液量的计量方法	X	上岗要求
				008	采油井应录取资料的内容	X	上岗要求
				009	采油井资料全准标准	X	上岗要求
				010	注水井应录取资料的内容	X	上岗要求

行为领域	代码	鉴定范围（重要程度比例）	鉴定比重	代码	鉴 定 点	重要程度	备注
专业知识 B 65%	B	核实现场资料（11:02:01）	7%	011	注水井资料全准标准	X	上岗要求
				012	非常规资料的录取要求	Z	上岗要求
				013	油、水井班报表的整理	Y	上岗要求
				014	油、水井综合记录和井史的整理	Y	上岗要求
	C	计算审核监测资料（22:04:02）	14%	001	采油队、注入队原始资料的保管要求	X	上岗要求
				002	采油队、注入队综合资料管理资料的保管要求	X	上岗要求
				003	采油井、注入井基础数据管理要求	X	上岗要求
				004	原始资料的数据填写要求	X	上岗要求
				005	原始资料工作项目填写要求	X	上岗要求
				006	日报的录入整理上报标准	X	上岗要求
				007	井史数据生成上报标准	X	上岗要求
				008	化验分析资料的整理上报标准	X	上岗要求
				009	采油井产液量录取要求	X	上岗要求
				010	量油值的选用要求	Y	上岗要求
				011	采油井热洗扣产的标准	Z	上岗要求
				012	采油井油套压的录取标准	X	上岗要求
				013	机采井电流的录取标准	X	上岗要求
				014	采出液含水录取要求	X	上岗要求
				015	采油井含水化验数值选用标准	X	上岗要求
				016	采油井动液面示功图的录取标准	X	上岗要求
				017	注水井日注水量的录取标准	X	上岗要求
				018	注水井油套压的录取标准	X	上岗要求
				019	注水井的分层测试标准	X	上岗要求
				020	新井投产前后资料录取要求	X	上岗要求
				021	注水（入）井的洗井条件	X	上岗要求
				022	注水（入）井洗井方式	X	上岗要求
				023	注水（入）井洗井操作要求	X	上岗要求
				024	注水（入）井洗井资料录取及质量要求	X	上岗要求
				025	水表的使用与维护	Y	上岗要求
				026	聚驱采出液含水录取要求	Y	上岗要求
				027	聚驱母液注入量、注水量录取要求	Y	上岗要求
				028	聚驱注入液聚合物浓度、黏度录取要求	Z	上岗要求

行为领域	代码	鉴定范围（重要程度比例）	鉴定比重	代码	鉴 定 点	重要程度	备注
专业知识 B 65%	D	绘制曲线 （03:01:00）	2%	001	井组注水曲线的概念、用途	X	上岗要求
				002	井组注水曲线绘制方法和技术要求	Y	上岗要求
				003	注水指示曲线的概念、用途	X	上岗要求
				004	注水指示曲线绘制方法和技术要求	X	上岗要求
	E	绘制图幅 （08:01:01）	5%	001	封隔器的概念	X	上岗要求
				002	封隔器的型号表示方法	Z	上岗要求
				003	控制工具的型号表示方法	X	上岗要求
				004	配水器和配产器的概念	X	上岗要求
				005	分层注水管柱的分类	X	上岗要求
				006	分层开采工艺管柱结构示意图的绘制基础	Y	上岗要求
				007	注水井分层注水管柱的绘制	X	上岗要求
				008	单井配水间注水流程	X	上岗要求
				009	注水井工艺的正常流程	X	上岗要求
				010	注水井单井配水流程的绘制	X	上岗要求
	F	动态分析 （09:02:01）	6%	001	产油下降原因分析	X	上岗要求
				002	产油上升原因分析	X	上岗要求
				003	油井产液量下降原因分析	X	上岗要求
				004	油井产液量上升原因分析	X	上岗要求
				005	采油井含水上升原因分析	X	上岗要求
				006	采油井含水下降原因分析	X	上岗要求
				007	采油井油压上升原因分析	X	上岗要求
				008	注水井油压变化原因分析	X	上岗要求
				009	井口注水量上升原因分析	X	上岗要求
				010	井口注水量下降原因分析	Y	上岗要求
				011	注水井启动压力高原因分析	Y	上岗要求
				012	注水井启动压力低原因分析	Z	上岗要求
	G	计算机应用 （13:02:01）	8%	001	计算机系统概述	Y	
				002	计算机的组成	Y	上岗要求
				003	中央处理器的作用	Z	
				004	软硬件系统的范畴	X	
				005	储存器的概念	X	
				006	输入输出设备的分类	X	上岗要求
				007	计算机的操作方法	X	上岗要求

行为领域	代码	鉴定范围（重要程度比例）	鉴定比重	代码	鉴　定　点	重要程度	备注
专业知识 B 65%	G	计算机应用 （13：02：01）	8%	008	Windows 系统操作方法	X	上岗要求
				009	输入汉字的注意事项	X	上岗要求
				010	常用特殊键的使用方法	X	上岗要求
				011	光标按钮的功能	X	上岗要求
				012	文件保存的概念	X	上岗要求
				013	文件保存的操作方法	X	上岗要求
				014	Excel 办公软件的基本功能	X	上岗要求
				015	Excel 中建立保存表格的方法	X	上岗要求
				016	计算机网络的应用	X	上岗要求

注：X—核心要素；Y——般要素；Z—辅助要素。

附录3   初级工操作技能鉴定要素细目表

行业：石油天然气   工种：采油地质工   等级：初级工   鉴定方式：操作技能

行为领域	代码	鉴定范围	鉴定比重	代码	鉴 定 点	重要程度	备注
操作技能 A 100%	A	油水井管理	30%	001	录取油井产液量	X	
				002	取抽油井井口油样	X	
				003	取注水井井口水样	X	
				004	录取油井压力	X	
				005	录取注水井压力	X	
				006	测取抽油机井上、下电流	Y	
				007	采油井日产液量取值	X	
				008	采油井扣产	X	
				009	采油井化验含水取值	X	
				010	审核采油井班报表	Y	
				011	审核注水井班报表	X	
				012	计算玻璃管量油常数及产量	X	
	B	绘图	30%	001	绘制井组注水曲线	X	
				002	绘制注水井指示曲线	X	
				003	绘制注水井单井配水工艺流程示意图	Z	
				004	绘制注水井分注管柱示意图	Y	
	C	综合技能	40%	001	分析判断现场录取的注水井生产数据	X	
				002	分析判断现场录取的抽油机井生产数据	X	
				003	应用计算机准确录入 Word 文档	X	
				004	应用计算机准确录入 Excel 表格	X	

注：X—核心要素；Y——一般般要素；Z—辅助要素。

附录4 中级工理论知识鉴定要素细目表

行业：石油天然气　　　工种：采油地质工　　　等级：中级工　　　　　　　鉴定方式：理论知识

行为领域	代码	鉴定范围（重要程度比例）	鉴定比重	代码	鉴 定 点	重要程度	备注
基础知识 A 35%	A	石油天然气 基础知识 （16:03:01）	10%	001	油田水的概念	X	
				002	油田水的物理性质	X	
				003	油田水的化学成分	X	
				004	油田水的矿化度	X	
				005	油田水的产状	X	
				006	油田水的类型	X	
				007	生成油气的物质基础	Y	
				008	石油的生成环境	X	
				009	石油的生成条件	X	
				010	油气的生成过程	Y	
				011	油气运移的动力因素	X	
				012	油气二次运移的过程	X	
				013	地静压力的概念	X	
				014	毛细管力的概念	X	
				015	油气初次运移的概念	X	
				016	生油层的概念及特征	X	
				017	生油层的地球化学指标	Z	
				018	储层的概念	X	
				019	储层岩石的孔隙性	Y	
				020	孔隙度的概念	X	
	B	石油地质 基础知识 （16:03:01）	10%	001	岩层的产状要素	X	
				002	褶皱构造的分类	X	
				003	褶曲的要素	X	
				004	褶曲的形态分类	Y	
				005	断裂构造的分类	X	
				006	断层的基本要素	X	
				007	断层的概念	X	
				008	断层的组合形态	X	
				009	地层的接触关系	X	

续表

行为领域	代码	鉴定范围（重要程度比例）	鉴定比重	代码	鉴 定 点	重要程度	备注
基础知识 A 35%	B	石油地质 基础知识 （16：03：01）	10%	010	地层接触关系的分类	X	
				011	不整合接触的特点	X	
				012	整合接触的概念	X	
				013	侵入接触的概念	X	
				014	油气藏的概念	Z	
				015	油气藏的分类	X	
				016	构造油气藏的特征	X	
				017	断层油气藏的特征	X	
				018	地层油气藏的特征	X	
				019	古潜山油气藏的特征	Y	
				020	岩性油气藏的概念及分类	Y	
	C	油田开发 基础知识 （16：03：01）	10%	001	油田开发的概念	X	
				002	油田开发的方针、方案	X	
				003	油田开发的原则	X	
				004	油田开发的具体规定	X	
				005	油藏开发方案的主要内容	Y	
				006	油田开发综合调整的概念	X	
				007	编制采油井配产方案的方法	X	
				008	未措施老井的配产方法	X	
				009	措施老井的配产方法	X	
				010	新井的配产方法	X	
				011	注水井配注方案的编制方法	Z	
				012	注水量调整的类型	Y	
				013	注水井的调整措施	Y	
				014	注水层段的调整类型	X	
				015	注水层段配注水量的调整方法	X	
				016	注水层段性质的确定方法	X	
				017	注入剖面测井的概念	X	
				018	注入剖面的测试原理	X	
				019	产出剖面的概念	X	
				020	产出剖面的测试原理	X	
	D	HSE 管理知识 （08：02：00）	5%	001	断电灭火的注意事项	X	
				002	带电灭火的注意事项	X	

续表

行为领域	代码	鉴定范围（重要程度比例）	鉴定比重	代码	鉴 定 点	重要程度	备注
基础知识 A 35%	D	HSE 管理知识 （08：02：00）	5%	003	充油电气设备的火灾扑救注意事项	X	
				004	触电的危害	X	
				005	触电伤害的急救方法	X	
				006	常用灭火器的类型	X	
				007	安全电压的概念	Y	
				008	安全色的概念	Y	
				009	安全标志的概念、分类	X	
				010	办公室消防安全管理规定	X	
专业知识 B 65%	A	油水井工艺技术 （43：08：03）	27%	001	气举采油工艺过程	Z	
				002	气举采油的优点	Z	
				003	气举采油的局限性	Z	
				004	气举采油方式	Y	
				005	连续气举的概念	Y	
				006	气举井井下装置的用途	Y	
				007	气举采油地面设备的用途	Y	
				008	影响结蜡的因素	X	
				009	油井结蜡的危害	X	
				010	油井结蜡的规律	X	
				011	油井防蜡的方法	X	
				012	机械清蜡的方法	X	
				013	热力清蜡的方法	X	
				014	套管变形的分类	X	
				015	套管损坏基本类型	X	
				016	套管损坏检测方法	X	
				017	套管损坏机理	X	
				018	套管损坏的地质因素	X	
				019	套管损坏的工程因素	X	
				020	套管损坏的腐蚀因素	X	
				021	提高套管抗挤压强度的措施	X	
				022	防止注入水窜入软弱地层的措施	X	
				023	套管损坏井的修复工艺技术	X	
				024	套管损坏井的利用方法	X	
				025	套管损坏井的报废方法	X	
				026	注水系统的生产流程	X	

行为领域	代码	鉴定范围（重要程度比例）	鉴定比重	代码	鉴 定 点	重要程度	备注
专业知识 B 65%	A	油水井工艺技术 （43∶08∶03）	27%	027	注水井的注水方式	X	
				028	关井降压流程	X	
				029	注水井的投注流程	X	
				030	集油系统单管生产流程	X	
				031	集油系统多管生产流程	X	
				032	量油测气生产流程	X	
				033	油水井开关的概念	X	
				034	抽油机井生产流程	X	
				035	电动潜油泵井生产流程	X	
				036	油水井作业的定义	X	
				037	检泵的原因	X	
				038	影响检泵施工质量的因素	X	
				039	检泵的依据	X	
				040	封隔器和换封的概念	X	
				041	影响换封质量的因素	X	
				042	冲砂液的要求	X	
				043	冲砂的方法	X	
				044	油水井大修和小修	X	
				045	电泵井施工设计内容	X	
				046	一般油井作业地质设计内容	X	
				047	井下事故处理一般规定	X	
				048	井下作业单井日增产（注）量的计算	X	
				049	井下作业累积增产（注）量的计算	X	
				050	油井投产作业质量要求	X	
				051	注水井投注作业质量要求	Y	
				052	上抽转抽作业质量要求	Y	
				053	冲砂的程序	Y	
				054	冲砂的技术要求	Y	
	B	核实现场资料 （6∶02∶00）	4%	001	聚合物驱采出井资料录取内容及要求	X	
				002	聚合物驱采出井采出液含水录取要求	X	
				003	聚合物驱采出井采出液聚合物浓度录取要求	X	
				004	聚合物驱采出井采出液水质录取要求	X	
				005	聚合物驱注入井母液注入量、注水量录取要求	X	
				006	聚合物驱注入井注入液聚合物浓度、黏度录取要求	X	

续表

行为领域	代码	鉴定范围（重要程度比例）	鉴定比重	代码	鉴 定 点	重要程度	备注
专业知识 B 65%	B	核实现场资料（6:02:00）	4%	007	聚合物驱注入井注入井现场检查指标及现场资料准确率要求及计算	Y	
				008	聚合物注入井溶液样的录取方法	Y	
	C	计算参数监测资料（18:03:01）	11%	001	注水井启动压力、静水柱压力及嘴损的概念	X	
				002	启动压力的研究方法及应用	X	
				003	注水井分层测试的概念和分类	X	
				004	注水井投球测试原理	X	
				005	井下流量计测试方法	X	
				006	油井流压的计算	X	
				007	油井动液面沉没度、液压的计算	X	
				008	深井泵的理论排量计算	X	
				009	深井泵的泵效计算	X	
				010	常用的注水井封隔器特点	X	
				011	油田动态监测的概念	X	
				012	动态监测系统部署的原则	X	
				013	油田压力监测的概念	X	
				014	油田分层流量监测的概念	X	
				015	吸水剖面产液剖面监测的概念	X	
				016	注蒸汽剖面监测的概念	X	
				017	密闭取心检查井录取资料内容	X	
				018	取心井的设计要求	X	
				019	水淹层测井监测的概念、方法	Y	
				020	碳氧比能谱和中子寿命测井的特点	Z	
				021	井下技术状况监测的概念	Y	
				022	油水、油气界面监测的概念及应用	Y	
	D	绘制曲线（05:01:00）	3%	001	注采综合开采曲线的用途	X	
				002	注采综合开采曲线的绘制方法和技术要求	X	
				003	产量构成曲线的概念	X	
				004	产量构成曲线绘制方法及注意事项	X	
				005	采油曲线的概念及用途	X	
				006	采油曲线的绘制方法	Y	
	E	绘制图幅（08:02:00）	5%	001	工艺流程图各部件绘制方法及识别	X	
				002	计量间工艺流程图的应用	X	

续表

行为领域	代码	鉴定范围（重要程度比例）	鉴定比重	代码	鉴 定 点	重要程度	备注
专业知识 B 65%	E	绘制图幅（08：02：00）	5%	003	注水井多井配水工艺流程示意图的绘制方法	X	
				004	注水井多井配水工艺流程示意图应用	X	
				005	机采井地面工艺流程示意图内容及绘制方法	X	
				006	抽油机井地面工艺流程示意图应用	Y	
				007	油井常见生产管柱	X	
				008	深井泵、有杆泵＋射流泵、螺杆泵分层采油工艺	Y	
				009	机采井分层开采管柱示意图绘制	X	
				010	机采井分层开采管柱示意图识别	X	
	F	动态分析（13：02：01）	8%	001	注水井注水指示曲线的常见形状	X	
				002	利用注水指示曲线分析油层注水能力变化	X	
				003	油田开发各阶段含水变化分析	X	
				004	机采井沉没度的变化分析	X	
				005	理论示功图中各曲线的含义	X	
				006	抽油机井热洗质量的效果分析	X	
				007	抽油机井参数调整的效果分析	X	
				008	抽油机井合理工作参数的确定	X	
				009	油井套压变化分析	X	
				010	潜油电泵井电流卡片的分析	Y	
				011	潜油电泵井动态控制图的应用	Y	
				012	油田注水指标的应用	Z	
				013	利用注水指示曲线分析注水井注水状况	X	
				014	螺杆泵井的生产状况分析	X	
				015	单井日常管理状况的分析内容	X	
				016	单井动态分析的内容	X	
	G	计算机应用（11：02：01）	7%	001	常用办公软件的识别	Z	
				002	启动 Word 的方法	Y	
				003	文字编辑的基本方法	X	
				004	Word 选定文本的方法	X	
				005	Word 设置字符段落格式的方法	X	
				006	Word 设置页面版式的方法	X	
				007	Word 设置排版打印的方法	X	
				008	Excel 中复制移动删除方法	X	

续表

行为领域	代码	鉴定范围（重要程度比例）	鉴定比重	代码	鉴　定　点	重要程度	备注
专业知识 B 65%	G	计算机应用（11：02：01）	7%	009	Excel 中撤销插入替换方法	X	
				010	Excel 中设置工作表的格式方法	X	
				011	Excel 中设置工作表的内容	Y	
				012	A2 系统录入采油井资料的方法	X	
				013	A2 系统录入注水井资料的方法	X	
				014	A2 系统录入油水井月度井史的方法	X	

注：X—核心要素；Y——般要素；Z—辅助要素。

附录5 中级工操作技能鉴定要素细目表

行业：石油天然气   工种：采油地质工   等级：中级工   鉴定方式：操作技能

行为领域	代码	鉴定范围	鉴定比重	代码	鉴 定 点	重要程度	备注
操作技能 A 100%	A	油水井管理（06:01:00）	30%	001	测试注水井指示曲线、启动压力	X	
				002	调整注水井注水量	X	
				003	校对安装压力表（比对法）	X	
				004	取聚合物注入井溶液样	Y	
				005	计算产量构成数据	X	
				006	计算机采井理论排量及泵效	X	
				007	计算机采井沉没度	X	
	B	绘图（05:01:00）	30%	001	绘制注采综合开采曲线	X	
				002	绘制产量构成曲线	X	
				003	绘制井组采油曲线	X	
				004	绘制注水井多井配水工艺流程示意图	X	
				005	绘制机采井地面工艺流程示意图	Y	
				006	绘制机采井分层开采管柱示意图	X	
	C	综合技能（06:01:00）	40%	001	分析注水指示曲线	X	
				002	解释抽油机井理论示功图	X	
				003	分析判断现场录取的螺杆泵井生产数据	Y	
				004	分析判断现场录取的电泵井生产数据	X	
				005	分析判断分注井下封隔器密封状况	X	
				006	计算机录入排版并打印 Word 文档	X	
				007	计算机录入注水井分层测试资料	X	

注：X—核心要素；Y——一般要素；Z—辅助要素。

附录6　高级工理论知识鉴定要素细目表

行业：石油天然气　　　　工种：采油地质工　　　　等级：高级工　　　　鉴定方式：理论知识

行为领域	代码	鉴定范围（重要程度比例）	鉴定比重	代码	鉴　定　点	重要程度	备注
基础知识A30%	A	石油天然气基础知识（06:01:01）	5%	001	有效孔隙度的概念	X	JD、JS
				002	影响孔隙度大小的因素	Y	
				003	胶结的类型	Z	
				004	渗透率的概念及计算	X	JS
				005	相对渗透率的概念	X	
				006	绝对渗透率的概念	X	
				007	有效渗透率的概念	X	
				008	影响渗透率的因素	X	
	B	石油地质基础知识（24:05:01）	20%	001	古潜山的类型	X	
				002	圈闭的特点	X	
				003	圈闭的类型	X	
				004	圈闭的度量	X	
				005	背斜油气藏油气水的分布状态	X	
				006	水压驱动油藏的特征	X	JD
				007	溶解气驱动油藏及气压驱动油藏的特征	X	
				008	重力驱动油藏的特征	X	
				009	油气田的概念	X	
				010	油气田的分类	X	JD
				011	形成圈闭的三要素	X	JD
				012	沉积相的概念及分类	X	
				013	沉积相的沉积特征	X	
				014	油层对比的概念	Z	
				015	油层对比选择测井曲线的标准	X	
				016	选择标准层的条件	X	
				017	冲积扇沉积环境的特点	X	
				018	冲积扇各部位的特征	Y	
				019	河流相的特征	X	
				020	河漫滩相的特征	X	

续表

行为领域	代码	鉴定范围（重要程度比例）	鉴定比重	代码	鉴 定 点	重要程度	备注
基础知识 A 30%	B	石油地质基础知识（24∶05∶01）	20%	021	边滩和心滩的沉积特点	X	
				022	天然堤的沉积特点	X	
				023	决口扇、泛滥盆地的沉积特点	Y	
				024	湖泊相的概念	X	
				025	湖泊相的分类	Y	
				026	三角洲相的沉积特点	X	
				027	破坏性三角洲的沉积特点	Y	
				028	建设性三角洲的沉积特点	X	
				029	沉积旋回的定义和划分	X	
				030	各级沉积旋回的特点	X	
				031	油层单元的划分	X	
				032	建立骨架剖面的方法	Y	
	C	油田开发基础知识（06∶01∶01）	5%	001	层间矛盾的概念及表现形式	X	JD
				002	平面矛盾的概念及表现形式	X	JD
				003	层内矛盾的概念及表现形式	X	JD
				004	水淹状况的分类	Z	
				005	层间矛盾调整的方法	X	
				006	平面矛盾调整的方法	X	
				007	层内矛盾调整的方法	X	
				008	三大矛盾的表现形式	Y	
专业知识 B 70%	A	油水井工艺技术（38∶07∶03）	30%	001	水力活塞泵的特点	Y	
				002	水力活塞泵的概念、原理、分类及组成	X	
				003	射流泵采油的特点	Z	
				004	射流泵的分类与组成	Y	
				005	油气井出砂的危害	X	JD
				006	油气井出砂的机理	X	
				007	油气井出砂地层分类及特征	X	
				008	油气井防砂的方法	X	
				009	油气井防砂方法的选择	X	
				010	油井出水的原因	X	JD
				011	调剖的概念及原理	X	
				012	调剖的作用	X	
				013	浅度调剖技术的类型	X	
				014	深度调剖技术的概念	X	
				015	油井堵水工艺的作用	X	JD
				016	机械堵水工艺的原理、结构	X	

续表

行为领域	代码	鉴定范围（重要程度比例）	鉴定比重	代码	鉴 定 点	重要程度	备注
专业知识B 70%	A	油水井工艺技术（38:07:03）	30%	017	化学堵水工艺的原理及分类	X	
				018	水力压裂工艺	X	JD
				019	压裂层段及压裂时机的确定方法	X	
				020	选择性压裂工艺、多裂缝压裂工艺的概念	X	
				021	限流法压裂工艺、平衡限流法压裂工艺的概念	X	
				022	油井低产的原因	X	
				023	影响压裂增产效果的因素	X	
				024	油井压裂选井选层的原则	X	
				025	普通封隔器分层压裂工艺	X	
				026	调剖井的生产管理要求	X	JD
				027	调剖后周围油井的管理要求	X	
				028	多油层层间接替的内容	X	
				029	堵水井的管理要求	X	
				030	压裂井压裂前后的管理要求	X	
				031	压裂井的综合配套措施	Y	
				032	油水井压裂后的生产管理要求	X	JD
				033	油水井酸化的油层条件及原理	Z	
				034	常用的酸化工艺	X	
				035	油水井酸化后的生产管理要求	X	
				036	三次采油的概念	X	JD
				037	三次采油的技术方法	X	JD
				038	表面活性剂驱油的概念	Y	
				039	碱性水驱的概念	Y	
				040	三元复合驱的概念	X	
				041	混相驱的概念	Y	
				042	热力采油的概念	Z	
				043	聚合物驱的概念	Y	
				044	聚合物的化学性质	X	
				045	聚合物的物理性质	X	
				046	聚合物溶液的概念	X	
				047	聚合物黏度的概念	X	
				048	聚合物浓度的概念	X	

续表

行为领域	代码	鉴定范围（重要程度比例）	鉴定比重	代码	鉴 定 点	重要程度	备注
专业知识 B 70%	B	计算参数监测资料（13:02:01）	10%	001	产油量、日产量及年产量递减幅度的计算	X	JS
				002	采油速度、采出程度及采油指数指标概念	X	JS
				003	聚合物驱注入井资料录取现场检查管理内容	X	
				004	视电阻率测井方法	X	
				005	横向测井和标准测井的概念	X	
				006	自然电位测井原理	X	
				007	自然电位曲线形态	X	
				008	自然伽马测井的分类	X	
				009	密度测井和放射性同位素测井的概念	X	
				010	放射性测井的概念	X	
				011	抽油机井系统效率的计算方法	X	JS
				012	螺杆泵的组成	X	
				013	螺杆泵工作原理及理论排量计算	X	
				014	计算注水井层段吸水百分数及吸水量	Y	
				015	注聚井现场检查指标及准确率计算	Y	
				016	注聚井现场检查要求	Z	JS
	C	计算指标（06:01:01）	5%	001	抽油机井管理指标的内容	X	JS
				002	抽油机井管理指标的计算方法	X	JS
				003	电泵井管理指标的内容	X	
				004	电泵井管理指标的计算方法	X	JS
				005	注水井管理指标的内容	X	
				006	注水井管理指标的计算方法	X	JS
				007	计算油田生产任务管理指标	Y	JS
				008	其他指标计算名词解释	Z	
	D	绘制曲线（04:01:00）	3%	001	绘制产量运行曲线的方法及技术要求	Y	
				002	理论示功图的概念	X	
				003	理论示功图的用途	X	
				004	绘制理论示功图的方法及技术要求	X	JS
				005	理论示功图各条线的绘制方法	X	
	E	绘制图幅（06:01:01）	5%	001	井网图的概念	Y	
				002	井网图的绘制方法	X	
				003	绘制分层注采剖面图的方法	X	

续表

行为领域	代码	鉴定范围（重要程度比例）	鉴定比重	代码	鉴定点	重要程度	备注
专业知识 B 70%	E	绘制图幅（06:01:01）	5%	004	绘制分层注采剖面图的要求	X	
				005	油层栅状图的绘制内容	X	
				006	油层栅状图的绘制要求	X	
				007	油层栅状图的编制	Z	
				008	绘制图幅的注意事项	X	
	F	动态分析（13:02:01）	10%	001	油田动态分析的概念	X	JD
				002	单井动态分析的内容	Y	
				003	油田动态分析的任务	Y	JD
				004	井组动态分析的内容	X	
				005	区块动态分析的内容	X	
				006	抽油机井示功图的变化分析	X	
				007	典型示功图的分析	X	
				008	压力状况的分析内容	X	JS
				009	主要见水层的分析内容	X	
				010	油田产油指标的应用	X	JS
				011	气油比变化的分析内容	X	
				012	含水率的计算方法	X	JS
				013	利用指示曲线分析注水井的吸水能力变化原因	X	
				014	抽油机井动态控制图的应用	X	
				015	采油速度、采出程度的概念	X	JS
				016	注采适应性的分析内容	Z	JS
	G	计算机应用（08:02:01）	7%	001	计算机病毒的预防措施	Z	
				002	Excel 中制作图表的方法	X	
				003	Excel 中打印工作表的方法	X	
				004	Excel 中使用公式计算工作表的方法	X	
				005	Excel 中利用函数计算工作表的方法	Y	
				006	数据库的定义	X	
				007	数据库的基本功能	X	
				008	数据库的结构组成	Y	
				009	数据库常用的命令	X	

行为领域	代码	鉴定范围（重要程度比例）	鉴定比重	代码	鉴 定 点	重要程度	备注
专业知识 B 70%	G	计算机应用 （08：02：01）	7%	010	操作数据库基本命令的应用	X	
				011	数据库基本逻辑函数的应用	X	

注：X—核心要素；Y——般要素；Z—辅助要素。

附录7　高级工操作技能鉴定要素细目表

行业：石油天然气　　　　工种：采油地质工　　　　等级：高级工　　　　　　鉴定方式：操作技能

行为领域	代码	鉴定范围	鉴定比重	代码	鉴 定 点	重要程度	备注
操作技能 A 100%	A	油水井管理（06：01：01）	30%	001	计算抽油机井系统效率	X	
				002	计算抽油机井管理指标	X	
				003	计算潜油电泵井管理指标	X	
				004	计算螺杆泵井管理指标	X	
				005	计算注水井管理指标	X	
				006	计算分层注水井层段实际注入量	X	
				007	计算聚合物注入井的配比	Y	
				008	分析判断聚合物注入井浓度是否达标	Z	
	B	绘图（04：01：00）	30%	001	绘制产量运行曲线	X	
				002	绘制抽油机井理论示功图	X	
				003	绘制典型井网图	X	
				004	绘制分层注采剖面图	Y	
				005	绘制油层栅状连通图	X	
	C	综合技能（06：01：00）	40%	001	分析抽油机井典型示功图	X	
				002	分析抽油机井动态控制图	X	
				003	利用注水指示曲线分析油层吸水指数的变化	X	
				004	分析机采井换泵措施效果	X	
				005	应用 Excel 表格数据绘制采油曲线	X	
				006	应用 Excel 表格数据绘制注水曲线	X	
				007	计算机制作 Excel 表格并应用公式处理数据	Y	

注：X—核心要素；Y——般要素；Z—辅助要素。

附录8　技师、高级技师理论知识鉴定要素细目表

行业：石油天然气　　　工种：采油地质工　　　等级：技师、高级技师　　　鉴定方式：理论知识

行为领域	代码	鉴定范围（重要程度比例）	鉴定比重	代码	鉴 定 点	重要程度	备注
基础知识 A 30%	A	石油天然气基础知识（07:01:00）	5%	001	含油饱和度的概念及计算	X	JS
				002	原始含油饱和度的概念	X	JD
				003	储层的非均质性	X	
				004	储层非均质性的分类	X	
				005	孔隙非均质性的概念	Y	
				006	层内非均质性的概念	X	
				007	平面非均质性的概念	X	
				008	层间非均质性的概念	X	
	B	石油地质基础知识（19:04:01）	15%	001	油层对比的程序	X	
				002	湖泊相油层对比的方法	X	
				003	河流—三角洲相油层对比的方法	X	
				004	取心的目的	Y	
				005	岩心标注的内容	X	
				006	岩石定名的方法	X	
				007	岩石含油产状的描述	X	
				008	岩心含油气水特征的描述	X	
				009	岩心资料的整理方法	X	
				010	岩心资料的应用	X	
				011	浅海相沉积的概念	Y	
				012	半深海相、深海相沉积的概念	X	
				013	研究海陆过渡沉积相的意义	X	
				014	潟湖相沉积的概念	Y	
				015	油田沉积相的研究目的及特点	X	JD
				016	沉积相的研究方法	X	JD
				017	划相标志的选择	X	JD
				018	油田储量的概念	X	
				019	探明储量的分类	Y	
				020	地质储量的分类	X	

行为领域	代码	鉴定范围（重要程度比例）	鉴定比重	代码	鉴定点	重要程度	备注
基础知识 A 30%	B	石油地质基础知识（19:04:01）	15%	021	适合聚合物驱的油藏地质特点	X	
				022	储量综合评价的方法	X	JD
				023	油田开发中油藏描述的重点内容	X	
				024	特殊储量的分类	Z	
	C	油田开发基础知识（13:02:01）	10%	001	划分开发层系的必要性	X	JD
				002	划分开发层系的原则	X	
				003	划分开发层系的基本方法	Y	
				004	油藏开发方案的优化方法	X	
				005	开发阶段划分的方法	X	
				006	油田开发阶段划分的意义	Z	
				007	油田综合调整的内容、任务	X	
				008	层系调整的概念	X	
				009	注水方式选择的方法	Y	
				010	注采系统的调整方法	X	
				011	开采方式调整应注意的问题	X	
				012	生产制度的调整方法	X	
				013	层系、井网和注水方式的分析方法	X	
				014	层间差异状况的分析方法	X	
				015	开发层系适应性分析方法	X	
				016	开发试验效果的分析方法	X	
专业知识 B 70%	A	油水井工艺技术（30:06:02）	24%	001	稠油开采方法简述	Y	JD
				002	蒸汽吞吐基本概念	X	
				003	蒸汽吞吐主要机理	X	
				004	注汽参数对蒸汽吞吐开采的影响	Y	JD
				005	蒸汽驱采油机理	X	
				006	蒸汽驱采油注采参数优选	X	JD
				007	稠油出砂冷采技术的概念、特点	Y	
				008	稠油出砂冷采开采机理	X	JD
				009	堵水井选井选层的原则	X	JD
				010	高含水井堵水注意事项	X	JD
				011	酸液的合理选择	X	
				012	酸化的副效应	X	
				013	酸化添加剂的种类及用途	X	
				014	聚合物延时交联调剖剂的调剖原理	X	
				015	机采井三换的概念	X	

行为领域	代码	鉴定范围（重要程度比例）	鉴定比重	代码	鉴 定 点	重要程度	备注
专业知识 B 70%	A	油水井工艺技术（30:06:02）	24%	016	换大泵井的选择与培养	X	
				017	换大泵的现场监督要求	X	
				018	泵径、冲程、冲次的匹配要求	X	
				019	间歇抽油井工作制度	X	
				020	影响抽油机泵效的因素	X	
				021	聚合物驱体积波及系数的概念	X	
				022	聚合物的作用	Y	JD
				023	聚合物驱在非均质油层中的特点	X	JD
				024	聚合物的筛选条件	X	
				025	适合聚合物驱的油藏地质特点	Z	
				026	聚合物驱油的层位井距的确定	X	
				027	聚合物驱方案的内容	X	
				028	聚合物驱油阶段划分	X	
				029	聚合物驱配产配注的要求	X	JS
				030	聚合物驱开采指标预测的内容	X	JS
				031	聚合物溶液对水质的要求	X	
				032	聚合物驱提高驱油效率的原理	X	
				033	聚合物相对分子质量的分类	X	
				034	聚合物分子结构的形态	Z	
				035	聚合物基础指标的统计方法	X	JS
				036	微生物提高采收率的机理	Y	
				037	影响高分子聚合物驱油效率的因素	X	
				038	聚合物驱油采油工艺的特点	Y	
	B	计算参数监测资料（07:01:00）	5%	001	注采比概念与公式	X	JS
				002	面积井网井组注采比的计算	X	
				003	注采相关指标的概念与公式	X	
				004	微电极测井的应用	X	
				005	侧向测井的概念	X	
				006	感应测井的概念	X	
				007	声波测井的概念、应用	X	
				008	测井曲线的应用	Y	

行为领域	代码	鉴定范围（重要程度比例）	鉴定比重	代码	鉴 定 点	重要程度	备注
专业知识 B 70%	C	计算指标（07:01:00）	5%	001	储量和产量有关的指标的概念	X	
				002	开发指标的概念及计算	X	JS
				003	产能方面指标的概念	X	JS
				004	递减率的相关指标计算	X	JS
				005	与水有关指标的概念与计算	X	
				006	与压力、压差有关指标的概念与计算	X	JS
				007	与聚合物有关的指标计算	X	JS
				008	聚合物驱油开发区块基础数据统计	Y	
	D	计算储量（02:01:00）	2%	001	与储量有关的指标的概念	X	JS
				002	单井、区块地质储量计算方法	X	JS
				003	容积法计算地质储量	Y	JS
	E	绘制图幅（06:01:01）	5%	001	小层平面图的编制	X	
				002	断层组合的绘制要求	Z	JD
				003	压力等值图的绘制方法	X	
				004	渗透率等值图的绘制方法	X	
				005	构造等值图的编制方法	X	
				006	沉积相带图的绘制方法	X	
				007	油层剖面图的绘制方法	Y	
				008	构造剖面图的编制方法	X	
	F	绘制聚驱工艺流程（04:01:00）	3%	001	聚合物溶液注入站内的工艺技术	X	
				002	聚合物溶液注入井口的工艺技术	X	
				003	注聚工艺对注入液指标的要求	X	
				004	注聚工艺对注入量压力水质温度的要求	X	
				005	现场注聚工艺流程及绘制	Y	
	G	动态分析（09:02:00）	7%	001	油田产水指标的应用	X	JS
				002	井组注采平衡状况的分析内容	X	JD
				003	不同时期剩余油的分布特点	X	
				004	水驱控制程度的分析内容及计算	X	JS
				005	油层水淹状况的分析内容	X	JD
				006	油水井措施效果的统计内容	X	

行为领域	代码	鉴定范围（重要程度比例）	鉴定比重	代码	鉴 定 点	重要程度	备注
专业知识 B 70%	G	动态分析 （09：02：00）	7%	007	利用分层流量检测卡片判断注水井分注状况	X	
				008	利用测试剖面分析油层注采状况	X	
				009	测井曲线在油田开发中的应用	X	
				010	聚合物驱油阶段注入状况分析的内容	Y	JD
				011	聚合物驱油阶段采出状况分析的内容	Y	
	H	计算机应用 （04：01：00）	3%	001	PowerPoint 演示文稿的基本操作方法	X	
				002	PowerPoint 的设置内容	X	
				003	PowerPoint 演示文稿的编辑方法	X	
				004	PowerPoint 图表的制作方法	X	
				005	在 Word 文档中创建表格内容及数据	Y	
	I	编写分析 报告（06：01：01）	5%	001	论文的概念	X	
				002	技术报告标题拟定的要点	Y	
				003	正文编写的要点	X	
				004	写好论文所需要的知识储备	X	
				005	论文术语中概念的分类	X	
				006	论文术语中定义的规则	X	
				007	论文的三要素	X	
				008	常用的论证方法	Z	
	J	质量管理 （04：01：00）	3%	001	质量管理的概念	X	
				002	PDCA 的循环原理	X	
				003	排列图的概念	X	
				004	因果图的概念	Y	
				005	QC 小组活动的含义、程序	X	
	K	技术培训 （04：01：00）	3%	001	技术培训的概念	X	
				002	教学计划的概念	X	
				003	教学方法的概念	X	
				004	备课的概念	X	
				005	教育心理学的概念	Y	
	L	经济管理 （06：01：01）	5%	001	油田经济评价的任务	X	
				002	油田经济评价的原则	X	
				003	经济分析的技术指标	X	

行为领域	代码	鉴定范围（重要程度比例）	鉴定比重	代码	鉴定点	重要程度	备注
专业知识 B 70%	L	经济管理 （06：01：01）	5%	004	油田开发经济指标的特点	X	
				005	油田开发消耗的经济指标	Y	
				006	油田生产总成果的经济指标	X	
				007	经济效益及投资核算	Z	
				008	班组经济核算的内容	X	

注：X—核心要素；Y——一般要素；Z—辅助要素。

附录9 技师操作技能鉴定要素细目表

行业：石油天然气　　　工种：采油地质工　　　等级：技师　　　鉴定方式：操作技能

行为领域	代码	鉴定范围	鉴定比重	代码	鉴 定 点	重要程度	备注
操作技能 A 100%	A	油水井管理（05:01:00）	30%	001	计算反九点法面积井网井组月度注采比	X	
				002	计算四点法面积井网井组月度注采比	X	
				003	计算井组累积注采比及累积亏空体积	X	
				004	计算油田水驱区块的开发指标及参数	X	
				005	预测油田区块年产量	X	
				006	分析判断聚合物注入井黏度达标情况并计算黏度达标率	Y	
	B	绘图（03:01:00）	35%	001	绘制油层剖面图	X	
				002	绘制地质构造等值图	X	
				003	绘制小层平面图	X	
				004	绘制聚合物单井井口注聚工艺流程示意图	Y	
	C	综合技能（06:01:01）	25%	001	应用注入剖面资料分析注水井分层注入状况	X	
				002	应用产出剖面资料分析油井分层产出状况	X	
				003	分析油水井压裂效果	X	
				004	分析分层流量检测卡片判断注水井分注状况	X	
				005	分析水驱区块的综合开发形势	X	
				006	分析水驱井组生产动态	X	
				007	应用计算机制作 PowerPoint 演示文稿	Y	
				008	应用计算机在 PowerPoint 中制作表格	Y	
	D	管理与培训（02:00:00）	10%	001	编绘全面质量管理排列图	X	
				002	编绘全面质量管理因果图	X	

注：X—核心要素；Y—一般要素；Z—辅助要素。

附录10 高级技师操作技能鉴定要素细目表

行业：石油天然气   工种：采油地质工   等级：高级技师   鉴定方式：操作技能

行为领域	代码	鉴定范围	鉴定比重	代码	鉴 定 点	重要程度	备注
操作技能 A 100%	A	油水井管理（03：01：00）	30%	001	计算面积井网单井控制面积	X	
				002	计算井组水驱控制程度	X	
				003	计算油田三次采油区块的开发指标及参数	Y	
				004	用容积法计算地质储量	X	
	B	绘图（04：01：00）	30%	001	绘制沉积相带图	X	
				002	绘制构造剖面图	X	
				003	绘制渗透率等值图	X	
				004	绘制压力等值图	X	
				005	绘制聚合物站内注入工艺流程图	Y	
	C	综合技能（06：01：00）	30%	001	利用多种测井曲线进行组动态分析	X	
				002	利用动静态资料进行区块动态分析	X	
				003	分析聚驱区块的综合开采形势	Y	
				004	分析聚驱井组生产动态	X	
				005	应用计算机在 PowerPoint 中设置动作及自定义动画	X	
				006	应用计算机在 Word 中进行表格数据计算	X	
				007	编写区块开采形势分析报告	X	
	D	综合管理（03：01：00）	10%	001	压裂井的经济效益粗评价	X	
				002	封堵井的经济效益粗评价	X	
				003	酸化井的经济效益粗评价	X	
				004	补孔井的经济效益粗评价	Y	

注：X—核心要素；Y——般要素；Z—辅助要素。

附录11　操作技能考核内容层次结构表

内容 项目 内容	操作技能				时间合计 min
	油气井管理	绘图	综合技能	管理培训	
初级	30分 5～20min	30分 20～40min	40分 15～30min		100分 49～90min
中级	30分 10～30min	30分 20～30min	40分 20～40min		100分 50～100min
高级	30分 20～30min	30分 30～40min	40分 20～40min		100分 70～100min
技师	30分 20～30min	35分 30～40min	25分 30～40min		100分 110～140min
高级技师	25分 30～40min	30分 30～40min	35分 30～40min		100分 110～150min

参 考 文 献

［1］金海英.油气井生产动态分析［M］.北京：石油工业出版社，2010.

［2］潘晓梅，陈国强.油气藏动态分析［M］.北京：石油工业出版社，2012.

［3］万仁溥.采油工程手册［M］.北京：石油工业出版社，2003.

［4］李杰训.聚合物驱油地面工程技术［M］.北京：石油工业出版社，2008.

［5］刘合.油田套管损坏防治技术［M］.北京：石油工业出版社，2003.

［6］万仁溥.现代完井工程［M］.北京：石油工业出版社，2000.

［7］张锐，等.稠油热采技术［M］.北京：石油工业出版社，1999.

［8］罗英俊，万仁溥.采油技术手册［M］.北京：石油工业出版社，2005.

［9］金毓荪，巢华庆，赵世远.采油地质工程［M］.北京：石油工业出版社，2003.

［10］邹艳霞.采油工艺技术［M］.北京：石油工业出版社，2006.

［11］叶庆全，袁敏.油气田开发常用名词解释［M］.北京：石油工业出版社，2009.

［12］全宏.采油地质工［M］.北京：中国石化出版社，2013.